HISTOIRE

DES ASTRES

Typographie Firmin-Didot. — Mesnil (Eure).

LUMIÈRE ZODIACALE

HISTOIRE

DES ASTRES

ASTRONOMIE POUR TOUS

PAR

J. RAMBOSSON

LAURÉAT DE L'INSTITUT DE FRANCE
(ACADÉMIE FRANÇAISE ET ACADÉMIE DES SCIENCES)
OFFICIER DE L'INSTRUCTION PUBLIQUE

Ouvrage illustré de soixante-trois gravures sur bois, de trois cartes célestes
et de dix planches en couleur

*Adopté par la commission officielle près le ministère de l'instruction publique
pour les bibliothèques des Écoles normales
et pour les bibliothèques scolaires des grandes localités.*

DEUXIÈME ÉDITION
REVUE ET AUGMENTÉE

PARIS

LIBRAIRIE DE FIRMIN-DIDOT ET Cⁱᵉ
IMPRIMEURS DE L'INSTITUT, RUE JACOB, 56
1877

Un savant éminent, M. Élie de Beaumont, en présentant à l'Académie des sciences la 1re édition de cet ouvrage s'est exprimé ainsi :

« **Histoire des astres**, a-t-il dit, **Astronomie pour tous**, cela
« ne veut pas dire notions élémentaires, car l'auteur a su con-
« denser ce que la science a de plus avancé et exposer l'astro-
« nomie dans son état actuel. Les découvertes les plus récentes
« sont enregistrées dans cet ouvrage avec clarté et précision, de
« sorte que, tout en étant écrit pour tout le monde, il n'en sera
« pas moins utile aux savants. J'ai remarqué spécialement le cha-
« pitre consacré à la Terre ; la partie géologique est, selon moi,
« difficile à exposer ; cependant l'auteur a su en faire un chapitre
« des plus attrayants. Les faits rapportés dans cet ouvrage sont
« de la plus scrupuleuse exactitude ; la manière de l'auteur rap-
« pelle celle d'Arago, son exposition est agréable, simple, claire
« et nette. De remarquables illustrations aident encore à l'intelli-
« gence du texte ; de nombreuses planches chromolithographi-
« ques représentent les principaux phénomènes astronomiques.
« Ce livre est d'ailleurs conçu dans un esprit élevé et empreint
« d'une saine philosophie. »

Ces lignes ont été reproduites en tout ou en partie par le *Journal officiel* du 27 novembre 1873 ; le *Français* du 27 novembre ; la *République française* du 3 décembre ; le *Temps* du 31 décembre ; les *Mondes scientifiques* du 5 février 1874, etc.

Ces paroles qui sont un si précieux et si touchant souvenir « d'un des plus savants hommes de ce siècle », suivant l'expression de M. Dumas [1], doivent être regardées par nous, bien plus comme un encouragement à mieux faire que comme un éloge mérité. Aussi prendrons-nous à tâche de les justifier le plus qu'il sera en notre pouvoir.

[1] *Comptes rendus de l'Académie des sciences*, 28 septembre 1874.

UN MOT AU LECTEUR.

Le R. P. Gratry, de l'Académie française, s'exprime ainsi : « L'ignorance du public au sujet de l'*astronomie* est véritablement étrange. J'ai connu des hommes très-instruits qui m'ont longtemps soutenu très-vivement, en me qualifiant d'*empiriste*, que le vieux système astronomique, plus philosophique, disait-on, que le nouveau, était vrai ; que le Soleil tourne autour de la Terre, non la Terre autour du Soleil.

« Ainsi, cette science simple, facile, régulière, lumineuse, majestueuse et religieuse, cette science pleine, dans ses détails, du plus puissant intérêt, cette science modèle des sciences, et chef-d'œuvre de l'esprit humain, non-seulement n'est pas encore devenue populaire, mais même est absolument inconnue de la plupart de ceux qui ont reçu une éducation libérale complète.

« Il est vrai que cela tient en grande partie à la manière dont on l'enseigne [1]. »

Ces paroles du R. P. Gratry sont malheureusement l'expression d'une observation juste. Il n'est donc pas inutile, malgré les excellentes publications qui existent déjà sur cette science, de faire de nouveaux efforts pour étendre sa vulgarisation.

De toutes les sciences, c'est l'*astronomie* qui offre les idées les plus grandioses, les plus propres à élever l'âme et à développer l'intelligence ; c'est également, croyons-nous, une des branches des connaissances humaines dont les principes peuvent être saisis avec le plus de facilité, lorsqu'ils sont exposés simplement et clairement en langage ordinaire, c'est-à-dire débarrassés des mots techniques.

Depuis longtemps nous sommes préparé au volume que nous présentons aujourd'hui au public. Dès 1852 nous exposions le progrès des sciences dans un grand journal, et nous avons répandu dans ses colonnes et principalement dans les colonnes de la *Science pour tous*, dont nous étions le rédacteur en chef dès 1856, à peu près tout un cours vulgarisé d'*astronomie*, en même temps que nous inscrivions les découvertes de chaque jour ; puis, en 1865, nous avons donné à une Bibliothèque populaire un traité élémentaire de cette science, qui a eu des tirages exceptionnels ; plus tard encore, un ouvrage plus complet,

[1] A. Gratry, *les Sources*, Iʳᵉ partie, p. 136.

adopté par la *Commission officielle* près le ministère de l'instruction publique pour toutes les bibliothèques scolaires, et couronné par la *Société pour l'enseignement élémentaire*, a eu deux éditions successives [1].

Notre dernière tâche était donc facile, car par goût et par fonction, sentinelle attentive à tout ce qui paraît de nouveau sur l'horizon scientifique, nous avons noté les faits à mesure qu'ils se présentaient, il ne nous restait qu'à les mettre en œuvre; c'est ce que nous avons exécuté dans les pages suivantes. Nous avons en outre résumé consciencieusement les doctrines les plus avancées et les plus autorisées auxquelles nous avons joint nos observations personnelles.

Notre travail, d'ailleurs, a été puissamment allégé par la maison, ou plutôt par la dynastie vouée au culte du beau qui a bien voulu nous éditer. — Nous

---

[1] C'est à l'occasion de cette publication que M. Babinet, de l'Institut, tout à la fois astronome éminent et vulgarisateur incomparable, nous écrivait, après en avoir parcouru les épreuves, les lignes insérées à la fin de la préface, et qui sont maintenant pour nous non-seulement un encouragement, mais aussi un touchant souvenir de ce maître illustre et regretté :

« Mon cher Rambosson, j'ai parcouru avec grand plaisir votre ouvrage
« sur l'*Astronomie*, j'ai reconnu que la clarté de l'exposition et l'intérêt
« que vous avez su répandre sur l'ensemble des diverses parties, ne nuisent
« pas à l'exactitude scientifique. J'ai spécialement remarqué que vous aviez
« fait connaître les progrès les plus récents de l'*Astronomie* en les met-
« tant à la portée de tous, etc....

« Votre ami,

« BABINET, *de l'Institut.*

« Paris, 8. mars 1866. »

devons également remercier les artistes habiles qui
nous ont prêté leur concours, et parmi lesquels
nous nous faisons un devoir de nommer M. Lix,
dont le crayon a su répandre une agréable poésie
même dans les sujets les plus sérieux de la science ;
ses gracieuses compositions ont été rendues par le
burin renommé de M. Huyot; MM. Méa, Charpen-
tier et Méheux pour les chromolithographies. C'est
à M. Méheux que nous devons les procédés ingénieux par lesquels les nébuleuses et les comètes
ont été reproduites d'une façon si heureuse.

Il ne nous reste plus qu'à faire un vœu, c'est que
le public auquel nous nous adressons, ne trouve
pas trop indigne de son attention ce fruit de notre
travail et de nos soins.

———

Grâce à la latitude que nous a laissée l'illustre maison qui a bien voulu éditer cet ouvrage, et à laquelle nous nous empressons de témoigner toute notre gratitude, il nous a été facile de mettre cette seconde édition au niveau de tout ce que la science a
de plus récent; nous avons pu intercaler dans les
épreuves les nouvelles astronomiques, même de
1876, jusqu'au moment du tirage.

HISTOIRE

DES ASTRES

CHAPITRE PREMIER

ORIGINE ET PROGRÈS DE L'ASTRONOMIE.

Origine de l'astronomie. — Traditions antédiluviennes. L'Astronomie chez les Indiens. — L'astronomie chez les Chinois. — Sphère de l'empereur Chun. — Les astronomes *Hi* et *Ho* mis à mort pour avoir manqué à leurs fonctions. — Texte antique et remarquable. — L'astronomie chez les Chaldéens. — Abraham comme astronome. — Le livre de Job. — L'astronomie deux mille ans avant notre ère. — Recueil antique d'observations faites à Babylone. — Les Égyptiens et l'astrologie. — Zodiaque circulaire de Dendérah. — La grande pyramide de Ghisé au point de vue astronomique. — Les Ptolémées, rois d'Egypte, protecteurs des sciences et des lettres. — Thalès, Anaximandre, Anaxagore, Pythagore, Pythéas, Aristarque, Aristote, Hipparque et son catalogue de 1022 étoiles. — Jules César, l'astronome Sosigène et le sage Achorée. — Pompée et l'observateur habile du taciturne Olympe. — Ptolémée et son école. — Les Arabes et l'Almageste. — Copernic, son système, ses appréhensions, chants du cygne avant sa mort. — Exclamation de Galilée : O Nicolas Copernic. — Tycho-Brahé et son système. — Urianibourg. — Descartes philosophe et savant. — Newton et ses magnifiques découvertes.

1

L'*Astronomie,* ainsi que l'indique l'origine grecque de son nom, *aster*, astre, *nomos*, loi, est la science des mouvements des corps célestes. On désigne souvent par les noms d'*Uranographie* et de *Cosmographie* la partie purement descriptive de l'Astronomie.

Chez tous les peuples, l'origine de l'*Astronomie* se perd complétement dans la nuit des temps, et cela se comprend : comment se pourrait-il que partout où il y a eu des hommes on n'ait pas de suite observé le ciel, le lever et le coucher des astres, leur position respective et changeante, leur rapport avec les saisons, leurs influences diverses, etc., etc.? Cela est impossible !

Aussi Bailly fait-il remonter l'origine de cette science à des traditions antédiluviennes sauvées du cataclysme général ; et dans ses *Antiquités judaïques*, Josèphe cite comme monument de l'attrait que les Patriarches avaient pour les phénomènes du firmament les débris d'une colonne que l'on voyait de son temps, dit-il, chez les Syriens, et sur laquelle plusieurs siècles avant le déluge les descendants de Seth, troisième fils d'Adam et d'Ève, auraient gravé leurs principales observations.

« Le spectacle du ciel dut fixer l'attention des premiers hommes, dit Laplace, surtout dans les climats où la sérénité de l'air invitait à l'observation des astres. On eut besoin pour l'agriculture de distinguer les saisons et d'en reconnaître le retour. On ne tarda pas à s'apercevoir que le lever et le coucher des principales étoiles au moment où elles se plongent dans les rayons solaires, ou quand elles s'en dégagent, pouvaient servir à cet objet. Ainsi voit-on chez tous les peuples ce genre d'observations remonter jusqu'aux temps dans lesquels se perd leur origine. »

L'Inde, la plus ancienne portion civilisée de l'ancien monde, présente au point de vue scientifique un sujet d'étude plein d'intérêt pour celui qui veut en faire une spécialité, et quoique nous ne connaissions que peu de choses de l'astronomie des Indous, on ne peut douter qu'ils n'aient été très-avancés dans cette science, cultivée spécialement par les gardiens du sanctuaire. Cassini, Bailly, Playfair croient qu'ils nous ont transmis des observations exécutées plus de trois mille ans avant Jésus-Christ ; cependant, bien que cette date soit contestée par des savants éminents, tous attribuent une haute antiquité aux documents qui nous les font connaître. Le plus ardent adversaire des prétentions indiennes, M. Benthey, admet lui-même que la division de

Fig. 1. — Zodiaque et système solaire des Indous.

l'écliptique par les Indiens en vingt-sept stations lunaires a dû être faite en l'an 1442 avant notre ère, et cette division suppose un nombre immense d'observations. La loi astronomique qui est donnée par les Védas pour la fixation du calendrier remonte nécessairement, comme les Védas eux-mêmes, au XIVe siècle avant J.-C. ; et Parasara, le premier auteur indou connu qui ait écrit sur l'astronomie, a probablement vécu à la même époque.

Il paraît étonnant que les Indous, si avancés dans les sciences en général, l'aient été si peu pour celle de notre globe. La figure 2 représente le mont Mérou, qui, suivant eux, occupe le centre du monde. C'est une montagne de forme conique dont les flancs sont formés de pierres précieuses et dont le

Fig. 2. — Les sept régions du monde supérieur d'après les Indous.

sommet est une sorte de paradis terrestre. Cette étrange idée a pu être inspirée aux brahmanes par les imposantes montagnes qui dominent au nord la frontière de l'Inde. Cependant, le mont Mérou ne fait pas partie de l'Himalaya et n'a d'existence que dans l'imagination des mythologues indous. Il est entouré par sept ceintures concentriques de terres habitables, divisées entre elles par sept mers. La ceinture centrale renferme l'Inde, elle est entourée d'une mer d'eau salée. Les six autres ceintures sont séparées entre elles par des mers de lait, de vin, de jus de canne à sucre[1], etc. A côté de grandes erreurs, on trouve dans les écrits astronomiques des Indous les preuves d'une science vraiment extraordinaire.

II

C'est aux Chinois que nous devons les plus anciennes connaissances astronomiques qui marquent quelque exactitude et quelque suite dans les observations; de temps immémorial, ils célébrèrent des fêtes à l'époque du solstice, dans l'espérance, assez poétique, de séduire le Soleil et de l'engager par des danses et des festins à retarder son départ vers les équinoxes; et bien que les premières éclipses dont leurs annales font mention soient rapportées d'une manière très-vague, elles prouvent cependant qu'à l'époque de l'empereur Yao, plus de deux mille ans avant notre ère, l'astronomie était l'objet d'une étude spéciale. L'empereur Yao étant venu à mourir, à l'âge de 118 ans, et son règne ayant été consacré entièrement au bien public, le peuple porta le deuil pendant trois ans : « Au premier jour du printemps (2255 avant J.-C.) Chun fut installé héritier de l'empire dans la salle des ancêtres. En examinant l'*instrument orné de pierres précieuses qui représente les astres* et le *tube mobile qui servait à les observer*, il mit en ordre ce qui regarde les sept planètes.

« Ensuite il fit le sacrifice au Souverain-Suprême du ciel et les cérémonies usitées envers les six grands esprits, ainsi que celles usitées pour les montagnes, les fleuves et les esprits en général[2]. »

---

[1] *L'Inde*, par MM. Dubois de Jancigny et X. Raymond, p. 214, lib. Didot.
[2] *Chou-King*, ch. 2.

Cet instrument qui *représentait les astres* était une sphère céleste, nommée Sicuon-Ki. Les Chinois en conservent le dessin dans plusieurs éditions du *Chou-King ;* nous le reproduisons avec exactitude fig. 3). Cette sphère repré-

Fig. 3. — Sphère de l'empereur Chun.

sente la rondeur du ciel divisé en degrés, ayant la Terre au centre et le Soleil, la Lune, les planètes et les étoiles aux places qui leur conviennent d'une manière conforme au système de Ptolémée. Si cette sphère est réellement authentique, elle supposerait de bien grandes connaissances astronomiques pour l'époque reculée dont il est question [1].

[1] Pauthier, *Hist. de la Chine,* lib. Didot.

Les Chinois connaissaient le gnomon, ils mesuraient le temps avec des clepsydres. Ils avaient construit des instruments propres à mesurer les distances angulaires des astres, et pu reconnaître que la durée de l'année solaire surpasse d'un quart de jour environ trois cent soixante-cinq jours; ils la faisaient commencer au solstice d'hiver. Leur année civile était lunaire, et pour la ramener à l'année solaire, ils faisaient usage de la période de dix-neuf années solaires, correspondant à deux cent trente-cinq lunaisons, période exactement la même que, plus de seize siècles après, Calippe introduisit dans le calendrier des Grecs. Ils avaient également partagé l'équateur en douze signes immobiles, et en vingt-huit constellations, dans lesquelles ils déterminaient avec soin la position des solstices.

III

La théorie a confirmé trente et une de leurs éclipses, entre les trente-six dont les éléments sont parvenus jusqu'à nous, et qu'ils donnent comme observées depuis l'année 776 jusqu'à l'an 480 avant notre ère.

Le *Chou-King* fait mention d'une éclipse de Soleil arrivée sous le règne de Tchoung-Kang, et à propos de laquelle ce prince fit mettre à mort les savants *Hi* et *Ho*, qui joignaient aux fonctions d'astronomes celles de chefs des cérémonies du culte. Il est dit que le crime de ces astronomes était de s'être livrés au vin au lieu d'observer le cours des astres, de dresser le calendrier et d'annoncer à l'avance les éclipses qui doivent avoir lieu dans l'année. Voici comment s'explique le vieux texte chinois; le passage est vraiment remarquable : « En ce temps, *Hi* et *Ho*, s'abandonnant aux vices, ont foulé aux pieds leurs devoirs;

ils se sont livrés avec emportement à l'ivrognerie ; ils ont agi contrairement aux devoirs de leur magistrature, et se sont par là écartés de leur condition. Dès le commencement ils ont porté le trouble dans la *chaîne céleste*, et ont rejeté bien loin leurs fonctions. *Au premier jour de la troisième lune d'automne le Tchin (conjonction des astres) n'a pas été en harmonie dans la constellation Fang (du scorpion).* L'aveugle a frappé du tambour (le chef de la musique était un aveugle) ; les magistrats et la foule du peuple ont couru avec précipitation, tels qu'un cheval égaré. *Hi* et *Ho* étaient comme des esclaves dans leurs fonctions ; ils n'ont rien entendu ni rien appris. Aveugles et rendus stupides sur les apparences et les signes célestes, ils ont encouru la peine portée par les rois nos prédécesseurs. Le *Tchinglien* dit : Celui qui devance les temps doit être mis à mort sans rémission ; celui qui retarde les temps doit être mis à mort sans rémission [1]. »

Le P. Gaubil, dans son *Histoire de l'Astronomie chinoise,* fait remonter cette éclipse à l'année 2155 avant notre ère.

En Chine une éclipse de Soleil a toujours été regardée comme une affaire de conséquence pour l'État. Dans la circonstance dont nous venons de parler, à la vue du Soleil éclipsé, les mandarins, surpris, furent obligés de se préparer à la hâte et de se rendre au palais en désordre ; alors ils devaient être munis de l'arc et de la flèche, étant sensés aller au secours de l'empereur, qui passe pour l'image du Soleil. L'intendant de la musique, qui était un aveugle, frappait du tambour ; les mandarins offraient des présents en l'honneur de l'Esprit, l'empereur et les grands prenaient des vêtements simples et se soumettaient au jeûne. Ce que le texte dit

---

[1] Paulhier, *Hist. de la Chine,* p. 58 et suiv., lib. Didot.

des lois portées par les anciens rois contre les calculateurs qui représentaient ou trop tôt ou trop tard les observations dans leurs calculs indique une grande antiquité dans l'astronomie chinoise. On doit également remarquer que lorsque les astronomes chinois n'étaient coupables que d'une négligence ou d'une faute de calcul, la peine infligée se bornait à la privation des appointements, ou à la destitution, ou à une sévère réprimande. La peine de mort ou d'exil était pour d'autres crimes commis dans le poste de chef d'astronome [1].

IV

Les Chaldéens viennent ensuite ; ils avaient, dit-on, des observations remontant à dix-neuf siècles avant Alexandre. La victoire ayant conduit Alexandre à Babylone 331 ans avant J.-C.), dans les entretiens qu'il eut avec les Chaldéens, ils lui présentèrent une suite d'observations astronomiques faites par leurs prédécesseurs ; elles renfermaient un espace de 1903 ans, et remontaient par conséquent jusqu'au temps de Nemrod. Calisthène, qui accompagnait Alexandre, les adressa par son ordre à Aristote. Aristote dit également que des connaissances plus anciennes ont été perdues ; il indique une circonférence de la Terre dont la mesure se rapporte au *climat* de la Tartarie, sans dire comment ni par qui elle avait été calculée ; tandis que les annales de la Chine expliquent cette opération sans en indiquer le résultat.

Des périodes, qui ne peuvent être trouvées et calculées qu'après des siècles d'observation, étaient en usage chez les

[1] P. Gaubil, *Histoire de l'Astronomie chinoise.*

Chaldéens. Ils connaissaient les planètes anciennes; ils avaient un zodiaque divisé en douze constellations; ils possédaient une sphère qui a servi de modèle à la nôtre; ils savaient prédire les éclipses. Ptolémée atteste qu'ils observaient dès les plus anciens temps les occultations des étoiles par la Lune, ils avaient également l'usage des cadrans solaires. Ils connaissaient la célèbre période appelée *Saros*, adoptée par les Grecs; elle comprenait dix-huit années quinze jours dix heures solaires environ. Le renouvellement de cette période devait ramener les éclipses au même jour et dans le même ordre que dans la période précédente. C'est le cycle que Méton révéla aux Grecs, et dont les Athéniens firent graver les calculs en lettres d'or. Bailly prétend que cette période avait été enseignée aux Chaldéens par des peuples plus anciens; il est remarquable que l'on retrouve cette période chez les Chinois, les Indiens et autres peuples séparés par de grandes distances, et qui ne paraissaient avoir eu aucune relation entre eux. Cependant les fertiles et délicieuses plaines qu'arrosent le Tigre et l'Euphrate furent, suivant la plupart des historiens, le berceau de l'astronomie.

Abraham, né à Uhr, en Chaldée, vers l'an 2040 avant Jésus-Christ, est le point de départ de l'histoire du peuple d'Israël; il connut le vrai Dieu et mena une vie pure. Ce grand homme fut toujours célèbre dans l'Orient; les Chaldéens, ses compatriotes, le comptaient comme un de leurs astronomes les plus éminents.

Tout le monde connaît ce magnifique passage du *Livre de Job,* qui n'est pas étranger à l'histoire de l'astronomie :

« Pourras-tu rapprocher les Pléiades ou disperser les étoiles d'Orion ?

« Appelleras-tu en leur temps des signes dans les cieux, l'Ourse et sa brillante race ?

« Connais-tu l'ordre du ciel et son influence sur la terre ?

« Élèveras-tu ta voix jusqu'aux nuées ? et des torrents d'eau descendront-ils sur toi ?

« Enverras-tu la foudre, et elle ira ? et, revenant, te dira-t-elle : Me voici ?

« Qui a prescrit des lois à sa marche irrégulière ? Qui donne l'intelligence à des météores[1] ? »

On croit que Job habitait l'Arabie, non loin des confins de la Chaldée, dans le XVIIIe siècle avant Jésus-Christ.

« Le commencement des observations astronomiques se perd dans la nuit des temps, dit M. Elie de Beaumont. Les Chaldéens observaient déjà les astres et avaient certaines notions sur les règles auxquelles leurs mouvements sont assujettis. Depuis trois mille ans, les observations astronomiques se sont accumulées dans une énorme proportion en se précisant par degrés. On a dressé, d'après leurs résultats, des tables que l'on a perfectionnées successivement, et au moyen desquelles on peut prédire à l'avance quelle position occupera à un moment donné chacun des astres du système solaire. Elles fournissent les éléments des calendriers, des almanachs, dont l'infaillibilité est devenue proverbiale[2]. »

V

Bientôt les connaissances astronomiques se répandirent de la Chaldée dans la Phénicie et dans l'Égypte. L'observation que firent les Égyptiens du mouvement autour du So-

---

[1] *Job*, chap. xxxviiie.
[2] *Éloge historique de Jean Plana*, lu dans la séance publique annuelle de l'Académie des sciences le 25 novembre 1872.

leil des planètes que nous appelons Mercure et Vénus prouve
quels furent leurs succès en ce genre ; leurs prêtres surtout
s'y rendirent célèbres ; mais, sous le nom d'*astrologie*, ils
faisaient rapporter le mouvement des astres aux divers événements de la vie, et prétendaient ainsi prévoir l'avenir.

C'est dans les sanctuaires que les sciences exactes étaient
spécialement étudiées, perfectionnées, et que l'on en recherchait attentivement les applications d'une utilité générale.
Les astronomes étaient élevés à la prêtrise, et les vastes plates-formes des temples servaient d'observatoire. La suite des
observations leur fit connaître que le lever des mêmes astres
cessait, après l'intervalle de plusieurs siècles, de correspondre aux mêmes saisons, et ils avaient remarqué ce déplacement. Ils avaient divisé le ciel en constellations, dont les noms
et les figures avaient des rapports certains avec le climat
de l'Égypte. Ils construisirent un zodiaque que l'on fait remonter à des époques antérieures à l'an deux mille cinq
cents ans avant l'ère chrétienne. Le calendrier civil était
réglé, l'année était composée de 365 jours et divisée en
12 mois de 30 jours chacun, suivis de 5 jours complémentaires ; alors aussi existait la semaine, ou période de 7 jours[1].

L'astrologie, disons-nous, était en usage dans l'Égypte ; on
en trouve des preuves dans les zodiaques qu'ils nous ont lais-
sés. La figure 4 est une réduction soignée du zodiaque circulaire de Dendérah. Au premier aspect, on n'aperçoit qu'un
mélange de figures diverses entourées d'inscriptions en caractères sacrés : une légère attention fait remarquer d'abord
un cercle extérieur, occupé par une inscription tracée en
caractères de cet ordre, et coupé à des distances égales par
des figures à tête de femme debout ou à tête d'épervier ac-
croupies, et qui, de leurs bras également élevés, sou-

---

[1] *Égypte*, par Champollion-Figeac, p. 95, lib. Didot.

tiennent un médaillon entièrement garni de signes de toutes
espèces. Dans ce médaillon, qui représente le ciel, on reconnaît au-dessous du centre, vers la gauche, un lion, suivi

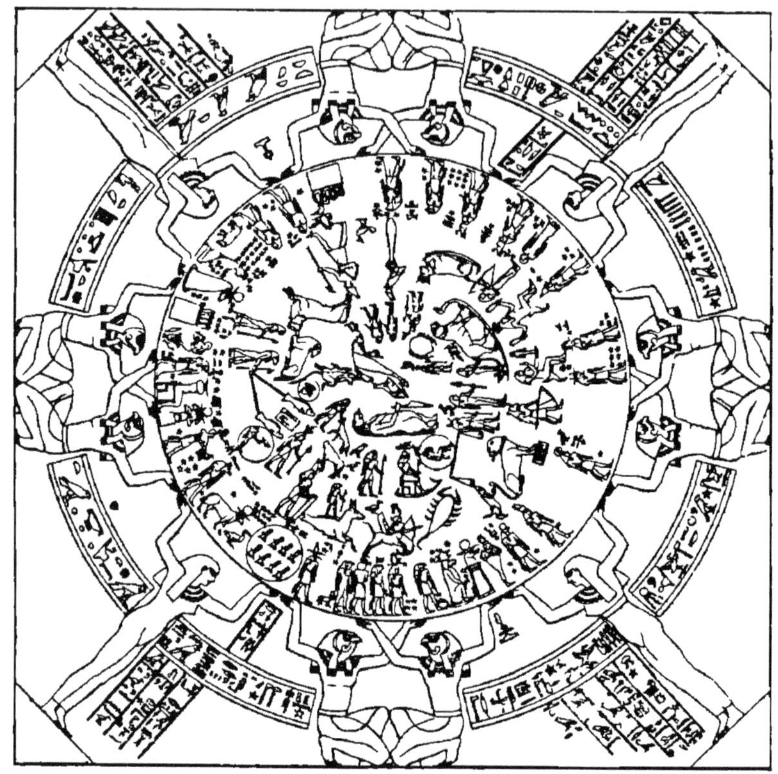

Fig. 4. — Zodiaque circulaire de Dendérah.

d'une femme et marchant sur un serpent; c'est le signe zo-
diacal du *Lion*. Derrière ce groupe, marche une femme
portant dans sa main gauche une tige de blé : c'est la *Vierge*.
Après elle, on retrouve successivement, en allant de droite
à gauche : la *Balance* avec ses deux plateaux ; le *Scorpion*, le
Sagittaire sous la forme d'un centaure ailé ; le *Capricorne*,
moitié chèvre et moitié poisson ; le *Verseau*, un homme répandant de l'eau contenue dans deux vases ; les *Poissons*

unis par un triangle ; puis le *Bélier*, le *Taureau* et les *Gémeaux*, deux figures humaines marchant ensemble ; le *Cancer* suit immédiatement au-dessus de la tête du Lion. Le *Lion* est le premier signe dans ce système de zodiaque ; en dedans et en dehors de la spirale que forment les douze signes, se trouvent les principales constellations extra-zodiacales, et l'on a généralement reconnu dans l'animal monstrueux, marchant debout, qui occupe à peu près le centre du disque, une ancienne personnification de la grande Ourse, de sorte que près d'elle se trouverait la place du pôle septentrional. On sait que la découverte des zodiaques de Dendérah et d'Esneh' amena parmi les érudits de vives discussions.

Une grande émotion se produsit en France, lors du transport à Paris du zodiaque circulaire de Dendérah : « Les savants de l'expédition d'Égypte qui, à travers mille périls, avaient pu contempler au désert ce débris d'une grande civilisation écroulée, avaient cru lire sur ces pierres scellées aux parois de gigantesques ruines l'authentique témoignage d'une antiquité incompatible avec les traditions mosaïques. Le gouvernement eut l'heureuse pensée d'acquérir pour la France la relique, objet de controverses si ardentes, qui a vu le silence se faire autour d'elle, sitôt qu'elle a passé des solitudes de la Thébaïde dans une salle, aujourd'hui peu visitée, de la Bibliothèque nationale. Nommé commissaire pour traiter de cette acquisition, M. Biot se trouvait investi, par cette circonstance même, de la mission qu'il allait accomplir. Une longue étude de ce monument dans ses signes astronomiques et dans ses symboles religieux le conduisit à penser qu'il correspondait, selon toutes les probabilités à l'état sidéral existant lors de son érection ; puis, ses calculs l'amenèrent à établir que le point du ciel indiqué comme

---

' Voir *Recherches sur l'Egypte*, par Letronne.

pôle de projection par le zodiaque exprimait la position qu'avait l'équateur terrestre 716 ans avant l'ère chrétienne. Telle fut, d'après l'opinion de M. Biot, la limite extrême au delà de laquelle toutes les données scientifiques interdisaient de remonter[1]. »

Fig. 5. — Grande pyramide de Ghizé et le Sphinx.

Les pyramides sont bien remarquables au point de vue astronomique ; elles représentent le plus ancien monument du génie de l'homme dans le monde connu ; la plus grande de Ghizé est celle qui a été étudiée avec le plus de succès, elle est exactement orientée, chacun de ses quatre angles fait face à l'un des quatre points cardinaux. Aujourd'hui même, ce n'est qu'avec beaucoup de difficultés qu'on réussirait à tracer une méridienne d'une aussi grande étendue sans dévier. De cette orientation de la grande pyramide, on a tiré

[1] M. le comte de Carné, *Disc. de réception à l'Acad. française.*

cette conséquence d'une haute importance pour l'histoire physique du globe : c'est que depuis plusieurs milliers d'années la position de l'axe terrestre n'a pas varié d'une manière sensible : et la grande pyramide est le seul monument sur la terre qui, par son antiquité, puisse fournir l'occasion d'une semblable observation. Nous donnons, d'après Champollion, une gravure représentant la véritable physionomie de cette pyramide et du sphinx qui l'avoisine [1].

Les encouragements que les Ptolémées, rois d'Égypte, Ptolémée Philadelphe, principalement, prodiguèrent aux sciences et aux arts, imprimèrent le plus grand élan aux développements de l'intelligence. On sait que ce dernier attira dans sa capitale les savants de la Grèce, les logea dans son palais, et leur fournit tous les moyens qui pouvaient faciliter les recherches scientifiques.

VI

Les Grecs ne cultivèrent l'astronomie que longtemps après les Égyptiens, dont ils furent les disciples. 640 ans avant l'ère chrétienne, Thalès de Milet alla en Égypte pour étudier; ensuite il fonda l'école ionienne, où il enseigna la sphéricité de la Terre, l'obliquité de l'écliptique, les causes des éclipses de Soleil et de Lune.

Viennent ensuite Anaximandre et Anaxagore : c'est au premier que l'on attribua l'invention du gnomon, du globe terrestre et des cartes géographiques.

Peu de temps après sortit de cette école Pythagore de Samos, disciple de Thalès. Il fit plusieurs voyages en Égypte et dans les Indes. Étant revenu dans sa patrie, il fut obligé

[1] Champollion, *Hist. de l'Egypte*, lib. Didot.

de s'en exiler à cause de la tyrannie qni y régnait. Il aborda en Italie nommée alors Grande-Grèce, et y fonda l'école pythagoricienne. Outre les connaissances de l'école ionienne, il y enseigna les deux mouvements de la Terre, l'un sur son axe et l'autre autour du Soleil. Selon lui les étoiles étaient des soleils, centres d'autant de systèmes planétaires. Les principes fondamentaux du système astronomique universellement accepté aujourd'hui étaient donc professés plus de 500 ans avant l'ère chrétienne.

Dès le temps de Pythagore on prétendait que le mouvement régulier des corps célestes à travers l'espace rendait une harmonie ineffable, que l'on appelait harmonie des sphères. On considérait d'abord les aspects comme ayant rapport avec les intervalles des tons. Ainsi l'aspect quadrat ou la quadrature est par rapport à l'aspect sextile, ou 60 degrés, comme 3 est à 2; c'est le rapport des tons qui forme la *quinte* en musique. Kepler lui-même a cherché à comparer les rapports des distances des planètes entre elles aux intervalles de la musique ; mais ces rapports sont très-arbitraires et incomplets. A mesure que la théorie musicale s'est perfectionnée, on a modifié les idées que l'on se faisait de cette harmonie. On a donc supposé que la Lune comme l'astre le plus bas, c'est-à-dire le plus près de nous, correspondait à la note *mi*, Mercure à *fa*, Vénus à *sol*, le Soleil à *la*, Mars à *si*, Jupiter à *ut*, Saturne à *ré* ; et l'orbite des étoiles fixes, comme étant le plus élevé de tous, à *mi* ou à l'*octave*.

Après Pythagore, les plus célèbres astronomes furent : Pythéas, qui enseigna la méthode de classer les climats par la longueur des jours et des nuits; Aristarque de Samos, qui détermina le diamètre apparent du Soleil, l'an 281 avant Jésus-Christ, et calcula la distance de cet astre à la Terre; Aristote, disciple de Platon, qui chercha à déterminer, par

des observations astronomiques, la figure et la grandeur de
notre planète.

Vient ensuite Hipparque de Bithynie, qui se distingua
dans l'illustre école d'Alexandrie, 140 ans avant Jésus Christ.
Ce grand astronome, peu satisfait des observations antérieures, résolut de les recommencer toutes, et de n'admettre
que celles qui seraient fondées sur un nouvel examen. Il
détermina avec précision la grandeur de l'année tropique, il
découvrit la précession des équinoxes; on lui doit l'usage
des longitudes et des latitudes.

A l'occasion d'une étoile nouvelle subitement apparue, il
construisit un catalogue de 1022 étoiles qu'il calcula pour
la 128ᵉ année avant notre ère : « Entreprise digne des dieux,
dit Pline, car Hipparque donnait ainsi le moyen de discer-
ner à l'avenir si les étoiles pouvaient se perdre ou disparaître, si elles changeaient de situation, de grandeur ou de
lumière; il laissait, en un mot, le Ciel pour héritage à ceux
qui le suivraient et qui auraient assez de génie pour féconder
son œuvre. »

Trois siècles environ s'écoulèrent entre Hipparque et Ptolémée, duquel nous allons parler. Pendant ce long intervalle,
il parut quelques observateurs et l'astronomie ne resta pas
dans l'oubli. Ce fut, en effet, à cette époque que Possidonius
découvrit la cause du flux et du reflux de la mer, et que le
calendrier subit la réforme julienne, ainsi nommée par Jules
César, qui l'ordonna. Il confia le soin de ce changement à
Sosigène, 46 avant Jésus-Christ.

Eudoxe fixa la durée de l'année à trois cent soixante-cinq
jours et un quart, durée qu'admit depuis Jules César, ou plutôt Sosigène, astronome d'Alexandrie, en établissant le calendrier Julien. L'année de Jules César fut de trois cent soixante-
cinq jours et de trois cent soixante-six, après une période de
quatre ans, ce qui donnait encore un jour d'erreur en cent

trente-quatre ans. C'est cette erreur que le calendrier Grégorien a relevée [1].

VII

L'histoire nous apprend que Jules César aimait les sciences et surtout l'Astronomie; s'adressant au sage Achorée : « Je suis venu chercher Pompée en Égypte, mais votre renommée m'y attirait aussi. Au milieu des combats, j'ai toujours étudié les mouvements du ciel, le cours des astres, les secrets des dieux. Mon année ne le cédera point aux fastes d'Eudoxe [2]...»

Dès que César eut achevé de parler, le sage vieillard lui répond en résumant les connaissances qui avaient cours alors sur le système solaire :

« Ces astres, qui seuls modèrent la fuite du ciel et s'avancent vers le pôle, la loi du monde, dès l'origine, leur attribue une puissance diverse. Le Soleil partage les saisons de l'année, règle l'échange du jour et de la nuit; par la puissance de ses rayons, il tient les astres prisonniers et enchaîne à son centre leur course vagabonde. La Lune, avec ses diverses phases, mêle la mer et les terres. A Saturne appartiennent les lieux glacés et la zone neigeuse; Mars commande aux vents, aux foudres errantes; pour Jupiter l'air calme et l'éther inaltérable; la féconde Vénus garde le germe de toutes choses; Mercure est l'arbitre de l'onde immense, dès qu'il entre dans la région du ciel, où l'astre du Lion se mêle au Cancer, où Sirius vomit ses feux rapides, où le cercle changeant de l'année occupe l'OEgoceros et le Cancer, témoin mystérieux des sources du Nil. »

[1] Voir chapitre 16ᵉ, *Division du temps.*
[2] Lucain, *la Pharsale*, liv. X.

On sait que César s'occupa réellement d'Astronomie et fit un traité sur cette matière.

Pompée avait également de l'attrait pour cette science.

Après la défaite de son armée, quittant Lesbos l'âme accablée de soucis et pénétrée de l'affligeante image que lui présente l'avenir, il cherche à écarter les idées tumultueuses qui le tourmentent pour respirer un peu ; il s'entretient avec le pilote et rassérène son âme par la contemplation du ciel étoilé : « Il questionne alors le pilote sur tous les astres ; comment on reconnaît les rivages, quel moyen le ciel lui donne de mesurer l'espace parcouru de la mer ; quel astre lui montre la Syrie ; quels feux du Chariot le font se diriger vers la Lybie.

« L'observateur habile du taciturne Olympe lui répond : Nous ne suivons pas ces astres qui lentement déclinent dans le ciel étoilé et abusent le pauvre matelot. Non. L'axe sans couchant qui ne se plonge jamais dans les ondes et qu'éclaire le double Arctos, voilà notre guide..... »

VIII

On distingue cinq systèmes principaux, dans lesquels se trouve le reste de l'histoire de l'astronomie, savoir : le système de Ptolémée, ceux de Copernic, de Tycho-Brahé, de Descartes et de Newton.

Ptolémée était un mathématicien célèbre. La ville de Péluse lui donna naissance ; cependant cette origine lui est contestée : suivant Théodore Méliténiote, il était de Thébaïde, dans Ptolémaïs d'Hermias, métropole de cette province. Il se rendit à Alexandrie où il fonda une école célèbre et florissait vers l'an 175 avant Jésus-Christ. Homme laborieux plus peut-être qu'homme de génie, il rassembla et coordonna les travaux

de ses devanciers, notamment d'Hipparque ; il ne corrigea pas
toujours très-rigoureusement leurs inexactitudes, cependant
il fut le plus grand astronome de son temps, et le système
qu'il a exposé le dernier a retenu son nom. Les Arabes nous
ont conservé ces connaissances dans un recueil célèbre intitulé l'*Almageste*[1].

Le monde, selon lui, comprend deux régions : région
élémentaire, région éthérée.

La région élémentaire est composée des corps que les anciens regardaient comme les quatre éléments : de la Terre,
immobile au centre du monde ; de l'Eau, qui couvre une
grande partie de la surface de la Terre ; de l'Air, qui est
au-dessus de la Terre, et du Feu qui est au-dessus de l'air.

La région éthérée enveloppe la région élémentaire ; elle
est composée de onze cieux tournant autour de la Terre
comme autour de leur centre. Au delà des onze cieux est
l'empyrée, ou le séjour des bienheureux. Tous les corps
célestes tournent autour de la Terre qui est immobile au
centre du monde.

Ce système a subsisté pendant plus de quatorze cents
ans. Les stations et les rétrogradations des corps célestes y
sont fort ingénieusement expliquées, pour un temps où l'immensité des cieux et la prodigieuse distance des étoiles ne
pouvaient être comprises.

---

[1] M. Charles Muller, si connu par les savantes éditions des *Fragments des Historiens Grecs*, de *Strabon*, des *Petits Géographes* et autres auteurs qui font partie de
la Bibliothèque grecque publiée par M. Ambr. Firmin-Didot, prépare depuis dix ans
une édition de Ptolémée qui devra être considérée comme définitive. A cet effet,
M. Ch. Muller a été collationner sur les lieux mêmes *tous* les manuscrits de Ptolémée
qui sont en France, en Angleterre, en Allemagne, en Italie, en Espagne, et même à
Constantinople. Enfin il a eu sous les yeux la reproduction photographique du manuscrit du mont Athos, faite sur les lieux par M. Sewastianoff et multipliée par les
soins de M. Didot, dans l'édition qu'il a donnée de ce manuscrit, par les procédés
héliographiques.

IX

Copernic, célèbre astronome, naquit à Thorn, en Pologne, en 1472, et mourut en 1543. Rappelons pour sa gloire qu'il était le fils d'un simple boulanger polonais, et que, par sa valeur personnelle, il s'éleva au rang des premiers savants de son siècle. Il visita l'Italie, afin de consulter les astronomes les plus renommés; il enseigna quelque temps les mathématiques à Rome, puis vint se fixer dans sa patrie, à Frauenbourg, où il fut pourvu d'un canonicat par son oncle, qui était évêque.

Copernic soumit à un nouvel examen tous les systèmes proposés jusqu'à lui par les astronomes. Il a trouvé le germe du système qui porte son nom dans quelques anciens, surtout dans Philolaüs; mais il se l'appropria réellement en l'appuyant d'une foule d'observations et de calculs.

Craignant les contradictions, il ne publia ses idées qu'à la fin de sa vie; il ne reçut le livre où elles étaient exposées que le jour même de sa mort. G. Donner, dans une lettre au duc de Prusse, dit « que le digne et honorable docteur Nicolas Copernic a laissé échapper son ouvrage quelques jours avant de quitter cette terre, comme le cygne chante avant de mourir. »

Fontenelle trouve que Copernic a bien fait de mourir alors! « Aussi Copernic lui-même se défiait-il fort du succès de son opinion. Il fut très-longtemps à ne la vouloir pas publier. Enfin, il s'y résolut, à la prière de gens très-considérables; mais aussi, le jour qu'on lui apporta le premier exemplaire imprimé de son livre, savez-vous ce qu'il fit? Il mourut. Il ne voulut point essuyer toutes les contradictions qu'il prévoyait, et se tira habilement d'affaire[1]. »

On ne lira pas sans intérêt les lignes suivantes dans lesquelles il exprime son appréhension : « J'hésitai longtemps si je ferais publier mes commentaires sur les mouvements des corps célestes, ou s'il ne serait pas mieux de suivre l'exemple de certains pythagoriciens qui ne laissaient rien d'écrit, mais oralement d'homme à homme, communiquaient aux adeptes et aux amis les mystères de la philosophie, comme le prouve la lettre de Lysis à Hipparque. Ils ne le faisaient pas, comme quelques-uns le pensent, par un esprit d'une excessive jalousie, mais afin que les questions les plus graves étudiées avec le plus grand soin par les hommes illustres, ne fussent pas dénigrées par des fainéants qui n'aiment pas à se livrer aux travaux sérieux, à l'exception des études lucratives ; ou par des hommes bornés qui, tout en se livrant aux sciences, par l'indolence de leur esprit se faufilent parmi les philosophes comme les bourdons parmi les abeilles.

« Quand j'hésitais et que je résistais, mes amis me stimulaient. Le premier était Nicolas Schomberg, cardinal de Capoue, homme d'une grande érudition ; l'autre, mon meilleur ami, Tideman Gysius, évêque de Culm, autant versé dans les saintes Écritures qu'expert dans les autres sciences. Ce dernier m'engageait souvent et me pressait tellement qu'il me décida enfin à livrer au public l'œuvre que je gardais depuis plus de vingt-sept ans. »

Suivant le système de Copernic, le Soleil est immobile au centre de l'univers, la Terre est rangée parmi les planètes, la Lune est un satellite de la Terre ; toutes les planètes font leur révolution autour du Soleil, centre général de l'univers ; elles parcourent, dans des temps différents, des orbites d'une forme ovale ou elliptique.

[1] Fontenelle, *Pluralité des mondes.*

La Terre a trois mouvements qui expliquent les mouvements journaliers et annuels des cieux : le premier de rotation sur son axe, va d'occident en orient, en décrivant le cercle équinoxial dans le cours du jour et de la nuit. Par

Fig. 6. — Portrait de Copernic, gravé par J. Falck [1].

un effet de ce mouvement, le Soleil et les étoiles, quoique immobiles, paraissent se lever et se coucher chaque jour, et suivre une marche fixe d'orient en occident.

Le second est un mouvement annuel de la Terre autour du Soleil, par lequel, en trois cent soixante-cinq jours et

[1] Je dois à l'obligeance de M. Ambroise Firmin-Didot, de l'Institut de France, les quatre portraits des représentants de l'Astronomie moderne ; les originaux font partie de la précieuse collection de gravures de sa célèbre bibliothèque.

six heures, elle achève sa course dans le cercle écliptique, mais contre l'ordre des signes, c'est-à-dire qu'étant elle-même au Capricorne, signe du zodiaque qui répond à l'hiver, elle voit le Soleil dans le signe d'été, le Cancer, et elle a réellement l'été; et réciproquement, lorsqu'elle correspond au Cancer, elle voit le Soleil dans le signe d'hiver, le Capricorne, et elle a réellement l'hiver.

Le troisième est un mouvement de la Terre sur elle-même par lequel, tout en conservant son axe continuellement tourné vers le même point du ciel, elle présente successivement au Soleil, dans le cours d'une année, chaque partie de sa surface.

Ces deux derniers mouvements, combinés ensemble, procurent l'inégalité des jours et des nuits et la vicissitude des saisons.

Copernic est obligé de placer les étoiles à une distance incalculable, parce que la Terre parcourt tous les ans, autour du Soleil, un orbite qui a plus de 200 millions de lieues; de sorte qu'à six mois d'intervalle elle doit être éloignée de près de 70 millions de lieues de l'endroit où elle était auparavant. Cela n'est point un inconvénient, et n'empêche pas que le système de Copernic, établi sur des bases mathématiques, ne soit le plus simple et le plus naturel, et le véritable système du monde. Copernic doit donc être regardé comme le premier fondateur de l'astronomie moderne.

Ses contradicteurs lui disaient : « S'il était vrai que le Soleil soit au centre du système planétaire et que Mercure et Vénus circulent autour de lui, dans une orbite intérieure à celle de la Terre, ces deux planètes devraient avoir des phases. Quand Vénus se trouve de ce côté-ci du Soleil, elle devrait être en croissant, comme la Lune se couchant le soir; lorsqu'elle forme un angle droit entre le Soleil et nous, elle devrait se présenter sous l'aspect d'un premier quartier, et c'est cependant ce que l'on n'a jamais vu. » Copernic répondait : « C'est pourtant la réalité et c'est ce que les hommes verront un jour, s'ils trouvent le moyen de perfectionner leur vue. »

Cela arriva en effet soixante-dix ans plus tard : Galilée explorant le ciel avec une lunette nouvellement construite, vers la fin de septembre 1610, aperçut à Florence que Vénus avait des phases comme la Lune : « O Nicolas Copernic ! s'écria-t-il, quelle eût été ta satisfaction, s'il t'eût été donné de jouir de ces nouvelles expériences qui confirment si pleinement tes idées ! »

X

Tycho-Brahé est né en 1546, en Scanie, d'une famille des plus nobles du Danemark. Il montra dès son enfance un goût déterminé pour les observations astronomiques ; il parcourut pendant cinq ans l'Allemagne et la Suisse, pour visiter les observatoires et prendre connaissance des méthodes alors usitées ; il fut chargé de cette mission par le roi de Danemark, et reçut en don de ce prince l'île de Huen pour y faire ses observations ; il y construisit le magnifique observatoire dit Uranienbourg, qui fut sa résidence pendant dix-sept ans ; mais depuis, moins bien traité par le successeur de Frédéric, il quitta sa patrie et se rendit en Bohême, où l'empereur Joseph II lui offrit une retraite agréable et lui donna une pension. Il mourut à Prague en 1601.

On doit à Tycho-Brahé de nombreuses observations, faites pendant vingt et une années dans l'île de Huen ; ces observations, admirables d'exactitude, ont grandement aidé les découvertes de Képler. A l'occasion d'une étoile qui parut tout à coup dans Cassiopée, en 1572, Tycho-Brahé entreprit un catalogue de ces astres, dont il détermina la position

Fig. 7. — Portrait de Tycho-Brahé, gravé par de Gheyn.

de plus d'un millier, avec une précision surprenante pour une époque antérieure à l'observation télescopique.'

Tycho-Brahé voulut contredire le système de Copernic, qui avait dans ce temps la plus grande vogue, et l'accorder avec celui de Ptolémée, entreprise impossible qui troubla tout.

Il prétendit que la distance des étoiles fixes au Soleil, telle que l'établit Copernic, était peu vraisemblable; et, voulant ménager certains textes de l'Écriture sainte, que l'on disait mal à propos contredire ce système, il rétablit la Terre dans ce que l'on croyait ses anciens droits. Il la place donc immobile au centre du monde, et fait tourner autour du Soleil la Lune, les planètes et les étoiles fixes, tandis que le Soleil tourne autour de la Terre avec tout son cortége planétaire.

De sorte qu'il est d'accord avec Copernic, en ce qu'il regarde le Soleil comme étant le centre des astres que nous venons de nommer, et avec Ptolémée, en ce que la Terre est immobile, tandis que le Soleil et les étoiles tournent autour d'elle.

Dans cette hypothèse, Vénus et Mercure passent, pendant une partie de leur révolution, entre le Soleil et la Terre; cela explique assez bien leurs phases que l'on aperçoit à l'aide des lunettes, et qui ressemblent à celles de la Lune.

Ce système, qui a fait honneur à la subtilité de Tycho-Brahé, a été universellement rejeté.

XI

Descartes, célèbre philosophe français, un génie des plus vigoureux et des plus originaux, est né à Lahaye, en Touraine, l'an 1596. Il se décida d'abord pour la carrière des armes, servit comme volontaire sous Maurice de Nassau et sous le duc de Bavière; mais il quitta le service au bout de peu d'années. Il se mit à voyager, parcourut l'Allemagne, la Hollande, l'Italie, vint à plusieurs reprises à Paris, où il se lia avec les savants, et, après être resté plusieurs années indécis sur le choix d'un état, il résolut de se livrer tout entier à la méditation. Pour y mieux réussir, il quitta la France, et se retira en Hollande, où il vécut dans la retraite, loin des trop nombreuses distractions de la grande capitale.

Les ouvrages de Descartes attirèrent à ce grand homme beaucoup d'admiration, mais ils lui suscitèrent aussi de vives contradictions et même des persécutions.

La princesse Élisabeth, fille de l'électeur palatin Frédéric V, recherchait ses entretiens; Mazarin lui accordait une pension de mille écus; enfin la reine Christine le pressait de se rendre à sa cour. Flatté de cette invitation, Descartes partit pour Stockholm à la fin de 1649; mais, au bout de peu de mois, il succomba à la rigueur du climat. Il mourut en 1650, âgé de cinquante-quatre ans. Ses restes furent rapportés en France en 1667, et déposés avec honneur à Sainte-Geneviève.

Il est regardé comme le père de la philosophie moderne; on lui doit l'application de l'algèbre à la géométrie; il a reconnu et démontré l'existence des forces centrifuges qui maintiennent l'équilibre universel en balançant partout l'action de la pesanteur.

Son système, que l'on appelle communément les *tourbillons* de Descartes, se rapproche assez de celui de Copernic.

On entend dans ce sens, par le mot tourbillon, une certaine quantité de matière divisée en une infinité de parties d'une ténuité extrême, qui tournent toutes ensemble autour d'un même centre qui leur est commun, tandis que chacune d'elles tourne autour d'un centre qui lui est propre. Par exemple, en appliquant ce genre de mouvement aux astres, le tourbillon dans lequel nous sommes est composé du So-

leil et des planètes qui tournent autour de lui, en tournant
en même temps sur elles-mêmes. Descartes admet trois sortes de corps célestes : 1° des étoiles fixes qui sont toutes des
soleils; 2° des planètes qui tournent autour des soleils;
3° des lunes qui tournent autour des planètes.

L'ensemble de son système n'a pu résister à l'épreuve de

Fig. 8. — Portrait de Descartes, gravé par Jonas Suyderhoeff.

l'examen analytique qu'il avait lui-même contribué à établir. Cependant, par ses travaux si originaux, par ses découvertes si fécondes, ce grand penseur imprima un essor
incomparable à l'esprit humain et un mouvement aussi
profond que durable à la science et à la philosophie.

XII

Newton, le plus illustre des savants anglais, est né en 1642, à Woolstrop, dans le Lincolnshire. Il est placé au premier rang des mathématiciens, des physiciens et des astronomes; cependant on peut dire que ses découvertes avaient été, jusqu'à un certain point, préparées pas Descartes. Sa mère le destinait à exploiter des propriétés de familles; mais, voyant qu'il était peu propre pour ce genre d'occupation, elle lui laissa suivre son penchant pour l'étude.

Il fut envoyé, en 1660, à l'université de Cambridge, et eut pour professeur de mathématiques le docteur Barrow. Il ne tarda pas à surpasser son maître, et fit, avant l'âge de vingt-trois ans, ses plus grandes découvertes en mathématiques : celle du binôme qui porte son nom, et celle du calcul infinitésimal, qu'il appela le calcul des fluxions.

En 1665, il quitta Cambridge pour fuir la peste, et se retira à Woolstrop; c'est là que, dit-on, voyant une pomme tomber devant lui, il conçut, à l'occasion de ce fait si vulgaire, la première idée de la gravitation universelle et du système du monde.

« Pendant deux ans que Newton employa pour préparer et développer l'immortel ouvrage des *Principes de la philosophie naturelle,* où tant de découvertes admirables sont exposées, dit M. Biot, il n'exista que pour calculer et penser; et, si la vie soumise au besoin de l'humanité peut offrir quelque idée de l'existence pure d'une intelligence céleste, on peut dire que la sienne présenta cette image. Souvent, perdu dans la méditation de ces grands objets, il agissait sans songer qu'il agît, et sans que sa pensée semblât avoir aucun lien avec son corps. On rapporte que, plus d'une fois, commençant à se lever, il s'asseyait tout à coup sur son lit, arrêté par quelque pensée, et demeurait ainsi à moitié nu pendant des heures entières, suivant toujours l'idée qui l'occupait. Il aurait même oublié de prendre de la nourriture si on ne l'en eût fait souvenir... Au reste, lui-même reconnaissait volontiers cette inévitable nécessité de la constance et de la continuité dans l'exercice de l'attention, pour développer le pouvoir de l'intelligence; car un jour, comme on lui demandait de quelle manière il était parvenu à ses découvertes, il répondit : « En y pensant toujours : » et une aufois il expliquait ainsi par son mode de travail : « Je tiens, « disait-il, le sujet de ma recherche constamment devant « moi, et j'attends que les premières lueurs commencent à « s'ouvrir lentement et peu à peu, jusqu'à se changer en « une clarté pleine et entière »... Il exprime encore le même sentiment dans une lettre adressée au docteur Bentley : « Croyez-moi, lui dit-il, si mes recherches ont pro- « duit quelques résultats utiles, ils ne sont dus qu'au tra- « vail et à une *pensée patiente.* » Avec des goûts et des habitudes pareilles, on conçoit que la possession complète de lui-même et de ses propres idées devait être sa jouissance la plus vive[1] ».

Il paraît qu'en 1692 sa raison se troubla un instant, soit par suite d'un incendie qui dévora une partie de ses papiers, soit par l'effet d'une grande contention d'esprit; depuis cette époque il ne donna plus aucun travail original et ne fit guère que publier les fruits de ses travaux antérieurs.

En 1699, l'Académie des sciences de Paris le nomma associé étranger; la société royale le choisit, en 1703, pour son président; il garda ce titre jusqu'à sa mort.

Ses dernières années furent troublées par une discussion

---

[1] M. Biot, *Biographie de Newton.*

fort vive qu'il eut à soutenir, au sujet de la découverte du calcul infinitésimal, avec Leibnitz, qu'il accusait de plagiat; il fut reconnu que Newton avait droit à la priorité, mais que Leibnitz avait, de son côté, fait la même découverte.

Newton mourut en 1727, âgé de quatre-vingt-cinq ans.

Tout le monde connaît ces beaux vers :

> Confidents du Très-Haut, substances éternelles
> Qui brûlez de ses feux, qui couvrez de vos ailes,
> Le trône où votre maître est assis parmi vous,
> Parlez, du grand Newton n'étiez-vous pas jaloux ?

Dans un autre passage, un poëte de sa nation l'a nommé

Fig. 9. — Portrait de Newton, gravé par J. Smith.

une pure intelligence, prêtée aux hommes par le Créateur des mondes, pour leur expliquer ses ouvrages.

Sa profonde connaissance des mathématiques le conduisit à déterminer la nature de la courbe que doit décrire
un corps, dans sa révolution autour d'un centre vers lequel
il est attiré par une force *proportionnelle* à la masse du corps
central, et *décroissant* selon les lois de la gravitation. Il découvrit ainsi que tous les corps célestes se meuvent dans
les quatres principales courbes des *sections coniques*, savoir :
les planètes dans des ellipses, les satellites dans des cercles,
les comètes dans des paraboles ou des hyperboles.

Voici l'abrégé de son système : De même que tous les
corps pesants tendent au centre de la Terre, de même les
corps qui composent l'univers ont, par la force de l'attraction, une tendance générale vers le Soleil, qui est leur centre
commun. Mais comme les planètes, n'obéissant qu'à la force de
l'attraction, c'est-à-dire à la force par laquelle le Soleil les attire à lui, s'approcheraient de cet astre et s'y précipiteraient,
Newton reconnaît deux puissances motrices qui, dès le
principe, leur furent données par le Créateur : la première
de ces deux puissances est la force centripète, qui attire ou
porte les planètes vers le Soleil, leur centre ; et la seconde,
la force centrifuge, qui les en éloigne.

Ces deux forces sont contre-balancées l'une par l'autre.

Ainsi la Terre, au lieu d'être emportée loin du Soleil par
la force centrifuge, se trouve, par l'action des deux, retenue
dans son orbite, et forcée de décrire autour de lui une ellipse dont il occupe un des foyers.

Newton ne s'en est point tenu aux planètes principales ;
il a calculé les mouvements des satellites, la route que devaient prendre les comètes, avec une justesse que toutes les
observations ont démontrée. Le flux et le reflux de la mer,
la précession des équinoxes, la nutation de l'axe de la
Terre, la différence du temps vrai et du temps moyen, etc.,
ne sont que des effets de la loi de la gravitation universelle.

Dans le courant de cet ouvrage nous développerons les idées que nous ne pouvons qu'à peine indiquer par cette revue rapide de l'histoire de l'astronomie.

URANIE. (*Statue antique aujourd'hui en Suède*).

CHAPITRE II

SYSTÈME SOLAIRE.

Le Soleil. — Les huit planètes principales. Les petites planètes. — Les satellites. — Formation du système solaire.

I

L'ensemble du Soleil et de son cortége d'astres non lumineux par eux-mêmes constitue ce que nous appelons le *système solaire*.

Le système solaire se compose aujourd'hui :

Du Soleil; les astronomes ont l'habitude de le désigner par le signe suivant ☼. Son diamètre égale 112 fois celui de la Terre; il fait une révolution sur lui-même en 25 jours et 10 heures à peu près;

De huit planètes principales et de 156 petites planètes ou *planètes télescopiques*, dont les orbites sont comprises entre celles de Mars et de Jupiter, et à des distances du Soleil presque égales entre elles.

Les planètes principales, rangées d'après l'ordre de leur distance croissante au Soleil, ont été appelées :

1° *Mercure*, représenté par ☿, et dont la distance moyenne au Soleil est de 13,299,742 lieues; sa révolution autour de cet astre de 87 jours 23 heures 14 minutes 33 secondes; son diamètre est les deux tiers de celui de la Terre;

2° *Vénus* ♀. Sa distance moyenne au Soleil est de 24,851,885 lieues; sa révolution de 224 jours 16 heures 15 minutes 24 secondes; son diamètre est presque égal à celui de la Terre;

3° La *Terre* ♁. Sa distance moyenne au Soleil est de 34,357,480 lieues; sa révolution de 365 jours 5 heures 48 minutes et 51 secondes; son diamètre de 2,870 lieues;

4° *Mars* ♂. Sa distance moyenne au Soleil est de 52,350,240 lieues; sa révolution de 1 an 321 jours 59 minutes; son diamètre est la moitié de celui de la Terre;

5° *Jupiter* ♃. Sa distance moyenne au Soleil est de 178,692,550 lieues; sa révolution de 11 ans 307 jours 14 heures 18 minutes; son diamètre, 11 fois celui de la Terre;

6° *Saturne* ♄. Sa distance moyenne au Soleil est de 327,748,720 lieues; sa révolution de 29 ans 173 jours 23 heures 16 minutes; son diamètre est près de dix fois celui de la Terre;

7° *Uranus* ♅. Sa distance moyenne au Soleil est de 659,100,560 lieues; sa révolution de 84 ans 28 jours 17 minutes; son diamètre est un peu plus de 4 fois celui de la Terre;

8° *Neptune* ♆. Sa distance moyenne au soleil est de 1,150 millions de lieues, sa révolution de 164 ans 266 jours; son diamètre égale près de cinq fois celui de la Terre.

Le système solaire se compose en plus de 21 satellites de planètes : 1 pour la Terre : la *Lune,* représentée par ☽; 4 pour Jupiter; 8 pour Saturne; 6 pour Uranus; 2 pour Neptune, et d'un nombre de comètes qui devient chaque jour plus considérable.

Kepler avait soupçonné l'existence de quelque astre entre Mars et Jupiter; il est le premier, dit le P. Secchi, qui découvrit une certaine régularité dans la distribution des pla-

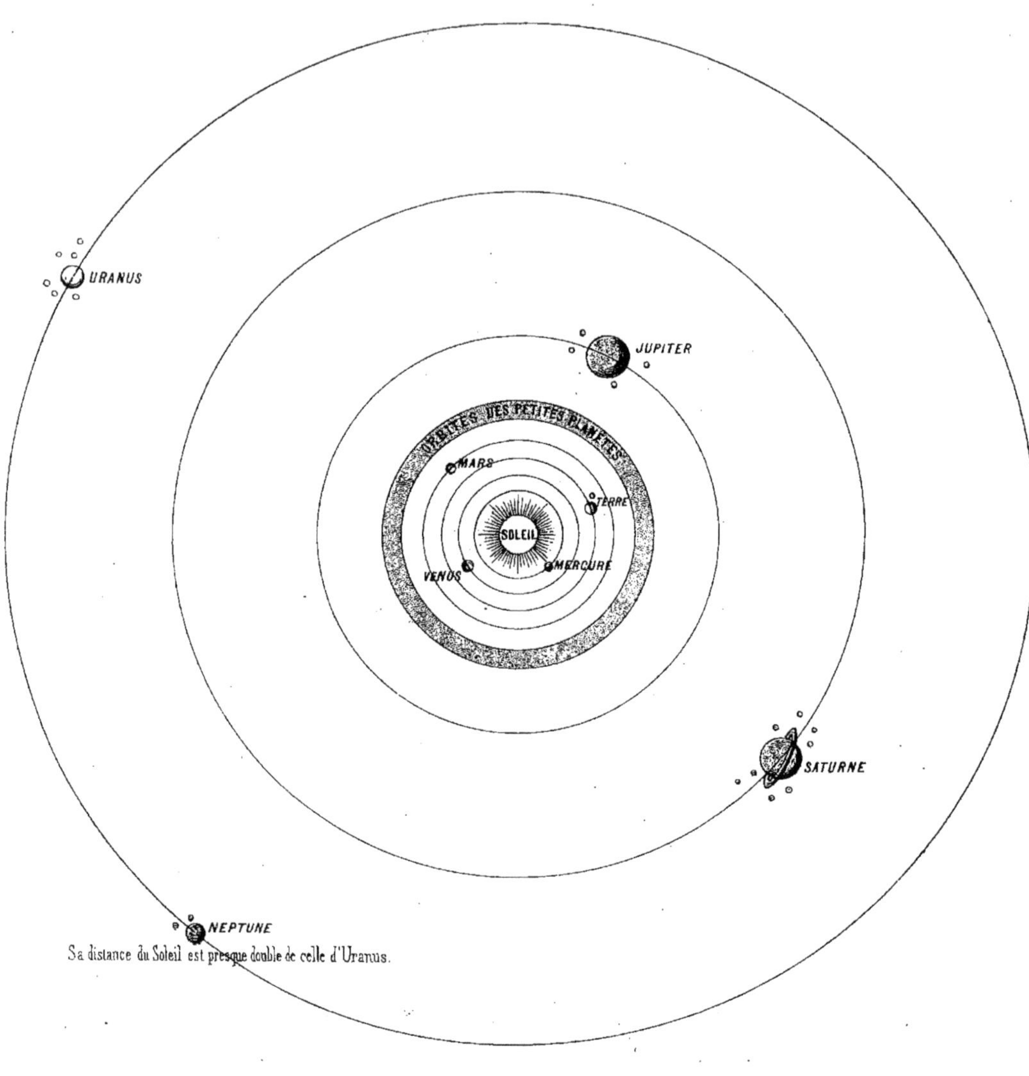
URANUS
JUPITER
ORBITES DES PETITES PLANÈTES
MARS
TERRE
SOLEIL
MERCURE
VENUS
SATURNE
NEPTUNE
Sa distance du Soleil est presque double de celle d'Uranus.

nètes; il y avait cependant une anomalie dans la distance qui sépare Mars de Jupiter; aussi, en s'appuyant sur cette seule remarque, osa-t-il annoncer qu'on découvrirait plus tard dans cette région un astre jusque-là inconnu. Il a fallu près de deux siècles pour que l'événement vînt lui donner raison[1].

Au lieu d'une seule planète que Kepler avait en vue on en a déjà découvert 156, dont nous donnons le tableau; leur nombre est loin d'être fixé, car on en découvre tous les jours. Cependant, toutes ces planètes ne sont l'équivalent que d'une seule, dont la masse, d'après les calculs de M. Le Verrier, est tout au plus égale au tiers de celle de la Terre; s'il en était autrement, leur attraction aurait produit dans le mouvement du périhélie de Mars des inégalités plus grandes que celles connues jusqu'à présent[2].

II

*Petites planètes ou planètes télescopiques
entre Mars et Jupiter.*

1 Cérès.	9 Métis.	17 Thétis.
2 Pallas.	10 Hygie.	18 Melpomène.
3 Junon.	11 Parthénope.	19 Fortuna.
4 Vesta.	12 Victoria.	20 Massalia.
5 Astrée.	13 Egérie.	21 Lutétia.
6 Hébé.	14 Irène.	22 Calliope.
7 Iris.	15 Eunomia.	23 Thalie.
8 Flore.	16 Psyché.	24 Thémis.

[1] P. Secchi, *le Soleil*, p. 334.
[2] *Comptes rendus de l'Académie des sciences*, t. XXXVII, p. 793

(25) Phocéa.
(26) Proserpine.
(27) Euterpe.
(28) Bellone.
(29) Amphitrite.
(30) Uranie.
(31) Euphrosine.
(32) Pomone.
(33) Polymnie.
(34) Circé.
(35) Leucothée.
(36) Atalante.
(37) Fides.
(38) Léda.
(39) Lætitia.
(40) Harmonia.
(41) Daphné.
(42) Isis.
(43) Ariane.
(44) Nysa.
(45) Eugénia.
(46) Hestia.
(47) Aglaïa.
(48) Doris.
(49) Palès.
(50) Virginia.
(51) Némausa.
(52) Europa.
(53) Calypso.
(54) Alexandra.
(55) Pandore.

(56) Melette.
(57) Mnémosyne.
(58) Concordia.
(59) Olympia.
(60) Danaé.
(61) Echo.
(62) Erato.
(63) Ausonia.
(64) Angelina.
(65) Maximiliana.
(66) Maja.
(67) Asia.
(68) Leto.
(69) Hesperia.
(70) Panopea.
(71) Niobé.
(72) Feronia.
(73) Clytia.
(74) Galathea.
(75) Eurydice.
(76) Freia.
(77) Frigga.
(78) Diana.
(79) Eurymone.
(80) Sapho.
(81) Terpsichore.
(82) Alcmène.
(83) Béatrix.
(84) Clio.
(85) Io.
(86) Sémélé.

(87) Sylvia.
(88) Thisbé.
(89) Julia.
(90) Antiope.
(91) Égine.
(92) Undine.
(93) Minerve.
(94) Aurore.
(95) Aréthuse.
(96) Aigle.
(97) Clotho.
(98) Ianthe.
(99) Dike.
(100) Hécate.
(101) Hélène.
(102) Miriam.
(103) Héra.
(104) Clymène.
(105) Artemis.
(106) Sylvia.
(107) Camilla.
(108) Hécube.
(109) Félicité.
(110) Lydie.
(111) Ate.
(112) Iphigénie.
(113) Amalthée.
(114) Cassandra.
(115) Thyra.
(116) Sirène.
(117) Lomia.

118 Peitho.   131 Valla.   144 Vibilia.
119 Althæa.   132 Ætra.   145 Adéonu.
120 Lachésis.   133 Syrène.   146 Lucine.
121 Hermione.   134 Sophrosine.   147 Prologénie.
122 Gerda.   135 Hestha.   148
123 Brunhilda.   136 Bustria.   149
124 Alceste.   137 Melibœa.   150
125 Libératrix.   138 Tolosa.   151
126 Velléda.   139   152
127 Joanna.   140 Siva.   153
128 Némésis.   141 Lumen.   154
129 Antigone.   142 Polana.   155
130 Electra.   143 Adria.   156

La planète 139ᵉ, la 148ᵉ et les suivantes n'ont pas encore
reçu de nom, les éphémérides de la 156ᵉ se trouvent dans
les *Comptes rendus* de l'Académie des sciences du 3 janvier
1876.

III

Monde et *Univers*, s'emploient comme synonymes dans le
langage ordinaire, mais au point de vue scientifique il est bon
de déterminer leur signification spéciale : le *Monde* proprement dit, c'est le système solaire, système que nous connaissons, composé du Soleil et des Astres qui forment son cortége.
L'*Univers* est la multitude d'étoiles, de nébuleuses, de voies
lactées, etc., que l'on aperçoit à l'œil nu ou à l'aide d'instruments que la science nous fournit. Peut-être le système solaire et toutes ces étoiles sont-ils rattachés par des liens in-

visibles, par des lois communes qui font d'eux un système unique, et qu'au de là de cet univers, il y a d'autres univers rattachés également par des liens qui en font des systèmes indépendants des univers qui les entourent. Ces hypothèses sont permises, et même elles se présentent naturellement à l'esprit lorsque l'on sonde les profondeurs incalculables de l'inépuisable éther, devant la toute puissance de celui dont une parole suffit pour réaliser toute création. Les connaissances astronomiques sont certainement bien avancées, mais que sont ces connaissances comparées à ce que nous ignorons?

Personne n'ignore maintenant la révolution de la Terre autour du Soleil, la révolution propre de cet astre, etc.; mais ce que tout le monde ne sait pas, et qui étonne lorsqu'on l'apprend pour la première fois, c'est que le système solaire, c'est-à-dire le Soleil et la Terre, les planètes et les lunes ont un mouvement de translation incessant du côté de la constellation d'Hercule.

Herschel prouva, dit M. Arago, que les irrégularités, en apparence inextricables, de tant de mouvements propres stellaires, tiennent en grande partie au déplacement du système solaire; qu'enfin, le point de l'espace vers lequel nous nous avançons chaque année, est situé dans la constellation d'Hercule. Ces résultats sont magnifiques. La découverte du mouvement propre de notre système comptera toujours parmi les plus beaux titres de gloire d'Herschel, même après les conjectures antérieures de Fontenelle, de Bradley, de Mayer, etc. A côté de cette grande découverte, on doit en placer une autre, qui semble avoir encore plus d'avenir. Les résultats qu'elle permet d'espérer sont d'une extrême importance; elle a été annoncée au monde en 1803; c'est la découverte de la dépendance réciproque dans laquelle sont certaines étoiles, liées les unes aux autres, comme les diverses planètes de notre système et leurs satellites sont liées au Soleil[1].

IV

Le R. P. Secchi expose très-simplement et très-clairement les idées généralement acceptées par la science actuelle, sur la formation du système solaire ; nous lui cédons la parole avec empressement :

« Les savants sont de nos jours unanimes à admettre que notre système solaire est dû à la condensation d'une nébuleuse, qui s'étendait autrefois au delà des limites occupées actuellement par les planètes les plus lointaines. Cette nébuleuse était primitivement douée d'un mouvement de rotation très-lent, qui devait s'accélérer plus tard. D'après une loi mécanique connue sous le nom de *loi des aires*, chaque particule libre doit se mouvoir de manière que son rayon vecteur décrive des aires égales dans des temps égaux ; de là il suit que le rayon diminuant constamment par la contraction progressive, l'arc décrit pendant l'unité de temps a dû s'accroître, afin que l'aire restât constante. De cet accroissement de vitesse, il résulte une augmentation de la force centrifuge, et lorsque celle-ci est devenue égale à la force de gravitation, il s'est formé des anneaux qui sont demeurés librement suspendus autour de la masse centrale. La vitesse augmentant toujours, ces anneaux se sont brisés, et les différents fragments, obéissant individuellement aux lois de l'attraction, ont à leur tour formé de nouvelles masses isolées les unes des autres, et qui sont devenues des centres d'action semblables au centre principal. Ces masses à leur tour ont pu s'environner d'anneaux de second ordre, dont

[1] *Astronomie populaire.*

quelques-uns ont persisté jusqu'à nos jours, tandis que les autres en se brisant, ont formé des satellites.

« Cette théorie, proposée par Kant, Herschel et Laplace, a été confirmée par les ingénieuses expériences de M. Plateau. Une masse d'huile étant mise en suspension dans un liquide de même densité, formé d'un mélange d'eau et d'alcool, on la voit prendre spontanément la forme sphérique que tend à lui donner l'attraction moléculaire. Si on la fait tourner autour de son diamètre vertical avec une vitesse croissante, on voit d'abord la sphère s'aplatir; puis il vient un moment où il se détache un anneau semblable à celui de Saturne; enfin, la vitesse croissant toujours, un moment vient où l'anneau se brise, et il se forme de petites sphères qui tournent sur elles-mêmes en tournant autour de la masse principale.

« La matière qui composait la nébuleuse primitive devait être à un état de raréfaction beaucoup plus considérable que celui que nous obtenons avec les meilleures machines pneumatiques; elle s'est énormément contractée et condensée, laissant à différentes distances des planètes et des satellites; le Soleil est le résidu encore incandescent et gazéiforme de cette masse primitive. Nous trouvons dans le monde sidéral des vestiges de cette formation : dans notre monde planétaire ce sont les anneaux qui environnent Saturne, et dans le monde stellaire ce sont les nébuleuses annulaires. Ces masses sont composées d'une matière encore gazeuse, et elles semblent constituer des mondes en voie de formation [1]. »

Abrégeons le temps et les distances et voyons les mondes se former sous nos yeux : « Supposons, ou plutôt rêvons que l'acuité de nos sens a été surnaturellement haussée jus-

[1] P. Secchi, *le Soleil.* p. 332.

qu'à la limite extrême de la vision télescopique, et que ce
qui est séparé par de longs intervalles de temps est rapproché, soudain disparaît tout repos dans le sein de l'espace.
Nous voyons les innombrables étoiles se mouvoir, par groupes, en des directions diverses; des nébuleuses passer
comme des nuages cosmiques, se condenser et se dissoudre;
la voie lactée s'ouvrir en des lieux isolés et déchirer son
voile; en un mot, nous voyons le mouvement se faire sentir à chaque point de la voûte céleste aussi bien qu'à la
surface de la terre dans les bourgeons des feuilles et des
fleurs qui se développent. Le célèbre Espagnol Cavanilles
eut le premier l'idée de *voir pousser l'herbe*, pointant dans
un télescope très-amplifiant le fil horizontal du micromètre
sur le bout de la tige de l'agave américain, qui croît avec
tant de rapidité. C'est justement ainsi que l'astronome bra-
que les fils croisés de son micromètre sur l'étoile culmi-
nante [1]. »

M. Inrichs arrive à la conclusion suivante, qui est fort importante : la loi de la condensation progressive se trouve
reliée à la troisième loi de Kepler; la troisième loi de Kepler
est elle-même une conséquence de la gravitation universelle
agissant en raison directe des masses et en raison inverse
du carré des distances. La loi de la formation du système
planétaire serait donc une simple conséquence de la gravitation universelle.

M. Delaunay, de l'Institut, dit également : « La grande loi
de la gravitation universelle dont nous sommes redevables
au génie de Newton, a introduit l'unité dans la science astronomique; elle a permis de rattacher à une seule et même
cause toutes les particularités que présentent les mouvements
des corps célestes[2]. »

---

[1] De Humboldt, *Cosmos*, t. I.
[2] *Rapport sur le progrès de l'Astronomie*, p. 1.

CHAPITRE III

LA LUMIÈRE ET EN PARTICULIER L'ANALYSE SPECTRALE.

C'est par la lumière que nous connaissons les astres. — Révélations par l'analyse spectrale. — Hypothèse de l'émission et celle des ondulations. — Lois de la lumière. — Diverses mesures de sa vitesse. — Spectre solaire. — Action chimique de la lumière. — Longueur des ondes lumineuses. — Analogie du son et de la lumière. — Vibrations moléculaires et vibrations atomiques. — Mode de propagation de la lumière. — Réfraction et réflexion. — Interférences lumineuses. — Comment de la lumière ajoutée à de la lumière produit des ténèbres. — Entrée triomphante de l'analyse spectrale dans les sciences. — Son histoire. — Métaux révélés par l'analyse des spectres qu'ils produisent en brûlant. — Importantes lois chimiques et spectrales. — Curieuses expériences en physiologie. — Horizons imprévues en astronomie. — Incendie dans les espaces célestes. — Spectres des planètes, des lunes et des étoiles. — Matières découvertes dans les astres. — Nature des nébuleuses. — Mouvements des étoiles révélés par leurs spectres. — Découverte de la nature des comètes. — Matière qui se trouve dans la traînée des bolides. — L'unité de composition étendue à tous les astres de l'univers. — Les espaces célestes habités.

I

C'est par la lumière que nous connaissons les Astres, c'est par elle, par conséquent, que nous devons commencer leur étude.

L'analyse spectrale est venue ouvrir un champ nouveau à l'Astronomie ; elle a découvert des horizons tout à fait imprévus. Chose vraiment étonnante et digne d'admiration, un simple rayon de lumière, c'est-à-dire un mouvement imperceptible communiqué à l'éther dans les espaces incommensurables, se transforme sous le regard de la science moderne en un télégramme envoyé des mondes infinis pour nous faire connaître, non-seulement leur nature, les éléments qui les composent, mais aussi les mouvements qui les emportent dans l'espace, et que l'œil armé des instruments les plus parfaits ne pourrait constater. On est stupéfait, on reste en extase devant ces révélations qui dépassent tout ce que les imaginations les plus fécondes auraient pu concevoir !

L'homme du monde même ne peut plus demeurer étranger à ce procédé de découvertes, s'il veut se rendre compte des notions les plus élémentaires qui entrent maintenant dans le domaine de la vulgarisation. Nous allons donc, après avoir donné quelques notions sur la lumière en général, exposer très-succinctement ce qu'il importe le plus de connaître de ce procédé, qui enrichit chaque jour l'Astronomie de nouvelles et brillantes conquêtes.

Peu de sciences donnent lieu à plus de surprises que celle de la lumière. Deux hypothèses très-différentes ont été émises à son sujet :

Celle de l'*émission*, à laquelle le nom de Newton a donné pendant longtemps une grande autorité, et celle des *ondulations,* dont Descartes est l'auteur, et qui est généralement adoptée aujourd'hui.

L'*hypothèse de l'émission* suppose qu'un corps lumineux lance dans toutes les directions une substance matérielle extrêmement ténue, dont la subtilité s'oppose à ce que l'on puisse constater son poids et son impénétrabilité; elle traverse certains corps sans perdre sa vitesse, mais elle peut être arrêtée par d'autres.

Cette substance venant à rencontrer l'organe de la vue, une partie pénètre dans l'intérieur, atteint le fond de l'œil et produit la sensation de la vision.

Dans l'*hypothèse des ondulations*, on ne suppose pas qu'il y ait transport d'un agent matériel à de grandes distances, mais on admet que les vibrations des corps lumineux sont communiquées aux atomes d'un *fluide éthéré* répandu partout.

Ces vibrations se propagent à travers le fluide, arrivent à l'organe de la vue qui les transmet au nerf optique. La nature et la transmission de la lumière seraient analogues à la nature et à la transmission du son : la lumière est produite par des vibrations atomiques et le son par des vibrations moléculaires.

Les expériences les plus récentes des savants, les études sur les *interférences* entre autres, ont rallié tous les esprits à cette dernière hypothèse.

II

On sait que la lumière s'affaiblit ou diminue de force, d'intensité, à mesure qu'elle s'éloigne du point d'où elle émane. Cette diminution a lieu *en raison directe du carré de la distance ;* par exemple, si les distances sont 1, 2, 3, 4, etc., les quantités de lumière reçue aux distances 2, 3, 4, etc., seront 4 fois, 9 fois, 16 fois, etc., moindres qu'à la distance 1.

C'est par l'observation des éclipses de Jupiter que Rœmer, astronome danois, est parvenu à déterminer la vitesse de la lumière en 1675.

Il remarqua que la lumière arrivait toujours environ 16 minutes et 26 secondes plus tard quand Jupiter était en conjonction avec le Soleil, de l'autre côté de l'écliptique, que lorsqu'il était de notre côté en opposition.

Il conclut de là que la lumière employait ce temps à franchir tout le diamètre de l'orbite terrestre, c'est-à-dire environ 70 millions de lieues, et que par conséquent elle nous venait du Soleil en 8 minutes 13 secondes.

En 1723, Bradley, astronome anglais, a confirmé d'une manière frappante la vitesse étonnante assignée à la lumière par les observations de Rœmer. Si nous marchons avec une certaine vitesse à travers une pluie qui tombe verticalement, les gouttes ne paraîtront plus tomber verticalement, mais elles sembleront venir à notre rencontre. Une déviation semblable des rayons des étoiles produite par le mouvement de la Terre dans son orbite est appelée *aberration de la lumière*. Connaissant la vitesse avec laquelle on marche à travers une pluie qui tombe verticalement et l'angle sous lequel les gouttes de pluie paraissent descendre, on peut calculer facilement la vitesse avec laquelle les gouttes tombent. De même connaissant la vitesse de la Terre dans son orbite et la déviation des rayons lumineux produite par le mouvement de la Terre, on peut calculer immédiatement la vitesse de la lumière. Bradley, par le calcul de l'*aberration de la lumière*, c'est ainsi que l'on appelle sa découverte, assigna à la vitesse de la lumière une valeur presque identique à celle que Rœmer avait trouvée.

On n'imaginait pas qu'il fût jamais possible de mesurer la vitesse de la lumière par des observations terrestres, lorsque M. Fizeau est venu résoudre cet important problème.

La célèbre expérience de l'habile physicien eut lieu en 1849. Elle consistait à envoyer un faisceau lumineux par une ouverture très-étroite, de Suresne à Montmartre, à une distance de 8 kilomètres et demi, et à le ramener de Montmartre à Suresne, au point précis d'où il était parti ; or, cette ouverture est l'intervalle entre deux dents d'une roue qui tourne rapidement; s'il arrive que le temps du parcours de la lumière soit égal à celui que met une dent pleine à se substituer à un intervalle vide, il y a éclipse du rayon ;

tandis que la lumière reparaît quand, partant d'un intervalle, elle revient par l'intervalle suivant.

Au moyen de ce procédé de la plus extrême simplicité, il a démontré que le mouvement lumineux parcourait le double trajet d'aller et venir, soit 17 kilomètres, en une durée de temps exprimée par un *dix-huit millième* de seconde. Ce nombre diffère peu de celui qu'ont donné les observations anciennes, mais un certain défaut de netteté dans les images obtenues laisse pour cette mesure une incertitude plus grande que celle des déterminations sur le ciel.

M. Foucault a essayé une nouvelle mesure en 1862, en employant un miroir tournant. Il a trouvé, pour vitesse de la lumière, 298,000 kilomètres ou 74,500 lieues de 4,000 mètres par seconde. Suivant les données anciennes, cette vitesse serait de 308,000 kilomètres par seconde. On voit donc qu'il y aurait une assez grande différence.

Cependant on a formulé quelques objections à cette nouvelle détermination. L'ingénieux physicien n'a fait parcourir à la lumière qu'un espace de 20 mètres, et dans cette étendue elle a subi cinq réflexions et traversé un objectif. On fait remarquer que cet objectif a pu occasionner une diminution de vitesse, et que, d'ailleurs, personne ne peut même dire quelle est la totalité des phénomènes qui se passent dans une réflexion; en un mot, que toutes ces conditions ne sont pas celles de la lumière dans l'espace où elle se meut librement. D'un autre côté, on n'a pas une confiance absolue dans les divisions micrométriques si délicates qu'il a fallu employer.

M. Cornu a fait de nouvelles expériences dans le but de déterminer la valeur absolue de la vitesse de la lumière, et il vient de présenter à l'Académie des sciences les résultats importants qu'il a obtenus.

Sa méthode d'observation est en principe celle de la roue

dentée due à M. Fizeau ; des perfectionnements divers ont été apportés à cette méthode, parmi lesquels on doit signaler l'enregistrement électrique de la vitesse du mécanisme, vitesse qu'il est nécessaire de connaître à chaque instant en valeur absolue, puisque c'est à elle que l'on compare directement la vitesse de la lumière. La station d'observation a été installée dans une mansarde du pavillon de l'École polytechnique ; l'autre station, dans la chambre de l'une des casernes du mont Valérien. M. Cornu a ainsi obtenu une détermination assez précise de la vitesse de la lumière pour décider entre les deux valeurs différentes fournies, l'une par les anciennes données, de 308,000 ou 310,000 kilomètres par seconde ; l'autre de 298,000, par les expériences de M. Foucault, fondées sur l'emploi du miroir tournant.

« Les physiciens ne verront pas sans intérêt la concordance de ce résultat avec celui de Foucault, dit M. Cornu ; il est bon de remarquer d'ailleurs que les expériences de Foucault exigeaient une vérification, non-seulement parce que le détail des observations et du procédé n'a pas été publié et échappe ainsi à toute discussion, mais parce que la méthode du miroir tournant donne prise à des objections graves, dans l'exposé desquelles je ne puis entrer ici ; la méthode de M. Fizeau est, au contraire, à l'abri de ces objections. Les astronomes, de leur côté, trouveront dans cette nouvelle détermination de la vitesse de la lumière une confirmation importante de la valeur de la parallaxe du Soleil 8″,86, qu'on obtient en rapprochant ce nombre de la constante de l'aberration. C'est la valeur que M. Le Verrier a retrouvée, par trois séries d'observations, relatives au mouvement des planètes, en particulier de Mars et de Vénus. On ne saurait donc trop insister sur l'importance en astronomie de la détermination précise de la vitesse de la lumière [1]. »

[1] *Comptes rendus de l'Acad. des sciences*, 10 fév. 1873.

III

Lorsqu'on regarde les objets à travers un prisme de verre, non-seulement ils apparaissent considérablement déplacés par la déviation qu'éprouvent les faisceaux lumineux qui traversent le prisme, mais aussi ornés de bandes des plus vives couleurs.

Si l'on dispose un prisme de telle sorte qu'un faisceau lumineux tombe obliquement sur l'une de ses faces et que l'on reçoive le faisceau émergent sur un écran ou tableau placé à une distance un peu grande du prisme, on verra se projeter une image oblongue peinte de mille couleurs, à laquelle on a donné le nom de *spectre solaire* [1]. Notre figure 11 représente la recomposition de la lumière.

Avant Newton, on connaissait bien la loi de la réflexion et celle de la réfraction, on savait exécuter des miroirs ardents, rapprocher et grossir les objets au moyen de lentilles. Cependant, la nature de la lumière était encore inconnue, l'origine des couleurs était ignorée; on ne doutait pas qu'elles ne fussent produites par quelque jeu de cet agent; mais personne ne soupçonnait qu'un rayon de lumière blanche fût composé d'un grand nombre de rayons simples, capables, chacun à part, de donner une couleur qui lui fût propre. Delille a très-bien exprimé cette idée :

Dans les mains d'un enfant, un globe de savon
Dès longtemps précéda le prisme de Newton,
Et longtemps, sans monter à sa source première,
Un enfant dans ses jeux disséqua la lumière.
Newton seul l'aperçut tant le progrès de l'art
Est le fruit de l'étude et souvent du hasard.

[1] Voir notre *Histoire des Météores*, fig. 4, p. 76, libr. Didot.

Il est sept nuances que l'on distingue parmi toutes les autres dans la lumière solaire décomposée par le prisme, et qui pour cette raison ont reçu le nom de couleurs principales; ce sont, dans leur ordre naturel : le *rouge*, l'*orangé*, le *jaune*, le *vert*, le *bleu*, l'*indigo*, le *violet*.

Fig. 41. — Recomposition de la lumière.

Pour expliquer ces phénomènes, on regarde la lumière blanche comme composée d'une infinité de rayons de différentes couleurs, plus ou moins réfrangibles qui se séparent en traversant le prisme. L'arc-en-ciel est produit d'une manière analogue; ce sont des gouttelettes d'eau qui remplacent le prisme.

Ce que l'on constate d'abord dans le rayonnement

solaire, c'est la lumière qui nous éclaire et la chaleur qui
l'accompagne; mais outre ces deux ordres de phénomènes,
il y en a un troisième qui est très-important, ce sont les
actions chimiques. Ces activités ne sont pas séparées, ce
sont des effets différents d'une même action, consistant
simplement dans une série d'ondulations qui ne diffèrent
entre elles que par leur longueur et la rapidité avec laquelle
elles se produisent.

Les ondes dont la longueur est comprise entre 768 et
369 millionièmes de millimètre sont capables de faire
vibrer notre nerf optique; elles produisent ainsi la sensation
de la lumière; la diversité des couleurs ne dépend que de
la longueur des ondes : les plus grandes se trouvent dans
le rouge, et elles vont en décroissant vers le violet. A partir
de la couleur verte, en allant vers le violet les ondes lumineuses possèdent, en outre, le pouvoir de désagréger les
groupes moléculaires et de produire des actions chimiques;
ces ondes s'étendent bien au delà du spectre visible, dans
une région où l'œil ne peut rien apercevoir; on les reconnaît en employant des préparations photogéniques. A partir
du vert, en allant du côté du rouge, les ondes deviennent
plus longues et elles possèdent la propriété d'ébranler les
groupes moléculaires par une action simplement physique,
sans les décomposer, du moins dans les cas ordinaires;
elles s'étendent également au delà du rouge et forment
ainsi une seconde partie invisible du spectre [1].

On sait que les sons sont produits par des vibrations
moléculaires et la lumière par des vibrations atomiques, et
que les lois générales de ces diverses espèces de vibrations
sont les mêmes; mais il est à remarquer que les vibrations
sonores sont bien plus étendues que les vibrations lumi-

---

[1] P. Secchi, *le Soleil*, 2me partie.

neuses, puisque ces dernières, sensibles à l'œil, embrassent
à peine ce que l'on appelle en acoustique *une octave*.

IV

Dans un milieu diaphane homogène, c'est-à-dire ayant
partout les mêmes propriétés et au même degré, la lumière

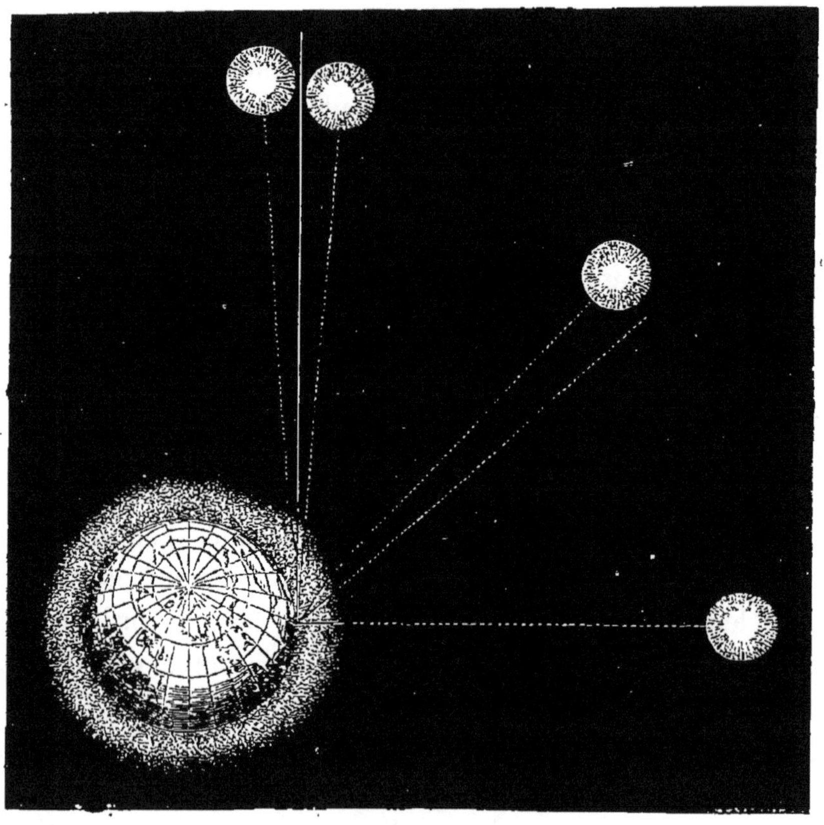

Fig. 12. — Phénomène de réfractions.

se propage toujours en ligne droite. Mais une simple différence de densité dans les parties d'un même milieu suffit
pour le diviser en milieux hétérogènes par rapport à la
lumière, et lafaire dévier de la ligne droite.

Les différentes couches de l'air ayant toutes des densités différentes, il en résulte que la lumière des astres ne nous arrive pas en ligne droite et que nous ne les voyons pas au lieu où ils sont en réalité. A l'horizon la réfraction est au moins de 33′, c'est-à-dire un peu plus que le plus grand diamètre du Soleil ou de la Lune; ainsi, lorsque ces astres paraissent toucher l'horizon par leur bord inférieur, leur disque entier se trouve réellement sous l'horizon, fig. 12. Les mêmes illusions ont lieu dans nos observations sur les étoiles ou sur les corps très-éloignés.

Mais comme, en traversant les couches successives de l'atmosphère, la lumière ne rencontre pas de changement brusque de densité, elle ne se brise pas non plus brusquement, comme, par exemple, en passant de l'air dans l'eau ou dans le verre; elle suit une ligne courbe au lieu d'une ligne brisée. La réfraction que la lumière des astres éprouve ainsi nous fait jouir plus longtemps de leur présence sur l'horizon, car elle avance leur lever et retarde leur coucher. C'est à cette réfraction que nous devons l'aurore, qui précède l'éclat du jour, et le crépuscule, qui précède les ténèbres de la nuit.

La réfraction de la lumière fait également subir un aplatissement à la forme des astres et donne à leur disque l'apparence d'un ovale. Cet aplatissement est d'autant plus sensible qu'ils sont plus près de l'horizon : « Sur les hautes montagnes et sur les hauteurs situées sur les bords de la mer, cet aplatissement paraît très-considérable; il va quelquefois jusqu'à un cinquième du diamètre apparent du Soleil. Le disque de la Lune, présente les mêmes phénomènes [1]. » Voir fig. 13.

La réfraction suit les mêmes lois pour tous les astres et ne devient nulle qu'au zénith.

---

[1] Biot, *Astronomie physique*.

Voici quelques faits dus à la réfraction de la lumière bien curieux, bien surprenants, et que nous devons citer ici; nous les empruntons à M. Bertrand, l'éminent secrétaire perpétuel de l'Académie des sciences : « Hipparque rapporte que le même jour il observa deux fois le Soleil dans l'équateur, et par conséquent deux équinoxes. Ptolémée en conclut simplement que l'une de ces observations est erronée; mais la même singularité se présenta plusieurs fois à Tycho, qui, sûr de son habileté et de la précision de ses instruments, ne pouvait admettre une telle explication. Il en signala la véritable cause dans la réfraction des rayons lumineux, qui, nulle au zénith, prend à l'horizon sa plus grande valeur; lors donc que le Soleil est le matin un peu au-dessus de l'équateur, la réfraction peut, en relevant ses rayons, faire croire à l'observation de l'équinoxe. Quelques heures plus tard, le Soleil se rapprochant du zénith, la réfraction est moindre, et cette cause d'abaissement, compensant le chemin que l'astre parcourt en quelques heures dans son orbite, peut le faire observer de nouveau dans l'équateur.

« Pline rapporte une autre contradiction non moins sensible, qui, en montrant également l'importance du phénomène de la réfraction, aurait dû conduire les anciens astronomes à en faire le sujet de leur étude : « On a, dit-il, « observé une éclipse de Lune au moment où le Soleil était « encore visible au-dessus de l'horizon. » La Lune disparut par conséquent sans que la ligne droite qui réunit son centre à celui du Soleil parût rencontrer la Terre. Le fait est constant; il a été observé notamment par Mœstelin et par Tycho; il est, d'un autre côté, de nécessité évidente que la Terre, pour éclipser la Lune, en la couvrant de son ombre, soit placée entre elle et le Soleil dans une même ligne droite. Il faut donc admettre que les trois corps sont réellement en ligne droite au moment de l'éclipse, et expliquer par la ré-

fraction qui relève les deux astres leur présence apparente
et simultanée au-dessus de l'horizon [1]. »

La lumière qui vient de parcourir un milieu réfringent
et qui se présente pour passer dans un autre moins réfringent, s'arrête quelquefois à la surface de séparation des
deux milieux, y subit une réflexion totale et repasse dans
le milieu déjà parcouru. Ce singulier phénomène a lieu
toutes les fois que les rayons se présentent sous une trop
grande obliquité à la surface d'émersion. Le fait de cette
réflexion totale explique toutes les variétés du phénomène
magique connu sous le nom de mirage.

Dans mon ouvrage sur l'*Histoire des Météores*, je con-
sacre un chapitre spécial à ces splendides jeux de lumière,
je rapporte des faits vraiment remarquables que j'ai recueillis dans mes voyages d'outre-mer [2].

V

Les phénomènes que présentent les interférences lumineuses paraîtront peut-être plus curieux, plus étranges et
plus incroyables que ceux du mirage, aux personnes qui
ne sont pas au niveau des découvertes de l'optique.

Supposons qu'un superbe rayon de lumière solaire vienne
rencontrer directement un écran quelconque, une belle
feuille de papier blanc, par exemple.

Il va sans dire que la partie du papier que le Soleil frap-
pera sera resplendissante. Mais ce qui paraît incroyable,
c'est que l'on peut rendre cette partie resplendissante complétement obscure, sans toucher au papier, et sans arrêter

---

[1] *Notice sur la Vie et les travaux de Képler.*

[2] *Histoire des Météores et des grands phénomènes de la nature,* lib. Firmin-
Didot et Cie.

ni diminuer le rayon lumineux qui l'éclaire, au contraire, en l'augmentant même.

Le procédé magique qui change ainsi la lumière en ombre, le jour en nuit, est plus surprenant encore par sa simplicité que par ses prodigieux effets : ce procédé consiste à diriger sur le papier, mais par une route légèrement différente, un second rayon lumineux, qui, pris isolément, l'aurait aussi fortement éclairé.

En se mêlant, les deux rayons sembleraient devoir produire une illumination plus vive : eh bien, chose étrange, cette lumière, ajoutée à cette autre lumière, produit des ténèbres! Les mouvements de ces rayons se neutralisent réciproquement et la lumière cesse d'éclairer. Cependant, suivant leurs directions, ces rayons lumineux ne se neutralisent quelquefois qu'en partie; alors la lumière ne fait que diminuer.

Ce sont ces phénomènes curieux, qui anéantissent ou diminuent la lumière par l'adjonction d'un rayon lumineux, qui ont reçu le nom d'*interférences*.

Parmi les mille rayons de nuance et de réfrangibilité diverses dont la lumière blanche se compose, ceux-là seulement sont susceptibles de se détruire qui possèdent des couleurs et des réfrangibilités identiques; ainsi, de quelque manière que l'on s'y prenne un rayon rouge n'anéantira jamais un rayon vert.

Si deux rayons blancs, par exemple, se croisent en un certain point, il sera possible que, dans la série infinie de lumières diversement colorées dont ces rayons se composent, le rouge, par exemple, disparaisse tout seul, et que le point du croisement paraisse vert; car le vert, c'est du blanc moins le rouge.

Deux rayons que l'on fait passer directement de l'état de lumière naturelle à l'état de rayons polarisés dans le même sens, conservent, après avoir reçu cette modification, la propriété d'interférer; ils s'ajoutent ou se détruisent comme des rayons ordinaires et dans les mêmes circonstances.

Deux rayons qui passent, sans intermédiaire, de l'état naturel à celui de rayons polarisés rectangulairement, perdent pour toujours la faculté d'interférer; modifiez ensuite de mille manières les chemins parcourus par ces rayons, la nature et l'épaisseur des milieux qu'ils traversent, ou ramenez-les à l'état de réflexions convenablement combinées, à des polarisations parallèles, rien de tout cela ne fera qu'ils puissent se détruire.

Mais si deux rayons actuellement polarisés dans deux sens rectangulaires, et qui dès lors ne sauraient agir l'un sur l'autre, avaient d'abord reçu des polarisations parallèles en sortant de l'état naturel, il suffirait, pour qu'ils pussent de nouveau s'anéantir, de leur faire reprendre le genre de polarisation dont ils avaient été primitivement doués.

On ne saurait se défendre de quelque étonnement quand on apprend, pour la première fois, que deux rayons lumineux sont susceptibles de s'entre-détruire; que l'obscurité peut résulter de la superposition de deux lumières; mais cette propriété des rayons une fois constatée, n'est-il pas encore plus extraordinaire qu'on puisse les en priver? que tel rayon la perde momentanément, et que tel autre, au contraire, en soit privé à tout jamais? La théorie des interférences, considérée sous ce point de vue, suivant l'expression de M. Arago, semble plutôt le fruit des rêveries d'un cerveau malade que la conséquence sévère, inévitable d'expériences nombreuses et à l'abri de toute objection [1].

C'est dans cette théorie que Fresnel a trouvé la clef de

---

[1] Arago, *Notices scientifiques.*

tous les beaux phénomènes de coloration qu'engendrent les plaques cristallisées douées de la double réfraction. Il a prouvé qu'ils étaient des cas particuliers des interférences.

La démonstration expérimentale et complète du fait des interférences sera toujours le titre principal du docteur Thomas Young à la reconnaissance de la postérité, mais le génie de Fresnel étendit et montra toute la fécondité des principes de Young.

L'*hypothèse des ondulations*, pour l'explication des phénomènes de la lumière, et qui a Descartes pour auteur, était déjà généralement admise par les savants, mais les dernières expériences faites sur les interférences ne laissent plus aucun doute sur son exactitude.

Ceux qui aiment à trouver la Bible d'accord avec les sciences modernes verront donc avec satisfaction, d'après ce que nous venons d'exposer sur la nature de la lumière, que Moïse a pu dire avec vérité que la lumière avait été créée avant les astres qui nous éclairent, puisqu'elle n'est qu'un mode de vibrations.

VI

Exposons maintenant ce qu'il est important de connaître sur l'analyse spectrale pour nos études.

Ce n'est pas seulement la lumière du Soleil qui est susceptible d'être décomposée et de produire un spectre, mais une lumière quelconque; seulement, il y a ceci de particulier et de bien remarquable, c'est que ces lumières décomposées donnent des spectres différents, et en déterminant leur nature, on détermine en même temps l'état et la nature des corps qui les produisent.

L'étude des corps par l'analyse de leurs spectres prend le nom d'*Analyse spectrale.*

D'après M. Delaunay, de l'Institut, voici, en l'abrégeant, le résumé succinct de cette découverte si féconde :

Pour arriver à séparer les unes des autres, s'il est possible, ces images partielles, produites par les diverses lumières simples dont se compose la lumière blanche, il est naturel de chercher à rendre chacune de ces images extrêmement étroite, afin d'empêcher qu'elles n'empiètent les unes sur les autres. Il suffit pour cela de donner à l'ouverture qui laisse passer la lumière du dehors la forme d'une fente de peu de largeur ; de se placer loin de cette fente pour la regarder, et de tourner le prisme de manière que ses arêtes soient parallèles à la longueur de la fente. C'est ce que fit Wollaston en 1802, un siècle après la découverte du spectre solaire par Newton. Le résultat répondit en partie à son attente. En soumettant au même mode d'examen quelques lumières artificielles, telles que la flamme d'une chandelle et l'étincelle électrique, il obtint des résultats analogues mais non identiques avec celui que lui avait donné la lumière du Soleil ; cependant en se contentant de regarder ainsi simplement avec son œil à travers le prisme, Wollaston ne fit réellement qu'entrevoir le phénomène qu'il cherchait. Il était réservé à Fraunhofer de l'apercevoir dans toute sa splendeur.

En 1815, ce célèbre opticien de Munich, sans connaître la tentative faite treize ans auparavant par Wollaston, essaya de même de regarder à travers un prisme l'image spectrale d'une fente lumineuse étroite ; mais, pour observer cette image dans tous ses détails, il se servit d'une lunette interposée entre le prisme et son œil. Le spectre lui apparut alors traversé, non pas seulement par quatre ou cinq raies noires, comme à Wollaston, mais bien par un nombre considérable de ces raies : il en vit plus de six cents. Il se mit alors à fixer par des mesures précises les positions relatives d'un grand nombre de ces raies, et fit un dessin du spectre qui en renferme trois cent cinquante-quatre. Il reconnut également, comme Wollaston, que les spectres fournis par diverses lumières artificielles se distinguent par une disposition spéciale des raies, ou même par leur absence complète.

La découverte de Fraunhofer fixa l'attention des physiciens. Des expériences nombreuses furent entreprises pour étudier le curieux phénomène qu'il avait révélé au monde savant.

Enfin un rapprochement très-remarquable a été établi entre les raies brillantes produites par un gaz incandescent, et les raies obscures que ce même gaz occasionne dans le spectre d'une lumière qui le traverse : ces raies, brillantes dans un cas, obscures dans l'autre, occupent dans le spectre des places absolument identiques. Là où le gaz hydrogène, par exemple, produit une raie brillante lorsqu'il est rendu incandescent, le même gaz produit une raie obscure par l'absorption qu'il exerce sur une lumière étrangère qui vient le traverser. Cette circonstance remarquable, connue sous le nom de *renversement du spectre*, a été signalée pour la première fois par Foucault en 1849, puis établie d'une manière définitive dix ans plus tard par M. Kirchhoff[1].

Telles sont les diverses phases par lesquelles a passé successivement l'analyse spectrale.

VII

Ainsi, chaque substance en ignition donne un spectre qui lui est propre, et, sans voir, par exemple, le corps qui brûle, on peut dire, par la simple inspection du spectre qu'il produit, et sans crainte de se tromper : c'est tel corps.

[1] Delaunay, de l'Institut, *Notice sur l'Analyse spectrale.*

L'or en ignition donne un spectre qui n'est pas celui de l'argent et celui que donne l'argent n'est pas le même que celui que produit un autre métal quelconque, etc.

Il est des métaux qui se ressemblent tellement par leurs propriétés principales qu'il serait presque impossible de ne pas les confondre, de ne pas les prendre pour un seul et même métal par les moyens d'investigations ordinaires.

Qu'ont fait les métallurgistes? Une chose bien simple, ils ont eu recours à l'examen des spectres que donnent les métaux en brûlant; en les comparant, en les analysant, ils ont aperçu les différences et n'ont plus eu de doute sur la nature particulière de ces substances. Par ce procédé, ils ont déjà enrichi la science et l'industrie de quatre nouveaux métaux : le *rubidium*, le *césium*, le *thallium* et le *gallium*. La découverte de ce dernier est toute récente [1].

L'analyse spectrale nous conduit également à une importante démonstration chimique signalée par M. Dumas à l'*Académie des sciences* [2]. M. Lecoq de Boisbaudran avait déjà fait saisir les rapports qui unissent entre eux les spectres des métaux alcalins et ceux des métaux des terres alcalines. Il avait fait voir que le déplacement des raies caractéristiques s'opérait suivant la même loi que les modifications dans le poids de l'équivalent. MM. Toost et Hautefeuille, d'un côté et M. Ditte, de l'autre, reprenant ce sujet avec une grande précision, ont constaté que la marche des raies vers l'ultra-violet se manifeste exactement comme l'accroissement des poids atomiques pour le carbone, le bore, le silicium, le titane, l'étain et le zirconium d'une part; de l'autre, pour le soufre, le sélénium et le tellure. M. Dumas fait observer que c'est là une preuve de plus ajoutée à celles que la science possédait déjà, pour démontrer la vérité du prin-

[1] Voir *les Comptes rendus de l'Académie des sciences,* 1875.
[2] *Comptes rendus de l'Académie,* 1871.

cipe sur lequel il établissait, dès 1827, la classification des
corps simples en familles naturelles.

L'analyse spectrale peut également donner de fécondes
applications en physiologie et en médecine. Une personne,
par exemple, a-t-elle été empoisonnée, il suffit quelquefois,
selon le mode d'empoisonnement, de faire brûler une partie
de ses chairs ou de ses déjections, et de décomposer par le
prisme la lumière produite par la combustion, pour reconnaître l'élément toxique. C'est ainsi que M. Lamy, d'après
une communication faite à l'Académie des sciences, a reconnu immédiatement le thallium dans les organes d'animaux morts empoisonnés par cette substance.

Mais c'est surtout en Astronomie qu'elle a donné des résultats merveilleux; cette science a interrogé l'analyse spectrale pour étendre ses connaissances au delà de milliards de
millions de lieues, et l'analyse spectrale a répondu, dans son
langage naturel, en nous faisant connaître la nature et les
éléments des astres innombrables qui habitent l'espace.

Sous ce rapport voici un fait remarquable :

Une étoile brillante ayant paru subitement, au mois de
mai 1866, dans la constellation de la Couronne boréale, pour
disparaître ensuite dans l'espace de quelques jours, on s'est
empressé de soumettre à l'analyse spectrale la lumière de
cette étoile, qui n'était, du reste, autre chose qu'une étoile
connue, mais très-faible, devenue momentanément étincelante. Le spectre qu'elle donnait avait beaucoup d'analogie
avec celui de notre Soleil. « Le caractère du spectre de
cette étoile, disent MM. Huggins et Miller, rapproché de la
soudaine explosion de sa lumière et de la diminution rapide
de son éclat, nous amène à supposer que, par suite de quelque grande convulsion intérieure, d'énormes quantités de
gaz s'en sont dégagées, que l'hydrogène qui en faisait partie s'est enflammé en se combinant avec quelque autre élé-

ment, et a fourni la lumière représentée par les raies brillantes; qu'enfin les flammes ont chauffé la matière solide de la photosphère de l'étoile jusqu'à une vive incandescence. Lorsque l'hydrogène a été épuisé, tout le phénomène a diminué d'intensité, et l'étoile s'est éteinte rapidement. » Ne trouve-t-on pas là tous les caractères d'un véritable incendie qu'il nous a été donné d'apercevoir dans la profondeur des espaces célestes? Il ne faut pas oublier que, vu l'immense éloignement du lieu où s'est produit ce phénomène, la lumière a dû mettre un temps considérable à venir nous en avertir, et qu'il y avait peut-être dix ans, vingt ans, cent ans et même plus, qu'il était terminé lorsque nous nous en sommes aperçus[1].

VIII

En faisant lire dans un rayon de lumière la nature du corps qui le produit, les éléments qui constituent ce corps, les changements qui s'y opèrent, l'analyse spectrale devient ainsi le messager des astres, le confident des espaces infinis, le télégraphe des distances incalculables, le révélateur des choses les plus cachées et même un dénonciateur implacable.

M. Huggins, astronome distingué, dont l'Académie des sciences a couronné les belles expériences sur *l'Analyse spectrale,* a publié un travail remarquable sur le sujet qui nous occupe et qui va nous servir de principal guide[2], sans que nous omettions cependant les autres publications importantes.

Les spectres divers diffèrent entre eux sous des rapports

[1] Delaunay, de l'Institut, *Notice sur l'Analyse spectrale.*
[2] Huggins, *L'Analyse spectrale*, traduit de l'anglais par M. l'abbé Moigno.

importants, mais tous peuvent être réduits à trois ordres :

1° Le caractère particulier des spectres du *premier ordre* consiste dans la continuité de ces bandes colorées, qui ne sont interrompues par aucune raie sombre ou brillante. Il nous apprend que la lumière qui lui donne naissance est émise par un *corps opaque* se trouvant probablement à l'état solide ou liquide. Un spectre de cet ordre ne nous révèle pas la nature chimique du corps incandescent d'où la lumière est sortie.

2° Les spectres du *second ordre* sont formés de raies de lumière colorées séparées les unes des autres. Ils nous révèlent que la matière brillante qui émet la lumière est à *l'état de gaz;* et comme chaque élément et chaque corps composé devenu lumineux sans décomposition se distingue à l'état gazeux par un groupe de raies qui lui sont propres, ces raies peuvent donc nous révéler la nature des corps qui leur donnent naissance.

3° Le *troisième ordre* comprend les spectres des corps solides ou liquides incandescents, dans lesquels la continuité des bandes colorées est interrompue par des raies sombres. Ces raies sombres ne sont pas produites par la source de lumière, mais par des vapeurs à travers lesquelles la lumière a passé dans son parcours. De semblables spectres sont fournis par la lumière du Soleil et des étoiles. *Le groupe de raies sombres* produit par chaque vapeur est identique, en nombre et en position dans le spectre, avec le groupe de raies brillantes dont se compose sa lumière lorsque la vapeur est devenue lumineuse.

IX

La Lune et les planètes n'ayant pas de lumière propre, ne brillant que par la lumière réfléchie du Soleil, leur spectre doit par conséquent être semblable au spectre solaire, modifié seulement par le passage de la lumière à travers les atmosphères des planètes ou par la réflexion à leur surface.

Le spectre de la Lune ne révèle ni atmosphère autour de notre satellite, ni rien de particulier. Dans celui de Jupiter se trouve une bande foncée correspondant à quelques raies atmosphériques terrestres, et indique par conséquent la présence de vapeurs semblables à celles de l'atmosphère de la Terre; une autre bande nous signale la présence de quelques gaz ou vapeurs qui lui sont étrangers. Le spectre de Saturne est faible; on y découvre cependant quelques raies semblables à celles qui distinguent le spectre de Jupiter.

M. Janssen a trouvé que plusieurs des raies atmosphériques sont produites par la vapeur d'eau, et il est vraisemblable que cette vapeur aqueuse existe dans les atmosphères de Jupiter et de Saturne : « J'ai déjà observé plusieurs planètes à cet égard, dit-il, dans le cours de ma dernière mission en Italie et en Grèce, j'ai observé sur le sommet de l'Etna, c'est-à-dire dans des conditions où l'influence de l'atmosphère se trouvait sensiblement annulée. Ces observations et celles que j'ai faites ensuite, avec les plus puissants instruments, indiquent déjà la présence de la vapeur d'eau dans les atmosphères de Mars et de Saturne. Aux analogies déjà si étroites qui unissent les planètes de notre système, vient s'ajouter encore un caractère nouveau et important. Toutes ces planètes forment donc comme une même famille, elles circulent autour du même foyer central qui leur distribue la chaleur et la lumière. Elles ont chacune une année, des saisons, une atmosphère, et dans cette atmosphère même, des nuages remarqués sur plusieurs d'entre elles.

« Enfin l'eau, qui joue un rôle si grand dans l'économie de toute organisation, l'eau est encore un élément qui leur est commun. Que de puissantes raisons pour penser que la vie n'est pas le privilége exclusif de notre petite Terre, sœur cadette de notre grande famille planétaire[1]! »

Dans le sceptre de Mars, on a vu quelques groupes roses qui peuvent être en rapport avec la couleur rouge qui distingue cette planète.

Le spectre de Vénus n'offre aucune raie additionnelle qui révèle la présence d'une atmosphère. L'absence de ces raies tient peut-être à ce que la lumière est probablement réfléchie, non par la surface de la planète, mais par des nuages situés à une certaine hauteur.

X

Quoique immensément plus éloignées que la Lune et les planètes, les étoiles possédant la source de leur propre lumière, nous fournissent des indications plus intimes sur la nature des éléments qui les composent.

Nous ne connaissions rien sur les étoiles, sinon leur distance incommensurable et leur splendide beauté : tout le reste était mystère; enfin, l'analyse spectrale est venue nous donner des indications si longtemps et si ardemment désirées. Elle nous met en état de lire dans chacune de ces îles lointaines de lumière quelques indices de leur vraie nature.

Les observations spectrales nous apprennent que les étoiles ressemblent au Soleil, quant au point général de leur constitution. Leur lumière, comme celle du Soleil, émane d'une matière chauffée au blanc intense et traverse une atmosphère de vapeurs absorbantes. Cependant, malgré cette unité de plan de structure, chaque étoile diffère des autres étoiles

---

[1] Mémoire à l'Académie des sciences.

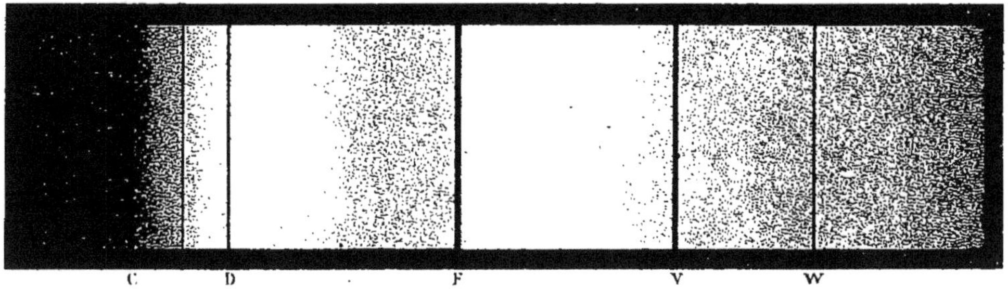

Fig. 1. *(1.er type: Sirius, Vega, Altaïr, Régulus, etc.)*

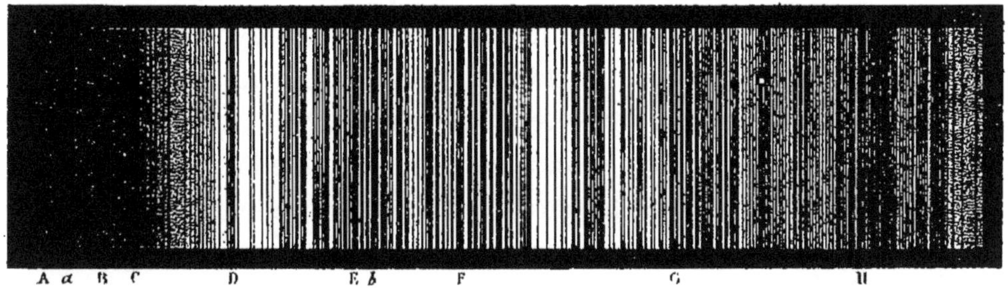

Fig. 2. *(2ème type: Soleil, Pollux, Arcturus, Procyon, etc.)*

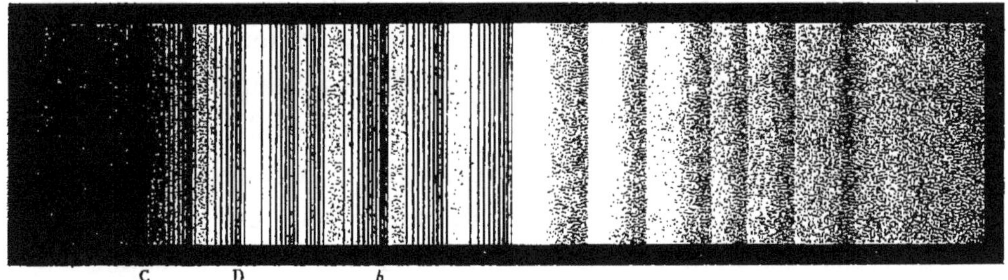

Fig. 3. *(3ème type: α Hercule, β Pégase, α d'Orion, Antarès, etc.)*

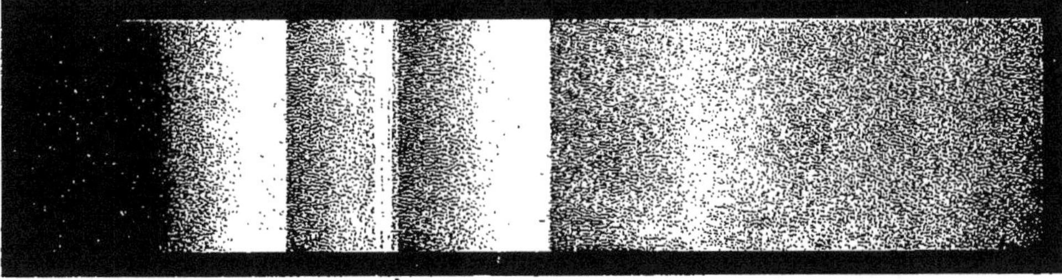

Fig. 4. *(4ème type: 152 de Schjellerup.)*

par sa composition chimique, mais pas essentiellement. Considérées au point de vue du spectre qu'elles produisent, elles se rapportent à quatre types parfaitement tranchés ; quelques spectres peu nombreux, au lieu de se rapporter nettement à l'une de ces catégories, semblent servir d'intermédiaire entre elles [1].

A part quelques exceptions, ceux des éléments terrestres qui sont le plus largement répandus dans la vaste armée des étoiles, sont précisément ceux qui sont essentiels à la vie comme elle existe sur la Terre, tels que l'hydrogène, le sodium, le magnésium et le fer. — L'hydrogène, le sodium et le magnésium représentent en outre l'Océan, qui est une partie essentielle d'un monde constitué comme l'est la Terre.

Lorsqu'on regarde les étoiles, en général, elles paraissent resplendissantes comme des diamants incolores, ou teintées de rouge, d'orangé ou de jaune ; mais il n'en est plus ainsi si on les fixe attentivement, ou lorsqu'on les observe avec une lunette : on découvre alors tout près des étoiles rouges ou orangées d'autres étoiles dont la couleur est bleue, verte ou pourpre. — Ces couleurs diverses appartiennent-elles à la lumière propre des étoiles, ou sont-elles produites par quelques modifications subies après l'émission ? — L'analyse spectrale nous a fait connaître que ces couleurs diverses des étoiles sont produites par les vapeurs suspendues dans leurs atmosphères ; on sait que la composition de l'atmosphère d'un astre dépend à son tour des éléments qui constituent l'astre et de sa température.

Les étoiles variables et les étoiles temporaires nous révèlent également, par l'analyse spectrale, les phénomènes produits par des changements incessants qui modifient les rayons qu'elles nous envoient. C'est ainsi qu'on a été averti des

[1] P. Secchi, *le Soleil*, p. 390.

grandes perturbations qui ont eu lieu dans la brillante étoile
de la Couronne, récemment observée et qui a déjà perdu
son éclat.

XI

Pendant les cent cinquante dernières années, les astronomes ont eu sans cesse présente à l'esprit cette importante
question : quelle est la véritable nature des *nébuleuses*,
c'est-à-dire de ces nébulosités légèrement lumineuses se
détachant du fond sombre du firmament, amas si ténus
qu'ils rappellent les masses cométaires? Cette question a
augmenté d'intérêt depuis qu'on les regarde comme des portions de matière première, comme des astres en germe.

Le télescope n'a pas réussi à nous donner les informations
dont nous manquions sur leur nature; il est vrai cependant
qu'à mesure que l'ouverture des objectifs a grandi, on a
résolu en étoiles un plus grand nombre de ces amas; mais
en même temps des nébulosités plus fines sont entrées dans
le champ de la vision, et l'on a vu apparaître ces formes fantastiques, ces agrégats de lumière diffuse que, malgré la
meilleure volonté, on ne peut admettre comme résultant de
l'éclat réuni de soleils innombrables situés à des distances de
plus en plus inaccessibles.

On a interrogé l'analyse spectrale qui a résolu le problème
depuis longtemps agité; elle nous a appris que certaines
nébuleuses sont non des *amas d'étoiles distinctes,* mais une
matière à l'état gazeux; elle a pu même en déterminer les
éléments.

« J'avais choisi, dit M. Huggins, pour premier essai, en
août 1864, un des astres de la classe des nébuleuses, très-
petit, mais relativement brillant. Ma surprise fut grande,

lorsqu'en regardant à travers la petite lunette de l'appareil spectral, je reconnus que son spectre n'avait plus cette apparence de bande lumineuse colorée qu'une étoile aurait fait naître, et qu'au lieu de la bande continue, on n'apercevait plus que trois raies brillantes isolées. »

Ce spectre, autant du moins que les données acquises permettent de l'affirmer, indiquait une lumière émanée d'une matière à l'état gazeux ; la plus brillante des raies était produite par un corps analogue à l'azote, peut-être, d'après M. Huggins, plus élémentaire que l'azote et que nos analyses ne nous ont pas encore appris à découvrir ; la plus faible coïncidait avec la raie verte de l'hydrogène. La raie moyenne du groupe s'éloigne peu de la raie du barium, mais ne coïncide pas avec elle.

Outre ces raies brillantes, on apercevait un spectre continu excessivement faible, provenant d'une lumière diffuse qui semblait correspondre au centre de la nébuleuse. Ce qui indique qu'elle possède un noyau très-petit, mais plus brillant que le reste de sa masse.

Dans ces dernières années, M. Huggins a examiné les spectres de plus de soixante nébuleuses ou amas stellaires. On peut les diviser en deux groupes : le premier comprend les nébuleuses qui donnent un spectre semblable à celui que nous venons de décrire, ou du moins un spectre comprenant une ou deux des trois raies en question. Des soixante examinées, un tiers environ appartiennent à la classe des corps gazeux ; la lumière des quarante autres est étalée par le prisme en un spectre en *apparence continu.*

L'accord entre les résultats des observations spectrales et des observations télescopiques dans ce qui leur est commun est une preuve de leur justesse : la moitié des nébuleuses qui donnent un spectre continu ont été résolues en étoiles, et un autre tiers est probablement résoluble ; tandis que, des nébuleuses gazeuses, pas une n'a été vue résolue d'une manière certaine par lord Ross.

XII

M. Huggins, le premier, a appliqué l'analyse spectrale à l'étude non plus de la matière, mais du mouvement des étoiles. Si ces astres sont animés de mouvements relatifs considérables dans le sens du rayon visuel, les raies doivent se trouver un peu déplacées, de là un moyen d'apprécier ces mouvements. Il est parvenu à mettre le mouvement de ces raies hors de doute pour quelques étoiles, particulièrement dans Sirius [1].

Il a de même appliqué ce procédé si fécond d'analyse à l'observation des comètes, et il est arrivé à ce résultat étrange, que la partie centrale brille d'une lumière propre, analogue à celle de la flamme de certains composés carburés tandis que la nébulosité n'émet que de la lumière reçue du Soleil. Cette distinction délicate, dit M. Faye, est de la plus haute importance pour l'étude de la constitution physique de ces astres. Ajoutons que des expériences spectrales exécutées par M. Alexandre Herschel ont montré que le sodium est présent à l'état de vapeur lumineuse dans la traînée de plusieurs bolides.

Il résulte donc des études spectrales que les étoiles ne diffèrent entre elles et ne diffèrent du Soleil que par des modifications spéciales et d'un ordre inférieur, et qu'il n'y a pas de différences importantes et essentielles dans leur constitution : « Ainsi s'est trouvée étendue à tous les astres de l'univers, dit M. Faye, l'unité de composition chimique de

[1] M. Faye, Académie des sciences, 25 novembre 1872.

notre monde solaire et des aérolithes, uniformité qui comporte pourtant des variétés aussi singulières qu'inattendues [1]. »

Ces résultats apportent donc une grande probabilité à ce qui n'a été jusqu'à présent qu'une pure supposition, savoir que les étoiles ont une destination analogue à celle de notre Soleil, et qu'elles sont comme lui entourées de planètes qu'elles retiennent par leur attraction et qu'elles éclairent et vivifient par leur chaleur et leur lumière; des êtres intelligents peuvent donc peupler ces espaces infinis, comme nous étudier l'harmonie de la création et s'élever à son auteur suprême; c'est d'ailleurs l'opinion des astronomes et des philosophes les plus distingués.

[1] Académie des sciences.

Fig. 14. — Hélios (le Soleil). (Médaille de Rhodes
au Musée britannique.)

CHAPITRE IV.

LE SOLEIL.

I

Cette étoile répandue parmi les étoiles, suivant l'expression d'Arago; le *flambeau du monde*, comme l'appelle Copernic; le *cœur de l'Univers*, d'après Théon de Smyrne, resplendit à nos regards comme un globe lumineux par lui-même, lançant continuellement et de toutes parts ses rayons destinés à porter, avec une vitesse inconcevable, la lumière et la chaleur.

La plupart des anciens philosophes le regardaient comme un corps enflammé, éclairant le monde par les émanations de sa substance. Les modernes professent à ce sujet deux opinions que nous avons exposées en parlant de la lumière et que nous ne faisons que rappeler ici : les uns pensent que cet astre lance effectivement une matière lumineuse émanée de son propre disque; les autres croient que l'espace est rempli d'une substance rare et élastique qu'ils nomment *éther*. Cette substance, par des mouvements de vibration qu'elle transmet avec une grande rapidité, produit sur l'œil le phénomène de la lumière, à peu près comme les vibrations de l'air produisent dans l'oreille celui du son. C'est cette théorie qui est aujourd'hui universellement adoptée.

Si l'on observe la surface du Soleil à l'aide des puissants instruments que la science a maintenant à son usage, on voit qu'elle présente une apparence irrégulière et ondulée comme une mer agitée par la tempête, couverte de rides et d'anfractuosités, parsemée de taches plus ou moins noires; quelquefois, surtout auprès du bord et dans le voisinage des taches, on aperçoit çà et là des masses lumineuses que l'on nomme des *facules*.

Pour connaître cette structure d'une manière plus précise, il faut examiner le Soleil avec un oculaire puissant, et dans un moment où l'atmosphère est parfaitement calme; on voit alors que la surface est recouverte d'une multitude de petits grains ayant presque tous les mêmes dimensions, mais des formes très-différentes parmi lesquelles l'ovale semble dominer; on obtient quelque chose d'analogue, en regardant au microscope du lait un peu desséché, dont les globules ont perdu la régularité de leur forme. Ces grains se réunissent quelquefois en petits groupes et donnent alors naissance à une masse plus brillante; leur forme ovale les a fait comparer à des grains de riz et à des feuilles de saules. Les amas de ces grains se modifient un peu près des taches, ils s'allongent et se soudent les uns aux autres, perpendiculairement aux bords de la pénombre, et prennent l'aspect de brins de paille inégaux et arrangés comme le chaume qui sert de toiture.

Vu au télescope, le Soleil présente également des taches

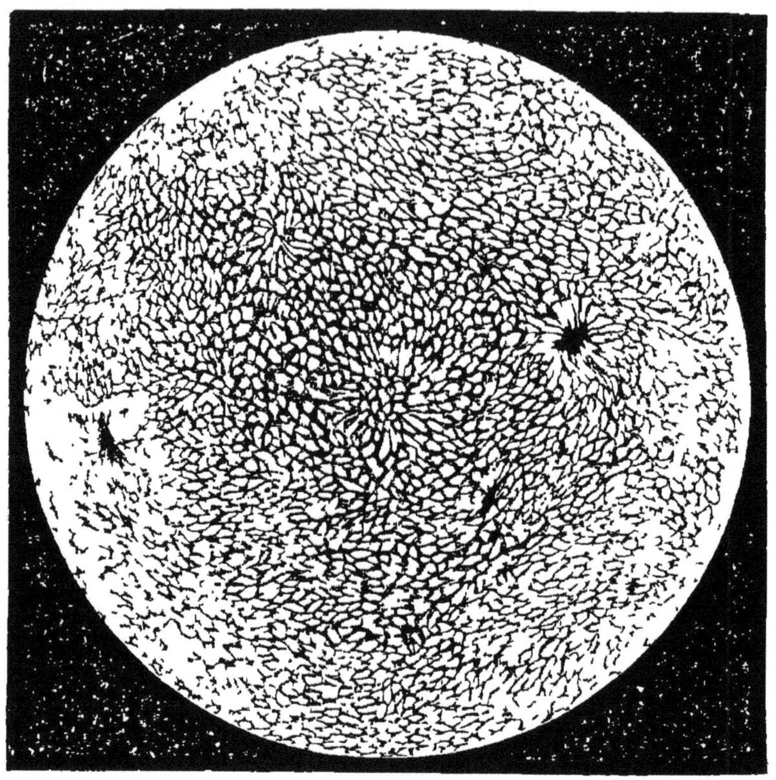

Fig. 15. — Apparence de la surface du Soleil observée à l'aide de puissants instruments.

moins brillantes que le reste de son disque, de formes et de grandeurs différentes. Ce sont simplement des solutions de continuité dans la photosphère solaire, causées par des nuages formés de vapeurs métalliques.

II

Les taches solaires se manifestent ordinairement comme des points noirs de forme ronde; bien souvent, cependant, elles sont groupées de manière à former par leur ensemble des figures irrégulières; la partie centrale est noire, on l'appelle le *noyau* ou *l'ombre* : le contour est formé par une demi-teinte que l'on appelle la *pénombre;* on donne le nom de *facules* à des taches blanchâtres.

On avait d'abord regardé les taches comme des satellites tournant autour du Soleil; puis comme des nuages flottant

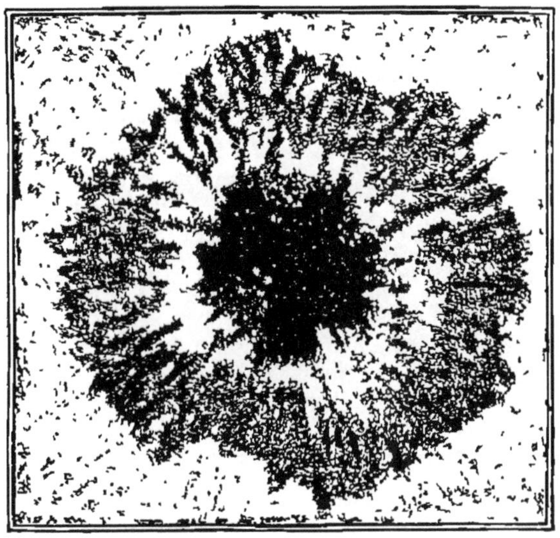

Fig. 16. — Tache du Soleil vue de face.

dans son atmosphère, et même comme des amas de scories surnageant dans la mer de feu qui constitue la surface de l'astre; ou encore, comme des montagnes dont les flancs plus ou moins escarpés auraient produit le phénomène de la pénombre.

Enfin, il y a environ un siècle, Wilson, astronome anglais, montra avec évidence que les taches sont dues à des cavités dont il put même mesurer la profondeur, et il donnait en même temps le premier une idée exacte de la manière dont est composée la photosphère, c'est-à-dire la couche lumineuse qui enveloppe le Soleil[1].

Les dimensions des taches sont extrêmement variables, quelques-unes se présentent comme de simples points noirs que l'on appelle des *pores ;* d'autres présentent une surface beaucoup plus grande que celle de la Terre, on en a même vu dont la largeur égalait quatre ou cinq fois celle de notre globe.

Les taches ne se montrent pas indifféremment sur tous les points du disque. Elles sont peu nombreuses dans le voisinage

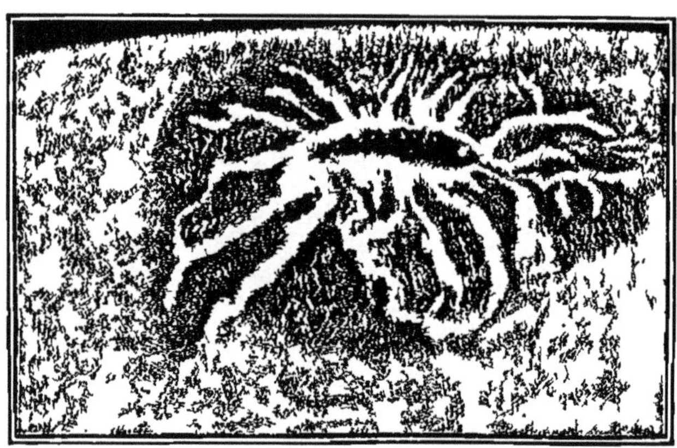

Fig. 17.   Tache vue près du bord du Soleil.

immédiat de l'équateur et très-rares dans les latitudes supérieures à 35 ou 40 degrés ; elles se montrent en plus grande quantité dans deux zones symétriques comprises entre 10 et 30 degrés de latitude.

Leur nombre est très-variable : quelquefois elles sont en assez grande quantité pour qu'on puisse, par une seule observation, reconnaître les zones qui les contiennent habituellement. En 1637, elles furent si multipliées que la chaleur et l'éclat du Soleil diminuèrent d'une manière sensible. L'histoire a conservé le souvenir de plusieurs offuscations semblables, causées par l'immense quantité de taches.

[1] P. Secchi, *le Soleil,* p. 46 et suivantes.

D'autrefois, au contraire, elles sont si rares qu'une année entière peut s'écouler sans que l'on en voie une seule : « Il y a eu des époques où il s'est écoulé des mois et des années sans qu'on pût en observer aucune, » dit le R. P. Secchi, dont le beau travail sur le Soleil est ici un de nos principaux guides.

Le phénomène qu'elles présentent paraît avoir quelquefois une action purement superficielle, mais, en général, il ébranle les profondeurs de la masse solaire qu'il remue et bouleverse souvent dans une étendue très-considérable; quelques-uns de ces mouvements s'étendent jusqu'au quart du diamètre du disque solaire. Les taches pourraient donc bien n'être que les conséquences d'une forte agitation dans la matière qui compose le Soleil. D'après l'hypothèse la plus plausible, il faudrait les attribuer à l'action des planètes, de Jupiter, de Vénus et de Mercure, principalement, qui, par leur attraction, produiraient de véritables marées sur le globe solaire et les plus grandes perturbations que nous y remarquons.

III

D'après le R. P. Secchi, dont la manière de voir est partagée par beaucoup d'astronomes et qui n'est que la conséquence d'observations rigoureuses, les taches ne sont donc simplement que des solutions de continuité dans cette couche de brouillards ou de vapeurs lumineuses qui forment la photosphère ; ces nuages diffèrent des nôtres en deux points : ils sont composés non de vapeur d'eau, mais de substances métalliques ; et, grâce à leur température élevée, ils sont lumineux par eux-mêmes, mais moins brillants que la photosphère. Quant à l'aspect extérieur, il est complétement le même ; la Terre couverte de nuages offrirait à un specta-

teur placé en dehors d'elle une structure mamelonnée analogue à celle du Soleil , et bien souvent on peut observer un
semblable phénomène du sommet des montagnes, dans diverses circonstances, mais principalement pendant les orages.

Cette théorie, ajoute le savant directeur de l'observatoire
romain, explique, sans recourir à des vitesses fabuleuses,
la rapidité avec laquelle s'exécutent certains changements
de forme dans les taches. Le déplacement apparent' d'un
nuage peut être compris sans supposer que la matière a parcouru le même espace que le contour du nuage; il suffit pour
cela d'un changement de température, produisant d'une
part la condensation, d'autre part la dissolution de la vapeur
sur une surface très-étendue. Il lui semble que la question
relative à la nature des taches doit être posée de la manière suivante : « Les taches sont-elles dues à une matière
obscure, se répandant au-dessus de la matière lumineuse,
ou n'est-ce pas au contraire la matière lumineuse qui envahit un espace obscur ? »

Or, tous les phénomènes que nous avons décrits, dit-il,
ne nous semblent explicables que par la seconde hypothèse :
dans les taches, il existe une matière lumineuse qui se meut
et envahit un espace moins brillant; si l'on veut, on pourra
bien appeler nuage la partie obscure, mais il n'en sera pas
moins vrai que c'est la partie lumineuse qui cherche à pénétrer dans cette partie obscure. Les taches doivent contenir
une substance transparente, moins brillante que la photosphère et de nature gazeuse. Notre atmosphère présenterait
le même aspect à un observateur placé en dehors d'elle,
dans la Lune, par exemple; les nuages éclairés par le Soleil
lui paraîtraient brillants, tandis qu'il verrait des taches
noires aux endroits où l'air serait transparent'.

<hr>

' R. P. Secchi, *le Soleil*, p. 77.

De son côté M. Faye, de l'Institut, a développé la thèse suivante avec un talent remarquable : les taches du Soleil sont des tourbillons dus à l'inégale vitesse des zones successives de la photosphère, dont la rotation angulaire se ralentit de l'équateur aux pôles, et la loi du mouvement des taches exprime en même temps leur distribution sur la surface de l'astre du jour. « Il est naturel, dit-il, qu'il en soit ainsi, puisque ces taches ne sont autre chose que des tourbillons engendrés directement dans la photosphère par l'inégale vitesse de ses parallèles [1]. »

Dans un autre mémoire, M. Faye a fait un rapprochement très-curieux des cyclones solaires et des cyclones terrestres ; les lois de ces deux ordres de phénomènes paraissent presque identiques [2].

Au fond, la théorie des taches qui résulte des observations du P. Secchi, n'est pas opposée à celle de M. Faye : « La question de savoir si les taches sont des tourbillons ou non n'est que secondaire dans une théorie, dit le P. Secchi, *en tout cas, même en admettant ces tourbillons, il faudrait toujours trouver une cause déterminante, laquelle ne peut être qu'une éruption.* Mais sans les distinctions que je viens d'indiquer, toute théorie devient impossible [3]. »

IV

Les taches se déforment et s'évanouissent souvent après leur première apparition, ou parcourent quelquefois toute la surface visible du Soleil, de l'est à l'ouest, en suivant des lignes obliques par rapport au mouvement diurne et au

[1] *Comptes rendus de l'Académie*, 30 décembre 1872.
[2] *Id.* 3 mars 1873.
[3] *Id.*

plan de l'écliptique, et après douze ou treize jours, elles reparaissent de nouveau, et de manière à être reconnues pour celles que l'on avait déjà examinées.

Le mouvement de ces taches nous a fait connaître un phénomène remarquable, celui de la rotation du Soleil sur lui-même.

Le premier qui ait soupçonné le mouvement de rotation du Soleil paraît être Jordan Bruno, savant napolitain, auteur

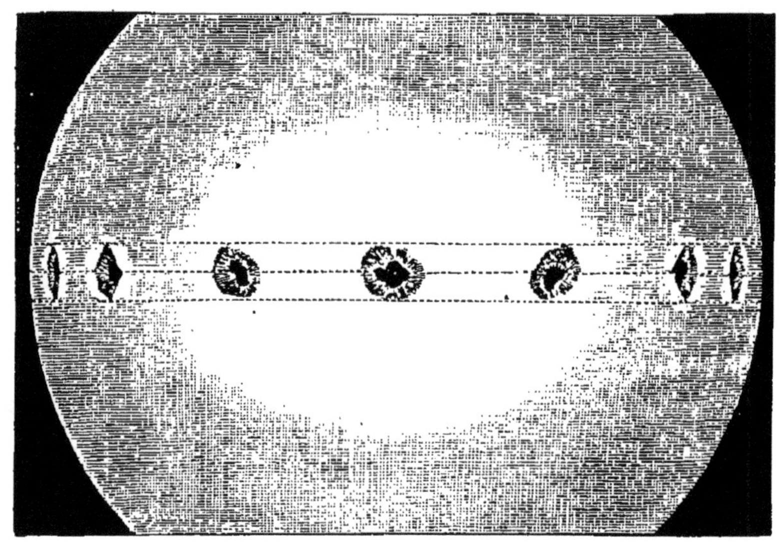

Fig. 18 — Une même tache vue sur divers points du Soleil.

d'un *Traité sur l'univers*, publié en 1591. La science s'enrichit définitivement de ce nouveau fait par le mémoire que Jean Fabricius publia en 1611 : « Nous imaginâmes, dit-il, de recevoir les rayons du Soleil par un petit trou, dans une chambre obscure et sur du papier blanc, et nous vîmes très-bien cette tache (une tache que Fabricius avait aperçue en visant directement au Soleil), en forme de nuage allongé. Le mauvais temps nous empêcha de continuer ces observations pendant trois jours. Au bout de ce temps-là, nous vîmes la tache qui s'était avancée obliquement vers l'occident. Nous en aperçûmes une autre, plus petite vers le bord du Soleil, qui dans l'espace de peu de jours parvint jusqu'au milieu ; enfin, il en survint une troisième ; la première disparut d'abord et les autres quelques jours après. Je flottais entre l'espérance et la crainte de ne pas les revoir ; mais dix jours après, la première reparut à l'orient. Je compris alors qu'elles faisaient une révolution ; et depuis le commencement de l'année, je me tins confirmé dans cette idée, et j'ai fait voir ces taches à d'autres, qui en sont persuadés comme moi. Cependant, j'avais un doute qui m'empêcha d'abord d'écrire à ce sujet et qui me faisait même repentir du temps que j'avais mis à ces observations. Je voyais que ces taches ne conservaient pas entre elles les mêmes distances ; qu'elles changeaient de forme et de vitesse ; mais j'eus d'autant plus de plaisir lorsque j'en eus senti la raison. Comme il est vraisemblable, par ces observations, que ces taches sont sur le corps même du Soleil, qui est sphérique et solide, elles doivent devenir plus petites et ralentir leur mouvement lorsqu'elles arrivent sur les bords du Soleil[1]. »

On a ainsi conclu de l'observation suivie des taches que cet astre tourne sur lui-même dans une période de vingt-cinq jours environ, et dans le sens de la rotation diurne de la Terre, de l'est à l'ouest.

A la suite d'une étude longue et minutieuse, Scheiner put évaluer à vingt-sept jours la durée de la *révolution synodique*, c'est-à-dire la révolution apparente, dans laquelle la tache revient au même point du disque par rapport à l'observateur. On en déduit vingt-cinq jours et un tiers pour la durée de la *révolution sidérale*, c'est-à-dire pour le temps employé par un point du Soleil à décrire un cercle tout entier.

---

[1] Traduction de Lalande.

Ainsi, au lieu d'observer le mouvement de rotation du corps solaire lui-même, nous en sommes réduit à étudier celui de son atmosphère. Nous sommes donc dans les conditions où se trouverait un astronome qui voudrait, en se plaçant dans la Lune, déterminer le mouvement de rotation de la Terre, en prenant un nuage pour point de repère. Il lui faudrait d'abord étudier la circulation atmosphérique et en déterminer les lois : tâche bien difficile et à peu près impossible dans de pareilles circonstances [1].

V

M. Schwabe, de Dessaw, mort le 11 avril 1875, a fait le premier un travail sérieux sur la périodicité des taches solaires dans un long espace de temps. Dès 1826 jusqu'en 1868, il n'a pas manqué d'observer le Soleil chaque jour, lorsque l'état du ciel le permettait. En examinant cette longue série d'observations, il reconnut une périodicité très-évidente : des maxima et des minima très-prononcés se succédaient à un intervalle de dix ans environ. Cette période décennale coïncide d'une manière fort inattendue avec plusieurs phénomènes météorologiques, entre autres, d'après les plus récentes observations, avec la variation de la force magnétique et la périodicité des aurores boréales.

Dans le principe, dit M. Faye, lorsqu'il ne s'agissait que d'un petit nombre de concordances, entre les époques du maximum de fréquence des taches solaires et celui du maximum de la variation diurne de l'aiguille aimantée, on aurait pu douter de l'influence magnétique du Soleil sur la terre; mais aujourd'hui il ne serait pas possible de résister aux con-

____

[1] P. Secchi, *le Soleil.* p. 111.

cordances qui se révèlent, année par année et mois par mois, entre les taches du Soleil et le magnétisme terrestre. Grâce au concours de quelques collaborateurs dévoués, en Suisse, en Allemagne, en Italie et même en Grèce, M. R. Wolf parvient maintenant à déterminer pour chaque jour de chaque année les nombres qui mesurent la fréquence des taches à la surface du Soleil. Pour l'année 1872, par exemple, il ne lui manque qu'un jour sur 366, et, pour ce jour-là seulement, il a dû se résoudre à interpoler, afin de régulariser ses moyennes mensuelles. Dès lors, il est en état de calculer avec ses nombres les variations de la déclinaison de l'aiguille aimantée en un point quelconque du globe terrestre, pourvu que l'on ait une fois pour toutes déterminé, relativement à ce point, deux constantes pareilles à l'établissement du port et à l'unité de hauteur dans le calcul des marées.

« Ces concordances frappantes, ajoute l'éminent astronome, qui s'étendent de la période générale de onze ans aux détails des années et des mois, et qui permettent de lire sur les taches du Soleil comme sur l'échelle divisée d'une aiguille aimantée, les variations continuelles du magnétisme terrestre, ne justifient-elles pas pleinement le titre de *Météorologie cosmique* que j'ai donné à cette note, pour rendre hommage à la fois aux travaux de M. Wolf et à la mémoire de Donati, qui nous a légué cette appellation hardie dans son dernier mémoire[1].

La périodicité des taches, fait remarquer le P. Secchi, suppose une périodicité dans l'activité solaire, et les variations de cette activité pourraient bien se communiquer à la Terre, soit par le moyen de la chaleur, soit par quelque autre moyen encore inconnu, par exemple par l'induction

---

[1] *Comptes rendus de l'Académie des sciences,* 1873, 2ᵐᵉ semestre.

électro-dynamique, produisant ainsi sur notre globe des phénomènes météorologiques ou électriques [1].

Dans un travail plus récent donnant le résultat des observations des protubérances et des taches solaires, du 23 avril au 28 juin 1875, il dit que les grandes éruptions métalliques se sont tout à fait terminées au moment où les grandes taches ont disparu. Si quelques petites éruptions ont eu lieu ensuite, elles ont également été suivies de taches, mais en proportion bien réduite [2].

A l'occasion de cette communication du R. P. Secchi, M. Broux s'exprime ainsi :

« Dans la séance du 15 octobre, le P. Secchi a signalé à l'Académie ce résultat que le mininum des protubérances et des taches solaires paraît près d'être atteint. Il ne sera peut-être pas sans intérêt de savoir que la même conclusion a été déduite de l'étude des oscillations diurnes de l'aiguille aimantée, à Trévandrum, jusqu'en juillet 1875.

La thèse soutenue par M. Becquerel à l'Académie des sciences viendrait à l'appui de cette manière de voir.

Toutes les causes qui dégagent de l'électricité à la surface de la Terre, dit l'habile physicien, ne peuvent en fournir les quantités énormes répandues dans les espaces planétaires et même dans notre atmosphère. Il tend à démontrer que l'origine inconnue jusqu'ici de cette électricité vient du Soleil. Les taches que cet astre nous présente et qui ont quelquefois 16,000 lieues d'étendue, paraissent être les cavités par lesquelles se dégagent l'hydrogène et les diverses substances qui composent l'atmosphère solaire. Or l'hydrogène emporte avec lui de l'électricité positive, qui se répand

---

[1] P. Secchi, *le Soleil*, p. 330.
[2] *Comptes rendus de l'Académie des sciences*, 1875.
[3] *Id.*

dans les espaces planétaires, puis dans l'atmosphère terrestre et même dans la Terre. La matière que l'électricité emporte avec elle suffit à sa transmission, car il est prouvé que l'électricité a la propriété de se répandre dans un espace vide quand elle peut entraîner avec elle de la matière. Les phénomènes que présentent les aurores polaires, ajoute M. Becquerel, produits par des décharges électriques, démontrent de même l'existence de la matière gazeuse dans l'espace, bien au delà de l'étendue que l'on assigne à l'atmosphère terrestre; car on s'est assuré que ces aurores pouvaient avoir leur siége à 200 kilomètres au moins de la surface de la Terre [1].

M. Ch. Sainte-Claire Deville fait observer que les motifs que fait valoir M. Becquerel en faveur de l'origine céleste de l'électricité atmosphérique viennent à l'appui de l'hypothèse qu'il a soutenue, de l'origine céleste des variations de la température atmosphérique et, en particulier, de l'influence que peut avoir sur ces phénomènes l'apparition périodique de matières cosmiques dans les espaces interplanétaires.

Voici des faits qui trouvent leur place ici :

M. Tacchini écrit de Palerme à l'Académie des sciences que l'aurore boréale du 4 février 1872 a été un phénomène extraordinaire, tel que les annales de la science n'en présentent que rarement, et que son apparition a été accompagnée de mouvements correspondants à la surface du Soleil.

Le mauvais temps a empêché M. Tacchini de faire les observations spectrales dans les journées du 3 et du 4; mais les observations qu'il a faites le matin du 5 démontrent, dit-il, que toute la surface du Soleil était dans des circons-

---

tances anormales. Le bord entier était couvert de belles
flammes; vers le pôle nord elles arrivaient à plus de 20 secondes, par un arc de 36 degrés à droite et à gauche, correspondant à une belle région du magnésium qui, dans le
bord occidental, s'étendait jusque près de l'équateur. Dans
cette partie, à 50 degrés du pôle, on observait une magnifique protubérance, qui s'élevait à 2' 40'', et à partir de ce
point, par un arc de 40 degrés, le bord présentait de nombreuses flammes brillantes; l'atmosphère était tout encom-
brée de petits filets lumineux, de points brillants, offrant
une hauteur de 2 minutes. M. Tacchini a envoyé également

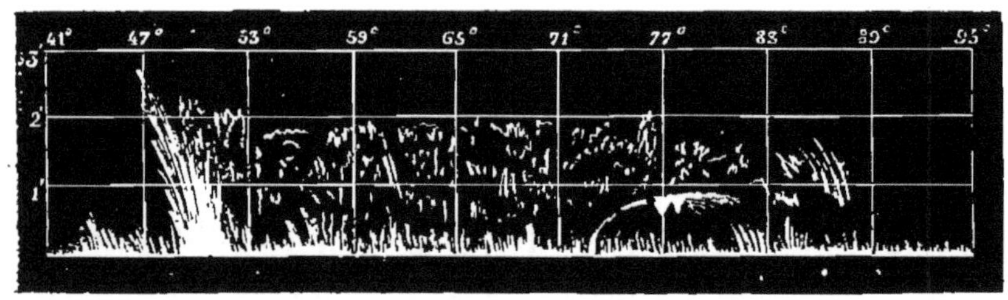

Fig. 19. — Mouvements observés à la surface du Soleil pendant l'aurore boréale
du 4 février 1872, par M. Tacchini.

un dessin représentant ces phénomènes, qui a été inséré
dans les *Comptes rendus* de l'Académie des sciences[1], et que
nous reproduisons fidèlement, figure 19.

M. Cheux en communiquant à l'Académie des sciences
la relation d'une aurore boréale blanche, observée à la
Baumette, près d'Angers, le 8 août 1872, dit que depuis
quelque temps le Soleil présentait une effervescence assez
grande, et que le matin du 9 août l'ayant observé avec
un télescope Foucault, il vit environ 24 taches, dont une
très-noire et très-belle. La figure 22 reproduit le dessin

[1] *Comptes rendus de l'Académie des sciences*, du 19 fév. 1872.

envoyé par M. Cheux, et inséré dans les *Comptes rendus*
de l'Académie[1].

M. Capello, de Lisbonne, a également adressé à l'Académie des sciences, le 5 septembre 1872, à l'occasion de
cette même aurore boréale, les épreuves positives des
clichés du Soleil des 8, 9, 10 et 11 août. Voir la figure 23.
Les lignes en croix sont les images des fils d'araignée sur
le foyer de l'amplificateur[2].

Dans un mémoire d'une haute importance, lu à l'Académie des sciences[3], le P. Sanna-Solaro développe cette
idée que si l'on fait du Soleil la source principale de l'électricité atmosphérique, les faits les plus difficiles à coordonner
viennent prendre spontanément leur place dans la chaîne des
phénomènes, apportant pour ainsi dire avec eux leur propre explication. Le P. Sanna-Solaro, à notre avis, est un de
nos météorologistes les plus avancés, et qui, depuis quelques années, ont fait faire le plus de progrès à cette science.
Il a exposé une partie de ses idées dans son savant ouvrage : *Recherches sur les causes et les lois des mouvements
de l'atmosphère.*

VI

Cependant, tous ceux qui ont spécialement étudié la question ne sont pas unanimes à reconnaître que le Soleil soit
pour beaucoup dans l'électricité qui nous environne. Voici
un passage d'une remarquable critique de M. Faye, qui
nous fait connaître sa manière de voir sur ce sujet :
« On sait, dit-il, qu'il existe entre l'électricité et la cha-

---

[1] *Comptes rendus de l'Académie des sciences*, n° du 19 août 1872.
[2] *Ibid*, n° du 23 septembre 1872.
[3] *Ibid.*, 1872.

leur ou la lumière une différence fondamentale. Plus l'espace est vide et mieux la lumière et la chaleur s'y propagent, en sorte que les physiciens, ayant pensé qu'un milieu matériel est nécessaire, ont imaginé pour cela de remplir l'espace infini d'un éther expressément impondérable. Mais c'est de matière pondérable que l'électricité a besoin pour se manifester sous forme de courants ou de simple force attractive ou répulsive. Quand on opère dans un vide approché, on voit les phénomènes électriques s'altérer de plus en plus; ils cessent tout à fait, faute de matière suffisante, dans le vide le plus parfait que l'on puisse obtenir dans nos laboratoires.

« Ainsi, je le répète, il faut un milieu pondérable pour les actions électriques toutes spéciales dont il s'agit ici. Or, nous avons vu que, si les espaces célestes sont sillonnés en tous sens par d'innombrables corpuscules, étoiles filantes, aérolithes, débris de queues de comètes, et même, si l'on veut, hydrogène solaire, etc., ces petits amas de matière pondérable, parcourant autour du Soleil leurs orbites indépendantes, ne sauraient former un milieu continu comme l'air au sein duquel nous faisons agir l'électricité.

« Je n'aurais même pas cru devoir insister sur cette idée si, dans ces derniers temps, notre savant confrère M. Becquerel ne lui avait donné quelque importance en cherchant à rattacher au Soleil notre propre électricité atmosphérique. M. Becquerel admet que la masse solaire émet incessamment de l'hydrogène qui se dissémine dans l'espace, emportant avec lui son électricité, essentiellement positive, et la communiquant aux astres qu'il rencontre sans pourtant se mêler à leurs atmosphères. Je n'ai point à discuter ces idées; je tiens seulement à montrer que les effluves hydrogénées du Soleil ne constitueraient pas un milieu continu capable de servir de véhicule aux attractions ou répulsions électriques. Repoussées du Soleil par l'électricité hypothétique de la chromosphère, ou mieux par la force répulsive de la photosphère, ces molécules seraient en outre animées de la vitesse de rotation; elles décriraient donc des branches d'hyperbole convexes vers le Soleil, et divergeant vers toutes les parties de l'univers. Ainsi, elles iraient marchant isolément à grande vitesse, s'écartant de plus en plus l'une de l'autre, sans pouvoir exercer les réactions mutuelles qui constituent un gaz ou un milieu électrique [1]. »

M. Becquerel n'en persiste pas moins à attribuer au Soleil l'origine probable de l'électricité atmosphérique, et vient de donner à l'Académie des sciences l'extrait d'un important travail sur ce sujet [2].

VII

Avant de pénétrer plus avant dans l'étude de l'astre du jour, nous devons dire ce que l'on entend par son atmosphère et faire connaître quelques phénomènes auxquels elle donne lieu. L'atmosphère solaire est double; la première, enveloppant la partie centrale, s'appelle *photosphère;* elle est le siége, ainsi que la partie centrale, de vastes opérations chimiques; en rayonnant vers les espaces célestes, elle perd une partie de sa chaleur et les corps, qui y sont à l'état gazeux, se refroidissent, se condensent sous une forme vaporeuse et redescendent dans l'intérieur du Soleil pour revenir de nouveau dans la photosphère à l'état gazeux et recommencer leur transformation. Telle est l'explication que l'on donne de cette première atmosphère lorsque l'on regarde le Soleil comme n'ayant aucun noyau solide, thèse qui nous paraît bien établie aujourd'hui, quoique nous donnions plus loin les raisons pour et contre.

---

[1] *Comptes rendus de l'Académie des sciences*, n° du 9 octobre 1872

[2] *Ibid.*, n° du 4 novembre 1872.

La photosphère solaire, d'après le P. Secchi [1], doit contenir toute espèce de vapeurs, mais cela n'empêche pas qu'elle
s'élève à des hauteurs d'autant plus grandes qu'elles sont
plus légères. Si un grand nombre de corps, regardés comme
simples par les chimistes, et particulièrement les métaux
précieux, n'ont pu encore être reconnus dans le Soleil, il
n'en faut pas conclure qu'ils ne s'y trouvent point, car cela
peut provenir de ce que ces métaux, à cause de la densité
considérable de leurs vapeurs, sont retenus dans des régions profondes et inaccessibles à l'analyse spectrale. La
nomenclature suivante donne les noms des substances dont
la présence a été signalée dans le Soleil, rangées d'après
l'ordre croissant de leurs poids atomiques : *hydrogène, sodium, magnésium, aluminium, silicium, potassium, calcium,
chrôme, manganèse, fer, cuivre, zinc, barium.*

Au dessus de cette enveloppe lumineuse ou *photosphère,*
qui forme la limite apparente du disque solaire, se trouve
l'atmosphère proprement dite, atmosphère transparente,
mais jouissant d'un pouvoir absorbant assez considérable
pour pouvoir arrêter une partie des rayons solaires; elle n'a
pas partout la même hauteur, elle atteint son maximum à
l'équateur et dans la région des taches; elle devient minimum aux pôles.

Cette atmosphère, qui enveloppe le Soleil de toutes parts,
est presque entièrement composée d'hydrogène à une température très-élevée; elle contient également en faible quantité de la vapeur de sodium et de magnésium, on y a même
constaté la présence de la vapeur d'eau [2]. Elle présente
des amas de voiles roses, analogues à ces flammes que l'on
aperçoit autour du disque de la Lune pendant les éclipses
solaires et que l'on connaît sous le nom de *protubérances*

[1] *Le Soleil,* p. 249.
[2] *Ibid.,* p. 215.

rouges; l'hydrogène est le principal élément de ces phénomènes.

Cependant d'après des observations plus récentes, précises et parfaitement exécutées par M. Janssen, les raies
spectroscopiques indiquant la vapeur d'eau ont été en
s'affaiblissant, à mesure que l'on s'élevait dans l'atmosphère terrestre et au-dessus de 7,000 mètres, au point
culminant de l'ascension, le regrettable Crocé-Spinelli, qui
suivait scrupuleusement les instructions de M. Janssen,
les a trouvées complétement disparues du spectre, bien
que la lumière fût très-vive et que les raies voisines fussent
très-nettement perceptibles [1].

VIII

Le P. Secchi fait remarquer qu'en vertu de la loi des
aires, les couches intérieures du Soleil doivent posséder un
mouvement de rotation plus rapide que les couches extérieures, et que le frottement n'a peut-être pas établi dans
toute la masse un mouvement identique. Les points situés à
l'équateur doivent être animés d'une vitesse plus grande que
les points plus rapprochés des pôles; ce fait est d'ailleurs
accusé par le mouvement des taches. Cependant il avoue
que la théorie exacte de la circulation dans la masse solaire
n'est pas encore donnée et que l'on ne peut guère faire, pour
le moment, que des hypothèses sur ce sujet.

Il résulte également des observations du savant astronome
que la valeur du diamètre solaire serait liée à l'état d'activité de l'astre : le disque aurait un diamètre minimum
dans la région de l'activité la plus grande. Cette conclusion

[1] *Comptes rendus de l'Académie des sciences,* 1874

inattendue est d'accord avec la comparaison générale indi- .
quée entre la grandeur des diamètres et le nombre des protubérances [1].

L'astre du jour est sujet à des explosions qui paraissent
intimement liées à la production des taches. Le P. Secchi a
été à même d'étudier parfaitement un de ces violents
phénomènes, sur lequel il a envoyé à l'Académie des

Fig. 20. — Explosions solaires.

sciences [2] une note accompagnée de dessins que nous reproduisons fig. 20 et 21. Il a eu lieu le 7 juillet 1872, à trois heures trente minutes du soir ; à deux heures quarante minutes,
il n'existait qu'un petit jet lumineux, les mouvements inté-
rieurs des vapeurs incandescentes étaient si intenses que l'on

[1] Académie des sciences, 9 septembre 1872.
[2] *Ibid.*, 5 août 1872.

voyait les nuages lumineux changer de forme à vue d'œil; à quatre heures quinze minutes, leur hauteur était dix fois plus grande que le diamètre terrestre, c'est-à-dire qu'ils s'é-

Fig. 21. — Explosions solaires.

levaient à plus de 30,000 lieues. Cette éruption dura deux heures, et le lendemain, ce phénomène se reproduisit au même lieu du Soleil. Le P. Secchi ajoute qu'à cette date il y a eu aurore boréale à Madrid et dans plusieurs régions de l'Europe, ainsi que de violentes perturbations magnétiques. La lumière zodiacale présentait également une ampleur extraordinaire; il est porté à croire que tous ces phénomènes sont solidaires et que les grands mouvements de la photosphère solaire ont leur contre-coup sur la Terre.

En examinant les gravures 20 et 21, on voit que le gros nuage cumuliforme, fig. A, qui, à $3^h 50^m$, surmontait les jets, était formé par l'enchevêtrement et la fusion de la masse des jets eux-mêmes, et que, lorsque la masse se fut soulevée et étalée, elle parut se résoudre en filets gracieusement recourbés, comme les feuilles d'acanthe dans un chapiteau corinthien, fig. B, C, D, E. Cependant, les courbes de ces jets ne sont pas simplement paraboliques, mais réellement spirales, car on y voit la volute se former aux extrémités des filets. Ce fait, jadis indiqué dans une figure fameuse de M. Young, a été confirmé d'une manière incontestable dans l'éruption du 13 juillet, fig. 21. La figure F représente les derniers restes de l'éruption du 7, suspendus dans les airs au-dessus de flammes assez faibles.

La fig. A représente l'aspect de ce merveilleux phénomène le 7 juillet 1872, à $3^h 50^m$; la fig. B, à $4^h 15^m$; la fig. C, à $4^h 30^m$;

la fig. D, à 5ʰ 10ᵐ ; la fig. F, à 6ʰ 30ᵐ. — La fig. G représente l'éruption du 13 juillet à 11ʰ 35ᵐ ; la fig. H, à 4ʰ 35ᵐ, et la fig. I, à 6ʰ 20ᵐ. — La fig. K représente une tache manifestant des vestiges d'éruption observée le 11 juillet sur le bord du Soleil:

IX

La question de la constitution du Soleil a exercé la sagacité des astronomes les plus distingués, avant même que l'analyse spectrale vînt nous révéler la nature des astres, et permettre aux savants de lire du fond de leur cabinet ce qui se passe à des millions de milliards de lieues ; et, naturellement, divers systèmes ont pris naissance.

D'après Herschel, Laplace, et plusieurs autres célèbres astronomes, le Soleil est formé d'un corps obscur, entouré d'une atmosphère où flotte une épaisse couche de nuages et qui n'est enflammé qu'à sa partie supérieure ; d'où suit que le Soleil est habitable.

Cette ingénieuse théorie rend compte de toutes les apparences que présentent les taches dont le corps de l'astre radieux est souvent parsemé ; elle avait d'ailleurs reçu des expériences de polarisation dues à Arago, un cachet de grande probabilité.

On l'a cependant remise en question dans ces derniers temps. Les doutes sont d'abord nés des résultats que donne l'analyse spectrale.

Si l'on soumet à cette analyse une flamme contenant des vapeurs métalliques, des raies colorées caractéristiques révèlent la présence des métaux vaporisés ; mais si derrière cette flamme est une autre source lumineuse plus intense que la première et contenant les mêmes vapeurs métalliques que celles-ci, loin que l'éclat des raies superposées s'accroisse, les raies du foyer le plus faible absorbent celles du foyer le plus ardent, et au lieu des raies lumineuses on a des raies obscures.

Or, les rayons solaires présentent précisément ces raies noires, et donnent ce que les physiciens appellent un spectre *inverse* ou *renversé;* M. Kirchhoff en conclut que le corps du Soleil est plus incandescent que son atmosphère.

Mais dans un mémoire communiqué à l'Académie des sciences, M. Petit, ancien directeur de l'observatoire de Toulouse, fait remarquer que cette théorie ne rend compte ni des taches, ni des pénombres, ni des facules et des lucules, ni de l'absence de polarisation. Et comme les éclipses totales de Soleil ont récemment révélé qu'il existe autour de la photosphère une seconde enveloppe aériforme, lumineuse, comme la premiere, mais à un moindre degré, il dit avec raison que le spectre inverse fourni par le Soleil s'explique parfaitement, si l'on suppose qu'il existe dans cette seconde atmosphère des vapeurs métalliques de même nature que celles qui existent dans la première.

Il n'y a donc nulle nécessité, d'après le savant astronome, d'admettre que le noyau solaire soit à l'état de fusion, et l'opinion d'Herschel sur l'habitabilité du Soleil peut rester admise. M. Petit ajoute : « Au lieu d'un corps incandescent, destiné fatalement à se refroidir et à s'éteindre, on pourrait concevoir alors une revivification incessante des produits de la combustion, par des êtres organisés qui résideraient à la surface du noyau solaire, et maintiendraient l'équilibre, ainsi que le font ici-bas, pour notre atmosphère, les plantes et les animaux. »

Arago s'exprime ainsi : « Si l'on me posait simplement cette question : le Soleil est-il habité? je répondrais que je n'en sais rien. Mais que l'on me demande si le Soleil peut être habité par des êtres organisés d'une manière analogue à ceux qui peuplent notre globe, et je n'hésiterai pas à faire une réponse affirmative. L'existence dans le Soleil d'un noyau central obscur, enveloppé d'une atmosphère opaque loin de laquelle se trouve seulement une atmosphère lumineuse, ne s'oppose nullement en effet à une telle conception.

« Herschel croyait que le Soleil est habité. Suivant lui, si la profondeur de l'atmosphère solaire, dans laquelle s'opère la réaction chimique lumineuse, s'élève à un million de lieues, il n'est pas nécessaire qu'en chaque point l'éclat surpasse celui d'une aurore boréale ordinaire. Les arguments sur lesquels le grand astronome se fonde pour prononcer en tout cas que le noyau solaire peut ne pas être très-chaud, malgré l'incandescence de l'atmosphère, ne sont ni les seuls ni les meilleurs que l'on pourrait invoquer. L'observation directe, faite par le P. Secchi, de l'abaissement de température qu'éprouvent les points du disque solaire où apparaissent les taches est, à cet égard, plus importante que tous les raisonnements.

« Le docteur Elliot avait soutenu, dès l'année 1787, que la lumière du Soleil provenait de ce qu'il appelait une aurore dense et universelle. Il pensait encore, avec d'anciens philosophes, que cet astre pouvait être habité. Lorsque le docteur fut traduit aux assises d'Old-Bailey pour avoir tué miss Boydell, ses amis, le docteur Simon entre autres, soutinrent qu'il était fou, et crurent le prouver surabondamment en montrant les écrits où l'opinion que nous venons de rapporter se trouvait développée. Les conceptions d'un fou sont presque généralement adoptées. L'anecdote me paraît mériter de figurer dans l'histoire des sciences. Je l'emprunte à l'article *Astronomie* du docteur Brewster, insérée dans l'Encyclopédie d'Édimbourg [1]. »

---

[1] Arago, *Astronomie populaire.*

X

Les savants sont moins unanimes aujourd'hui que lorsque Arago écrivait à regarder le Soleil comme habitable. Cependant, dans une communication à l'Académie des sciences, M. Vicaire se propose de démontrer qu'il faut revenir à la théorie de Wilson, d'Herschel et d'Arago, que l'on abandonne maintenant, et d'après laquelle il existe, sous la photosphère, un noyau relativement froid et obscur : « La principale objection que l'on a faite à l'hypothèse d'un noyau relativement froid, dit-il, c'est que ce noyau, soumis au rayonnement de la photosphère, aurait dû depuis longtemps en acquérir la température.

« Cette objection tombe si la chaleur reçue par ce noyau est employée à vaporiser le liquide dont il est formé. En outre, cette chaleur peut et doit n'être qu'une fraction minime de celle que la photosphère émet, celle-ci étant absorbée par la couche interposée, qui la ramène incessamment dans la photosphère.

« En ce qui concerne le temps depuis lequel le noyau est soumis à cette volatilisation, rien ne prouve qu'il faille le mesurer par la durée totale des âges de la Terre. Je pense, au contraire, que le Soleil n'a éclairé avec sa constitution et son mode de fonctionnement actuels que les périodes géologiques les plus récentes [1]. »

Tous les astronomes sont loin d'être de cet avis ; beaucoup croient que le Soleil est gazeux dans toute sa masse, et que la vitesse de ses différentes couches va en croissant de la surface au centre. M. Faye, notre éminent astronome et le

---

[1] Académie des sciences, 26 août 1872.

P. Secchi entre autres sont de cet avis. « Lorsque le Soleil,
à l'époque de sa formation, dit le P. Secchi, eut atteint un
volume sensiblement égal à celui qu'il possède aujourd'hui,
sa température aurait été au moins de 500 millions de degrés;
de plus, l'expérience nous apprend qu'à sa surface la température est, actuellement encore, de plusieurs millions de
degrés; il est très-probable que, dans l'intérieur, elle est encore plus élevée. Il faut conclure de ces faits que le Soleil

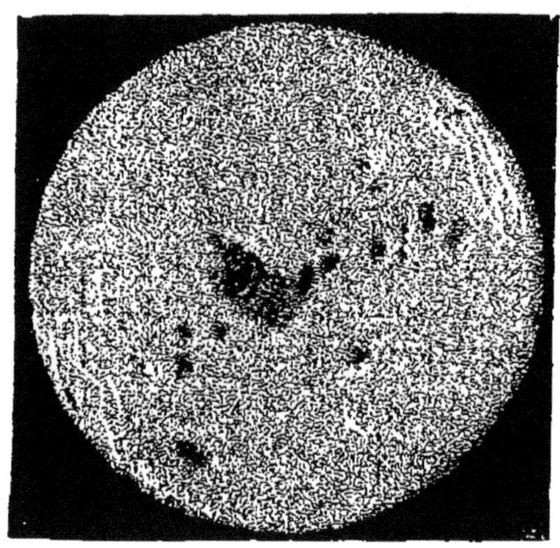

Fig. 22. — Surface du Soleil le 9 août 1872, à 6 h. du matin, observée par M. Cheux.

ne saurait être composé d'une masse solide; et même,
quelle que soit l'énorme pression qui existe dans cette masse,
elle ne saurait, à proprement parler, se trouver à l'état liquide; nous sommes nécessairement conduit à la regarder comme gazeuse, malgré son état de condensation extrême[1]. »

M. Delaunay, de l'Institut, dit également : « La température énorme que doit avoir le Soleil permet d'admettre sans

[1] *Le Soleil*, p. 289.

la moindre difficulté que son atmosphère renferme, à l'état
de vapeur, les divers corps qui viennent d'être indiqués (divers métaux). D'un autre côté, le volume de cet astre étant
égal à 1,280,000 fois celui du globe terrestre, et sa masse étant
seulement 320,000 fois plus grande que la masse de la Terre, la
densité moyenne du Soleil n'est que le quart de celle de la
Terre, et, par conséquent, n'est guère supérieure à celle de
l'eau. D'après cela, il est difficile de croire que le Soleil soit
un corps solide recouvert d'une enveloppe de nuages éblouissants constituant ce que l'on nomme la *photosphère*. Nous
sommes porté, au contraire, à nous ranger à l'ingénieuse hypothèse de notre confrère, M. Faye. Suivant lui, le Soleil serait une masse gazeuse d'une température très-élevée. En
raison de cette haute température, les diverses substances
simples qui entrent dans sa composition ne pourraient pas se
combiner entre elles, mais leur refroidissement superficiel,
dû au rayonnement vers les espaces célestes, permettrait à
des combinaisons de se produire, ce qui, par la formation de
précipités solides, pulvérulents, disséminés dans les couches
extérieures de la masse gazeuse, donnerait lieu à la lumière
éblouissante de la photosphère. Par suite de leur plus forte
densité, ces précipités solides descendraient peu à peu dans
l'intérieur de la masse, où ils seraient décomposés par la
haute température qu'ils rencontreraient, et redeviendraient
à l'état gazeux; d'ailleurs, ces courants descendants détermineraient la formation de courants ascendants, en vertu
desquels les matières de l'intérieur se rapprocheraient de la
surface, de telle sorte que la masse gazeuse tout entière contribuerait ainsi à entretenir l'énorme production de chaleur
et de lumière à la surface de l'astre. Les taches, variables
de nombre, de position, de forme et de grandeur, que l'on
voit habituellement sur le Soleil, ne seraient autre chose que
des éclaircies produites accidentellement, au milieu des

nuages éblouissants de la photosphère, par les courants dont nous venons de parler [1]. »

Pour nous, après avoir comparé les divers éléments acquis au problème, nous concluons également pour la nature gazeuse de l'astre.

XI

Dans une lettre à M. Dumas, communiquée à l'Académie des sciences au commencement de l'année 1869 [2], M. Janssen, qui a fait de si beaux travaux sur l'analyse spectrale, vient de même fortifier cette manière de voir en résumant les notions acquises jusqu'à ce jour sur la constitution du Soleil.

Voici très-succinctement le contenu de cette importante communication.

L'ensemble des travaux modernes, interprétés par la théorie de M. Faye, conduisent à considérer le Soleil comme un globe essentiellement gazeux, dont la température propre est si élevée qu'aucun corps ne peut y résister qu'à l'état gazéiforme le plus prononcé. Or, on sait que les gaz, alors même qu'ils sont portés à une très-haute température, sont faiblement lumineux lorsqu'ils ne contiennent pas de parcelles d'un corps fixe, c'est-à-dire non réduit en gaz. Comment alors expliquer l'éclat du Soleil?

De la manière suivante : l'espace où se meut le globe solaire occasionne un abaissement de température à la surface de l'astre, suffisant pour y condenser les éléments gazeux et les réduire en poussière solide. Cette poussière so-

[1] M. Delaunay, de l'Institut, *Notice sur l'analyse spectrale.*
[2] *Comptes rendus de l'Académie des sciences*, 1869, 1er semestre.

lide, mêlée aux gaz incandescents, leur donne l'éclat lumineux et le rayonnement que nous leur connaissons, de même que le carbone, la chaux, la magnésie donnent aux flammes ternes de nos gaz leur puissance lumineuse.

Ainsi, par un abaissement relatif de température, le globe gazeux s'entoure d'une enveloppe très-lumineuse : c'est la photosphère, c'est la partie visible du Soleil; pour le vulgaire, c'est l'astre proprement dit. Dans cette photosphère on remarque des taches, des déchirures qui ont puissamment attiré l'attention des astronomes.

Ces déchirures de l'enveloppe lumineuse, dont le diamètre est souvent double ou triple de celui de notre Terre, permettent de constater l'obscurité relative du noyau gazeux central; leurs mouvements ont révélé les lois de la rotation superficielle du Soleil, rotation dont la vitesse est variable suivant les latitudes, et fournissent ainsi une des preuves les plus frappantes de l'état gazeux de l'astre.

C'est encore l'étude des taches qui a conduit les astronomes à admettre une atmosphère autour de l'enveloppe lumineuse. Mais cette atmosphère, dont l'existence était révélée par des phénomènes de réfraction observés sur la photosphère, et par des effets d'absorption constatés sur les bords du disque solaire, n'était pas connue directement; sa nature, sa hauteur, sa composition étaient l'objet des assertions les plus contradictoires. Quant à ces singuliers appendices lumineux ou probéturances qui avaient été observés pendant les dernières éclipses totales, on ne savait absolument rien à leur égard.

Les choses en étaient là quand la grande éclipse du 18 août 1868 vint offrir l'occasion d'appliquer, pour la première fois, les nouvelles méthodes d'analyse à l'étude de ces phénomènes.

L'analyse de la lumière des protubérances révéla tout

d'abord leur nature et leur état gazeux. Ces grands appendices sont presque exclusivement formés d'hydrogène incandescent. L'on a également reconnu que cet hydrogène incandescent existe sur toute la circonférence du Soleil, et que
les probéturances ne sont que les portions les plus saillantes
de cette atmosphère hydrogénée.

A l'occasion de cette belle communication, M. Leverrier
a fait remarquer que la théorie qui consiste à considérer le
Soleil, pour sa partie lumineuse, comme un globe incandescent, recouvert par une petite atmosphère gazeuse, à laquelle
sont dus une partie des phénomènes que l'on observe à la surface de l'astre, a été établie d'une manière certaine sur les
observations de l'éclipse totale de Soleil qui a eu lieu en 1860.
Le titre de gloire des observateurs de 1868, en particulier
de MM. Janssen et Royet, est d'avoir reconnu la nature de
cette atmosphère. En parvenant de plus à observer en tout
temps les phénomènes qu'on n'avait pu jusque-là constater
qu'au moment des éclipses totales de Soleil, M. Janssen a
rendu à la science un service qu'elle ne saurait trop apprécier.

Dans la même séance, M. Leverrier a présenté une
note de M. Royet, dans laquelle il est établi que la raie
jaune découverte par l'analyse spectrale se voit sur tout le
contour du Soleil; il conclut que le gaz incandescent auquel
elle correspond est, au même titre que l'hydrogène, un élément constitutif de l'atmosphère solaire. Cependant on ne
sait pas quel est ce gaz, la raie jaune dont il s'agit ne coïncidant pas avec la raie jaune du sodium.

XII

On est naturellement porté à se demander quelle est l'origine de l'énorme température dont le Soleil est doué?

Cette origine peut avoir été la force même de la gravité qui a réuni les éléments dont est formé le point central du système solaire. D'abord, la température ainsi acquise par voie mécanique devait être de beaucoup supérieure à la température actuelle, l'astre du jour étant en voie de refroidissement; cependant, ses pertes, quoique très-grandes, sont presques insensibles pour nous, parce qu'elles sont très-lentes et jusqu'à un certain point compensées par le passage d'une partie de la masse solaire à divers états de combinaisons chimiques; peut-être aussi des corps étrangers attirés dans son sein contribuent-ils à entretenir son incessante combustion.

On est loin d'être d'accord sur l'évaluation de cette température. Une des choses qui peut justement étonner ici, c'est de voir la différence si grande que présentent les résultats obtenus par des spécialistes, pour l'étude d'un même problème. Dans ces derniers temps, plusieurs mémoires ont été envoyés à l'Académie des sciences sur ce sujet[1]; un des plus récents est celui de M. Vicaire. Il rappelle que le P. Secchi évalue cette température à 10,000,000 de degrés au moins; M. Spærer à 37,000. Si l'on joint à cela les résultats obtenus par Pouillet, qui trouvait des valeurs comprises entre 1,461 et 1,761 degrés, suivant les diverses hypothèses que l'on pouvait faire relativement au pouvoir émissif de la surface du Soleil, on est obligé de reconnaî-

---

[1] *Comptes rendus de l'Académie des sciences*, 1871-1872.

tre que l'état de la science sur cette question est aussi peu satisfaisant que possible.

Ce qu'il y a de plus surprenant, c'est que les résultats les plus opposés, ceux de Pouillet et du P. Secchi, ont été tirés d'un même phénomène, la radiation calorifique du

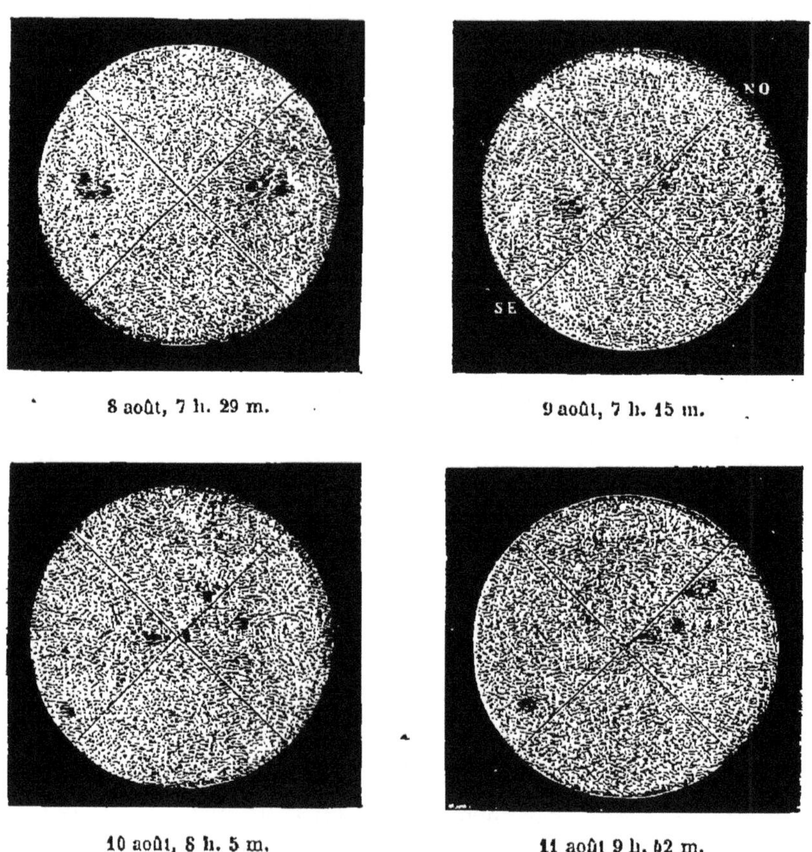

8 août, 7 h. 29 m.

9 août, 7 h. 15 m.

10 août, 8 h. 5 m.

11 août 9 h. 42 m.

Fig. 22 à 25. — Aspects du Soleil à l'époque de l'aurore boréale du mois d'août 1872.

Soleil, dont ces savants ont mesuré l'intensité par des procédés presque identiques. Une différence aussi énorme dans les résultats, ajoute M. Vicaire, ne provient évidemment pas des observations, mais de la manière dont elles ont été interprétées; après un examen approfondi, il croit pouvoir conclure que l'évaluation de Pouillet est infiniment plus voisine de la réalité que celle du P. Secchi.

A la suite de la communication de M. Vicaire, M. Élie de Beaumont fait remarquer que sir W. Thomson a déjà montré que la température du Soleil ne saurait être incomparablement plus élevée que les températures atteintes 'dans certaines opérations de l'industrie. Il signala à ce sujet l'importante note de cet illustre physicien sur l'âge de la chaleur solaire, dans laquelle il est rappelé que la chaleur émise par le Soleil, d'après Pouillet, par chaque pied carré de la surface, répond à une force de 7,000 chevaux seulement. De la houille brûlant en raison d'un demi-kilog. par deux secondes produirait à peu près les mêmes résultats; or, M. Rankine a estimé que, dans les foyers de nos locomotives, le charbon brûle à raison d'un demi-kilog. par pied carré de grille avec une vitesse de 30 à 90 secondes.

Ce grand problème de la température à la surface du Soleil, ajoute M. Élie de Beaumont, est devenu plus accessible qu'il ne l'était naguère. Nous le devons principalement aux expéditions astronomiques qui ont eu pour but d'étudier, dans les éclipses totales, la constitution physique du Soleil, et l'Académie n'a pas oublié une de ces grandes entreprises qui ont le plus attiré l'attention du monde savant, celle de septembre 1858, à Panaragua, dont la science est redevable à l'initiative éclairée de sa S. M. l'empereur du Brésil (Pedro II), membre correspondant de l'Institut.

D'après ses recherches sur les hautes températures et sur les phénomènes d'irradiation qui les accompagnent, M. Becquerel pense que les températures les plus élevées que l'on puisse produire, par la combustion ainsi que par l'action de l'électricité, ne s'élèvent pas beaucoup au delà de 2,000 à 2,500 degrés, et que par conséquent la température solaire, qui ne paraît pas aussi éloignée des températures de ces sources qu'on pourrait le penser, ne dépasserait guère 3,000 degrés.

M. Fizeau croit que si la radiation solaire est décidément supérieure à celles des sources de lumière les plus intenses que l'on ait pu produire jusqu'ici, elle n'a cependant été trouvée que deux ou trois fois plus forte que la lumière de la pile. Ces deux sources de lumière restent donc tout à fait comparables entre elles, ce qui conduit à admettre que leur température ne doit pas différer d'une manière excessive, comme cela résulterait de plusieurs évaluations récemment proposées pour la température de la surface du Soleil. Il nous semble que l'argument de M. Fizeau est des plus concluants.

M. H. Sainte-Claire Deville dit que parler de températures excessives et de leur mesure, c'est admettre que les gaz sont indéfiniment dilatables ou compressibles par la chaleur, ce qui n'est pas démontré; ou bien, ce qui l'est encore moins, qu'il n'y a pas de limite produite par les combinaisons chimiques. Il fait également remarquer que calculer la température d'un point quelconque de la masse du Soleil, c'est négliger absolument l'influence de la couche, peut-être extrêmement étendue, de la matière solaire obscure qui, selon toute apparence, se superpose à la couche incandescente, et dont le rayonnement vers la Terre est aussi éliminé. Le savant chimiste indique ensuite une nouvelle étude qui pourrait contribuer à résoudre la question : les raies de l'hydrogène qu'émettent certains points de la matière incandescente du Soleil sont déterminées par les observations astronomiques ; MM. Franckland et Lokier les ont retrouvées dans la flamme de l'hydrogène soumise à une certaine pression ; on pourrait donc déterminer la température de combustion de l'hydrogène à cette même pression, et par suite la nature et la pression des gaz dans les points de l'atmosphère solaire où les raies de l'hydrogène ont été observées. Il croit, d'après les premières appréciations, que cette température ne sera pas bien éloignée de 2,500 à 2,800 degrés, nombre qui résulte des expériences de M. Bunsen et que lui-même et M. Debray ont publiées depuis longtemps.

XIII

Pour compléter ces notions données par les grands maîtres de la science, nous devons faire connaître ici les conclusions dans lesquelles se résument les études du P. Secchi sur la température solaire, son origine et sa conservation.

1° La température solaire s'élève à plusieurs millions de degrés, mais il nous est impossible de la déterminer avec précision[1];

2° Cette température est probablement le résultat de la gravitation ; elle aurait été produite par la chute de la matière qui constituait la nébuleuse primitive, et qui compose actuellement le Soleil et les planètes ;

3° A cette époque de formation, la température devait être beaucoup plus élevée qu'elle ne l'est maintenant : le Soleil est donc dans une période de refroidissement ;

4° Quoique le Soleil perde continuellement d'énormes quantités de chaleur, l'abaissement de température est extrêmement faible; il ne dépasse pas un degré en quatre mille ans. Ce résultat est dû à l'état de dissociation dans lequel se trouve la matière sous l'action de la chaleur;

5° Bien que la température du Soleil ne soit pas absolument invariable, ses variations séculaires sont cependant plus faibles que les fluctuations à courtes périodes dont nous constatons l'existence sans pouvoir les étudier d'une manière

[1] On vient de voir que ce chiffre est généralement contesté.

complète : aussi devons-nous penser que notre planète restera habitable pendant une longue suite de siècles.

« Quoique la température du Soleil ne soit pas absolument constante, ajoute-t-il, ses variations sont cependant si peu considérables qu'il n'est possible de les constater qu'après plusieurs milliers d'années. Après un laps de temps beaucoup plus considérable, après plusieurs millions de siècles, par exemple, le Soleil se sera considérablement refroidi; il viendra sans doute une époque où il n'aura plus le pouvoir d'entretenir la vie à la surface des planètes ; il est possible que l'Auteur de la nature ait disposé les choses dès le commencement de manière à réparer son activité par quelque phénomène extraordinaire, par exemple par la chute d'une nébuleuse. Mais ce sont là des questions oiseuses auxquelles nous aurions tort de nous arrêter. Qui sait si l'ordre qui règne actuellement dans notre système solaire doit y régner indéfiniment? L'état actuel n'a pas toujours existé, la géologie nous l'enseigne, et puisqu'il a eu un commencement, pourquoi ne devrait-il pas avoir une fin[1]? »

XIV

Lucrèce a devancé nos astronomes modernes et exprimé, à sa manière il est vrai, les mêmes idées : « Je n'ignore pas combien c'est une opinion nouvelle et incroyable que de croire à la ruine future du Ciel et de la Terre, et combien il m'est difficile de convaincre les hommes; c'est ce qui arrive lorsqu'on leur apporte une vérité qui n'a pas encore frappé leurs oreilles, et qui, de plus, n'est soumise ni à la vue

---

[1] P. Secchi, *le Soleil*, p. 292.

ni au tact, les deux seules voies qui portent l'évidence
jusque dans le sanctuaire de l'esprit humain... Peut-être
crois-tu que la Terre et le Soleil, le Ciel et la Mer, les Astres
et la Lune sont des substances divines dont l'éternité est le
partage; qu'ainsi c'est une impiété semblable à celle des
Géants et digne des châtiments les plus terribles d'oser par
de vains arguments ébranler les voûtes du monde, éteindre
ce Soleil qui brille dans les cieux, et soumettre à la destruc-
tion des êtres immortels. Mais tous ces corps sont si éloignés d'avoir rien de commun avec la nature divine, et si
indignes d'être placés au rang des dieux qu'ils sont propres,
au contraire, à nous donner l'idée d'une matière brute et inanimée; car il ne faut pas croire que le sentiment et l'intelligence soient la propriété de tous les corps indifféremment...

«... D'ailleurs si le Ciel et la Terre n'ont pas eu d'origine,
s'ils subsistent de toute éternité, pourquoi ne s'est-il trouvé
aucun poëte pour chanter les événements antérieurs à la
guerre de Thèbes et à la ruine de Troie? Pourquoi tant de
faits héroïques ensevelis dans l'oubli et exclus pour jamais
des fastes éternels de la renommée? Je n'en doute pas,
notre monde est nouveau; il est encore dans l'enfance,
et son origine ne date pas de fort loin. Voilà pourquoi il
y a des arts que l'on ne perfectionne et d'autres que l'on
n'invente que d'aujourd'hui : c'est d'aujourd'hui que la navigation fait des progrès considérables; la science de l'harmonie est une découverte de nos jours. Enfin, cette philosophie dont j'expose les principes n'est connue que depuis
peu, et je suis le premier qui aie pu traiter de ces matières dans la langue de ma patrie[1]. »

Toutes ces raisons ne sont pas très-fortes, mais enfin ces

---

[1] Lucrèce, liv. IV.

citations font connaître dans un beau langage les idées qui pouvaient avoir cours sur ce sujet du temps de Lucrèce.

Pour terminer ce qui a rapport à la chaleur solaire, ajoutons que dès les premiers temps où commencèrent les études sur le Soleil, Lucas Valérius remarqua que l'image de cet astre était plus brillante au centre que sur les bords. Ce fait important fut révoqué en doute par Galilée, mais il était exact; et des observations ultérieures, entre autres de celles exposées par le P. Secchi, il résulte les conséquences suivantes, qui le confirment : 1° Toutes les radiations éprouvent une absorption considérable qui va en croissant depuis le centre du disque solaire jusqu'au bord, où cette absorption atteint le maximum;

2° Les régions équatoriales sont à une température plus élevée que les régions situées au delà du 30me degré de latitude, et la différence est au moins d'un seizième;

3° La température est un peu plus élevée dans l'hémisphère nord que dans l'hémisphère sud;

4° De même que les taches émettent moins de lumière, elles émettent aussi moins de chaleur que les autres régions[1].

XV

Nous devons dire ici quelques mots de la lumière zodiacale. Cette lumière est un phénomène qui accompagne ordinairement le lever et le coucher du Soleil, vers les équinoxes, principalement vers celui du printemps : elle se présente sous la forme d'un cône de lumière blanchâtre

---

[1] *Le Soleil*, p. 133.

que l'on observe dans la direction du zodiaque. C'est surtout vers les régions où le ciel est d'une grande limpidité qu'elle se montre avec toute sa splendeur. Sur l'Océan et dans les mers du Sud spécialement, nous avons été à même de contempler bien souvent ses splendides lueurs. Sa longueur paraît quelquefois sous-tendre un arc de 90 degrés.

Les anciens désignaient cette lumière sous le nom de *trabes* (solives). Les savants qui les premiers ont essayé d'en donner une explication scientifique paraissent être J. D. Cassini et de Mairan. Cassini supposait le Soleil enveloppé d'une couche nébuleuse, ayant la forme d'un sphéroïde très-aplati et presque lenticulaire, s'étendant plus loin que les orbites de Mercure et de Vénus, et jusqu'à l'orbite de la Terre; de Mairan, qui a de même soigneusement observé ce phénomène, en donne une description qui s'accorde avec celle de Humboldt, et, comme Cassini, il la fait également dépendre de l'atmosphère du Soleil, plus élevée autour de son équateur, à cause de sa rotation, ce qui lui donnerait une forme allongée, rendue visible seulement lorsque les lieux d'observation ne sont pas plongés dans cette atmosphère.

M. Liais, astronome et observateur habile, s'est livré, dans ses nombreux voyages d'outre-mer, à une étude spéciale de ce phénomène. Il a envoyé le résumé de ses observations à l'Académie des sciences en 1858 : « J'ai fait voir, dit-il, qu'on ne peut se rendre compte de l'apparence de la lumière zodiacale qu'en admettant qu'elle est due à une matière légère formant une sorte de nébulosité autour du Soleil, nébulosité dans laquelle la Terre est entièrement plongée. L'aspect annulaire de cette nébulosité résulte de ce qu'elle forme autour du Soleil une sorte d'ellipsoïde très-aplati, c'est-à-dire une couche mince de matière très-peu inclinée à l'orbite terrestre, qui est entièrement contenue dans l'intérieur de cette couche. Par conséquent, si nous regardons

Fig. 26. — Lumière zodiacale dans les régions tropicales.

dans le sens de l'aplatissement, lequel sens n'est autre alors que la direction de l'écliptique, nous voyons une plus grande épaisseur de matière que dans toute autre direction ; nous recevons donc plus de lumière du côté du zodiaque que dans les autres sens, ce qui nous fait paraître cette zone lumineuse par rapport au reste du Ciel, lequel d'ailleurs est lumineux aussi. Tout le monde en effet a pu remarquer que par un temps clair aucune partie de la voûte céleste n'est complétement sombre. A cause de la limpidité de l'air, la lumière du fond du Ciel est aussi plus sensible entre les tropiques que dans les régions tempérées. Elle provient de la nébuleuse solaire à la lueur de laquelle se joint la faible quantité de lumière que nous envoient les étoiles.

« La lumière zodiacale, quand on peut la bien voir, comme dans la zone intertropicale, est le plus beau des phénomènes célestes. Sa couleur est d'un blanc pur ; quelques observateurs en Europe ont cru quelquefois lui reconnaître une teinte rougeâtre. Cette teinte n'a rien de réel. Si elle existait, ce serait entre les tropiques qu'on la distinguerait le mieux, car la coloration devient toujours de plus en plus sensible avec l'intensité. Je crois que les observateurs ont confondu, dans ce cas, avec la lumière zodiacale les dernières traces rougeâtres du crépuscule. Sous les tropiques mêmes, aux mois de juillet et d'août pour celui du Capricorne, aux mois de janvier et de février pour le tropique du Cancer, la lumière zodiacale se montre le soir, après le coucher du soleil, perpendiculairement à l'horizon. Alors, quand la nuit close est arrivée, on voit s'élever à l'occident une belle colonne blanche verticale, dont l'axe central atteint et dépasse même en intensité les parties les plus brillantes de la voie lactée. Sur les bords de cette colonne, la lumière va en se fondant doucement avec la faible lueur du Ciel. Elle se distingue en cela de la voie lactée, dont les bords en certains points présentent une opposition de lumière notable avec le fond général, comme dans le trou noir de la Croix du Sud nommé *sac à charbon* [1]. »

M. J. J. Silbermann, ingénieux observateur, croit que la lumière zodiacale a des relations intimes avec l'affluence des étoiles filantes et l'apparition des aurores boréales. Dans un important mémoire communiqué à l'Académie des sciences, il dit : « Toutes les fois qu'il y a affluence d'étoiles filantes, il y a aurore boréale lumineuse, ou simplement nuageuse dans les latitudes moyennes. Des faits nombreux me portent à admettre qu'il en est absolument de même pour la lumière zodiacale. A ce propos je dois ajouter que la lumière zodiacale, ainsi que les aurores, correspond à de brusques oscillations du baromètre, et qu'en outre, comme les aurores, elle est quelquefois colorée en rouge vif... Les changements brusques d'intensité ainsi que l'apparition de mouvements ondulatoires ont été observés par Humboldt. Une lumière zodiacale s'étendant d'un bout de l'horizon à l'autre, comme celle vue par Béguelin, a été observée par M. Liais. De son côté, M. Respighi a constaté dernièrement par l'analyse spectrale, que la lumière zodiacale présente la raie brillante de l'azote découvert par Augtröm dans les aurores boréales. Tous ces faits, ainsi que la coïncidence de la lumière zodiacale avec les affluences d'étoiles filantes et les aurores boréales, tendent à faire admettre que cette lumière est en réalité une aurore zodiacale, correspondant à l'onde de marée, et non de la matière cosmique. On sait, du reste, que Laplace n'admettait pas que la lumière zodiacale puisse être une extension matérielle de l'atmosphère du Soleil [2]. »

---

[1] *Espace céleste*, p. 181.

[2] *Comptes rendus de l'Académie des sciences,* 8 avril 1872.

XVI

Ce travail serait incomplet si nous ne rappelions très-succinctement les notions acquises à la science depuis longtemps et vulgarisées dans les ouvrages élémentaires.

L'astre radieux projette sans cesse ses rayons de tous les points de sa surface, et il n'est pas un instant où sa lumière ne se répande sur toutes les parties de l'univers.

Dès la fin de juin, il perd chaque jour de son élévation ; cependant, la chaleur ne laisse pas de s'augmenter pendant l'été ; cela est facile à comprendre : on sait qu'un corps chauffé par le Soleil peut conserver longtemps la chaleur qu'il a reçue, quoiqu'il ne soit plus exposé à ses rayons. Si au milieu des ardeurs de l'été on expose au Soleil un morceau assez considérable de métal pendant une journée entière, il est certain que revenant à neuf heures du soir on retrouvera encore dans le métal un reste de chaleur, quoique l'astre ait cessé de l'échauffer depuis plus d'une heure environ ; à plus forte raison la Terre, qui est prodigieusement plus considérable que ce morceau de métal, conservera-t-elle bien avant dans la nuit et même jusqu'au matin la chaleur que l'astre du jour lui aura communiquée. Le Soleil, la trouvant encore échauffée, ajoute une nouvelle chaleur à celle qu'elle a conservée, et la Terre en retient encore davantage les nuits suivantes. C'est ainsi que la chaleur augmente soit dans le sein de la Terre, soit dans l'air, auquel elle se communique, jusqu'à ce que les nuits, devenant de plus en plus longues, notre globe perde insensiblement et par degrés la chaleur qu'il avait contractée pendant l'été.

Le Soleil est placé au centre de notre système planétaire ; il voit la Terre tourner autour de lui dans l'espace de

365 jours et 6 heures environ. Jusqu'au temps de Copernic, on croyait généralement que la Terre était immobile et que le Soleil tournait autour d'elle ; mais alors on ignorait notre immense éloignement du Soleil et la véritable grandeur de cet astre, qui est près de treize cent mille fois plus gros que la Terre, et on ne voyait point d'inconvénient à le faire tourner autour de notre planète.

Comment serait-il possible qu'un corps d'une grandeur aussi prodigieuse que le Soleil pût parcourir en vingt-quatre heures un orbe de 200 millions de lieues, ce qui ferait près de 6 millions de lieues par heure ? Et les étoiles, ces globes immenses dont on ne peut mesurer la juste grandeur, seraient obligées, même celles qui sont le moins éloignées de nous, de parcourir plus de 50 millions de lieues par seconde ! Et d'ailleurs, comment le globe radieux du Soleil pourrait-il circuler autour d'un corps aussi petit que la Terre sans le remuer et l'entraîner, s'il y est uni par des liens invisibles ? ou, dans le cas contraire, comment ne poursuit-il pas sa course dans l'espace, en abandonnant la Terre ?

Quand on lance de bas en haut deux pierres réunies par un cordon, on les voit circuler autour d'un point compris dans l'intervalle qui les sépare, et qui est leur centre commun de gravité. Si l'une est beaucoup plus pesante que l'autre, le centre de gravité sera d'autant plus rapproché de la première et pourra même être situé dans son intérieur, de sorte que la petite paraîtra circuler seule autour de la grande, qui n'éprouvera que de faibles déplacements. La physique nous apprend que l'on trouve le point du centre de gravité de deux corps en partageant leur distance mutuelle en raison inverse de leur poids ou de leur masse, et par le calcul on découvre que le rapport de la masse du Soleil à celle de la Terre est celui de 384,936 à 1. Il en résulte que le centre commun de gravité de ces deux corps n'est situé

qu'à 97 lieues du centre du Soleil. L'astre du jour ne change
donc pas de place ; la Terre tourne autour de lui dans l'es-

Fig. 27. — Grandeur proportionnelle du Soleil vu des diverses planètes.

pace de 365 jours environ, tout en tournant sur elle-même

dans l'espace de 24 heures. Le premier témoignage de nos yeux nous portait naturellement à croire que le Soleil et les autres astres tournent autour de la Terre : c'est l'illusion qui a induit les anciens astronomes en erreur.

La distance du Soleil à la Terre est de 34,500,000 lieues environ ; un boulet parcourant 840 mètres par seconde ou 663 lieues par heure et 15,900 par jour, emploierait plus de 6 années à traverser cet espace, en supposant que sa rapidité fût toujours aussi grande qu'au sortir du canon. Le diamètre du Soleil est de 320,000 lieues, ce qui fait à peu près quatre fois la distance qui nous sépare de la Lune. Son éloignement varie selon les différentes saisons, c'est pourquoi le diamètre apparent du Soleil ne conserve pas les mêmes dimensions. Ce phénomène remarquable est occasionné par la translation de la Terre dans une courbe elliptique qui nous rapproche plus du Soleil en hiver qu'en été ; aussi son disque nous paraît-il plus grand dans la première de ces deux saisons.

Maintenant, si l'on considère le Soleil dans ses rapports avec les astres qui peuplent l'immensité, on s'aperçoit bientôt, avec les yeux de la science, qu'il n'est qu'une faible étoile parmi les légions incalculables d'astres lumineux qui scintillent à nos regards. Nous développons cette idée dans le chapitre consacré aux étoiles.

XVII

Non-seulement le Soleil est le centre autour duquel les planètes décrivent leurs orbites, mais c'est aussi leur centre vivifiant. Rien ne respire, rien ne vit sans l'influence bienfaisante des doux rayons du jour. Lavoisier l'avait bien compris lorsqu'il disait : « L'organisation, le sentiment, le mouvement spontané, la vie, n'existe qu'à la surface de la Terre et dans les lieux exposés à la lumière. On dirait que la fable du flambeau de Prométhée était l'expression d'une vérité philosophique qui n'avait point échappé aux anciens. Sans la lumière, la nature était sans vie, elle était morte et inanimée : un Dieu bienfaisant, en apportant la lumière, a répandu sur la surface de la Terre l'organisation, le sentiment et la pensée. »

Dans notre ouvrage sur les *Lois de la Vie* [1], nous parlons longuement de l'influence physiologique des agents de la nature, où ce sujet, que nous ne pouvons qu'indiquer ici, trouve spécialement sa place.

En général on peut dire que chaque créature a une vie d'autant plus parfaite qu'elle jouit davantage de la lumière ; il paraît même que la vie n'est possible que sous son influence, car dans les entrailles de la Terre, dans les cavernes profondes où règne une nuit éternelle, on ne rencontre que des corps inorganiques.

Là rien ne respire, rien ne jouit du sentiment ; on ne trouve tout au plus que quelques espèces de moisissures ou de lichens qui sont le premier degré de la végétation, le plus imparfait, et on s'aperçoit, en y regardant de près, que la plupart de ces plantes équivoques ne croissent que sur le bois pourri ou dans son voisinage. Et même à la surface de la Terre, que l'on prive un végétal ou un animal de la clarté du jour, quelque nourriture qu'on lui donne, quelque soin qu'on lui prodigue, on le verra successivement perdre sa couleur et toute sa vigueur, cesser de croître et se rabougrir ; on ne trouve que quelques exceptions.

L'homme lui-même, lorsqu'il est privé de la lumière, devient pâle, mou, débile et finit par perdre toute son éner-

---

[1] *Les lois de la Vie et l'art de prolonger ses jours,* ouvrage couronné par l'Académie française ; Paris, librairie Didot.

gie, comme l'attestent les exemples, malheureusement trop nombreux des personnes qui ont été renfermées pendant longtemps dans un cachot, ainsi que les maladies qui atteignent les mineurs, les marins de la cale des navires, les ouvriers des manufactures mal éclairées, et les habitants des caves, des rez-de-chaussée ou des rues étroites.

La chaleur, qui n'est peut-être que la lumière sous une autre forme, n'est pas moins nécessaire à la vie; elle seule est capable d'en développer les premiers germes : la chaleur donne la vie et la vie produit de la chaleur : un lien indestructible unit ces deux phénomènes; il serait même difficile de déterminer lequel des deux est la cause et lequel est l'effet, ce que nous savons, c'est que partout où il y a de la vie, il y a aussi plus ou moins de chaleur.

« L'influence que l'astre radieux exerce sur la végétation est donc plus grande qu'on ne le soupçonnait autrefois, dit M. Radau, dans un excellent ouvrage. Il ne fournit pas seulement la chaleur qui couve les germes déposés dans le sol, il entretient aussi la respiration des plantes et, en quelque sorte, leur croissance. Or, nos aliments et nos combustibles proviennent directement ou par voie de transformations successives du règne végétal; on peut donc dire qu'ils représentent une somme de force vive empruntée au Soleil sous forme de vibrations lumineuses au moment où se sont groupés et combinés les éléments dont les plantes sont faites. La force qui a été emmagasinée par ce lent travail des affinités chimiques se retrouve, au moins en partie, dans les efforts mécaniques que l'animal accomplit sans cesse et par lesquels il dépense une partie de sa propre substance; elle se retrouve aussi dans le travail des machines qui sont alimentées par la houille; elle se transforme en chaleur lorsque du bois est brûlé dans un foyer, ou une substance nutritive brûlée dans le sang d'un être vivant qui respire, mais qui ne se meut pas. C'est ainsi que la lumière, en faisant croître et prospérer les plantes, prépare aux habitants de la Terre leur nourriture et crée pour eux une source intarissable de puissance mécanique [1]. »

Quand l'hiver a plongé la nature entière dans une mort apparente, il suffit de la douce température que la nouvelle saison ramène pour la réveiller et ranimer toutes ses forces engourdies. Chaque printemps vient comme le souffle inépuisable de la divinité répandre la vie sur notre globe; sous son influence régénératrice tout s'anime, tout renaît : l'aurore de meilleure heure sourit à notre horizon, la brune est plus tardive à nous couvrir de ses ombres et à laisser briller à nos yeux le scintillement des étoiles; les jours s'agrandissent par des progrès sensibles; le Soleil lance ses rayons plus directement sur nos têtes, et à mesure que ses feux augmentent, nos champs dénudés se couvrent de verdure et de fleurs, les oiseaux font retentir nos bois de leurs joyeux concerts, la brise embaumée nous apporte ses aromes bienfaisants, tout frémit, bourdonne, et chante. Puis l'astre du jour, perdant de son élévation et diminuant graduellement son cours journalier, jusqu'à la fin de l'automne, laisse peu à peu la Terre se dénuder en retombant dans les glaces de l'hiver.

XVIII

En quelques passages très-succincts, le P. Secchi résume clairement nos connaissances les plus certaines sur le Soleil; nous ne pouvons mieux faire que de lui céder la parole, afin de laisser à ses doctrines scientifiques, qui sont en général également les nôtres, toute l'autorité de son nom :

[1] Radau, *les Derniers progrès de la science*, p. 46.

« Ce globe enflammé, source de vie et cause du mouvement sur les planètes, a été jadis une masse nébuleuse semblable à celles que nous voyons dans la profondeur du ciel. Cette masse en se refroidissant a donné naissance aux planètes et à leurs satellites. Elle conserve encore dans son sein toute la chaleur qui a dû résulter de sa condensation et de la chute de ses différentes particules, qui, venant des limites les plus reculées de son domaine, ont obéi à l'attraction en tombant vers le centre.

« Cette masse énorme, subissant les phases de refroidissement par lesquelles ont passé les planètes qui l'environnent, pourra un jour se trouver complétement dépouillée de l'éclat dont elle brille aujourd'hui ; mais il s'écoulera encore des millions et des millions d'années avant qu'elle devienne incapable d'agir efficacement pour entretenir la force et la vie autour d'elle. Y aura-t-il une cause quelconque dont l'action doive alors rétablir les choses dans leur état primitif ? Nous ne saurions le dire, le monde n'a pas toujours existé et rien ne nous prouve qu'il doive exister toujours.

« La constitution gazeuse du Soleil nous explique les phénomènes que nous observons à sa surface. La partie qui reste extérieurement exposée à la radiation vers les espaces célestes perd l'état gazeux en se refroidissant ; elle reste condensée sous forme de masses vaporeuses, mais incandescentes, dans l'atmosphère gazeuse et transparente dont le globe est environné, formant une couche brillante que nous appelons la *photosphère*. Cette couche, ainsi que l'intérieur du corps solaire lui-même, est le siége de vastes opérations chimiques et de mouvements physiques très-compliqués. Des causes encore inconnues, transportant des masses considérables de l'intérieur vers l'extérieur, produisent d'immenses lacunes dans la couche lumineuse, et donnent ainsi naissance aux taches : le centre de ces lacunes, plus obscur et plus absorbant, nous intercepte la plus grande partie des rayons lumineux qui émanent du noyau central, composé d'une matière gazeuse et complétement dissociée.

« Au dessus de la couche lumineuse se répand l'atmosphère formée de vapeurs transparentes qui s'élèvent, selon leurs poids spécifiques, à différentes hauteurs. De toutes ces substances l'hydrogène est la moins dense; aussi flotte-t-il à une grande hauteur, formant des colonnes et des nuages qui constituent les protubérances roses observées autour du Soleil pendant les éclipses. Le fer et le calcium sont les matières les plus abondantes au fond des taches et dans les déchirures de la photosphère.

« L'atmosphère du Soleil est très-vaste; elle s'étend à une distance qui est bien égale au quart du rayon solaire; elle a une forme elliptique, son élévation étant moins grande aux pôles qu'à l'équateur. Dans les régions équatoriales, et surtout dans celles où se présentent les taches, on observe une activité plus grande qu'aux pôles, activité qui se manifeste par un éclat plus grand et par une hauteur plus considérable de la couche atmosphérique elle-même.

« Le spectroscope, en nous révélant la composition chimique du Soleil, nous a montré que les substances dont il est formé sont identiques avec celles qui constituent les corps terrestres. Et cependant, nous sommes encore bien loin de connaître la nature de toutes ces substances [1]. »

On voit combien nos connaissances sur l'astre du jour sont avancées, et avec quelle rapidité elles ont été acquises à la science depuis que l'analyse spectrale est intervenue dans son étude.

[1] *Le Soleil*, p. 419.

CHAPITRE V.

MERCURE.

I

Mercure est la plus petite des planètes principales et la plus voisine du Soleil.

Il est toujours tellement plongé dans les rayons de cet astre qu'on a beaucoup de peine à le distinguer à l'œil nu, même à l'époque de son plus grand écart.

Cependant les Grecs, frappés de l'intensité parfois si vive de sa lumière, lui donnèrent l'épithète d'*étincelant*.

Au télescope, Mercure présente des phases comme la Lune, ce qui prouve son opacité; c'est aussi parce qu'il est opaque que lorsqu'il passe sur le disque du Soleil il s'y meut sous la forme d'un point noir; son croissant offre une tronquature des cornes, découverte par Schrœter, qui fait supposer sur cette planète des montagnes de plus de 16,000 mètres d'élévation; cette apparence de tronquature est regardée comme étant le résultat de l'ombre que projetteraient des montagnes de 19,700 mètres.

D'après M. Vogel, directeur de l'observatoire de Bothkamp, les raies principales du spectre de Mercure coïncident absolument avec celles du spectre solaire; cependant
certaines raies, qui ne se produisent dans le spectre du Soleil que lorsque cet astre est très-bas sur l'horizon et que
l'absorption par notre atmosphère est très-considérable, se
trouvent en permanence dans le spectre de Mercure [1].

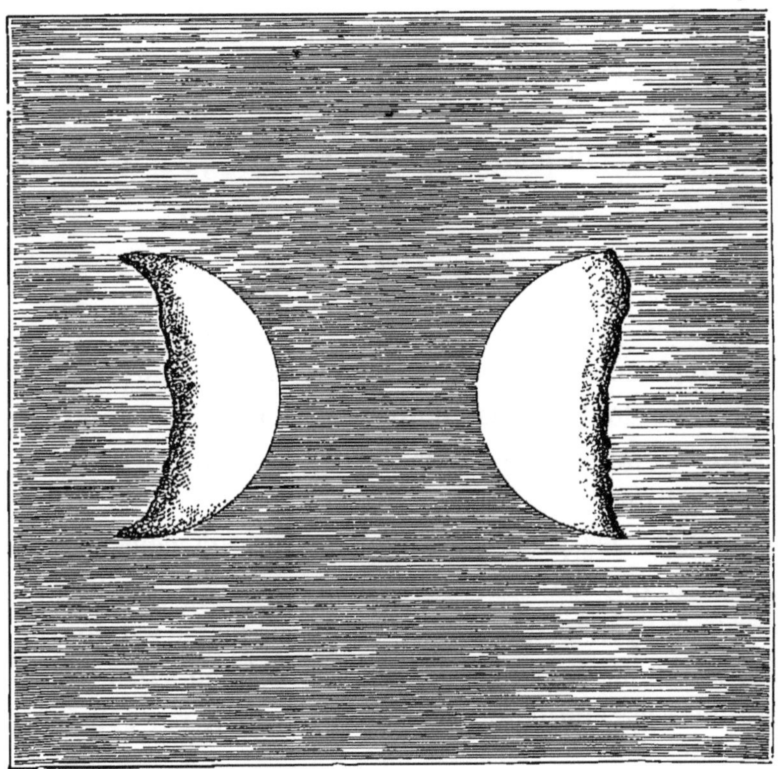

Fig. 29. — Phases de Mercure.

Les passages de Mercure sur le Soleil sont assez rares, à
cause de l'inclinaison de son orbite; ils arrivent à des intervalles de trois, de sept, de dix ans, etc.; cette planète tra-

[1] *Les Mondes scientifiques*, 1875.

verse le disque solaire en moins de trois heures. Des points lumineux aperçus sur son disque obscur pendant ces passages ont fait penser qu'il y existe des volcans en activité.

La distance moyenne de Mercure au Soleil est de 13 millions de lieues; d'où il résulte que le diamètre du Soleil vu de Mercure paraît près de trois fois plus grand qu'il ne l'est à nos yeux, et que la chaleur y est sept fois plus forte que celle de notre zone torride. Cette température, qui est de beaucoup supérieure à celle de l'eau bouillante, est sans doute tempérée par une atmosphère considérable. Ses saisons sont extrêmement tranchées, car aux époques des solstices, par exemple, le Soleil s'élève successivement, par rapport à l'horizon des pôles, non pas seulement jusqu'à 23° 27′, ainsi qu'il le fait pour la Terre, mais jusqu'à 70 degrés.

II

Cette planète doit être d'une nature très-dense; car si les matériaux dont elle se compose étaient susceptibles de s'échauffer comme ceux de la Terre, ils seraient bientôt fondus et vitrifiés.

En effet, les procédés de la mécanique céleste ont fait connaître que sa densité est égale à une fois et demie la densité moyenne de notre globe; sa masse est douze fois moindre que celle de la Terre; son volume seize fois, et la pesanteur est cinquante-sept fois plus petite sur cette planète qu'ici-bas.

Elle parcourt, en quatre-vingt-huit jours et vingt-trois heures, une orbite de 84,522,240 lieues autour du Soleil, ce qui fait 37,520 lieues environ à l'heure, et 609 par minute. C'est à cause de cette étonnante rapidité que les Grecs lui ont donné le nom de *Mercure*, messager des dieux.

Elle possède un mouvement de rotation en vingt-quatre heures cinq minutes trente secondes, autour d'un axe incliné de 7 degrés au plan de l'écliptique, ce qui doit y occasionner une grande inégalité de jours et de saisons. Son diamètre est d'environ 1,200 lieues, et sa plus petite distance de la Terre d'environ 21 millions.

Une particularité que présente cette planète, c'est que dans le périgée, c'est-à-dire le point où elle se trouve le plus rapprochée de nous, elle paraît plus petite que dans l'apogée, point où elle se trouve le plus éloignée, parce que dans le périgée elle n'est point éclairée de notre côté, au lieu que dans l'apogée la partie de son disque que le Soleil éclaire est presque en face de nous et se remarque bien plus facilement.

Une chose assez remarquable, c'est que Copernic, qui tira du mouvement de Mercure un si puissant argument contre le système de Ptolémée, se plaignait, à l'âge de soixante-dix ans, sur son lit de mort, de n'avoir jamais pu, malgré tous ses efforts, apercevoir cette planète.

Cependant elle fut connue de toute l'antiquité, et les anciens, qui ne connaissaient pas le vrai système du monde, trompés par la double apparition de Mercure, tantôt après le coucher, tantôt avant le lever du Soleil, crurent d'abord qu'il s'agissait de deux astres distincts et nommèrent l'un *Apollon*, dieu du jour et de la lumière, et l'autre *Mercure*, dieu des voleurs.

Les Indiens et les Égyptiens, qui avaient voué un culte à cette planète, lui donnèrent de même deux noms différents. Mais les observateurs finirent par remarquer qu'une seule des deux étoiles était visible à la fois, et que l'apparition de l'une coïncidait à fort peu près avec la disparition de l'autre; on reconnut bientôt ensuite que ces deux apparitions étaient produites par le même astre.

III

S'il y a des habitants dans Mercure, ils possèdent sans doute une nature physique différente de la nôtre. Dans un tableau où il faut faire une grande part à l'imagination, Fontenelle donne le récit suivant de ceux qu'il suppose y exister : « Ils sont, dit-il, deux fois plus proches du Soleil que nous; ils le voient neuf fois plus grand que nous ne le voyons; il leur envoie une lumière si forte que, s'ils étaient ici, ils ne prendraient nos plus beaux jours que pour de très-faibles crépuscules, et peut-être n'y pourraient-ils pas distinguer les objets; et la chaleur à laquelle ils sont accoutumés est si excessive que celle qu'il fait ici, au fond de l'Afrique, les glacerait. Apparemment notre fer, notre argent, notre or se fondraient chez eux, et on ne les y verrait qu'en liqueur, comme on ne voit ordinairement ici l'eau qu'en liqueur, quoique en certain temps ce soit un corps fort solide.

« Les gens de Mercure ne soupçonneraient pas que, dans un autre monde, ces liqueurs-là, qui font peut-être leurs rivières, ·sont les corps les plus durs que l'on connaisse.

« Il faut qu'ils soient fous à force de vivacité. Je crois qu'ils n'ont point de mémoire, non plus que la plupart des nègres; qu'ils ne font jamais de réflexions sur rien; qu'ils n'agissent qu'à l'aventure et par des mouvements subits, et qu'enfin c'est dans Mercure que sont les Petites-Maisons de l'univers. »

Voilà un tableau peu flatté; s'il y a des habitants dans Mercure, il faut espérer qu'ils sont mieux partagés que cela. Rien ne s'oppose à ce que l'harmonie qui pourrait exister entre leur organisation et le climat de leur planète permît à leurs facultés intellectuelles et morales un développement plus heureux même que celui que nous voyons sur notre globe.

IV

M. Le Verrier a fait récemment une communication à l'Académie des sciences du plus haut intérêt scientifique, sur l'ensemble des théories des huit planètes principales. La théorie de Neptune, qu'il a présentée alors complète l'ensemble des théories fondamentales du système planétaire dont la première pièce remonte au 16 septembre 1839 : « Les nombreux développements, dit-il, ajoutés d'année en année, sont tous mentionnés dans le Recueil de l'Académie. Une partie d'entre eux ne figurent que par leur titre, et comme ils sont disséminés dans un grand nombre de volumes, l'Académie voudra bien me permettre, au moment où j'arrive à la fin de cette longue discussion, d'en présenter un résumé précis mais succinct[1]. »

L'éminent astronome fait remarquer que la théorie du mouvement d'une planète repose sur ces hypothèses que chacune d'elle n'est soumise qu'aux actions du Soleil et des autres planètes, et, en outre, que ces actions s'exercent conformément aux principes de la gravitation universelle. Mais que les conséquences du principe de cette attraction n'avaient pas été sur beaucoup de points déduites avec une rigueur suffisante; par ce motif, on ne se trouvait point en état de décider si les désaccords signalés entre l'observation et le calcul tenaient uniquement à des erreurs analytiques, ou bien s'ils étaient dus en partie à l'imperfection de nos connaissances dans la physique céleste. Il fallait donc re-

[1] *Académie des sciences*, 21 décembre 1871.

prendre les théories mécaniques des mouvements des planètes et les scruter jusque dans leurs dernières conséquences, avant de pouvoir réaliser une comparaison décisive avec les observations, et c'est ce qui a été fait.

La comparaison des mouvements de Mercure avec la théorie donné par lui, en 1843, ne présente point dès l'abord, dit-il, un résultat satisfaisant. Les passages de Mercure sur le Soleil fournissent des données d'une très-grande précision, et auxquelles il ne fut pas possible de satisfaire complétement. De nouvelles recherches, dans lesquelles toutes choses furent reprises par des voies différentes, n'aboutirent qu'à le convaincre que la théorie était exacte, mais qu'elle ne concordait pas avec les observations.

De longues années s'écoulèrent et ce ne fut seulement qu'en 1859 que M. Le Verrier parvint à démêler la cause des anomalies constatées; il reconnut qu'elles rentraient toutes dans une loi très-simple et qu'il suffirait d'augmenter le mouvement du périhélie de 31 secondes par siècle pour faire tout rentrer dans l'ordre. Le déplacement du périhélie acquiert ainsi, dans les théories planétaires, une importance exceptionnelle. Il est l'indice le plus sûr, quand il doit être augmenté, de l'existence d'une matière cosmique encore inconnue et circulant comme les autres corps autour du Soleil. Peu importe que cette matière soit agglomérée en une seule masse ou disséminée en une foule d'astéroïdes indépendants les uns des autres. Pourvu que ses parties circulent toutes dans le même sens, leurs effets s'ajoutent entre eux pour imprimer au périhélie un mouvement direct.

La conséquence est très-claire, ajoute M. Le Verrier; il existe dans les environs de Mercure, entre la planète et le Soleil sans doute, une matière jusqu'ici inconnue. Consiste-t-elle en une ou plusieurs petites planètes, ou bien en des astéroïdes ou même en des poussières cosmiques? La théorie ne peut prononcer à cet égard ; cependant, à de nombreuses reprises, des observateurs dignes de foi ont déclaré avoir été témoins du passage d'une petite planète sur le Soleil, mais on n'est parvenu à rien coordonner sur ce sujet. On ne saurait cependant douter de l'exactitude de la conclusion, car la même analyse appliquée à la discussion des observations de Mars conduit à une conséquence analogue pleinement vérifiée [1].

[1] *Académie des sciences,* 21 décembre 1874.

Fig. 28. — Horæ (les Saisons). (Tiré d'une médaille de Commode.)

CHAPITRE VI.

VÉNUS.

Différents noms qui lui sont donnés. — Sa distance du Soleil. — Son mouvement de translation. — Pourquoi paraît-elle changer de grandeur ? — Lueur terne et mate que présente quelquefois sa partie obscure. — Visibilité de Vénus en plein jour. — Faits curieux : Énée dans son voyage en Italie, et le général Bonaparte au Luxembourg. — Découverte des phases de Vénus. — Curieuse anagramme. — Taches remarquées dans Vénus. Montagnes gigantesque de cette planète. — Explication de ses phases. — Son passage sur le disque du Soleil. — Son atmosphère. — Pourquoi paraît-elle rester plus longtemps à l'est et à l'ouest du Soleil qu'elle ne met de temps à accomplir sa période autour de lui? — Son mouvement de rotation autour d'un axe. — Ses jours et ses saisons. — Description de cette planète et de ceux qui l'habitent peut-être. — Moyen d'obtenir la distance du Soleil à la Terre par le passage de Vénus. — Historique des diverses observations. — Faits curieux. — Résultats obtenus. — Rapport de M. Dumas, de l'Institut.

I

Vénus est la seule planète dont Homère ait parlé; il la désigne par une épithète qui marque la beauté. Cette planète a aussi été nommée *Junon* et *Isis*.

On n'a pas toujours reconnu l'identité des astres brillants que l'on voyait tantôt le matin, tantôt le soir; aussi, lorsqu'elle se couchait quelque temps après le Soleil, les anciens l'appelaient *Vesper,* ou *étoile du soir;* quand elle précédait cet astre à son lever, on lui donnait le nom *Lucifer,* ou *étoile du matin*.

Vénus était appelée *Sukra* chez les Indiens, c'est-à-dire l'Éclatante. Tout le monde sait qu'on la désigne souvent sous le nom d'*étoile du berger*.

Les mesures micrométriques montrent que le diamètre apparent de Vénus est compris entre 9″,5 et 62″. Ces différences énormes viennent de ce qu'elle s'approche de notre globe à une distance de 9,750,000 lieues, et s'en éloigne jusqu'à 65 millions.

Elle est à peu près à 24 millions de lieues du Soleil, et parcourt autour de lui, en deux cent vingt-quatre jours quatorze heures quarante-neuf minutes, un orbe de 157,843,112 lieues, c'est-à-dire 28,952 lieues par heure et 482 par minute.

Tout consideré, il paraît que Vénus a un diamètre inférieur à celui de la Terre; mais la différence est trop petite pour que l'on soit certain que les observations en donnent la valeur absolument exacte.

La quantité de lumière et de chaleur envoyée par le Soleil à Vénus est à peu près le double de celle envoyée à la Terre.

Quelquefois on a aperçu la partie obscure de cette planète dessinant dans le ciel une lueur terne et mate. Quelques astronomes ont attribué cette clarté à la phosphorescence de l'atmosphère ou de la partie solide de cette planète. Ce curieux phénomène pourrait aussi être expliqué à l'aide d'une certaine lumière cendrée, analogue à celle de notre Lune, et qui aurait sa cause dans la lumière réfléchie par la Terre ou par Mercure vers la planète. Peut-être aussi l'atmosphère de la planète est-elle dans certains cas le siége, dans toute son étendue, de lumières analogues à celles qui, sur la Terre, constituent les aurores boréales.

L'analyse spectrale constate que la lumière que nous envoie Vénus est semblable, dans ses traits essentiels, à la lumière solaire; il s'y ajoute seulement, d'après M. Vogel, quelques raies qui peuvent être identifiées avec celles du spectre d'absorption de notre atmosphère. Les observations astronomiques ont démontré d'une manière à peu près certaine que Vénus est entourée d'une atmosphère renfermant, en couches très-denses, de nombreux produits de condensation. De ses observations il conclut que les rayons solaires qui nous sont renvoyés par cette planète sont réfléchis, pour la plupart, à la surface de la couche de nuages qui l'enveloppe, sans presque pénétrer à l'intérieur [1].

II

Vénus est quelquefois si resplendissante qu'on la voit à l'œil nu en plein jour.

Le public ignorant rattache ces apparitions, comme celles des comètes, aux événements contemporains.

Les anciens avaient déjà remarqué qu'à nuit close, et sans lune, la lumière de Vénus produit parfois des ombres sensibles. Varron rapporte qu'Énée, dans son voyage de Troie en Italie, apercevait constamment cette planète, malgré la présence du Soleil au-dessus de l'horizon. Le même auteur disait, au témoignage de saint Augustin, dans un de ses ouvrages actuellement perdu, qu'à une époque déjà éloignée de son temps, Vénus avait changé d'intensité et de couleur.

Le général Bonaparte, se rendant au Luxembourg, où le Directoire devait lui donner une fête, fut très-surpris en voyant la foule, réunie dans la rue de Tournon, prêter plus d'attention à la portion du ciel placée au-dessus du palais, qu'à sa personne et au brillant état-major qui l'accompagnait. Il questionna, et apprit que les curieux voyaient avec

[1] *Les Mondes scientifiques*, 1875.

étonnement, quoique ce fût en plein midi, une étoile qu'ils prenaient pour celle du vainqueur de l'Italie, allusion à laquelle l'illustre général ne sembla pas indifférent lorsque lui-même eut remarqué l'astre radieux qui n'était autre que Vénus.

Un fait singulier, c'est qu'assez longtemps après la découverte de la lunette Galilée n'avait pas songé à la diriger sur cette planète pour rechercher si elle avait des phases ou si elle en était dépourvue.

Ce n'est que vers la fin de septembre 1610 que le savant astronome, ayant exploré le ciel avec une lunette nouvellement construite, aperçut à Florence que Vénus avait des phases comme la Lune.

Afin de suivre et de vérifier cette découverte sans courir la chance de se la voir enlever, l'illustre observateur la cacha sous cette anagramme :

Hæc immatura à me jam frustra leguntur. o, y.
Ces choses, non mûries et cachées encore pour les autres, sont lues par moi.

En plaçant les lettres précédentes dans un autre ordre, Galilée en tira ces mots très-catégoriques :

Cythiæ figuras emulatur mater amorum.
La mère des amours suit les phases de Diane.

Le P. Castelli demandait au célèbre philosophe de Florence, dans une lettre datée du 5 novembre 1610, si Vénus et Mars ne présentaient pas de phases. Galilée répondit qu'il y avait beaucoup de recherches à faire, mais que, vu le très-mauvais état de sa santé, il se trouvait beaucoup mieux dans son lit qu'au serein. Cependant, le 30 décembre 1610, Galilée annonçait à Castelli qu'il avait reconnu les phases de cette planète.

III

Les taches obscures que l'on voit dans Vénus sont très-déliées; elles occupent une grande partie de son diamètre : leurs extrémités n'ont rien de bien tranché.

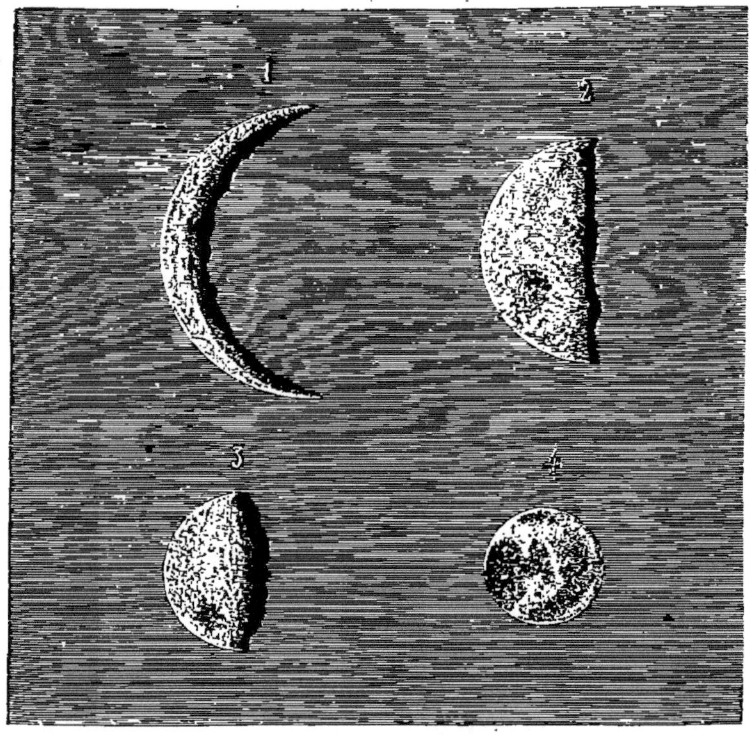

Fig. 30. — Vénus et ses phases.

Bianchini aperçut, en 1726, vers le milieu de la planète, sept taches, qu'il appela des mers communiquant entre elles par des détroits, et offrant huit promontoires distinctifs. Il en dessina les figures et leur assigna le nom d'un roi de Portugal, son bienfaiteur, et les noms des navigateurs les plus célèbres par leurs voyages.

Dans le mois d'août 1700, La Hire, observant Vénus de jour, près de sa conjonction inférieure, avec une lunette grossissant quatre-vingt-dix fois, aperçut sur la partie intérieure du croissant des inégalités qui ne pouvaient être produites que par des montagnes plus hautes que celles de la Lune.

Schrœter, portant son attention sur la partie du croissant très-voisine des cornes, les vit quelquefois tronquées.

Le 28 décembre 1789, le 31 janvier 1790 et le 27 février 1793, il aperçut près de la corne méridionale un point lumineux tout à fait isolé, c'est-à-dire séparé par un espace obscur du reste du croissant.

Si la planète était sans aspérités et parfaitement lisse, son croissant se terminerait toujours par deux pointes exactement pareilles et très-aiguës; mais si Vénus est couverte de montagnes, leur interposition sur la route des rayons lumineux venant du Soleil empêchera quelquefois l'une ou l'autre des cornes, ou toutes les deux à la fois, de se former régulièrement; le croissant n'aura plus alors une entière symétrie.

Les choses se passent ainsi : Vénus n'est donc pas un corps poli; il existe à sa surface des montagnes, et ces montagnes surpassent énormément en hauteur celles de la Terre. Le résultat des mesures prises donne 44,000 mètres ou 11 lieues pour les plus hautes; elles sont donc cinq fois plus élevées que les plus hautes montagnes de notre globe.

Lorsque, le matin, Vénus se plonge dans les rayons du Soleil, ou que, le soir, elle se dégage de sa lumière, son diamètre est très-petit et son disque presque rond.

Ce diamètre est beaucoup plus grand et la planète paraît très-échancrée, comme l'est la Lune dans des positions pareilles, quand elle disparaît le soir dans le crépuscule, ou qu'elle s'en dégage le matin.

La concavité du croissant de cette planète est tournée le soir vers l'orient ; le matin, au contraire, vers l'occident. Elle est à moitié pleine aux époques intermédiaires à celles que nous venons d'indiquer.

On peut expliquer très-simplement ces phénomènes, en supposant que Vénus circule suivant une courbe fermée dans l'intérieur de laquelle le Soleil est placé, qu'elle n'est pas lumineuse par elle-même, et que la plus grande partie de la lumière dont nous la voyons briller est empruntée au Soleil.

La planète, étant située au delà du Soleil, a la même longitude que lui, et passant au méridien vers midi, on dit qu'elle est alors en *conjonction supérieure ;* la *conjonction inférieure* se produit aussi vers midi, à l'époque où, les deux mêmes astres ayant une égale longitude, la planète occupe une position intermédiaire entre le Soleil et la Terre.

Vénus passe sur le disque du Soleil de gauche à droite, comme une tache noire d'un diamètre apparent de 59 secondes. Ses passages sont des phénomènes très-rares : le premier qu'on ait remarqué a eu lieu au mois de novembre 1631, ensuite le 5 juin 1761, puis le 3 juin 1769. Après s'être succédé dans l'intervalle de huit ans, ils ne reparaissent plus qu'après cent treize ans et demi, pour revenir encore ainsi périodiquement. Le dernier passage s'est effectué en 1874, et le prochain aura lieu en 1882.

La cause de ces périodes est l'inclinaison de cette planète sur l'écliptique. Il est à remarquer que les passages de Vénus sur le disque solaire servent à déterminer la parallaxe du Soleil, et l'éloignement de cet astre de la Terre ; nous en parlons plus loin.

La parallaxe du Soleil peut être déduite par deux méthodes : « l'une géométrique, dit M. Le Verrier, la méthode des passages de Vénus ; l'autre mécanique, reposant sur les inégalités considérables du mouvement de Mars, par exemple.

« La méthode des passages, si importante à l'époque de 1760, mais limitée dans ses moyens, doit fatalement céder la place à la méthode des perturbations, dont l'exactitude va sans cesse en s'accroissant avec le temps[1]. »

IV

On a calculé que Vénus avait une atmophère d'une étendue et d'une force réfractive peu différentes de celle de la Terre, à l'aide de l'ombre qui se montre sur la surface du Soleil, quelques secondes avant que le corps noir de Vénus touche les bords de cet astre au temps de son passage.

Cette observation est encore confirmée par la loi de la variation graduelle de la lumière, passant du côté éclairé à celui qui ne l'est pas.

Elle se montre pendant cent quatre-vingt-dix jours alternativement étoile du matin et étoile du soir; il peut sans doute paraître étonnant qu'elle semble rester à l'est et à l'ouest du Soleil, plus de temps qu'elle n'en met à accomplir sa période autour de lui; mais cette différence s'explique facilement lorsque l'on fait attention que la Terre tourne elle-même autour du Soleil, et qu'elle suit Vénus dans sa course, mais avec moins de rapidité.

On doit aux observations de Dominique Cassini la connaissance de son mouvement de rotation autour d'un axe, formant un angle considérable avec l'écliptique, ce qui doit y produire, comme sur Mercure, des saisons et des

[1] *Académie des sciences*, 30 août 1875.

journées fort inégales. La durée de ce mouvement de rotation est fixée à £3 heures 21 minutes 7 secondes.

Terminons par un passage de l'éloquent auteur des *Harmonies de la nature* sur la description de cette planète et sur ceux qui l'habitent peut-être : « Vénus doit donc être parsemée d'îles, qui portent chacune des pics cinq ou six fois plus élevés que celui de Ténériffe. Les cascades brillantes qui en découlent arrosent leurs flancs couverts de verdure et viennent les rafraîchir.

« Ses mers doivent offrir à la fois le plus magnifique et le plus délicieux des spectacles. Supposez les glaciers de la Suisse, avec leurs torrents, leurs lacs, leurs prairies et leurs sapins, au sein de la mer du Sud; joignez à leurs flancs les collines du bord de la Loire couronnées de vignes et de toutes sortes d'arbres fruitiers; ajoutez à leurs bases les rivages des Moluques plantés de bocages où sont suspendus les bananes, les muscades, les girofles, dont les doux parfums sont transportés par les vents; les colibris, les brillants oiseaux de Java et les tourterelles qui y font leurs nids, et dont les chants et les doux murmures sont répétés par les échos. Figurez-vous leurs grèves ombragées de cocotiers, parsemées d'huîtres perlières et d'ambre gris, les madrépores de l'océan Indien, les coraux de la Méditerranée croissant, par un été perpétuel, à la hauteur des plus grands arbres, au sein des mers qui les baignent; s'élevant au-dessus des flots par des reflux de vingt-cinq jours, et mariant leurs couleurs écarlates et purpurines à la verdure des palmiers[1], et, enfin, des courants d'eau transparente qui reflètent ces montagnes, ces forêts, ces oiseaux, et vont et viennent d'île en île, par des flux de douze jours et des reflux de douze nuits , vous

[1] Pour la véritable nature de cette merveille des mers, voir notre *Histoire des Pierres précieuses*, p. 139 et suivantes; libr. Firmin-Didot et Cᵉ.

n'aurez qu'une faible idée de ces paysages de Vénus. Le Soleil s'élevant, au solstice, au-dessus de son équateur de plus de 71 degrés, le pôle qu'il éclaire doit jouir d'une température beaucoup plus agréable que celle de nos plus doux printemps. Quoique les longues nuits de cette planète ne soient point éclairées par des lunes, Mercure, par son éclat et son voisinage, et la Terre, par sa grandeur, lui tiennent lieu de deux lunes.

« Ses habitants, d'une taille semblable à la nôtre, puisqu'ils habitent une planète du même diamètre, mais sous une zone céleste plus fortunée, doivent donner tout leur temps aux amours. Les uns, faisant paître des troupeaux sur les croupes des montagnes, mènent la vie des bergers; les autres, sur les rivages de leurs îles fécondes, se livrent à la danse, aux festins, s'égayent par des chansons ou se disputent des prix à la nage, comme les heureux insulaires de Taïti. » ·

On peut ajouter, sans crainte d'être démenti, qu'ici la réalité peut même dépasser l'imagination.

V

Les astronomes du monde entier se sont vivement préoccupés du dernier passage de Vénus sur le Soleil, mémorable événement scientifique qui a signalé l'année 1874.

Depuis plusieurs années déjà, l'Académie des sciences et le Bureau des longitudes étudiaient avec la plus grande sollicitude les moyens qui pouvaient faciliter les observations et permettre de tirer tout le fruit possible de ce phénomène aussi rare qu'important. L'Académie vient de publier un volumineux *Recueil*, accompagné de cartes contenant des documents officiels, mémoires, rapports, etc., qu'elle a suscités ou recueillis dans la période qui a précédé le départ des observateurs [1].

Ce volume s'ouvre par une importante notice sur la distance du Soleil à la Terre, due à M. Delaunay, de l'Institut. L'intérêt que présente la connaissance de la distance du Soleil à la Terre, fait-il remarquer, est beaucoup plus grand qu'on ne pourrait le croire au premier abord, en la considérant comme celle d'un simple fait isolé, car elle sert de base à l'évaluation des distances qui séparent les divers astres les uns des autres. Aussi, de tout temps les astronomes se sont-ils préoccupés des moyens à employer pour effectuer la mesure de cette distance fondamentale, que nous sommes loin encore, à l'époque actuelle, de connaître avec toute la précision désirable.

On sait que la distance du Soleil à la Terre varie continuellement, d'une époque à une autre de l'année; on s'en assure avec la plus grande facilité en mesurant le diamètre apparent du Soleil à diverses époques. Ce diamètre qui augmente et diminue alternativement, nous indique que la distance du Soleil augmente ou diminue en même temps. C'est la valeur moyenne de la distance du Soleil à la Terre, c'est-à-dire la demi-somme de la plus grande et de la plus petite distance, que l'on prend pour unité de mesure des espaces célestes.

On arrive à mesurer la distance d'un astre à la Terre par la détermination d'un triangle qui a pour base un rayon de la Terre et pour sommet l'astre même dont on veut mesurer la distance.

L'angle qui touche l'astre, formé par les deux côtés qui aboutissent de l'astre aux deux extrémités du rayon terrestre, se nomme la *parallaxe de l'astre*. Il suit de là que l'on

---

[1] *Recueil de mémoires, rapports et documents relatifs à l'observation du passage de Vénus sur le Soleil*, 1874, typographie de Firmin-Didot et Cie.

peut dire également, en prenant la cause pour l'effet, que la parallaxe d'un astre est la moitié du diamètre apparent de la Terre vue de cet astre ; ou encore, que la parallaxe d'un astre est l'angle sous lequel le rayon de la Terre serait vu *de face* par un observateur placé au centre de l'astre.

Il est évident que, connaissant la longueur du rayon terrestre formant la base du triangle dont le sommet aboutit à l'astre, on peut, avec la plus grande facilité, déterminer la longueur du côté qui mesure la distance de la Terre à l'astre ; il existe donc une correspondance parfaite entre la parallaxe d'un astre et sa distance du centre de la Terre ; on comprend ainsi l'importance de sa détermination.

Tout se passe pour les étoiles comme si leurs distances de la Terre étaient infinies, c'est-à-dire comme si toutes les lignes droites menées des différents points de la Terre au centre de l'une quelconque d'entre elles étaient rigoureusement parallèles. Les distances qui nous séparent des étoiles sont tellement grandes, et par conséquent leurs parallaxes sont tellement petites, qu'elles échappent par leur petitesse à tous nos moyens d'investigation. Il faut cependant bien se garder de confondre la *parallaxe* dont nous parlons ici avec ce que l'on nomme la parallaxe annuelle d'une étoile. D'après ce que nous venons de dire, la *parallaxe ordinaire* d'une étoile, c'est l'angle sous lequel, étant placé au centre de l'étoile, on verrait de face le rayon du globe terrestre ; tandis que la *parallaxe annuelle*, c'est l'angle sous lequel, étant placé au même point, on verrait de face la distance du Soleil à la Terre. Cette dernière parallaxe, insensible pour la plupart des étoiles, est à peine appréciable pour celles qui sont le moins éloignées de nous.

La parallaxe ordinaire, incomparablement plus petite que la parallaxe annuelle, peut donc être regardée comme nulle pour toutes les étoiles ; mais elle fournit des résultats

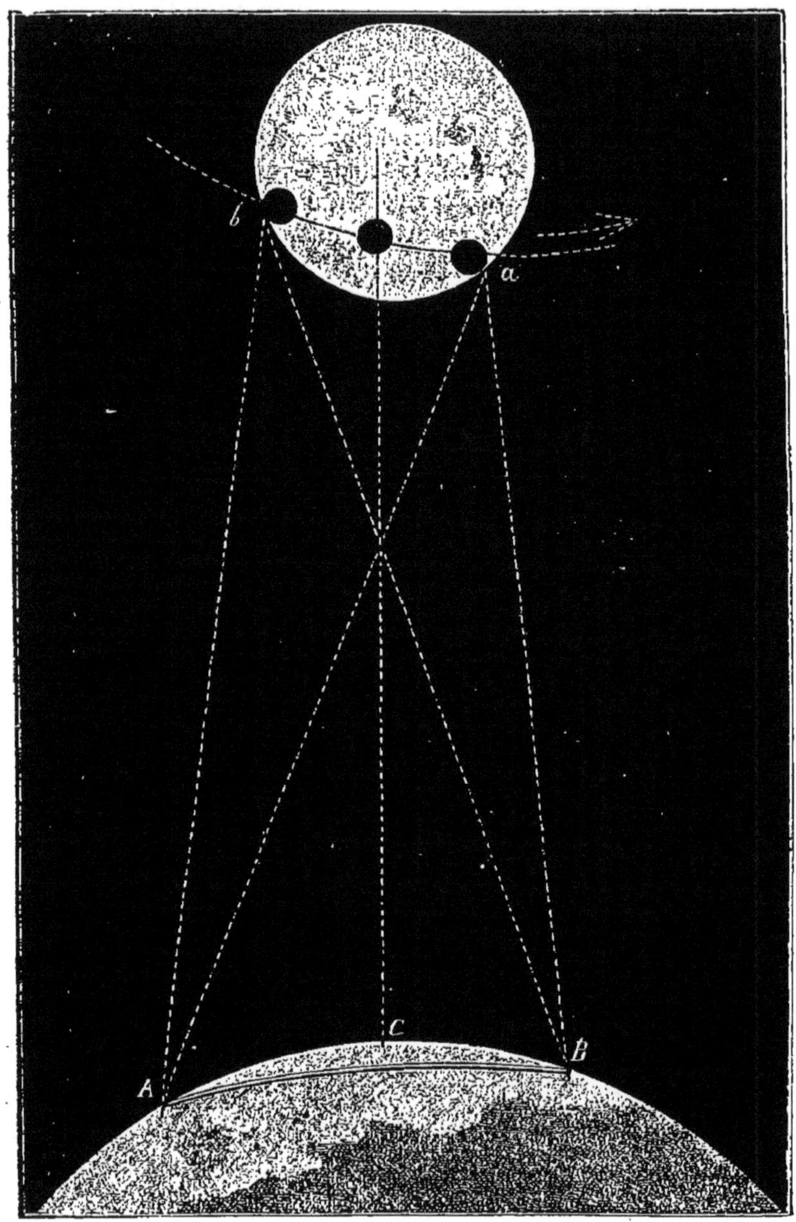

Fig. 31. — Passage de Vénus sur le Soleil.

La fig. 31 représente le passage de Vénus sur le Soleil, observé de trois
points différents A, B, C. Au mo ment de son passage sur l'astre du jour,
cette planète se trouve deux fo i s et demie environ plus près de nous que

le Soleil. Sa parallaxe a donc une valeur très-appréciable. Supposons que deux observateurs A et B soient placés aux extrémités d'un diamètre terrestre, faisons abstraction du mouvement de rotation de la Terre, chacun d'eux pourra mesurer la corde qu'il voit décrire à la planète, soit directement, soit en évaluant le temps du passage, car le mouvement angulaire étant parfaitement connu, le temps fournira l'espace parcouru. Les deux cordes partant de ab étant déterminées, on en conclura facilement leur distance ab, puis, au moyen de deux triangles ayant même base AbB et AaB, on trouvera que la distance des cord's vaut cinq fois le rayon de la Terre. L'angle sous lequel on voit de la Terre la distance ab vaut donc cinq fois l'angle sous lequel on verrait du Soleil le rayon terrestre, ou cinq fois la parallaxe solaire. Ainsi, en prenant le cinquième de la distance ab, on aura la parallaxe de l'astre.

d'une grande précision appliquée à la lune. Aussi la parallaxe de cet astre, et par suite sa distance de la Terre, sont-elles connues depuis longtemps avec une précision qui est allée en augmentant à mesure que les moyens d'observation se sont perfectionnés ; mais elle était déjà grande à une époque très-éloignée de nous. Il n'en a pas été de même pour le Soleil, la détermination directe de sa parallaxe présente d'immenses difficultés ; pendant bien longtemps on a dû se contenter des indications peu précises fournies par la méthode d'Aristarque 264 ans avant Jésus-Christ , méthode à l'aide de laquelle on avait attribué d'abord à la parallaxe du Soleil une valeur de 3 minutes, et qui, avec le secours des lunettes astronomiques , avait pu tout au plus montrer que cette parallaxe ne dépassait pas une demi-minute ou 30 secondes. Tel était l'état des choses, lorsque la fondation de l'Académie des sciences de Paris vint donner un nouvel et puissant essor à l'avancement des sciences en général, et spécialement à l'astronomie. Vers le milieu du dix-huitième siècle, La Caille put conclure de toutes les observations faites en vue de déterminer la parallaxe du Soleil, que la parallaxe de cet astre dans sa moyenne distance de la Terre est de 10 et 1/4 de seconde.

VI

Les choses en étaient là, lorsque Halley, un des grands astronomes d'Angleterre et ami de Newton, indiqua une méthode remarquable pour obtenir la parallaxe du Soleil, où sa distance de la Terre par le passage de Vénus sur cet astre : « L'illustre astronome savait bien néanmoins qu'il ne pourrait, selon toute probabilité, faire usage lui-même de sa méthode, et que, depuis longtemps sans doute, il aurait cessé de vivre il était né en 1656) quand le moment de l'employer serait venu. Il la recommandait pourtant avec bonheur, se préoccupant bien plus d'être utile aux hommes, après avoir disparu du milieu d'eux, que d'adresser de mélancoliques regrets à cette existence d'ici-bas, trop courte pour lui permettre de contempler le phénomène dont il avait le premier découvert l'importance. Touchante manifestation des instincts élevés que nous a donnés la Providence, qui nous font entrevoir un impérissable avenir succédant aux agitations éphémères de la vie (1). »

L'importance pour la science du passage de Vénus sur le Soleil a provoqué nombre d'observations et de voyages périlleux : « Poussés par cet héroïque dévouement au devoir, dont le nom de Halley rappelait au reste plus d'un glorieux exemple, ajoute le savant que nous venons de citer, les astronomes se répandirent à la surface du globe afin d'observer les passages annoncés. L'un deux entre autres, Le Gentil de la Galaisière, parti de l'Inde au mois de mars 1760, et paralysé par la guerre que nous soutenions alors contre les

____

1 Petit, ancien directeur de l'observatoire de Toulouse, *Traité d'Astronomie*, t. II, p. 137.

Anglais, eut le courage d'attendre à Pondichéry, pendant huit longues années, le passage de 1769, risquant ainsi sa position officielle à l'Académie des sciences de Paris, où, faute de nouvelles sur son compte, on finit en effet par le remplacer; risquant aussi son patrimoine qu'il avait confié à un dépositaire infidèle, des mains duquel il ne lui fut plus possible de l'arracher; et, pour comble de chagrin, manquant entièrement le but de son inépuisable abnégation, puisque, après avoir pu seulement apercevoir, mais non observer, du pont de son navire, le passage de 1761, il se trouva sous un ciel chargé de nuages qui lui cachèrent absolument le phénomène de 1769 [1]. »

Déjà connu par un premier voyage en Sibérie, lors du passage de 1761, l'abbé Chappe d'Auteroche, à son tour, s'en alla mourir de la fièvre jaune en Californie, le 1er août 1769, à l'âge de quarante et un ans, pour avoir voulu prolonger de quinze jours encore son séjour au sein de l'épidémie, afin d'ajouter à son observation de l'éclipse de Vénus celle d'une éclipse de lune et de quelques autres occultations. Le martyrologe du passage de Vénus sur le Soleil ne s'arrête pas là : nombre de savants s'engagèrent avec plus ou moins de bonheur jusqu'aux limites habitables du continent européen pour procéder à cette observation. Tant d'efforts ne restèrent pas infructueux, cependant « le résultat du passage de 1761, dit Jacques-Dominique Cassini, auteur de l'*Histoire abrégée de la parallaxe du Soleil*, se réduisit donc, j'ose le dire, à nous rendre plus indécis qu'auparavant. La parallaxe du Soleil était fixée entre 9 et demie et 10 un cinquième de seconde. »

Le passage de Vénus étendit les bornes de cette variation depuis 8 1/2 jusqu'à 10 1/2 secondes. On eût eu lieu sans

[1] Petit, *Traité d'Astronomie*, t. II, p. 138.

doute d'être inconsolable de la perte d'une pareille occasion, si elle n'eût dû se renouveler huit années après. Mais le passage de 1769 laissait l'espérance d'un dédommagement. L'observation en devait être mieux faite par les mêmes observateurs que le passage de 1761 avait déjà exercés ; enfin, les résultats devaient être plus exacts et plus concluants, vu les circonstances particulières, plus favorables dans ce passage que dans l'autre.

L'observation du passage de 1769 fut donc exécutée d'une manière bien plus satisfaisante que celle du passage de 1761. Les conclusions des divers mémoires auxquels elle donna lieu ne se trouvèrent pas identiquement les mêmes, mais les divergences qu'elles présentèrent furent loin d'être aussi grandes que celles qui avaient été trouvées pour le passage de 1761. Suivant Lalande et Pingré, d'après l'ensemble des observations du passage de 1769, la parallaxe doit être incontestablement fixée entre 8″,5 et 8′,8. En définitive, il restait encore sur la valeur de cette parallaxe une incertitude de près de 4 dixièmes, c'est-à-dire qu'elle ne pouvait être regardée comme connue qu'à un vingt-deuxième ou un vingt-troisième près de sa valeur. C'est encore loin de ce qu'avait annoncé Halley, qui prétendait que l'observation d'un passage de Vénus pouvait fournir la valeur de la parallaxe à un 500ᵉ près.

VII

Mais il fallait un siècle avant de pouvoir renouveler ces observations : ce siècle est écoulé, et tous les astronomes se sont vivement préoccupés du grand événement scientifique dont on était dans l'attente ; le gouvernement, de son côté, n'oubliait pas de préparer tous les moyens de rendre plus profitable pour la science le dévouement des savants qui allaient s'exposer aux fatigues des lointaines traversées.

M. Dumas, président de la commission du passage de Vénus, a fait à l'Académie des sciences un magnifique rapport sur l'état des préparatifs pour les expéditions de ces conquêtes pacifiques. Nous ne pouvons en indiquer ici que quelques passages [1].

« Les malheurs de la guerre avaient mis depuis longtemps obstacle à la poursuite des études de l'Académie, fait remarquer l'éminent rapporteur; la première discussion qui s'éleva dans le sein de la commission reconstituée porta sur l'objet même de l'entreprise. L'observation du passage de Vénus était-elle nécessaire pour déterminer la parallaxe du Soleil ? La science ne pourrait-elle pas aujourd'hui apprécier, par des moyens plus sûrs, la distance du Soleil à la Terre, cette importante unité de mesure des espaces célestes ?

« La commission pensa que l'observation du passage de Vénus sur le Soleil devait être poursuivie comme moyen de faire connaître aujourd'hui avec précision la parallaxe du Soleil; comme moyen de fournir dans l'avenir, à nos successeurs, des résultats indispensables, peut-être, à des conceptions dont nous ne pouvons pas mesurer l'étendue, dont surtout nous ne devons pas prétendre borner le champ. Elle n'a voulu ni abdiquer le glorieux héritage de nos ancêtres, ni mériter les reproches de nos descendants. Elle a jugé que le moment serait mal choisi, d'ailleurs, pour laisser la France en dehors de ce grand concours scientifique, où les nations civilisées s'apprêtent à se mesurer sur un terrain qui appartient au passé de l'Académie et dans

[1] *Académie des sciences*, 29 juin 1871.

un combat où elle a tenu la première place, il y a cent ans.
Il ne faut pas oublier, en effet, que si le passage de Vénus
sur le Soleil ne revient que de siècle en siècle, il se répète
deux fois à cette période, à huit années de distance, comme
si, pour chaque génération qui doit en être témoin, il y
avait un premier passage d'essai, destiné à éprouver toutes
les méthodes que la science de l'époque peut fournir, et un
second passage définitif, offrant l'occasion d'appliquer celles
que l'on aura reconnues d'abord comme les plus correctes.

« Les expéditions de 1874 ont donc ce double objet, continue M. Dumas, qu'elles sont destinées à fournir les données
qu'on attend d'elles et à préparer, par des épreuves préalables,
le choix des méthodes que l'on devra préférer pour les expéditions de 1882. En conséquence, on ne saurait trop varier les
procédés dans les opérations actuelles. L'observation astronomique du passage s'effectuera dans quatre de nos
stations avec des lunettes astronomiques de huit pouces,
supérieures, sous tous les rapports, à celles qui ont
été adoptées pour les expéditions des autres pays. Dans
nos six stations, les observateurs auront, en outre, à leur
disposition des lunettes de six pouces, dont les résultats
seront comparables à ceux que les autres nations auront
obtenus. La commission n'a pu organiser les observations
photographiques que dans cinq de ses stations. Les expéditions arrêtées par la commission sont dirigées sur les points
suivants :

« 1° *Missions australes* : îles Campbell, île Saint-Paul,
Nouméa.

« 2° *Missions boréales* : Pékin, Yokohama, Saïgon.

« Ces diverses expéditions comptent, outre deux natura-
listes, quinze observateurs, astronomes ou physiciens, aidés
d'autant d'auxiliaires, et mettent en mouvement plus de
cinquante personnes. »

Par des paroles chaleureuses et profondément senties, l'éminent rapporteur fait une juste part d'éloges à ceux qui ont aidé la commission à mener à bonne fin l'œuvre importante qui l'occupe : ministère de l'instruction publique et ministère de la marine ; artistes, fabricants d'instruments, et principalement la marine française, qui aurait pu, dit-il, réclamer à juste titre l'honneur de diriger elle-même ces expéditions dont elle supporte en grande partie le poids.

« Après avoir rendu compte à l'Académie de l'état actuel des travaux de la commission , ajoute M. Dumas, il me reste à m'excuser d'en avoir accepté la présidence , lorsque les études de toute ma vie m'avaient si peu préparé à cet honneur. Mais je soutenais que l'expédition était encore possible, malgré les années perdues ; je la croyais utile au progrès de la science, indispensable à la dignité de l'Académie, nécessaire au maintien du rang de la France parmi les nations civilisées . »

M. Dumas a parfaitement réalisé les espérances qu'il avait fait naître et a dépassé ce qui semblait possible dans les circonstances données. L'Académie des sciences vient de voter à l'unanimité de justes remercîments au savant illustre et dévoué pour les services rendus à la science et au pays. M. Dumas a terminé son rapport par les paroles suivantes :

« L'Académie permettra toutefois que je m'excuse de
« cette singularité de ma carrière scientifique , en ce mo-
« ment où tout ce qui dépend de la prudence humaine
« ayant été prévu et préparé, il ne reste plus qu'à se
« confier, pour le succès de chacune de nos stations et pour
« l'heure critique du passage, aux arrêts de Celui qui, seul,
« tient dans sa main les orages et les tempêtes. Puisse-
« t-il les écarter, à l'instant décisif, de nos courageux mis-
« sionnaires, et favoriser d'un ciel pur leur patriotique
« attente ! »

VIII

Au retour de leur voyage, si long et si périlleux, les chefs de missions se sont empressés de venir exposer en séance académique les résultats obtenus. M. Frémy, au nom de l'Académie des sciences dont il était le président, a payé avec une chaleureuse sympathie un juste tribut d'éloges à ces savants courageux et dévoués, qui ont si bien soutenu le drapeau de la France dans ce grand concours des nations civilisées.

M. le commandant Mouchez a exposé à l'Académie des sciences d'importants détails sur l'expédition à l'île Saint-Paul, pour l'observation du passage de Vénus. Il a donné des renseignements pleins d'intérêt sur les circonstances atmosphériques, aussi heureuses qu'inespérées, au milieu desquelles la commission a opéré ses observations, et sur les phénomènes optiques qui se sont manifestés aux environs des contacts. Il a fait remarquer que la grande hauteur et l'isolement d'un îlot au milieu de l'Océan, comme cela a lieu pour l'île Saint-Paul, ont pour effet constant de favoriser la formation des nuages, d'attirer et de retenir ceux qui passent dans son voisinage, et de troubler l'équilibre des conditions atmosphériques dans une étendue beaucoup plus grande qu'on ne serait porté à le croire.

Ces faits sont bien connus des marins, qui reconnaissent toujours l'approche d'une île aux massifs de nuages qui se montrent à l'horizon bien longtemps avant que l'île elle-même n'apparaisse. De plus, l'île Saint-Paul est un cratère de volcan dans lequel la mer a pénétré par une petite brè-che du côté de l'est ; les parois à pic du cratère forment un bassin circulaire de 260 mètres de hauteur sur 1,000 ou

1,200 mètres de diamètre. Ces parois sont encore chaudes dans beaucoup d'endroits et, à mer basse, on rencontre de nombreuses sources d'eau thermales qui élèvent sensiblement la température de la mer jusqu'à une assez grande distance des bords; enfin, quand paraît le Soleil, ce qui arrive rarement, il a encore pour effet d'échauffer rapidement le fond de ce bassin, abrité des vents du large.

Toutes ces causes réunies produisent une évaporation constante et fort active au fond de ce cratère, que l'on ne saurait mieux comparer qu'à une vaste chaudière ; quand les vapeurs arrivent au sommet de la crête, elles sont condensées par les vents froids du large, et entretiennent ainsi des bancs de brume permanents au-dessus de l'île. Pendant les trois mois que nos savants sont restés à Saint-Paul, ils n'ont pas eu un seul jour de temps absolument découvert ; les plus longues séries de ciel bleu sans nuage n'ont jamais duré plus de trois à quatre heures, et elles ont été fort rares.

Ces déplorables conditions atmosphériques rendaient donc extrêmement minimes les chances de succès : un seul espoir soutenait nos courageux observateurs, cet espoir était fondé sur l'opinion des pauvres pêcheurs malgaches, qui affirmaient qu'il y avait toujours une embellie le jour de la nouvelle lune ; d'ailleurs M. Mouchez avait déjà vu ce fait signalé dans les rapports que les capitaines de pêche lui avaient expédiés sur le climat de Saint-Paul, avant son départ de France. Les deux nouvelles lunes précédentes d'octobre et de novembre avaient vérifié cette règle d'une manière très-remarquable. Cette singulière confirmation donnait donc quelque espoir pour le 9 décembre, jour de la nouvelle lune et du passage de Vénus. Mais, le 8, une affreuse tempête survint, on ne put trouver un seul moment pendant toute cette journée pour faire la dernière répétition générale, afin d'assurer l'observation ; une pluie battante et continuelle laissait peu d'espoir. A minuit la pluie est toujours aussi forte, le ciel toujours aussi sombre, et les cabanes de l'installation résistent avec peine à la violence de la tempête.

La règle des Malgaches paraissait donc malheureusement bien compromise, lorsque, vers trois heures du matin, le vent sauta du nord-est au nord-ouest, produisant subitement une grande amélioration de temps; la pluie cesse, le voile sombre qui couvrait le ciel se déchire, de grosses masses de brume et de nuages très-bas, chassés par une forte brise, passent continuellement sur le zénith et laissent fréquemment voir le ciel, et les expériences purent se faire de manière à donner des résultats tout à fait inespérés.

L'observation des contacts laisserait quelque chose à désirer, mais l'extrême netteté des images et la marche assez rapide des diverses phases pendant que la planète traverse l'un ou l'autre bord du Soleil inspirent la confiance la plus absolue dans les mesures micrométriques faites dans de bonnes conditions, et *surtout* dans les photographies. M. Mouchez ne doute pas que ce dernier procédé ne donne la solution complète du problème avec toute l'exactitude désirable. Pendant toute la durée du passage le disque de la planète a paru d'un noir très-foncé, ayant cependant une très-légère teinte violette, tandis qu'une auréole d'un jaune également très-pâle l'entourait sur le disque du Soleil. Cette auréole paraît être absolument *indépendante* de la planète, elle se comportait comme le ferait une atmosphère solaire très-pâle sur laquelle se projetterait l'écran noir de la planète et qui deviendrait visible par contraste; l'épaisseur de cette atmosphère, pouvant devenir visible, aurait à peu près 25 à 30 secondes de hauteur. M. Mouchez attribuerait volontiers à l'atmosphère de Vénus une très-mince bande, très-brillante, bordant la planète.

La photographie a fonctionné pendant toute la durée du passage; on est en possession d'un total de 489 épreuves utilisables, qui pourront subir l'opération des mesures micrométriques auxquelles on va très-prochainement procéder, sous la direction de M. Fizeau.

Presque immédiatement après le passage de l'astre, la pluie, la brume, le vent recommencèrent; la tempête n'était pas terminée, elle avait été seulement suspendue pendant les cinq heures de la durée du passage [1].

Les pêcheurs malgaches ne s'étaient donc pas trompés; ce n'est pas la première fois que l'on constate que les prédictions du vulgaire, en fait de météorologie, valent quelquefois mieux que celles qui s'abritent sous le manteau de la science.

IX

M. Bouquet de la Grye, chef de la mission à l'île Campbell, a également donné des détails pleins d'intérêts sur les documents scientifiques recueillis. Il fait d'abord remarquer qu'en acceptant cette mission, il savait que dans cette île les chances de voir le passage de l'astre étaient très-faibles, mais que néanmoins il était parti avec confiance, dans la pensée d'adoucir les déboires d'un insuccès en recueillant de nombreuses observations de physique générale.

Le matin du passage, le temps était loin d'être favorable : une brise du nord-est amenait avec elle des bancs de brume qui parfois descendaient jusqu'à terre; la brise tombait ensuite et la brume se changeait en pluie fine. Cependant, quelques minutes avant le passage, des trouées dans les nuages permirent de voir le disque du Soleil; il se

---

[1] *Académie des sciences*, 15 mars 1875.

présentait avec une netteté remarquable et promettait des contacts splendides.

Cinq minutes avant l'entrée de Vénus, le Soleil paraissait encore dans tout son éclat; deux minutes plus tard, M. Bouquet de la Grye poussa un cri en apercevant, en dehors du point du disque où devait s'effectuer l'entrée, une masse noire à bord cotonneux, entourée d'une faible auréole. C'était Vénus se peignant sur l'atmosphère coronale ; puis, au moment où le vrai contact allait se produire, un nuage plus épais survint : il dura plus d'un quart d'heure. Une éclaircie se produisit ensuite, lorsque Vénus était à moitié engagée dans le disque du Soleil. La planète et le bord du Soleil parurent d'une admirable netteté de contours; malheureusement, cette éclaircie ne dura que vingt secondes, le temps de prendre une double distance au bord interne; puis, ce fut fini : les bancs de brume s'épaissirent, il fut impossible, jusqu'à la fin, d'apercevoir le disque du Soleil.

Cette mission est loin d'avoir été stérile, et les documents récoltés par nos savants compatriotes peuvent à bon droit composer le bagage d'une mission scientifique spéciale : les observateurs des deux lunettes méridiennes ont profité de toutes les éclaircies qui se sont produites pendant quatre-vingt-douze nuits, et l'un des deux les a toutes passées au pied de sa lunette pour prendre des passages ou des hauteurs d'astres; la longitude et la latitude de la station en ressortiront avec une approximation suffisante ; la triangulation de l'île a été faite, le magnétisme a été étudié dans ses principales manifestations, la variation diurne notamment a été observée d'heure en heure pendant trois mois ; il en a été de même de la pression atmosphérique, de la température, etc. Les courbes de cent soixante marées ont été décrites; elles présentent, à titre normal, les ondulations secondaires qui n'existent chez nous qu'en coups de vent ; le ras de marée est le type constant de l'état de la mer à Campbell, comme le coup de vent est le type de son état météorologique.

Cette île est sujette non-seulement à des tremblements de terre, mais elle accuse des mouvements lorsque la grande houle vient se briser sur la côte; ce phénomène aussi curieux qu'intéressant a été étudié avec beaucoup de soin par des appareils presque improvisés, mais d'une sensibilité extrême, puisqu'ils pouvaient enregistrer des oscillations régulières de un millième de millimètre. Enfin M. Filhol, naturaliste attaché à la mission, a pu réunir une foule d'objets d'histoire naturelle; vingt-deux caisses énormes ont pu être mises par ses soins à bord du navire. Cette collection donnera les éléments d'une monographie complète de l'île [1].

X

La mission de Pékin, pour l'observation du passage de Vénus, a été confiée exclusivement à des officiers de marine; elle rapporte d'importants documents que M. Fleuriais résume très-succinctement devant l'Académie des sciences : ces documents sont des plus satisfaisants; il donne également un aperçu rapide, mais des plus curieux, des principales circonstances du voyage qu'il vient d'accomplir [2]. M. André, astronome de l'observatoire de Paris, résume de même les observations faites à Nouméa; les documents recueillis sont des plus complets. Le ciel ne fut cependant découvert que pendant de bien courts et bien rares intervalles; mais les nuages ne furent presque jamais assez épais pour empêcher la formation d'une image nette, et comme la règle suivie

[1] *Académie des sciences,* 22 mars 1875.
[2] *Ibid.,* 10 mai 1875.

par M. Angot, savant physicien attaché à l'expédition, était de prendre des épreuves dès l'instant où le Soleil donnait des ombres appréciables, on a pu obtenir deux cent quarante photographies, parmi lesquelles cent sont certainement bonnes et se prêteront facilement aux mesures [1].

M. Janssen, savant infatigable dans son dévouement, et auquel la science doit de si précieuses découvertes; M. Héraud, habile ingénieur de la marine, et son collaborateur M. Bonifay, enseigne de vaisseau, qui lui a prêté le concours le plus utile, ont également été favorisés par le temps et ont obtenu de beaux et féconds résultats [2].

XI

Nous compléterons l'exposé que nous venons de faire par quelques passages du rapport sur le résultat des observations faites par les missions françaises, adressé à M. le ministre de l'instruction publique par M. Dumas, président de la commission.

« MM. Janssen, Mouchez, Bouquet de la Grye, Fleuriais, André et Héraud, munis d'instructions détaillées et de programmes étendus, ont répondu aux espérances de la commission, tant pour ce qui regarde l'observation directe, purement astronomique, que pour ce qui concerne les relevés du phénomène sur plaques photographiques.

« A l'île Campbell, la planète n'a pu être observée au moment des contacts : c'est le seul point où les espérances de la commission aient été trahies par la fortune; mais le chef

[1] *Académie des sciences*, 21 mai 1875.
[2] Voir les *Comptes rendus de l'Académie des sciences*, du 8 et du 25 février 1875.

de cette expédition, *M. Bouquet de la Grye,* ingénieur hydrographe de la marine, avait pris les dispositions nécessaires pour effectuer des études de physique du globe, de météorologie et d'histoire naturelle, que son long séjour dans une station si peu visitée et si mal connue rendait très-opportunes. Les documents qu'il rapporte seront utilisés avec le plus grand profit pour la science pure et pour l'art nautique [1].

« *M. le capitaine Mouchez,* que n'avaient point arrêté les difficultés redoutables du débarquement et de l'installation à l'île Saint-Paul et la chance d'y être retenu pendant près d'une année, a été récompensé par quelques heures d'un ciel pur coïncidant miraculeusement avec le moment du phénomène, dans un ciel resté pendant plusieurs mois constamment couvert ou pluvieux. Les observations de ce savant officier, les photographies précieuses qu'il a recueillies, comptent parmi les documents les plus importants de toutes les expéditions scientifiques que le passage de Vénus ait suscitées [2].

« *MM. André,* astronome de l'observatoire de Paris, et *Angot,* attaché au Collége de France, ont obtenu à Nouméa des résultats qui, sans avoir la valeur qu'auraient eue des observations effectuées à l'île Campbell, dont la position était particulièrement désignée, fourniront cependant un utile complément aux déterminations australes si souvent contrariées ou même empêchées par l'état du ciel.

« *M. le lieutenant de vaisseau Fleuriais* a pu faire parvenir à Pékin son matériel sans avaries, malgré son poids et les

---

[1] M. Bouquet de la Grye était accompagné de M. Hatt, sous-ingenieur hydrographe de la marine ; M. Courrejolles, lieutenant de vaisseau ; M. Filhol, naturaliste.

[2] M. le commandant Mouchez était accompagné de M. Turquet de Beauregard, capitaine de frégate ; M. A. Cazin, professeur au lycée Condorcet ; M. Vélain, attaché au laboratoire de géologie de la Sorbonne ; M. Delisle, naturaliste voyageur du Muséum.

difficultés de la route de terre. La saison d'hiver lui promettait un ciel dégagé de nuages. Il a eu la satisfaction de remettre entre les mains de la commission des observations directes des contacts et des images photographiques nombreuses. La comparaison entre les résultats qu'il avait obtenus et ceux que le commandant Mouchez avait fournis de son côté, a suffi pour conduire M. Puiseux à des conclusions d'un intérêt considérable [1].

« *M. Héraud,* en Cochinchine, s'est mis à la disposition de la commission. Cet habile ingénieur hydrographe de la marine étant retenu dans la Cochinchine par son service, l'Académie s'est empressée de lui faire parvenir les instruments nécessaires pour faire avec utilité l'observation du passage de Vénus, et elle en a obtenu des déterminations dont M. Puiseux tirera parti, soit par leur comparaison avec celles de Pékin, soit par leur comparaison avec celles de nos observations australes qui ont été effectuées au moyen de lunettes de six pouces comme la sienne.

« Enfin, *M. Janssen,* membre de l'Académie, à qui l'état de sa santé, compromise par de nombreuses et pénibles expéditions scientifiques dans les régions équatoriales, prescrivait le repos, n'a voulu céder à personne l'honneur de diriger l'expédition du Japon. Après avoir heureusement échappé au désastre causé par le typhon de Hong-Kong, il a établi sa mission dans deux observatoires différents et assez éloignés l'un de l'autre pour que les chances de beau temps fussent moins incertaines. Avec l'aide de M. Tisserand, directeur de l'observatoire de Toulouse, et de MM. Picard et Delacroix, officiers de la marine, l'expédition du Japon a pu effectuer à Nagasaki et à Kobé des observations directes

[1] M. le lieutenant de vaisseau Fleuriais était accompagné de M. Blarez, lieutenant de vaisseau, et M. Lapied, enseigne de vaisseau

et recueillir des photographies daguerriennes, conformément aux instructions de la commission [1].

« M. Janssen a pu, en outre, mettre en usage l'ingénieux appareil de son invention auquel les astronomes anglais ont donné son nom, que les expéditions anglaises ont toutes mis à profit, et que le temps et les fonds qui nous manquaient également ne nous ont pas permis de fournir à toutes nos missions.

« L'Académie a accueilli l'annonce de succès aussi inespérés avec un sentiment de vive et profonde gratitude pour les savants courageux qui ont poursuivi cette œuvre avec tout l'amour désintéressé de la science dont ils sont animés, et l'un de ses membres les plus autorisés, M. Puiseux, s'est livré sans retard aux calculs nécessaires pour faire ressortir les résultats des observations directes [2]. »

XII

M. Puiseux, de l'Institut, s'est en effet empressé de comparer les nombres obtenus par M. Mouchez avec ceux que M. Fleuriais a obtenus à Pékin. En partant de ces données et en faisant usage des *Tables du Soleil et de Vénus* de M. Le Verrier, il trouve pour la parallaxe solaire moyenne 8″,879, ou, en se bornant au chiffre des centièmes, 8″,88. Cette valeur diffère bien peu du nombre 8″,86 auquel conduisent les déterminations de la vitesse de la lumière effectuées par MM. Foucault et Cornu, et qui est aussi la moyenne des va-

---

[1] M. Janssen était accompagné de M. Tisserand, directeur de l'observatoire de Toulouse ; M. Picard, lieutenant de vaisseau ; M. Delacroix, enseigne de vaisseau ; M. Arents, artiste photographe.

[2] *Journal officiel*, 8 juin 1875.

leurs déduites par M. Le Verrier de la théorie des perturbations planétaires.

M. Puiseux fait remarquer que la valeur définitive ne pourra être conclue que de l'ensemble des données astronomiques et photographiques recueillies par les diverses missions françaises et étrangères ; mais ce premier résultat, si rapproché du nombre que les astronomes s'accordaient généralement à regarder comme le plus probable, est de nature à donner confiance dans le succès de la campagne scientifique à laquelle nos marins et nos astronomes ont pris une si large part[1].

[1] *Académie des sciences*, 12 avril 1875.

CHAPITRE VII.

LA TERRE.

I

La Terre, cette patrie du genre humain, cette mère commune, suivant l'expression de l'antiquité, a naturellement attiré l'attention des savants dès les temps les plus reculés.

Les observations des géologues ont démontré que notre planète n'était arrivée à son état actuel qu'après avoir subi, après un temps incalculable, de nombreuses révolutions dont on voit partout la trace.

Tout tend à prouver que la Terre a été d'abord incandescente et qu'elle s'est refroidie graduellement; l'existence d'un foyer intérieur est démontrée par l'accroissement de chaleur que l'on constate dans les diverses couches du globe, à mesure qu'elles sont plus profondément situees; cet accroissement est d'un degré centigrade environ pour 30 mètres de profondeur.

Tous les astres de notre système planétaire paraissent avoir une origine commune. Conformément à ce que nous avons dit, il semble assez rationnel de rapporter le chaos biblique à l'existence d'une vaste nébuleuse qui, tournant sur elle-même, et très-aplatie par l'effet des forces centrifuges dues à la rotation, aurait pendant les phases successives de son refroidissement abandonné diverses couches dont l'agglomération en globules, qui correspondrait à la séparation des ténèbres d'avec la lumière, serait l'origine de la Terre, des autres planètes et des satellites. Cette manière de voir, qui d'ailleurs n'a rien de contraire aux idées religieuses les plus sévères, est professée par les astronomes et les géologues les plus distingués, entre autres par le R. P. Secchi, directeur de l'Observatoire romain (voir ch. II., Syst. solaire).

Tous les phénomènes viennent à l'appui de cette théorie : la surface arrondie du globe, l'aplatissement des pôles, la chaleur centrale, le parallélisme des rides qui, d'après les remarquables recherches de M. Élie de Beaumont, se sont formées à chaque cataclysme à la surface du globe, les analogies avec ce qui se passe dans les profondeurs du ciel pour les astres en formation, etc., etc.

Ainsi la Terre aurait passé successivement de l'état gazeux à l'état liquide et à l'état solide; et même maintenant tout nous montre que sous une faible écorce d'une épaisseur de 45,000 mètres, que nous habitons, que nous cultivons, les matières qui la composent sont à l'état, sinon complétement liquide, du moins pâteux.

La chimie primitive pouvait également agir par des procédés qui nous sont maintenant inconnus. M. Élie de Beaumont disait que l'acide acétique, acide réputé faible, agissant cependant sur des corps qui semblent presque inertes en présence des agents chimiques qui jouent les rôles les plus efficaces dans la nature actuelle, le confirmait dans la pensée que, dans les premiers âges du monde, la nature mettait en pratique une chimie différente de celle qui fonctionne aujourd'hui dans les volcans et dans les phénomènes atmosphériques. Cette chimie primitive, qui a donné naissance aux granites et à beaucoup d'autres roches que l'on n'a pas encore reproduites, employait sans doute des agents susceptibles de produire des effets autres que ceux qui se passent aujourd'hui sous nos yeux, moins parce qu'ils auraient agi avec plus d'énergie, à une température ou à une pression plus élevée, que parce qu'*ils étaient différents et capables de réactions différentes*. Le phosphore, le chlore, le fluor, que l'on trouve si fréquemment dans les minéraux de l'âge du tungstène, du molybdène, du cérium, de l'ytrium, du tantale, etc., ne sont peut-être que des résidus de ces manipulations primordiales [1].

II

M. Élie de Beaumont, en résumant les connaissances que nous avons sur la croûte du globe, fait remarquer que dans l'hypothèse où l'écorce terrestre résulterait du refroidissement superficiel de matières en fusion qui auraient constitué originairement l'enveloppe extérieure du globe, l'action que l'on peut attribuer aux forces attractives sur les parties qui ne sont pas encore refroidies ne saurait être que très-simple. Les données les plus généralement admises permettent difficilement d'attribuer à l'écorce refroidie jusqu'à une tem-

[1] *Comptes rendus de l'Académie des sciences*, 1872.

pérature moins élevée que celle de la fusion de la plupart des roches, une épaisseur supérieure à 45,000 mètres, c'est à-dire à un cent quarantième du rayon terrestre. Une pareille écorce est plus mince, comparativement, que la coquille d'un œuf. Fendillée en tous sens, comme le sont les roches que l'on observe à la surface du globe, une voûte d'une aussi faible épaisseur ne peut se soutenir sans supports, et doit fléchir de manière à s'appuyer sur les matières incandescentes situées au-dessous d'elle.

Ces matières sont donc soumises à une pression très-considérable, qui doit réduire singulièrement la mobilité de leurs molécules et leur donner à peu près les propriétés d'un corps solide. L'écorce refroidie fait corps et continuité avec ce solide incandescent, qui est à la température de la fusion, sans être réellement fondu, à cause de la pression qu'il éprouve. Il résulte de là que la masse entière du globe subit l'action des forces attractives à la manière d'un corps solide. On doit lui attribuer seulement un certain degré de malléabilité, révélé par les remarquables rapports que M. Alexis Perrey a signalés entre la fréquence des tremblements de terre et les phases de la Lune.

L'écorce refroidie de notre globe, en devenant graduellement plus épaisse par le progrès du refroidissement, pourrait finir par acquérir assez de rigidité pour se soutenir sans appui. Les matières moins refroidies situées au-dessous d'elle se trouveraient alors déchargées de la pression qu'elles subissent aujourd'hui, et un vide annulaire pourrait même s'établir entre l'écorce solide et les matières assez chaudes encore pour être liquides, du moins près de leur surface, en l'absence de toute pression. Mais il est permis d'espérer que le refroidissement du globe n'est pas tout à fait arrivé à ce terme redoutable, qui amènerait probablement une immense catastrophe, dont il ne paraît pas y avoir

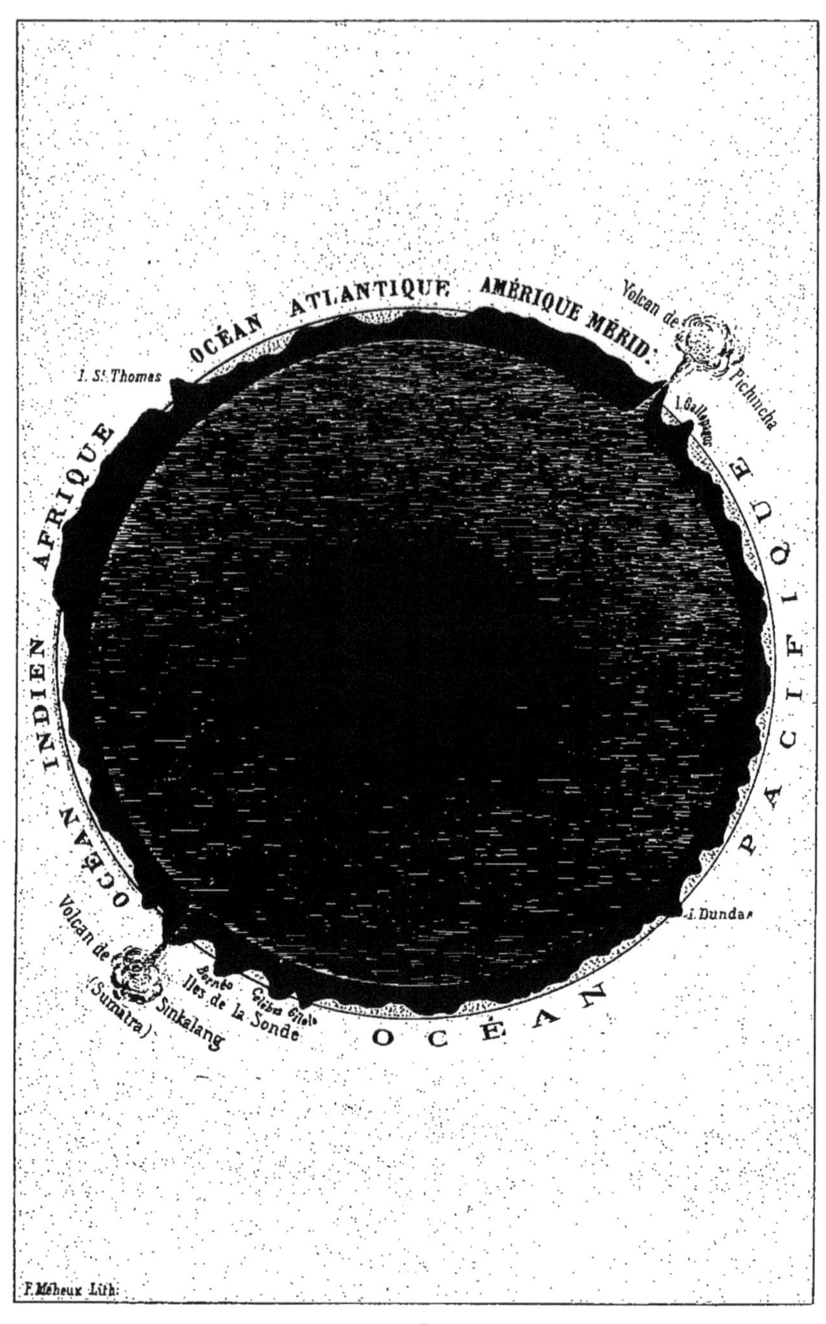

COUPE DE LA TERRE SUR LE PLAN DE L'ÉQUATEUR

eu d'exemple jusqu'à présent. Elle serait due à l'introduction des eaux de la mer dans l'espace resté vacant entre la surface inférieure, encore incandescente, de l'écorce solidifiée et la surface supérieure des matières en fusion.

L'expression finale du refroidissement relatif de la masse totale et de la surface du globe donnée par Plana ne présentera toute l'approximation en vue de laquelle elle est établie qu'après cent cinquante-six milliards d'années (on trouve dans le texte imprimé de l'Académie de Turin 96 milliards d'années, mais le calcul numérique correctement exécuté donne en nombre rond le chiffre que nous venons d'exprimer), comptées à partir de l'origine du refroidissement. Les derniers travaux de Poisson permettent de concevoir tous les phénomènes géologiques accomplis jusqu'à ce jour comme renfermés dans une période de cent millions d'années, ou même dans une période plus courte encore[1].

III

Les parties de l'écorce minérale du globe que les géologues appellent les *terrains de sédiment* n'ont pas été formées d'un seul jet. Voici, en résumé, ce que la science nous enseigne de plus certain sur ce sujet.

Les eaux couvrirent anciennement, à plusieurs reprises, des régions situées aujourd'hui au centre du continent. Elles y déposèrent par minces couches horizontales diverses natures de roches. Ces roches, quoique immédiatement superposées entre elles, comme le sont les assises d'un mur, ne doivent pas être confondues; leurs différences frappent les yeux les moins exercés.

---

[1] *Comptes rendus de l'Académie des sciences*, 1871, 1ᵉʳ semestre.

Les roches cristallines granitiques, sur lesquelles la mer a opéré ses premiers dépôts, n'ont jamais offert aucun vestige d'être vivant. Ces vestiges, on ne les trouve que dans les terrains sédimenteux.

Des débris de végétaux sont tout ce que l'on rencontre dans les plus anciennes couches déposées par les eaux ; encore appartiennent-ils aux plantes de la composition la plus simple : à des fougères, à des espèces de joncs', à des lycopodes.

La végétation devient de plus en plus composée dans les terrains supérieurs. Enfin, près de la surface, elle est comparable à la végétation des continents actuels, avec cette circonstance, bien digne d'attention, que certains végétaux qui vivent seulement dans le midi, les grands palmiers, par exemple, se trouvent à l'état fossile sous toutes les latitudes et au centre même des régions glacées de la Sibérie.

Dans le monde primitif, ces régions hyperboréennes jouissaient donc en hiver d'une température au moins égale à celle que l'on éprouve maintenant sous les parallèles où les grands palmiers commencent à se montrer : à Tobolsk, on avait le climat d'Alicante ou d'Alger.

L'examen attentif des végétaux est une nouvelle preuve à l'appui de cette assertion.

On trouve aujourd'hui des prêles ou joncs marécageux, des fougères et des lycopodes tout aussi bien en Europe que dans les régions équinoxiales ; mais on ne les rencontre avec de grandes dimensions que dans les climats chauds.

Mettre en regard les dimensions des mêmes plantes, c'est vraiment comparer, sous le rapport de la température, les régions où elles se sont développées. Eh bien, si nous plaçons à côté des plantes fossiles de nos terrains houillers les plantes qui couvrent les contrées de l'Amérique méridionale les plus célèbres par la richesse de leur végétation, nous trouverons les premières incomparablement plus grandes que les autres.

Les *flores fossiles* de la France, de l'Angleterre, de l'Allemagne, de la Scandinavie offrent, par exemple, des fougères de 15 mètres de haut, et dont les tiges avaient jusqu'à 1 mètre de diamètre ou 3 mètres de tour.

Les lycopodiacées qui aujourd'hui, dans les pays froids ou tempérés, sont des plantes rampantes, s'élevant à peine à un décimètre au-dessus du sol, et qui à l'équateur même, au milieu des circonstances les plus favorables, ne montent pas à plus d'un mètre, avaient en Europe dans le monde primitif jusqu'à 25 mètres de hauteur. Ces énormes dimensions sont une nouvelle preuve de la haute température dont jouissait notre pays avant les dernières irruptions de l'Océan.

Par l'étude des animaux fossiles on arrive aux mêmes résultats; parmi les ossements que renferment les terrains les plus voisins de la surface actuelle du globe, il y en a d'hippopotame, de rhinocéros, d'éléphant. Ces restes d'animaux des pays chauds existent sous toutes les latitudes; les voyageurs en ont même découvert à l'île Melville, où la température descend aujourd'hui jusqu'à 50 degrés au-dessous de zéro. En Sibérie on les trouve en si grande abondance, que le commerce s'en est emparé. Enfin, sur les falaises dont la mer Glaciale est bordée, ce ne sont plus des fragments de squelette qu'on rencontre, mais des éléphants tout entiers, recouverts encore de leur chair et de leur peau.

Ainsi, en vieillissant, les régions polaires de notre globe ont donc éprouvé un refroidissement prodigieux, et ce n'est pas au Soleil qu'est attribué ce refroidissement, mais à la dissipation d'une chaleur propre d'origine ou dont la Terre aurait été jadis imprégnée.

Même avant la découverte des éléphants en Sibérie, l'idée

de la chaleur propre du globe avait pénétré dans la science. A l'appui de l'origine ignée de notre globe, Mairan et Buffon citaient déjà les hautes températures des mines profondes, et entre autres celle des mines de Giromagny.

Fourier est un des savants qui ont le mieux étudié cette question. Il a apporté des preuves et des démonstrations irrécusables. Il a signalé le rôle que doit jouer *la température des espaces célestes* au milieu desquels la Terre décrit autour du Soleil son orbe immense.

Les météorologistes avaient cru en voyant même sous l'équateur certaines montagnes couvertes de neige éternelles, en observant le décroissement rapide de température des couches de l'atmosphère pendant les ascensions aérostatiques, qu'il devait régner en dehors de l'atmosphère des froids prodigieux, qu'ils auraient volontiers mesurés par centaines et par milliers de degrés. Mais l'examen rigide de Fourier nous a appris que 50 à 60 degrés *au-dessous de zéro* est la température que le rayonnement stellaire entretient dans les espaces indéfinis sillonnés par les planètes de notre système.

La température de la Terre croît d'environ un degré par 30 ou 40 mètres de profondeur, suivant la nature du sol ; la température de l'air diminue de la même quantité par 160 à 200 mètres d'élévation.

IV

La forme de la Terre est celle d'un sphéroïde aplati aux pôles, et renflé à l'équateur, et dont l'aplatissement est de $\frac{1}{500}$ environ.

Les habitants de la Terre qui sont diamétralement opposés les uns aux autres par rapport aux endroits qu'ils habitent s'appellent *antipodes*, ainsi que les lieux opposés

Fig. 32. — La Terre vue de la Lune.

du globe. Le point du ciel qui, pour chacun des antipodes, est situé directement au-dessus de leur tête est appelé leur *zénith*, et l'on a donné le nom de *nadir* au point opposé.

La circonférence de la Terre est d'environ 4,000 myria-mètres, et les plus hautes montagnes n'ont pas 8 kilomètres d'élévation, ce qui, présentant à peine la cinq millième partie de la circonférence, est très-peu de chose relativement à l'étendue de la Terre, et n'en altère pas plus la forme qu'une éminence d'environ un millimètre ne le ferait sur un globe de cinq mètres de contour.

Quelques grains de sable sur une boule, les inégalités même qu'on remarque sur une orange, n'empêchent pas ces corps d'être ronds ; il en est absolument de même des montagnes dont la surface de la Terre est hérissée.

La forme de la Terre est précisément celle que prendrait une masse fluide douée d'un mouvement de rotation autour d'un axe fixe.

L'air qui enveloppe la Terre de toutes parts, comme les parties solides ou liquides qui obéissent aux lois de la pesanteur, doit avoir la même forme.

A mesure que l'on s'éloigne des corps les détails s'effacent, et les grandes lignes deviennent de plus en plus apparentes. Aussi la Terre transportée à une grande distance, par exemple dans la région de la Lune, se présenterait à nous sous l'aspect d'un globe sphérique ; elle nous paraîtrait ronde et lumineuse comme notre satellite.

Résumons les principales preuves que l'on apporte pour démontrer que notre planète est à peu près sphérique ou ronde.

Pour nous convaincre que la Terre a cette forme, supposons qu'elle soit plane ou plate : dès que le Soleil paraîtrait sur l'horizon, sa lumière se répandrait aussitôt et également sur toute sa surface ; or, c'est ce qui n'arrive point et qui prouve qu'elle doit avoir une convexité quelconque.

Un vaisseau qui s'éloignerait d'un port paraîtrait ne diminuer que de grandeur si la Terre était plane; mais les choses ont lieu autrement : on en voit d'abord disparaître le corps, puis les voiles, enfin le haut des mâts; et quand il revient, il semble sortir peu à peu des flots. Pour que de tels effets aient lieu il faut que la surface de la Terre soit bombée; or, comme ces effets sont produits sur tous ses points, il est nécessaire qu'elle ait à peu près la forme d'une boule.

Fig. 33. — Phénomènes produits par la sphéricité de la Terre.

Magellan, célèbre voyageur, qui le premier a fait le tour du globe, a reconnu cette vérité. Parti de l'Espagne et se dirigeant vers l'occident, un de ses vaisseaux est rentré en Europe dans un sens opposé, c'est-à-dire comme s'il arrivait de l'orient.

Le changement d'aspect du ciel à mesure qu'on s'éloigne du lieu que l'on a quitté est une nouvelle preuve de la convexité de la Terre : dans quelque direction que l'on avance, on découvre de nouveaux astres; les étoiles du côté vers lequel on marche s'élèvent, tandis que celles du lieu que l'on a quitté paraissent s'abaisser et finissent par devenir invisibles en arrivant sous l'horizon.

C'est la seule courbure de la Terre qui produit tous ces phénomènes. L'ombre de forme sphérique que la Terre projette sur la Lune quand il y a éclipse de celle-ci, c'est-à-dire quand la Terre se trouve entre la Lune et le soleil et qu'elle intercepte les rayons de cet astre, prouve évidemment la sphéricité de la Terre; il n'y a qu'une sphère qui, dans toutes ses positions, puisse produire une ombre ronde.

L'aplatissement des pôles est également prouvé, d'une manière rigoureuse, par l'influence attractive de la Terre sur notre satellite :

« La Terre étant un globe légèrement aplati vers les pôles et renflé vers l'équateur, dit M. Delaunay, son action sur la Lune n'est pas absolument la même que si sa forme était exactement sphérique. Il doit donc exister dans le mouvement de la Lune certains indices de l'aplatissement du globe terrestre, et si l'on parvient, par l'observation, à déterminer la grandeur de cet effet dû à l'aplatissement de la Terre, on conçoit que l'on pourra en déduire la valeur de cet aplatissement même. C'est ce que Laplace mit complétement en évidence, et la valeur qu'il obtint ainsi pour l'aplatissement de la Terre est presque identiquement la même que celle qui a été déduite des diverses mesures effectuées sur la surface du globe terrestre. On peut dire même, avec cet illustre géomètre, que la considération du mouvement de la Lune présente sous ce rapport un avantage marqué sur l'emploi des mesures géodésiques, en ce que c'est l'aplatissement du globe pris dans son ensemble, abstraction faite des petites irrégularités locales, qui se manifeste dans le mouvement de notre satellite; tandis que les mesures géodésiques exécutées dans les diverses régions de la sur-

face de la Terre sont plus ou moins affectées par ces irrégularités locales[1]. »

V

Si la Terre est un globe, comment les maisons, les hommes,
les animaux, tous les objets qui se trouvent à sa surface,
peuvent-ils s'y tenir sans tomber? Pourquoi les eaux de la
mer, des fleuves, des lacs, ne sortent-elles pas de leurs lits?

La réponse est facile. Tout le monde a observé l'effet de
l'aimant. Que l'on se figure donc une boule de cette
substance à la surface de laquelle on présenterait de la
limaille de fer : cette limaille serait attirée, il ne s'en dé-
tacherait que les parcelles sur lesquelles la force attractive
de l'aimant ne pourrait suffisamment s'exercer.

La Terre a une propriété attractive qui ressemble à celle
de l'aimant, et par laquelle elle attire vers son centre tous
les corps qui sont à sa surface ; et lorsqu'un corps tombe, il
tend vers le centre de la Terre.

Le fruit qui se détache de sa tige, la pierre qui échappe
à la main qui la soutenait, se précipitent à la surface de la
Terre, entraînés par cette force secrète à laquelle on a
donné le nom d'*attraction*.

Cette force réside dans tous les corps de la nature. Elle
s'exerce entre les masses les plus considérables comme entre
les moindres particules de la matière.

C'est elle qui rend raison de l'harmonie de l'univers ;
c'est par elle aussi que l'on explique la formation de tous
les corps.

Elle se fait sentir à travers toute matière comme si la
matière n'existait pas, en sorte que, pour avoir l'effet pro-

[1] Delaunay, *Annuaire du Bureau des longitudes,* 1868, p. 462.

duit par une couche sphérique sur un point extérieur, il faut faire la somme des actions de tous ses éléments, sans distinction entre ceux qui agissent directement et ceux qui agissent à travers les premiers.

L'attraction prend des noms divers, suivant le genre d'action qu'elle exerce.

Lorsqu'elle n'a pour objet que d'unir les différentes molécules qui constituent un corps, c'est l'*attraction moléculaire*.

Lorsqu'elle est le lien invisible qui tient enchaînés les divers éléments qui constituent notre globe, ou cette force qui précipite à sa surface les corps qui en ont été séparés, c'est la *pesanteur*.

Enfin, quand elle préside à la conservation de l'ordre qui règle l'univers, en retenant les corps célestes dans les limites de leur route accoutumée, elle prend le nom de *gravitation céleste* et donne les principales lois de l'astronomie.

VI

Les mouvements des corps célestes, depuis qu'on les observe, s'accordent à démontrer la justesse de deux lois découvertes par Newton, et que l'on peut formuler ainsi :

1° *Les corps s'attirent en raison directe des masses.* — Par exemple, si un corps pèse un kilogramme, il attire comme un kilogramme; s'il en pèse deux, sa force attractive est doublée; s'il en pèse trois, elle est triplée, et ainsi de suite.

2° *Les corps s'attirent en raison inverse du carré des distances.* — Le carré d'un nombre est le produit de ce nombre multiplié par lui-même. Ainsi le carré de 2 est 4, de 3 est 9, de 5 est 25, etc.; par conséquent, à une distance double, la force attractive est quatre fois moindre; à une distance triple, neuf fois moindre, et ainsi de suite en multipliant la distance par elle-même.

Supposons, par exemple, qu'un corps ait une masse quatre fois plus grande qu'un autre, il attirera avec une force quatre fois plus grande, et si les deux corps sont parfaitement mobiles, celui qui a la masse quatre fois plus grande se déplacera quatre fois moins que l'autre. De plus, si la distance qui sépare les deux corps est quatre fois, cinq fois, dix fois plus grande, ils s'attireront seize fois, vingt-cinq fois, cent fois moins.

Un corps qui, sur la Terre, pèserait 3,600 kilogrammes, aurait encore pour elle un poids de 1 kilogramme s'il en était à la distance de la Lune, c'est-à-dire qu'il serait attiré 3,600 fois moins par la Terre, et l'on pourrait, dit Euler, le soutenir avec un doigt.

La chute des corps sur le sol suit les mêmes lois. Si l'on abandonne, par exemple, une pierre à elle-même, l'attraction s'exercera librement entre cette pierre et la Terre; mais comme l'attraction a lieu en raison directe des masses, la Terre, ayant une masse infiniment plus considérable que la pierre, se déplacera infiniment moins qu'elle; ce déplacement peut être considéré comme nul.

La pesanteur imprime des vitesses égales à tous les corps tombant d'une même hauteur, quels que soient d'ailleurs leur nature, leur forme, leur volume. Ceci est facile à démontrer. Pour cela, il suffit d'introduire dans un long tube de verre des corps de nature différente, tels que du plomb, du liége, du papier, du duvet; ensuite d'extraire l'air de ce tube, ce que l'on fait facilement au moyen de la machine pneumatique. Le vide fait, on place le tube dans la position verticale, et on le retourne brusquement; alors plomb, papier, liége, etc., tout descend avec une égale vitesse, comme un seul corps. Si on laisse rentrer l'air dans le tube, les corps

les plus légers se laisseront de nouveau devancer par les
plus lourds, et ces différences augmenteront jusqu'à ce que
l'air ait repris dans le tube la densité de l'air extérieur :

> . . . . Des corps tombants à qui l'air fait passage,
> Sa fluide épaisseur ralentit le voyage.
> Ainsi qu'en pesanteur, en vitesse inégaux,
> Tous d'un cours différent ils traversent ses flots ;
> Mais tous, d'un mouvement également rapide,
> Lorsque l'air est absent, retombent dans le vide,
> Et le métal pesant et la plume sans poids
> Au terme du voyage arrivent à la fois.
>
> (DELILLE.)

M. Babinet, de l'Institut, a communiqué la note suivante
à l'Académie des sciences sur l'époque précise de l'établissement de la loi de l'attraction :

« En 1666, Newton, retiré à la campagne, dirigea pour
la première fois ses réflexions sur le système du monde. Plusieurs auteurs avaient déjà énoncé prématurément la loi de
l'attraction en raison inverse du carré de la distance. Newton, en essayant de vérifier cette loi sur la chute de la Lune
comparée à la chute des corps pesants, la trouva fausse et,
par suite, abandonna ses recherches théoriques.

« Plus tard, en 1670, il reconnut, au moyen de la mesure
française de Picard, que cette importante loi était parfaitement rigoureuse, et dès lors, *mais seulement alors,* la loi de
l'attraction fut définitivement établie.

« On sait qu'à la réception du résultat de Picard, Newton
fut tellement ému, qu'il fut obligé de prier un de ses amis
d'achever le facile calcul qui vérifiait la grande loi. On doit
donc fixer à l'an 1670 l'époque précise de l'établissement de
la loi de l'attraction en raison inverse du carré de la distance[1]. »

[1] *Comptes rendus de l'Académie des Sciences,* 1867, 2ᵉ semestre

VII

M. Em. Keller a présenté un mémoire à l'Académie des sciences sur *la cause de la pesanteur et sur les effets attribués à l'attraction universelle*, qui peut intéresser le lecteur; en voici un extrait :

Pendant les cinquante dernières années de sa vie, de 1675 à 1726, Newton n'a pas cessé de chercher la cause de la pesanteur, tantôt dans les mouvements, tantôt dans les différences de densité de l'éther, et, ne parvenant pas à les préciser, il tenait du moins à ce que personne ne pût jamais lui attribuer d'avoir pris au sérieux l'hypothèse de l'attraction sans contact. Cette préoccupation est nettement exprimée dans plusieurs de ses écrits, et notamment dans la deuxième édition de son *Optique* et dans sa lettre au docteur Bentley, où figure le passage suivant : « Il est insoutenable que la na-
« ture inerte puisse exercer une action autrement que par
« le contact; que la pesanteur soit une qualité innée, in-
« hérente, essentielle aux corps, qui leur permette d'agir
« les uns sur les autres au loin, à travers le vide, sans
« qu'un intermédiaire quelconque serve à la transmission
« de cette force, cela me paraît d'une absurdité si énorme
« qu'elle ne saurait, à mon sens, être admise par personne
« capable de réflexion philosophique sérieuse. »

Voici en quels termes énergiques et saisissants la même pensée est exposée et justifiée par Lamé à la fin de ses *Leçons sur l'élasticité* :

« L'existence du fluide éthéré est incontestablement dé-
« montrée par la propagation de la lumière dans les espaces
« planétaires, par l'explication si simple, si complète des phé-
« nomènes de la diffraction dans la théorie des ondes, et les

« lois de la double réfraction prouvent avec non moins de
« certitude que l'éther existe dans tous les milieux diapha-
« nes.

« Ainsi la nature pondérable n'est pas seule dans l'univers,
« ses particules nagent en quelque sorte au milieu d'un fluide.
« Si ce fluide n'est pas la cause unique de tous les faits
« observables, il doit au moins les modifier, les propager,
« compliquer leurs lois. Il n'est donc plus possible d'arriver
« à une explication rationnelle et complète des phénomènes
« de la nature physique, sans faire intervenir cet agent, dont
« la présence est inévitable. On n'en saurait douter, cette
« intervention, sagement conduite, trouvera le secret ou la
« véritable cause des effets qu'on attribue au calorique, à
« l'électricité, au magnétisme, à l'*attraction universelle*, à
« la cohésion, aux affinités chimiques; car tous ces êtres
« mystérieux et incompréhensibles ne sont au fond que des
« hypothèses de coordination, utiles sans doute à notre
« ignorance actuelle, mais que les progrès de la véritable
« science finiront par détrôner. »

D'après ces témoignages, dont personne ne récuse la
haute autorité, il est donc permis de chercher l'explication
de la pesanteur dans l'intervention de l'éther, et c'est la nature de cette intervention qui seule peut faire question. Pour
M. Keller, chaque objet pesant est, au milieu de l'éther,
soumis, comme le navire au milieu de l'eau, à deux ordres
de forces, les unes circulaires, les autres perpendiculaires;
ce seraient ces dernières qui produiraient le mouvement
appelé pesanteur.

VIII

On lira avec intérêt quelques passages qui ont rapport à
notre sujet, et que nous avons remarqués dans une confé-

rence faite à la Sorbonne par M. Bertrand, de l'Institut :

La forme sphérique de la Terre était connue depuis très-longtemps, et l'on avait même cherché, dès l'antiquité, à évaluer ses dimensions. Aristote fixait à 40,000 stades, c'est-à-dire environ 4,000 lieues, la circonférence de notre globe. C'était une mesure beaucoup trop faible; mais, par contre, Archimède en donne une autre, qui est notablement trop forte. En instituant l'Académie des sciences, Louis XIV la chargea de déterminer les dimensions véritables de la Terre, et Picard mesura directement plusieurs degrés, ce qui permit de résoudre la question d'une manière assez exacte.

Dans toutes ces recherches, la sphéricité parfaite de la Terre n'était jamais mise en doute. Mais l'astronome Richet, envoyé à Cayenne pour y faire diverses observations, fut tout étonné de constater en arrivant que son pendule, qui battait très-exactement les secondes en France, oscillait moins vite à la Guyane, et il fut obligé de le raccourcir de plus d'une ligne pour ramener la durée de l'oscillation à une seconde.

De retour en France, le pendule se dérangea une deuxième fois, et l'on dut, pour rendre à l'oscillation sa durée primitive, le rallonger précisément de la quantité dont on l'avait raccourci à la Guyane. Comme c'est la pesanteur ou, en d'autres termes, l'attraction terrestre qui fait osciller le pendule, il semblait donc que la pesanteur diminuât dans la région équatoriale.

C'est là, disait Fontenelle, une exception que la théorie n'avait pas prévue. Mais en cela Fontenelle se trompait. Huyghens et Newton avaient indiqué et même calculé cette diminution de la pesanteur dans la région équatoriale. On sait, en effet, que lorsqu'un corps tourne autour d'un centre décrivant une circonférence, il se développe une force dite *force centrifuge*, et qui tend sans cesse à le faire échapper suivant la tangente à la circonférence qu'il décrit. C'est le mécanisme réalisé dans les frondes. Plus la circonférence décrite est étendue, plus la force centrifuge est considérable.

Or, on sait également que la Terre est animée d'un mouvement de rotation sur elle-même qui s'exécute autour d'un axe passant par les pôles. Tous les corps placés à la surface de notre globe décrivent donc chaque jour une circonférence qui est nulle pour le pôle lui-même et qui augmente à mesure que l'on s'approche de l'équateur. Ce mouvement de rotation engendre une force centrifuge qui diminue d'autant la pesanteur, et à l'équateur cette diminution est de 1/280 du poids des corps.

Voilà donc une première cause qui diminue la rapidité des oscillations pendulaires, mais elle n'explique que les deux tiers des effets observés. Il faut donc une seconde cause pour rendre compte du troisième tiers, et cette seconde cause a été aussi indiquée par Newton et Huyghens : c'est l'aplatissement de la Terre aux pôles, de telle sorte que les objets placés aux pôles sont plus rapprochés du centre de la Terre et, par suite, plus fortement attirés par elle que les objets placés à l'équateur.

La théorie de Newton était universellement acceptée, et il en résultait que les degrés devaient être plus longs aux pôles qu'à l'équateur. Mais Cassini, en mesurant les degrés de Paris aux Pyrénées, pour l'exécution de la carte de France, trouva que la longueur des degrés augmentait à mesure que l'on s'avançait vers le sud. Il communiqua ses résultats à l'Académie. On lui fit observer qu'ils étaient contraires à la théorie de Newton, et il le reconnut en disant qu'il n'y pouvait rien changer. Quelque temps après, en mesurant les degrés entre Paris et Dunkerque, il constata une seconde fois qu'ils s'allongeaient quand on marchait vers l'équateur.

Il semblait donc que la Terre, au lieu d'être aplatie aux pôles, comme le voulait Newton, était au contraire allongée, et le monde savant fut ainsi partagé en deux camps, l'un soutenant que la Terre est aplatie, en se fondant sur la théorie, l'autre prétendant qu'elle est allongée, en invoquant les faits, c'est-à-dire les mesures de Cassini.

Pour trancher cette question, l'Académie des sciences se décida, en 1736, à envoyer deux commissions chargées de déterminer la longueur du degré, l'une près du pôle, en Laponie, l'autre dans les régions intertropicales. La Condamine fut l'âme de celle-ci, les principaux membres de la première furent Clairault et Maupertuis.

Lorsqu'on veut mesurer un arc de méridien un peu étendu, il va sans dire qu'on ne prend pas une chaîne d'arpenteur pour la transporter successivement d'un bout à l'autre de cet arc : une telle méthode serait impraticable, à cause des nombreuses inégalités de terrain dont il faudrait tenir compte, et elle conduirait du reste aux plus grossières erreurs par suite de l'imperfection de nos instruments de mesure.

Voici donc comment on procède. On choisit une base, orientée d'une façon quelconque, et dans une plaine parfaitement plate. Cette base, qui doit avoir autant que possible une couple de lieues de longueur, est mesurée directement avec des instruments très-précis. De chacune des deux extrémités de cette base on vise ensuite avec une lunette un point de mire quelconque, de telle sorte que les deux rayons visuels aboutissent à ce point de mire, et la base elle-même, déterminent un triangle dont on connaît ainsi un côté et deux angles. Des calculs trigonométriques assez simples permettent de déterminer les trois autres éléments de ce triangle, c'est-à-dire les deux derniers côtés et le troisième angle.

Ce premier triangle ainsi connu, on en construit un second de la même manière sur un des côtés du premier, puis un troisième sur le second, un quatrième sur le troisième, et ainsi de suite. On obtient de la sorte un réseau de triangles choisis de manière à être traversés par la ligne méridienne qu'on veut mesurer, et qui permettent de déterminer très-exactement, à l'aide du calcul, la longueur de cette ligne entre deux points donnés.

Après avoir fait choix d'une base, la commission commença par les travaux de triangulation. Dans les opérations géodésiques exécutées en France, on prenait pour point de mire les clochers des églises. Mais il était impossible de faire de même en Laponie, puisqu'on n'y trouvait pas d'églises, et le choix des stations présentait les plus grandes difficultés dans ce pays tout couvert de forêts. Il fallait abattre les arbres sur le sommet des collines pour y construire des échafaudages sur lesquels était établi ensuite le point de mire. On ne marchait que la hache à la main, et, bien qu'on fût en Laponie, les fatigues d'un pareil travail étaient encore accrues par les ardeurs du soleil, qui ne quitte guère l'horizon.

Nos académiciens souffraient particulièrement des atteintes des moustiques. Cependant, ayant rencontré deux jeunes Laponnes qui avaient allumé de grands feux, — ce qui ne laissait pas que d'être étonnant par une pareille chaleur, — ils remarquèrent qu'elles se mettaient dans la fumée pour échapper aux piqûres de ces insectes, et, en les imitant, ils purent ainsi se préserver de ce fléau pendant leurs stations : mais il fallait toujours le subir pendant la marche et s'assujettir à des privations de toutes sortes.

Enfin le travail de triangulation fut terminé, et la commission revint à son point de départ pour mesurer la base. Dans l'intervalle l'hiver était survenu, et la plaine était couverte de neige. Le soleil ne paraissait plus chaque jour qu'une douzaine de minutes à l'horizon, et ils souffrirent autant du froid qu'ils avaient souffert jusque-là de la chaleur. L'eau-de-vie était leur seule boisson, toutes les autres se congelant rapidement; mais lorsqu'ils portaient la gourde à leurs lèvres, elle s'y collait aussitôt et ils ne pouvaient plus la retirer qu'en arrachant la peau.

En utilisant les douze minutes de clarté, augmentées du crépuscule, que leur accordait chaque jour le soleil, et profitant aussi des aurores boréales, toujours si nombreuses pendant les longues nuits du pôle, ils purent mesurer en sept jours leur base, qui avait sept mille quatre cents toises de long. Ils s'étaient divisés pour ce travail en deux groupes, qui opéraient séparément et en marchant en sens inverse l'un de l'autre, de manière à se contrôler mutuellement. Les deux résultats ne différèrent, paraît-il, que de quatre pouces, et une concordance si remarquable leur parut une garantie suffisante d'exactitude. Ils s'en tinrent donc là, et la conclusion de ce long travail fut que le degré avait en Laponie, tout près du pôle, cinq cent six toises de plus que les degrés mesurés en France par Cassini.

La commission envoyée dans les régions équatoriales en rapporta des résultats qui s'accordaient très-bien avec ceux-là ; elle avait trouvé, en effet, le degré de cinq cents toises environ plus court qu'en France. Il était ainsi établi que la longueur du degré allait en croissant de l'équateur au pôle [1].

---

[1] Bertrand, de l'Institut, *Clairault et la mesure de la Terre.*

IX

On s'occupe actuellement d'une nouvelle détermination de la méridienne de France : ce sera la quatrième. Une des dernières œuvres d'Élie de Beaumont est un beau rapport sur les travaux commencés à ce sujet[1].

La première de ces déterminations a été exécutée par Picard et conduite depuis Dunkerque jusqu'à Collioure, de 1683 à 1718. La deuxième a été commencée en 1739, par Casimir Thury et la Caille. Les résultats ont été publiés en 1744 dans un volume intitulé : *La Méridienne rectifiée.* Cette opération, à laquelle le nom seul de la Caille suffirait pour garantir l'exécution la meilleure qui fût possible avec les moyens alors connus, a fourni les premières bases de la *Carte de Cassini,* dont les feuilles ont paru successivement pendant la seconde moitié du dix-huitième siècle, sous le titre de *Carte de l'Académie.* La troisième mesure est celle exécutée de 1792 à 1798, par Delambre et Méchain, et consignée dans le savant et célèbre ouvrage intitulé : *Base du système métrique,* publié dans les premières années du siècle actuel. Cette mesure nouvelle a été le point de départ de la grande triangulation qui sert de fondement à la nouvelle carte de France publiée par le dépôt de la guerre, sous le titre de *Carte de l'état-major.*

Si chacun de ces grands travaux a rectifié quelque chose dans les précédents, cela a tenu, avant tout, à ce que, dans l'intervalle, l'art de mesurer les distances avait fait des progrès.

La dernière mesure de la méridienne de France, ajoute le rapport, exécutée de 1792 à 1798, par Delambre de Mé-

[1] *Comptes rendus de l'Académie des sciences,* 16 mars 1874.

chain, au milieu de circonstances très-difficiles, qui ne s'expliquent que trop par les dates de leurs opérations, contient des erreurs qui ont été signalées et mises en évidence, d'abord par les ingénieurs-géographes du dépôt de la guerre, et plus récemment par les astronomes de l'observatoire de Paris. On ne pouvait d'autant moins hésiter sur la nécessité d'effacer ces légères taches de la grande œuvre nationale de la Méridienne, base du système métrique, que toute la triangulation française, fondement de la nouvelle carte de France, s'en trouve affectée.

La comparaison des résultats que l'on vient d'obtenir a conduit à une conclusion qui devait être assez inattendue, par suite du discrédit jeté dans ces derniers temps sur les opérations de Delambre et Méchain. Les longueurs des sept côtés qui se trouvent communs, dans l'opération de 1872, aux deux enchaînements de triangles, ont été trouvées extrêmement peu différentes, la plus grande des sept différences étant de 1 m. 64 seulement, ce qui parle à la fois en faveur de l'exactitude des deux opérations. Les différences entre les angles mesurés sont également très-petites. L'Académie des sciences est très-satisfaite des premiers travaux qui lui ont été communiqués; elle désire que la nouvelle détermination de la méridienne de France soit continuée sans interruption sous la direction de M. Perrier, membre du bureau des longitudes, et de ses deux habiles collaborateurs, MM. Bassot et Pénel.

X

On a calculé la densité moyenne de la Terre, par conséquent son poids, par divers procédés qui ont donné des résultats assez différents.

On a eu recours aux calculs qui reposent sur l'attraction

des montagnes, au pendule, à la balance de torsion et au pendule souterrain.

Dans une importante communication faite à l'Académie des sciences, M. Faye donne toutes les évaluations acquises jusqu'ici à la science, et que nous allons reproduire.

Carlini et Plana, par le pendule, sur le mont Cenis, ont obtenu 4,39 pour la densité de la Terre; Maskeleyne, Hutton, Playfair, par la déviation de la verticale au mont Schehallien, 4,71; le colonel H. James, par la déviation de la verticale à la colline de l'Arthur-Seat, 5,32; Reich, par la balance de torsion de Mitchell, 5,44; Cavendish, par la balance de torsion de Mitchell, 5,45; Bailly, par la balance de torsion de Mitchell, 5,66; Airy, par le pendule et un puits de mine de 400 mètres de profondeur, 6,57.

MM. Cornu et Baille ont communiqué de récentes recherches à l'Académie des sciences, desquelles ils concluent que la densité moyenne de la Terre est représentée par 5,56, et, à l'aide d'une interprétation convenable des observations de Bailly, ils rétablissent une concordance complète entre tous les résultats obtenus jusqu'à ce jour [1].

La Terre, étant à une distance moyenne de 34 millions de lieues environ du Soleil, doit parcourir dans l'espace d'un an une orbite de plus de 206 millions de lieues, et par conséquent 565,000 lieues par jour, 23,540 par heure, et près de 400 dans une minute. Une telle célérité, quoique cent fois plus grande que celle d'un boulet de canon, n'est qu'un peu plus de la moitié du mouvement de Mercure dans son orbite.

Par un effet de la rotation sur son axe, chaque point de l'équateur parcourt en vingt-quatre heures environ 9,000 lieues, ou 6 lieues et demie par minute, ou enfin 470 mè-

[1] *Comptes rendus de l'Académie des sciences*, 14 avril 1873.

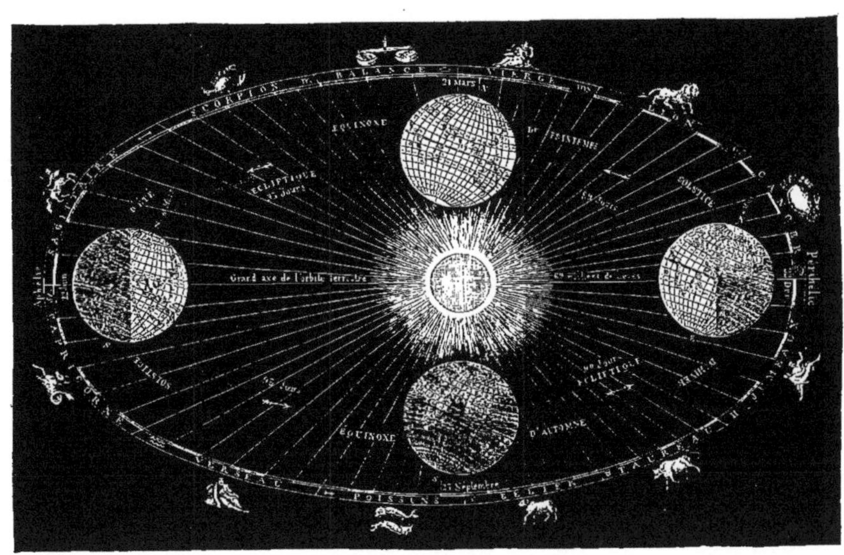

Fig. 34. — Rotation de la Terre autour du Soleil.

tres par seconde, vitesse comparable à celle d'un boulet de canon.

Cette rotation, se faisant d'occident en orient, donne lieu au mouvement apparent de tous les corps célestes d'orient en occident.

La Terre se meut sans secousses; son mouvement est commun aux masses solides et liquides, à l'air, aux nuages, et c'est pour cela que nous sommes entraînés sans nous en apercevoir.

Nous avons toujours sous les yeux le même paysage; les lieux qui nous environnent conservent invariablement les mêmes situations entre eux et par rapport à nous; ainsi nous ne soupçonnons même pas que nous changeons de place dans l'espace, quoique chaque jour nous parcourions près de 600,000 lieues en suivant l'orbite terrestre, et près de 7 lieues par minute à l'équateur, emportés que nous sommes par le mouvement de la Terre autour de son axe.

Le mouvement de la Terre dans son orbite ne peut être attribué qu'au Soleil, avec lequel notre planète est si intimement liée, et qui exerce tout autour de lui sa puissante attraction.

Sa masse prodigieuse, placée au centre de notre système planétaire, entretient dans les corps qui l'environnent l'impulsion que Dieu leur donna dès le commencement, et maintient entre eux cet équilibre admirable, sans lequel le monde ne saurait exister.

XI

C'est à Képler, disciple de Tycho-Brahé, que nous devons la découverte des lois immuables du mouvement des planètes.

Cet habile astronome, né en 1571, à Weildiestadt, dans le royaume de Wurtemberg, était un de ces génies rares que la nature donne de temps en temps aux sciences, pour en faire éclore les grandes théories préparées par les travaux de plusieurs générations.

Le 24 juin 1870, on a inauguré un monument à sa mémoire dans sa petite ville natale, qui ne compte guère que deux mille habitants. Sur la maison où il est né, on lisait cette inscription : « De cette modeste demeure est sorti autrefois le grand Képler, le père de la libre science, celui qui, par la puissance de son génie, a pénétré la sublime majesté et les secrets du Créateur. Voilà pourquoi dans les âges futurs ce lieu si petit sera toujours célèbre. »

M. Frisch, qui vient de terminer la publication des œuvres complètes de Képler, commencée en 1854, prit pour texte de son discours ces paroles du poëte : « Les lieux où a habité un homme de bien sont sacrés. Un siècle après sa mort, ses paroles et ses actions retentissent encore aux oreilles de la postérité. »

Quelques passages de ce discours très-savant et très-intéressant trouvent leur place ici : « Le génie de Képler ne fut guère apprécié de son vivant. Après la publication des ouvrages qui contiennent ses plus grandes découvertes, il écrivit à une personne qui lui annonçait la mort d'un ami : « J'ai perdu mon seul lecteur. » Ailleurs il écrit ces paroles prophétiques : « Que mes ouvrages soient lus ou non de mon « vivant, cela m'est égal. Dans cent ans, ils trouveront cer-« tainement leur lecteur. »

« Le besoin obligea Képler de s'adonner à l'*Astrologie*, qui lui rapportait beaucoup plus que la vraie science. Il écrit dans une de ses lettres : « Grand Dieu ! où en serait la sage « *Astronomie* si elle n'eût pas eu pour fille une folle comme « l'*Astrologie!* Le salaire des savants est si maigre, que la mère

Fig. 35. — Monument élevé à Képler à Weildiestadt, sa ville natale.

« serait morte de faim si la fille n'était venue à son aide! »

« La volumineuse correspondance que Képler a laissée offre le plus grand intérêt. C'est là qu'on peut étudier l'homme. Ses ouvrages font connaître le savant, sa correspondance fait admirer sa qualité de père, d'époux, de fils, et le noble caractère qu'il montra dans les circonstances difficiles de la vie. On aime et on estime l'homme qui s'est dévoué pour sa mère, le savant modeste et sans prétention avec les grands comme avec ses égaux, qui sut rester ferme dans ses convictions et s'attirer le respect pour sa personne et son génie. »

Sur un piédestal élevé, et d'une forme élégante, est placée la statue en bronze du célèbre astronome. Sa hauteur est d'environ 3 mètres 30. Il est représenté assis. Dans la main gauche, appuyée sur un globe céleste, il tient un parchemin sur lequel on aperçoit le dessin d'une ellipse. Dans la droite est un compas ouvert. Il a le regard tourné vers le ciel. Les quatre niches du piédestal sont ornées de statues de 1 mètre 60 de hauteur représentant Michel Mœsklin, le professeur de Tubingen qui enseigna à Képler les mathématiques; Nicolas Copernic, Tycho-Brahé, et enfin Jobst Byrg, le mécanicien qui l'aida dans la construction de ses instruments d'optique et d'astronomie.

Au centre du piédestal est écrit ce seul nom : « Képler. » De chaque côté sont des bas-reliefs représentant différentes circonstances de la vie du grand astronome. Sur le devant on lit : *Physica cœlestis*. Au-dessous est un bas-relief montrant Uranie mesurant l'espace. Sur le côté droit est inscrit le mot : *Mathematica*, et plus bas on voit Képler, âgé de dix-sept ans, entrant à Tubingen dans la salle du professeur Mœsklin. Celui-ci tient le jeune élève par la main et lui explique le système de Copernic, dont on voit le plan dessiné sur un tableau. Des écoliers forment un groupe autour du maître. Deux autres bas-reliefs représentent, l'un une discussion entre Tycho-Brahé et Képler sur le système du monde, en présence de l'empereur Rodolphe et de Wallenstein, pendant que, au fond, des ouvriers impriment des tables astronomiques dites *Tabulæ Rudolphinæ;* l'autre, Képler et Byrg, dans leur atelier de Prague, se servant, pour observer les astres, du télescope qu'ils viennent d'achever. Au-dessus de ces bas-reliefs sont gravés les mots : *Astronoma* et *Optica*.

XII

M. Petit, ancien directeur de l'observatoire de Toulouse, fait justement remarquer que, placé sur les confins de deux siècles entre lesquels s'est opérée dans les conceptions cosmogoniques de l'esprit humain la démarcation la plus frappante, Képler, en allumant le flambeau qui réservait à l'avenir de si vives lumières, ne pouvait guère échapper entièrement aux préjugés enfantés par les ténèbres dont il avait été précédé. Doué d'une imagination ardente, possédé d'un esprit inquiet, brûlant du désir de s'illustrer, et se destinant d'abord à l'état ecclésiastique, il brillait déjà dans la prédication dès l'âge de vingt-deux ans, quand les exhortations de Mœsklin, son maître, qui lui faisait obtenir une chaire de mathématiques à Gratz, le donnèrent à l'Astronomie. Dès lors entraîné vers la recherche des causes, il ne rencontra pas un fait dont il ne voulût donner l'explication. Aussi ses premiers ouvrages renferment-ils plus d'une idée bizarre. Heureusement, Ticho-Brahé, qui venait de se retirer en Allemagne après avoir illustré pendant vingt ans, de 1577 à 1597, l'observatoire fondé pour lui, dans la petite le d'Huène, par le roi de Danemark Frédéric II, sut découvrir dans les erreurs elles-mêmes le génie du jeune astronome. Il le fit nommer mathématicien de l'empereur, en l'engageant à venir auprès de lui à Prague pour s'attacher au calcul des observations. Képler fut ainsi mis en possession de la masse de précieux matériaux qu'avait amassés son second maître, et qui contribuèrent à ses belles découvertes.

Les lignes suivantes, empruntées à Képler lui-même, donneront une idée de l'enthousiasme qui animait ce beau génie à la vue de la vérité : « *Depuis huit mois*, dit-il, j'ai vu le premier rayon de lumière; depuis trois mois, j'ai vu le jour; enfin, depuis peu de jours j'ai vu le Soleil de la plus admirable contemplation. Rien ne me retient, je me livre à mon enthousiasme. Je veux insulter aux mortels par l'aveu ingénu que j'ai dérobé les vases d'or aux Égyptiens, pour en former à mon Dieu un tabernacle, loin des confins de l'Égypte. Si vous me pardonnez, je m'en réjouirai; si vous m'en faites un reproche, je le supporterai. Le sort en est jeté, j'écris mon livre. Il sera lu par l'âge présent ou par la postérité, peu m'importe. Il pourra attendre son lecteur. Dieu n'a-t-il pas attendu six mille ans un contemplateur de ses œuvres!... »

Il révèle ensuite la loi célèbre qui, reliant tous les éléments de notre système, rattache les grands axes des orbites planétaires à la durée des révolutions. Rien de plus inattendu, dit M. Bertrand, de l'Institut[1], que cette vive lumière qui semble s'élancer du chaos. Charmé par la pleine et entière possession de l'un des secrets les plus longtemps et les plus ardemment désirés, la joie le pénètre avec trop d'abondance pour qu'il se contente des expressions humaines; toutes les puissances de son âme éclatent en actions de grâces, et le

---

[1] *Notice sur la vie et les travaux de Képler.*

pieux Képler, empruntant les paroles majestueuses de l'E-
criture, s'écrie avec le Psalmiste : « La sagesse du Sei-
« gneur est infinie, ainsi que sa gloire et sa puissance. Cieux,
« chantez ses louanges! Soleil, lune et planètes, glorifiez-
« le dans votre ineffable langage! Harmonies célestes, et
« vous tous qui savez les comprendre, louez-le! Et toi, mon
« âme, loue ton Créateur! C'est par lui et en lui que tout
« existe. Ce que nous ignorons est renfermé en lui, aussi
« bien que notre vaine science. A lui, louange, honneur
« et gloire dans l'éternité! » — Puis il ajoute : « Gloire
« aussi à mon vieux maître Mœsklin! »

La vie de ce grand homme était loin d'être heureuse au
point de vue matériel; cependant « je n'échangerais pas
mes découvertes, disait-il, contre le grand-duché de Saxe. »
Il avait sans doute mille fois raison; pourtant il est obligé
de se plaindre « des malheurs du temps, qui empêchent les
gardes du trésor de lui payer exactement sa pension de mathématicien de l'empereur. » C'est pour tâcher d'obtenir le
payement des arrérages de cette pension, qu'après onze ans
de privations courageusement supportées Képler se rendit
de Prague à Ratisbonne dans les premiers jours de novembre 1631. Mais, déjà brisé par les souffrances morales, il
ne put résister aux fatigues d'un voyage qu'il venait de
faire à cheval, par des froids assez rudes; et le 13 novembre il expirait loin des siens, à l'âge de soixante ans, avec
la douloureuse pensée que le souvenir de son nom serait
peut-être inutile aux êtres aimés qui lui survivaient. Tristes
et cruels pressentiments que l'avenir devait, hélas! trop
complétement réaliser. La gloire et la pauvreté! voilà donc
quel fut le sort de l'homme que l'on appelle à juste titre le
Législateur des astres[1].

---

[1] M. Petit, ancien directeur de l'observatoire de Toulouse, *Traité d'Astronomie*, p. 245.

Les lignes suivantes, que Képler écrivit en terminant un de ses ouvrages sur l'Astronomie, nous révèlent toute la piété de son âme, en même temps qu'elles nous font connaître le bonheur qu'il trouvait dans l'étude : « Avant de quitter cette table, sur laquelle j'ai fait toutes mes recherches, il ne me reste plus qu'à lever les mains et les yeux vers le ciel, et à adresser mon humble prière à l'auteur de toute lumière. O toi qui, par les lumières que tu as répandues sur la nature, élèves nos désirs jusqu'à la divine lumière de la grâce, afin que nous soyons un jour transportés dans la lumière éternelle de ta gloire, je te rends grâce, Seigneur et Créateur de toutes les joies que j'ai éprouvées, dans les extases où me jette la contemplation de l'œuvre de tes mains. Voilà que j'ai composé ce livre qui contient la somme de mes travaux pour proclamer devant les hommes la grandeur de tes œuvres ; ne me suis-je point laissé aller aux séductions de la présomption, en présence de leur beauté admirable? Autant que les bornes de mon esprit m'ont permis d'en embrasser l'étendue infinie, je me suis efforcé de les connaître aussi parfaitement que possible, et s'il m'était échappé quelque chose d'indigne de toi, fais-le moi connaître, afin que je puisse l'effacer [1]. »

XIII

Képler crut, comme ses prédécesseurs, que le mouvement des corps célestes devait être circulaire et uniforme; il essaya longtemps de représenter celui des planètes dans cette hypothèse; mais après un grand nombre de tentatives inutiles, il franchit l'obstacle que lui opposait une erreur accréditée

[1] *Kengstenbergs ev. Kirchen-zig* 1830, p. 411.

par le suffrage de tous les siècles, et fonda les trois importantes découvertes, appelées depuis *lois de Képler*, qui reposent sur le mouvement elliptique des planètes autour du
Soleil ; ces lois sont si exactes, que par elles on peut calculer le retour d'une planète à quelque point donné que
ce soit de son orbite.

Képler, cependant, ne put parvenir à découvrir quelles
étaient les forces qui produisaient les mouvements qu'il
avait si bien déterminés. Il fit des recherches ; mais, loin
d'approcher du but, il s'en écarta par de vaines spéculations.

Il était réservé à Newton de nous faire connaître le principe général des mouvements célestes.

De même que tous les corps pesants tendent au centre
de la Terre, de même les corps qui composent le système
solaire ont, par la force de l'attraction, une tendance générale vers le Soleil, qui est leur centre commun.

Mais comme les planètes, n'obéissant qu'à la force de l'attraction, c'est-à-dire à la force par laquelle le Soleil les attire à lui, s'approcheraient de cet astre et s'y précipiteraient,
Newton reconnut deux puissances motrices qui, dès le principe, leur furent données par le Créateur.

La première de ces deux puissances est la force centripète, qui attire ou porte les planètes vers le Soleil, leur centre ; la seconde, la force centrifuge, qui les en éloigne. Ces
deux forces sont contre-balancées l'une par l'autre.

Ainsi la Terre, au lieu d'être emportée loin du Soleil
par la force centrifuge, ou précipitée sur cet astre par la
force centripète, se trouve, par l'action des deux, retenue
dans son orbite et forcée de décrire autour de l'astre du jour
une ellipse dont il occupe un des foyers.

Ce sont ces mouvements des cieux que M. de Lamartine
a décrits avec une expression si magnifique et si simple :

Ces sphères, dont l'éther est le bouillonnement,
Ont emprunté de Dieu leur premier mouvement.
Avez-vous calculé parfois, dans vos pensées,
La force de ce bras qui les a balancées ?
Vous ramassez souvent dans la fronde ou la main
La noix du vieux noyer, le caillou du chemin :
Imprimant votre effort au poignet qui les lance,
Vous mesurez, enfants, la force à la distance ;
L'une tombe à vos pieds, l'autre vole à cent pas,
Et vous dites : « Ce bras est plus fort que mon bras. »
Eh bien, si par leurs jets vous comparez vos frondes,
Qu'est-ce donc que la main qui, lançant tous ces mondes,
Ces mondes dont l'esprit ne peut porter le poids,
Comme le jardinier qui sème au champ ses pois,
Les fait fendre le vide et tourner sur eux-mêmes,
Par l'elan primitif sorti du bras suprême.
Aller et revenir, descendre et remonter
Pendant des temps sans fin, que lui seul sait compter,
De l'espace, et du poids, et des siècles se joue,
Et fait qu'au firmament ces mille chars sans roue
Sont portés sans ornières et tournent sans essieu?...
Courbons-nous, mes enfants, c'est la force de Dieu.

Newton ne s'en est point tenu aux planètes principales, il a calculé le mouvement des satellites, la route que devaient prendre les comètes, avec une justesse que toutes les observations ont démontrée.

Le flux et le reflux de la mer, la précession des équinoxes, la nutation de l'axe de la Terre, etc., ne sont que des effets de l'attraction et de la force centrifuge.

XIV

C'est vers le 1ᵉʳ janvier que la Terre est le plus près du Soleil, et vers le 1ᵉʳ juillet qu'elle en est le plus éloignée.

Dans le mois de janvier, la distance de la Terre au Soleil est de 15,200,000 myriamètres, et dans le mois de juillet de 15,700,000 ; de sorte que la différence entre ces deux positions est de 500,000 myriamètres.

Il paraît étrange que la Terre soit plus éloignée du Soleil en été qu'en hiver ; ceci peut cependant parfaitement être compris, si l'on considère que la chaleur que nous recevons du Soleil vient moins de la proximité de cet astre, que de son élévation sur notre horizon et du temps qu'il y reste.

Au-dessus du 66ᵉ degré, le Soleil ne se couche point quand il entre dans le signe du Cancer.

Sous le 64ᵉ degré, il ne disparaît qu'à 10 heures 10 minutes du soir, pour reparaître 50 minutes après ; il reste cependant 3 heures 40 minutes sous l'horizon ; mais comme on voit, dans le mois de juin, ses rayons toujours réfléchis sur la cime des montagnes, on peut dire qu'il n'est pas tout à fait absent, d'autant plus que durant ce mois et le suivant il éclaire l'horizon par un crépuscule, à la lueur duquel on peut lire et écrire sans flambeau.

Les habitants de ces contrées profitent de ces longs jours pour chasser et pêcher toute la nuit, et les navigateurs pour passer sans danger à travers les glaces des mers voisines.

Quoique le Soleil ne se couche pas entièrement au fort de l'été, sa lumière n'est cependant pas aussi vive le soir qu'à midi ; son éclat baisse insensiblement avec son disque, et devient faible comme un clair de lune, au point qu'on peut le fixer sans en être ébloui.

Ces contrées, qui ont des jours sans nuit, ont aussi des nuits sans mélange de jour ; cependant un faible crépuscule, qui naît de la réflexion des rayons que le Soleil laisse tomber sur les hautes montagnes et sur les brouillards épais dont le froid compose l'atmosphère de la zone glaciale, suppléе à l'absence de cet astre.

Fig. 36. — Le Soleil de minuit dans les régions du nord.

Les nuits ne sont jamais aussi noires sous le pôle que dans les autres pays, car la Lune et les étoiles semblent y redoubler de lumière et de scintillation, et les rayons, répercutés par la neige et la glace dont la Terre est couverte, jettent une lueur assez vive au milieu de ces nuits froides pour qu'on puisse marcher sans flambeau et même lire facilement.

Durant la disparition du Soleil, la Lune veille presque toujours sur ces climats ténébreux, et, indépendamment de cet astre des nuits, une lumière continuelle brille dans le nord, dont les nuances et les jeux variés sont un des phé nomènes les plus curieux de la nature.

Quel admirable spectacle ne nous présentent pas les jeux de lumière de l'astre du jour, suivant les régions d'où on les contemple ! Nous n'oublierons jamais la magnificence que nous ont offerte les cieux des régions voisines du pôle, où se déroulent en nappes immenses l'opale, le saphir, l'émeraude et le rubis, et où le Soleil, après avoir disparu sous l'horizon, semble, réduit en poussière, faire éclater partout sa splendeur sans se montrer nulle part ! J'ai pu mainte fois rester en extase devant ces splendides phénomènes, que j'ai décrits dans mon *Histoire des Météores*[1], mais le lecteur me saura gré de laisser ici la parole à un éminent écrivain : « Au fond du Nord, il est un phénomène que l'on ne peut voir sans admiration, bien qu'il se renouvelle régulièrement chaque année. C'est en été, quand vient l'heure de la nuit. Le Soleil s'incline graduellement à l'horizon. L'ombre ne s'étend pas encore sur la Terre. Seulement, à la surface du ciel il y a une gaze blanche qui en atténue légèrement la clarté, et dans les bois, dans les

---

[1] *Les Météores et les grands phénomènes de la nature*, par J. Rambosson. librairie Didot.

champs, sur les eaux, il se fait un grand silence. La nature s'assoupit. Puis, soudain, voilà que l'Orient s'empourpre, que les rayons lumineux reparaissent; et le mouvement renaît. C'est le réveil, c'est l'aube, c'est le jour qui recommence touchant au jour qui vient de finir.

« En me rappelant ce spectacle que j'ai tant de fois contemplé en Suède et en Norvège, je pense que les peuples ont, dans leur été, des phases où leur force vitale paraît s'engourdir, où le Soleil de leur gloire semble s'éloigner. Mais, patience ! on le reverra dans toute sa splendeur, cet éclatant, cet immortel Soleil que nul Océan ne peut éteindre, que nulle nuit ne peut voiler [1]. »

XV

Voici, en abrégeant Arago [2], l'histoire du mouvement de translation de la Terre autour du Soleil.

Aristarque de Samos, qui vivait vers l'an 280 avant Jésus-Christ, supposa, suivant Archimède et Plutarque, que la Terre circulait autour du Soleil, ce qui le fit accuser d'impiété.

Cléanthe d'Assos, qui vivait vers l'an 260 avant Jésus-Christ, serait, suivant Plutarque, le premier qui aurait cherché à expliquer les phénomènes du ciel étoilé, par le mouvement de translation de la Terre autour du Soleil, combiné avec le mouvement de rotation de cette même Terre autour de son axe.

L'explication était, suivant l'historien, tellement neuve, tellement contraire aux idées reçues généralement, que

---

[1] X. Marmier, de l'Académie française, *Discours de réception*.
[2] *Astronomie populaire*.

plusieurs philosophes proposèrent de diriger contre Cléanthe une accusation d'impiété, ainsi qu'on l'avait fait contre
Aristarque.

Le système planétaire des anciens, tel que nous l'a transmis Ptolémée, présente donc la Terre comme le centre des
mouvements des planètes. Autour de la Terre se meuvent,
à peu près dans le même plan, les sept astres appelés planètes par les anciens, savoir : la Lune, Mercure, Vénus, le
Soleil, Mars, Jupiter et Saturne. Tout en regardant la Terre
comme le centre des mouvements des planètes, tout en supposant notre globe immobile, les anciens avaient reconnu
une certaine indépendance entre les mouvements des planètes et le mouvement apparent du Soleil ; mais ils ne
pouvaient parvenir à saisir l'inextricable complication
que leur offrait le système du monde.

Copernic, au xvi° siècle, chercha à résoudre toutes les
difficultés du problème, en revenant aux idées autrefois
soutenues par le philosophe pythagoricien Philolaüs. Ce
dernier avait défendu l'opinion que la Terre était une planète circulant autour du Soleil.

Copernic commence à examiner, dans son grand ouvrage
De revolutionibus, si cette opinion peut se concilier avec les
faits observés. Il trouva alors que l'hypothèse du transport
de la Terre le long d'une orbite placée autour du Soleil
donne une base propre à déterminer exactement les rapports des distances des diverses planètes au Soleil, et il put
construire un système du monde qui n'aura plus rien à re-
douter de l'examen sévère de la postérité. Dans le système
de Copernic, la Terre circule autour du Soleil, en emportant
avec elle la Lune comme satellite.

Il appartient à Képler d'avoir établi le vrai système planétaire, en reprenant les idées de Copernic sur la position
centrale du Soleil, autour duquel les planètes circulent, et

en rompant avec les vieilles hypothèses des mouvements circulaires uniformes autour d'un point excentrique idéal, vide de toute matière, et des mouvements qu'on supposait se faire dans les épicycles. Képler imagina que le Soleil est le centre des mouvements des planètes, circulant le long des circonférences d'ellipses dont l'astre radieux occupe l'un des foyers.

Pour mettre cette supposition à l'abri de toute critique, pour l'établir comme une vérité désormais immuable, il exécuta un nombre prodigieux de calculs avec une infatigable persévérance. Il s'appuya surtout sur les observations de la planète Mars, faites par Tycho avec une exactitude remarquable. Il parvint à expliquer toutes les particularités du mouvement de cette planète qui avaient rebuté les efforts des anciens astronomes. Il trouva ainsi les trois lois immortelles qui portent son nom.

Les découvertes successives de nouvelles planètes n'ont fait qu'ajouter à l'évidence de ces lois.

XVI

Les eaux couvrent les trois quarts de la surface du globe, la terre ferme n'en occupe environ qu'un quart. L'hémisphère boréal offre une surface solide quatre fois plus grande que l'hémisphère austral. L'hémisphère oriental présente la plus grande étendue de terre, les deux tiers environ de la masse totale; la mer prédomine donc dans l'hémisphère occidental.

Par suite d'un travail intérieur, l'écorce terrestre est sujette à des plissements qui la soulèvent ou l'abaissent en certains points. On ne saurait attribuer à d'autres causes le phénomène de la dénivellation des mers par rapport aux continents, parfaitement observé en plusieurs lieux : le sol de la Suède s'élève actuellement de deux mètres environ par siècle; à Ravenne le pavé de la cathédrale se trouve aujourd'hui d'une quinzaine de centimètres au-dessous du niveau de l'Adriatique, après avoir été sans doute construit au-dessus de ce niveau; le pavé du palais de Tibère à Caprée est également plus bas que le niveau de la mer; près de Cadix, on voit à la marée basse un temple d'Hercule sous les eaux.

La surface des terres présente de nombreuses inégalités, des exhaussements, des dépressions, des étendues horizontales diversement inclinées, etc. De prime abord on serait loin de soupçonner toute l'harmonie que renferme, pour un esprit attentif, la contexture de l'écorce du globe, tant intérieure qu'extérieure. Si quelque chose dans la nature pouvait paraître livré au hasard, c'est bien la disposition des montagnes et des cours d'eau, des mines et des roches diverses. Cependant il n'en est pas ainsi : des lois aussi rigoureuses que celles qui président au mouvement des astres, ou à l'arrangement des atomes dans la cristallisation, régissent les grosses masses qui présentent au vulgaire un vrai chaos.

Il n'y a pas longtemps, cependant, une vingtaine d'années seulement, que les bases de cette science, aussi simple que grandiose, ont été posées : une de nos intelligences les plus vastes, un de nos esprits les plus éminents, a saisi le fil d'Ariane qui devait nous conduire dans ce dédale, et a créé une nouvelle branche de science en formulant les lois qui président à la disposition des montagnes et des grandes masses du globe. En suivant les indications déposées dans les importants travaux d'Élie de Beaumont, travaux qui lui ont valu le titre justement mérité de père de la géologie moderne, on ne se laissera plus guider par le hasard, on n'ira plus à l'aveugle ou en tâtonnant pour connaître ou apprécier une mine, un filon, un cours d'eau, en un mot, un gisement quelconque, toutes choses que l'on pourra prévoir comme conséquence des grandes lois stratigraphiques [1].

XVII

Le relief du globe influe beaucoup sur le climat et la nature du sol. On distingue les terres basses, qui forment tantôt des plaines, tantôt des terrains ondulés, présentant des collines et des vallons, et les terres hautes, qui se présentent sous la forme de grandes étendues planes et élevées que l'on appelle *plateau*, ou d'énormes masses saillantes qui forment les montagnes.

Une des choses les plus remarquables que présentent les hautes montagnes, ce sont les glaciers. Ils ont pour origine des masses de neige que des dégels et des regels successifs ont transformées en glace; leur épaisseur varie en général suivant leur étendue : elle va fréquemment à 30 mètres et plus; en certains endroits de la *Mer de glace*, au pied du Montanvert, elle atteint 200 à 260 mètres. Leur étude présente d'assez curieux phénomènes.

Il résulte d'une communication de M. Grad à l'Académie des sciences [2], que les amas considérables de neige accumulés dans les cirques élevés des Vosges subissent une même transformation qu'à une plus grande hauteur dans les Alpes. Ces amas forment de petits glaciers, qui ne durent pas longtemps; cependant on a pu observer que leur stratification

[1] Voir *Rapport sur les progrès de la stratigraphie*, par Élie de Beaumont.
[2] *Comptes rendus de l'Académie*, 1871, 1er semestre.

répond à autant de chutes de neige successives, séparées
par des périodes de température plus élevées. Leur transformation provient de la fusion des parties superficielles,
qui s'infiltrent dans la masse pour la changer en névé à
grains de plus en plus gros, puis en glace perméable, plus
ou moins compacte au contact du sol seulement. Tous ces
changements produisent dans ces petits glaciers temporaires un mouvement de propulsion semblable à celui des
grands glaciers, mouvement appréciable, même dans les
amas à pente faible, et par suite duquel la plus grande
épaisseur, qui se trouve d'abord dans les parties supérieures,
se porte au bas de la masse dans l'intervalle du printemps à l'été. Ces glaciers des Vosges nous offrent donc en
petit les mêmes transformations que ceux des Alpes ; seulement leurs transformations sont plus rapides, à cause de
l'élévation plus considérable de température : elles sont
presque achevées dans les Vosges quand elles commencent
dans les régions supérieures des Alpes, vers la fin de l'été,
comme au col de Théodule, par exemple, où l'observateur a
séjourné, à 3,300 mètres d'altitude, hauteur à laquelle un
embryon glaciaire soumis à l'expérience n'a commencé à
se changer en névé qu'en juin, et a présenté de la glace
au contact du sol en juillet. — Un fait remarquable touchant les glaciers est celui qui frappe tous les voyageurs
qui, pendant ces dernières années, ont eu l'occasion d'aller
chaque été à Chamounix : c'est la décroissance progressive des deux principaux glaciers de cette vallée, la mer
de Glace et le glacier des Bossons. Les voyageurs qui sont
revenus à Chamounix, après un intervalle de dix à quinze
années, ont reconnu le même fait d'une manière plus sensible, et les observations exécutées depuis quarante et un
ans, par un habitant du pays, montrent qu'en faisant
abstraction des oscillations partielles, dues probablement

à la rigueur de certains hivers, le même phénomène s'est produit pendant ce long intervalle de temps.

La décroissance des glaciers sur le versant nord du mont Blanc, dit M. Rey de Morande [1], qui s'est spécialement occupé de ces questions, forme un contraste frappant avec l'envahissement des glaciers sur le versant nord du mont Rose. La coexistence de ces deux faits donne lieu de supposer que les oscillations des glaciers sont principalement influencées par des causes locales, qui agissent dans le sens du réchauffement d'un côté, dans le sens du refroidissement de l'autre. — Cependant la décroissance des glaciers de Chamounix paraît n'être, à plusieurs observateurs, qu'un cas particulier de l'adoucissement du climat qui se serait produit pendant la durée de la génération actuelle, sur divers points du département de la Haute-Savoie. M. l'abbé Vaullet l'a constaté à Annecy, soit par les observations thermométriques faites régulièrement deux fois par jour, depuis plus de quarante ans, soit en observant l'ensemble des cultures qui se sont modifiées sur divers points. M. Vaullet attribue cet adoucissement du climat : 1° au déboisement; 2° au défrichement des terres incultes; 3° à l'ouverture des routes et chemins; 4° à la suppression d'un grand nombre de haies.

XVIII

M. Grad vient d'adresser à l'Académie des sciences une étude détaillée sur la limite des neiges persistantes et son élévation dans les diverses régions du globe. Selon Bouguer, cette limite correspond, sur toute la surface terrestre, à la

[1] *Comptes rendus de l'Académie des sciences,* 1869.

9
10
7
G
11
12
15
24
23
21
22

hauteur où la *température moyenne annuelle* de l'air atteint zéro degré centigrade. D'après Alexandre de Humboldt et Léopold de Buch, c'est la *température moyenne de zéro degré pendant l'été* qui doit fixer la même limite; enfin M. Renou admet que dans toutes les contrées de la Terre la limite des neiges persistantes est l'altitude à laquelle la moitié la plus chaude de l'année a une température moyenne égale à celle de la glace fondante.

M. Grad fait remarquer que les observations positives manquent, ou sont insuffisantes pour établir le rapport exact entre la température de l'air et la limite inférieure des neiges persistantes. Celles qu'il a faites dans les différentes parties des Alpes le déterminent à considérer comme limite inférieure des neiges persistantes *la ligne des névés* déjà proposée par Hugi, le premier, dit-il, qui a commencé des mesures exactes pour fixer l'altitude de cette limite.

Les *névés* sont des neiges grenues, transformées par une fusion partielle et formant à la surface des glaciers une série d'amas ou de couches annuelles successives, dont les contours sont faciles à reconnaître. Les contours de la dernière couche en amont constituent la limite inférieure des neiges persistantes, dont l'altitude précise a été mesurée seulement sur un petit nombre de points, la plupart des hauteurs indiquées par les géographes étant seulement des évaluations approximatives. Dans les Alpes du milieu de l'Europe, l'altitude moyenne de cette limite atteint 3,200 à 3,300 mètres pour le groupe des Alpes maritimes et celui des Alpes cottiennes; 2,800 sur le versant nord et 3,200 sur le versant sud des Alpes du Valais; 2,600 à 2,700 dans les Alpes de Glaris, etc.

Dans les Alpes scandinaves, où la température est plus élevée, sur le versant de l'ouest exposé en même temps aux vents humides, la limite des neiges, par 67 degrés de latitude, descend à 1,000 mètres d'altitude, tandis que sur le versant oriental, à la fois plus sec et plus chaud, elle s'arrête déjà à 1,200. Sur le versant sud de l'Himalaya, plus chaud et plus humide, les neiges persistantes s'abaissent jusqu'à 4,950 mètres, et sur le versant nord, plus sec et plus froid, elles se trouvent à 5,300 mètres. Il en est de même sur beaucoup d'autres points du globe. La limite inférieure des neiges persistantes ne dépend pas seulement de la température, dit également M. Grad, l'abondance des précipitations la fait varier beaucoup sous la même latitude. Cette limite se tient à la plus grande hauteur, à 5,920 mètres, sur le versant sud des montagnes de Kara-Koroum, à l'intérieur de l'Asie, entre 35 et 36 degrés de latitude septentrionale. Elle s'arrête à 4,850 mètres dans les Andes de Quito, sous l'équateur. Sur aucun point de notre globe, la limite des neiges persistantes n'atteint le niveau de la mer, pas même dans les régions où le climat de la moitié la plus chaude de l'année est inférieur à zéro, comme au Groënland ou au Spitzbergen. Les glaciers seuls descendent jusqu'au niveau de la mer, par 43 degrés de latitude déjà dans la Patagonie, et par 60 degrés de latitude sous la côte occidentale de l'Amérique du Nord, par suite de précipitations de neige excessives causées par les vents humides [1].

Rien n'est plus ravissant que les pays tropicaux dans lesquels se trouvent de hautes montagnes. Ils offrent toutes les saisons à la fois. Au sommet des monts rayonnent la neige et la glace et à leur pied se font sentir les chaleurs tropicales, en sorte qu'il suffit de gravir pendant dix minutes, un quart d'heure, pour avoir un changement de température très-marqué. Aussi les habitants tant soit peu

[1] *Comptes rendus de l'Académie des sciences*, séance du 24 mars 1873.

aisés ont-ils soin de profiter de cette précieuse faveur de
la nature. Ils choisissent deux ou trois habitations à différentes hauteurs, afin d'avoir toute l'année un printemps
continuel. Comme il y a toutes les températures, il y a aussi
les arbres les plus divers. Dans notre ouvrage *Histoire et
légendes des plantes,* nous avons consigné des souvenirs
de nos lointains voyages qui ont rapport à ce sujet [1].

XIX

Les trois quarts de la surface de notre globe sont baignés
par un immense amas d'eau salée. Pour expliquer cette
salure, on a supposé qu'à l'époque où les eaux couvraient
toute la terre, elles ont dissout des masses de sel situées à
la surface du globe; on l'attribue également à des bancs
inépuisables de sel que renfermerait l'Océan.

L'eau de la mer, transparente et incolore lorsqu'on l'observe en petite quantité, présente, vue dans ses profondeurs, des couleurs variées. Ce n'était pas une de nos
moindres distractions lorsque nous parcourions l'Océan,
d'étudier la diversité de ces teintes. Tantôt elles sont d'un
bleu d'azur qui défie les plus beaux saphirs; d'autres fois
d'un vert qui ressemble à de l'émeraude liquide; l'œil ne se
lasse pas de regarder le sillon éblouissant que trace alors le
navire. Puis, elles passent par toutes les couleurs que l'on
peut imaginer entre ces deux teintes principales : bleu sombre, bleu gris, vert bleu, vert jaunâtre, vert sombre, vert
gris, etc.; cette couleur est surtout remarquable dans toute
la largeur du banc des Aiguilles.

[1] *Histoire et légendes des plantes utiles et curieuses,* par J. Rambosson ; libr.
Firmin-Didot et Cie.

Jusqu'ici l'explication que l'on donnait de la cause de ces teintes diverses laissait beaucoup à désirer; mais on s'est assuré qu'elles sont produites par des matières que les eaux de l'Océan tiennent en suspension, matières de différentes natures, suivant les parages.

Le phénomène de la phosphorescence de la mer est un des plus beaux que l'on puisse contempler. Lorsqu'il se manifeste dans toute sa splendeur, la surface de l'abîme rivalise de magnificence avec les cieux étoilés : « La nuit, souvent privé de sommeil, nous écoutions la cadence des flots

Fig. 38. — Nérée, Dieu marin. Panofka, Mus. Blacas, pl. 20.

et le vaste silence des espaces sans fin; nous contemplions le scintillement des constellations nouvelles pour nous, et l'onde étincelante, flots d'azur ruisselants d'or et de pierreries, semblables à des vêtements de reine épars, à des débris de cieux étoilés [1]. »

Nous prenons la liberté de renvoyer le lecteur qui s'intéresse aux grands phénomènes de la nature, à notre ouvrage sur les *Météores*, nous ne pouvons ici qu'être très-succinct sur ce sujet.

[1] *Histoire des météores et des grands phénomènes de la nature,* par J. Rambosson, chez MM. Firmin-Didot et Cie.

XX

Les mystérieux abîmes qui séparent nos continents nous sont presque inconnus dans leurs profondeurs; la géographie du fond de la mer est une science encore à faire. Aussitôt que l'on s'éloigne à une distance un peu considérable des côtes, on éprouve des difficultés sans nombre à exécuter des sondages rigoureux.

On peut, avec la sonde, atteindre à d'énormes profondeurs. Un sondage exécuté le 30 octobre 1852, pendant la traversée de Rio-Janeiro au Cap, a descendu jusqu'à 14,101 mètres. En pleine mer la sonde atteint rarement le fond. Dans certains parages, au contraire, tels que la Manche d'Angleterre, la sonde fait connaître sur la carte le lieu où l'on est.

Les opérations de sondage auxquelles on a dû se livrer pour l'installation des câbles sous-marins ont fait connaître la profondeur des eaux dans les endroits suivants : entre la Suède et l'Allemagne, la Baltique est profonde de 40 mètres, l'Adriatique entre Venise et Trieste de 42, la Manche de 100, la mer d'Irlande dans la région du sud-ouest de 660, la Méditerranée à l'est de Gibraltar de 1,000 mètres, les côtes de l'Espagne de 2,000, la mer au cap de Bonne-Espérance de 5,000 mètres.

Cependant le frottement de l'eau, le poids même de la corde ne permettent pas d'apprécier l'instant où la sonde a porté. La corde ne descend d'ailleurs jamais en ligne verticale; elle se replie en sens divers sous l'influence des courants sous-marins. Aussi ne doit-on pas se fier entièrement aux résultats obtenus par ce moyen, et ne pas ajouter grande confiance à certains sondages qui ont accusé, en quelques parties de l'océan Atlantique, des profondeurs vraiment incroyables.

Le système adopté aujourd'hui par la marine américaine paraît le plus simple, et en même temps le plus rigoureux parmi le grand nombre de ceux que l'on a proposés pour remédier à ces difficultés.

On jette à la mer un boulet attaché à une très-mince ficelle, qui se déroule librement. Le boulet tombe avec une vitesse toujours croissante, jusqu'à ce qu'il aille s'enfoncer dans le lit de l'Océan. Le développement de la ficelle ne

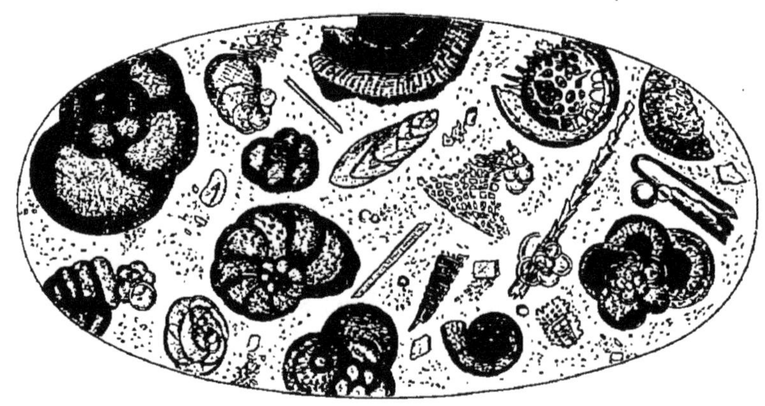

Fig. 39. — Infusoires du fond de l'Océan amenés par les sondages
exécutés pour la pose du câble transatlantique.

s'arrêtera pas, même lorsque le boulet aura atteint le fond ; les puissants courants qui traversent la mer continuent à l'entraîner.

Cependant la vitesse des courants étant constante, et incomparablement plus lente que celle d'un boulet tombant d'une prodigieuse hauteur, un hydrographe un peu exercé n'a aucune peine à distinguer ces deux périodes de déroulement, et à estimer celle qui se rapporte à la chute seule du boulet.

Ce projectile, arrivé au fond de la mer, se détache de

lui-même et la ficelle ramène, lorsqu'on la remonte, un petit cylindre rempli de la substance qui en compose le lit. On peut ainsi obtenir des spécimens du fond de l'Océan aux plus étonnantes profondeurs.

La nature semble indiquer l'Irlande et .Terre-Neuve comme les termes de la grande ligne destinée à unir les deux continents dont elles sont les sentinelles avancées, et les recherches hydrographiques se trouvaient d'accord avec ces indications.

Le lit de la mer s'abaisse rapidement à partir des côtes d'Irlande, mais il atteint bientôt une profondeur à peu près constante, qu'il conserve sur une immense étendue. Cette plaine marine, que l'on nomme le *plateau télégraphique*, s'étend à 3 kilomètres environ au-dessous du niveau de l'Océan.

Plus vaste et plus unie que les steppes et les déserts de nos continents, la sonde n'y a trouvé ni sable ni argile; elle est entièrement formée par des animaux microscopiques que l'on nomme *infusoires*.

Ces animaux, couvrant pendant leur vie éphémère les chaudes mers des tropiques, tombent, après leur mort, au fond des eaux, et les courants sous-marins les amènent à ces calmes profondeurs, où leurs délicates carapaces se conservent pour toujours à l'abri des tempêtes qui bouleversent la surface de l'Océan.

Le fond de la mer, qui, au milieu de l'Atlantique, atteint jusqu'à 3,900 mètres, s'élève doucement, vers le continent américain, jusqu'auprès de Terre-Neuve, où il forme un talus rapide, comme sur les côtes d'Islande.

XXI

Les Mondes scientifiques[1] ont rapporté de curieuses expériences faites dans l'entrepôt de Wharf-Road, à Londres, ayant pour but de déterminer les effets de la pression au sein de l'océan Atlantique, sur un câble sous-marin reposant au fond de la mer, à la profondeur de deux milles et un quart, c'est-à-dire à 3,620 mètres. Les expériences ont été faites avec la grande presse hydraulique de Reid, capable d'exercer une pression d'environ dix mille livres par pouce carré. L'échantillon dont on s'est servi est connu sous le nom de câble du golfe Persique; il était recouvert de gutta-percha d'un centimètre d'épaisseur. Il a été soumis pendant une heure à une pression égale à celle d'une colonne d'eau de la mer de 2 1/4 de mille, après que la conductibilité eut été soigneusement éprouvée au moyen du galvanomètre à réflexion de M. le professeur Thomson.

Quelques électriciens pensaient que cette pression énorme (environ 5,000 livres par pouce carré) forcerait l'eau à pénétrer dans l'intérieur du câble, et que par suite il serait détérioré, sinon détruit.

Les expériences ont complétement démenti ces prévisions. On a trouvé, au contraire, après avoir fait cesser la pression, que le câble était considérablement amélioré, en ce sens surtout que sa conductibilité était augmentée.

On raconte qu'une bouteille de vin soigneusement bouchée avait été descendue à une grande profondeur dans l'Atlantique, et que, quand on l'a retirée, tout le vin avait disparu, pour faire place à de l'eau salée. On dit aussi qu'une

---

[1] *Science populaire*, par J. Rambosson, 1re série, 2e volume.

bouteille vide, soigneusement bouchée, et plongée à une grande profondeur, devient pleine d'eau salée sans que le bouchon soit enlevé.

Dans les expériences que nous résumons, on a plongé six bouteilles de *pale ale* de Bass, soigneusement bouchées, ficelées et recouvertes de capsules de Bett, brevetées. On a plongé de même plusieurs bouteilles de limonade ou de bière de gingembre, également bien bouchées et ficelées à la façon des bouteilles de vin de Champagne avec une grosse tête, afin que ces bouchons ne pussent être enfoncés. Dans une des bouteilles vides, on avait mis debout dans l'intérieur un cylindre de bois reposant sur le fond, et servant d'appui au bouchon.

Toutes ces bouteilles ont été soumises pendant une heure à une pression d'une colonne d'eau de près de 4,000 mètres de hauteur. Voici les résultats : les bouteilles de *pale ale* de Bass sont restées saines et bonnes; il en a été de même des bouteilles de limonade et de gingembre. Le petit espace qui avait été laissé entre le bouchon et la liqueur était rempli; à cette exception près rien n'était changé. Le bouchon a été enfoncé dans la première bouteille vide, qui naturellement est revenue pleine d'eau. Le bouchon à grosse tête de la seconde bouteille a été aussi enfoncé, et la bouteille est revenue pleine. Le bouchon de champagne de la troisième bouteille soutenu par le cylindre de bois a été enfoncé en partie, mais non totalement, et elle est revenue pleine comme les autres.

Ces faits, dus à la pression de la colonne liquide, ne sont pas sans intérêt, et leur connaissance peut être utile.

Le *Pana Star* contient une relation fort curieuse, écrite par un plongeur célèbre, M. Green, sur le banc de corail situé près d'Haïti, où il fait habituellement ses explorations; on n'en lira pas sans intérêt le passage suivant :

« Le beau banc de corail sur lequel j'ai plongé a environ
40 milles de longueur et de 10 à 20 milles de largeur. Ce
banc de corail offre au plongeur l'un des plus magnifiques
et des plus sublimes spectacles que l'œil ait jamais contem-
plés. La profondeur de l'eau varie de 3 mètres à 35 mètres
et elle est si claire que le plongeur peut voir à une distance
de 80 à 100 mètres lorsqu'il est plongé, cependant avec un
léger trouble de la vue. Le fond de l'Océan, dans certains
endroits, est aussi uni qu'un pavage en marbre; dans d'autres, il est parsemé de colonnes de corail de 3 à 35 mètres de
hauteur, et de 0m35 à 25 mètres de diamètre. Les sommets
des colonnes les plus élevées supportent des milliers de pendentifs, chacun d'eux est orné de milliers d'autres, et l'ensemble réalise la demeure imaginaire de quelque nymphe des
eaux. Dans d'autres endroits, les pendentifs forment des arches sur des arches; et quand le plongeur se tient au fond de
l'Océan, qu'il plonge le regard dans ces dédales sinueux, il
se sent pénétré d'une crainte respectueuse, comme s'il était
dans une vieille cathédrale ensevelie depuis longtemps sous
les flots de l'Océan. Çà et là le corail s'élève à la surface de
l'eau, comme si les colonnes plus élevées étaient des tours appartenant à ces temples majestueux, maintenant en ruines. Il
y a des variétés innombrables d'arbustes, d'arbrisseaux et de
plantes dans chaque crevasse des coraux où l'eau a déposé de
la terre. Ils sont tous d'une couleur faible, à cause de la lumière pâle qu'ils reçoivent, quoique de toutes nuances,
et ils sont tout différents des végétaux que je suis habitué à
voir croître sur la terre sèche. L'un d'eux a particulièrement
attiré mon attention; il ressemble à un éventail marin d'une
immense dimension, de couleurs variées et des nuances les
plus brillantes. Les poissons qui habitent ces *Silver Banks*
sont aussi variés dans leurs espèces que le théâtre où ils se
meuvent. Ils sont de toutes les formes, de toutes les dimen-

sions, depuis le symétrique *goby* jusqu'au *poisson* soleil semblable à un globe, depuis la couleur la plus triste jusqu'aux couleurs changeantes du dauphin [1]. »

XXII

La température de la mer est variable, mais le fond se trouve en général à une température de 4 degrés au-dessus de zéro, quelle que soit d'ailleurs la température de la surface.

Cette température de 4 degrés que possèdent les couches inférieures de la mer établit naturellement de nombreux mouvements dans cette vaste étendue d'eau qui tend sans cesse à se mettre en équilibre. Il est possible que ces mouvements soient la cause des courants que l'on observe dans l'Océan, vastes fleuves qui n'ont d'autres barrières que des ondes plus denses qu'eux-mêmes. On pense également que la forme des continents, l'action attractive du Soleil et de la Lune contribuent pour quelque chose à leur production.

Lorsque les navigateurs, le thermomètre à la main, traversent les mers, ils reconnaissent facilement les grands courants océaniques d'eau chaude qui n'ont pour rivages que les eaux froides qu'ils sillonnent et qui, revenant sur eux-mêmes, forment comme un fleuve sans fin.

Outre les grands courants, il y en a beaucoup de secondaires; nous en avons observé un très-grand nombre en parcourant les mers jusqu'aux îles Tristan, qui se trouvent à quelques centaines de lieues au delà du cap de Bonne-Espérance; on reconnaît facilement ces courants à la simple vue : ils présentent l'aspect de vastes rubans qui miroitent d'une manière particulière sur le reste de l'Océan, et toujours ils

---

[1] *Les Mondes scientifiques*, 1868.

impriment une certaine dérivation aux navires qui les traversent.

Le principal de ces courants, le plus grand et le mieux
étudié, ou plutôt le seul bien étudié jusqu'à présent, est celui dont le point de départ est au golfe du Mexique, et dont
le parcours s'étend le long de la côte des États-Unis, jusqu'aux régions du nord, où ses eaux conservent encore un
reste de la température élevée des mers équatoriales, et
donnent naissance à une mer libre au sein des glaces polaires.

M. James Croll a publié plusieurs mémoires sur cet immense courant marin, connu sous le nom de *Gulf-Stream*,
et a fait de curieux calculs relativement à la quantité de chaleur que ses eaux peuvent transporter. En voici les principaux résultats :

Le volume total des eaux qui composent cette espèce de
fleuve paraît équivalent à celui d'un canal d'environ 80 kilomètres de largeur et de 304 mètres, 88 de profondeur, où
l'eau se mouvrait avec une vitesse de 6,436 mètres par heure.
La température moyenne de toute cette masse liquide, au
moment où elle quitte le golfe du Mexique pour entrer dans
le détroit de la Floride, n'est pas inférieure à 18°,3.

Il paraît certain que ces eaux, lorsqu'elles reviennent du
nord, ont été ramenées moyennement à 4°,4 c., et par
conséquent ont perdu 13°,9 c. de chaleur. Chaque mètre
cube d'eau amène donc des tropiques et distribue dans les régions septentrionales 13,900 calories, représentant un travail
dynamique de 5,907,000 kilogrammètres, à raison de 423
kilogrammètres par calorie. Selon l'estimation qui précède
le courant doit transporter 156,900,000,000 mètres cubes d'eau par heure, ou 3,766,000,000,000 mètres cubes
par jour. Ainsi, la quantité de chaleur entraînée quoti-
diennement des régions équatoriales par le Gulf-Stream

s'élève à 52,250,000,000,000,000 calories, correspondant à 22,250,000,000,000,000,000 kilogrammètres.

D'après les observations de sir John Herschel et de Pouillet, sur la chaleur transmise directement par le Soleil, on trouve que si l'atmosphère n'absorbait pas de chaleur aux dépens des rayons, 1 mètre carré, exposé normalement à l'insolation, recevrait par seconde la chaleur équivalent à environ 123 kil., 40. Or, M. Meech estime que la quantité de calorique interceptée par l'atmosphère représente à peu près les 0,22 de celle qui est fournie par le Soleil. M. Pouillet estime cette perte aux 0,24. Quoi qu'il en soit, si nous partons du premier chiffre, nous trouvons que la chaleur reçue par 1 mètre carré d'une surface qui a le Soleil au zénith, équivaut, par seconde, à un travail mécanique de 96 kilogrammètres, 25. Si le Soleil restait stationnaire au zénith pendant douze heures, la totalité de ce travail atteindrait donc 4,158,000 kilogrammètres par mètre carré[1].

Dans l'*Histoire du Gulf-Stream* publiée par M. Kroll, il est constaté que la dénomination de ce célèbre courant atlantique remonte à 1748, année où le Suédois Pierre Kalm fit paraître ses *Voyages*; il y signale les arbres, plantes et autres débris provenant du golfe du Mexique et entraînés jusqu'aux îles Feroë et aux côtes d'Islande. Le premier navigateur qui ait tiré profit de la force du courant est Alaminos, pilote du vaisseau qui, en 1519, porta en Espagne les dépêches de Fernand Cortez. Pendant les deux siècles suivants, ce ne furent que les baleiniers américains qui apprirent à connaître le parcours du *Gulf-Stream*; à leur retour d'Europe, ils arrivaient, en l'évitant, quinze jours plus tôt en Amérique que les navires de la messagerie royale d'Angleterre. Franklin, lorsqu'il devint maître général des postes, dessina d'après les

---

[1] *Les Mondes scientifiques*, 1870.

indications des baleiniers, une carte du *Gulf-Stream*, et la communiqua aux autorités anglaises, qui, ne voulant rien apprendre de ces simples pêcheurs, n'en tinrent aucun compte. Ce fut aussi Franklin qui, le premier, essaya de déterminer la route que suit le courant, en recherchant les endroits de la mer où l'eau a une température plus élevée que celle des lieux avoisinants [1].

XXIII

Dans une importante communication à l'Académie des sciences [2], M. Grad fait remarquer que si les manifestations de ce courant marin sont connues pour la première moitié de son cours, il n'en est pas de même de son extension dans le Nord. Sorti du golfe du Mexique par le détroit de Floride, ce grand courant de l'Atlantique fait ses premières étapes le long des États-Unis jusqu'au delà du cap Hatteras. Sur ce parcours sa température ne descend pas au-dessous de 25 degrés centigrades et reste longtemps supérieure, même en hiver, alors que sur la côte d'Afrique, à latitude égale, la moyenne de l'air pour le mois de janvier est seulement de 12 degrés. Après avoir dépassé le cap Hatteras, le courant chaud se détourne de l'Amérique pour s'avancer à l'est du méridien de Terre-Neuve, où, par 42 degrés de longitude occidentale de Paris, sa température oscille entre 19 et 24 degrés du mois de janvier au mois de juillet. Ses eaux se portent ensuite au nord-est, pour embrasser les côtes d'Europe jusqu'au sein de l'Océan glacial. Sans elles l'Angleterre et l'Allemagne auraient le climat désolé du Labrador; la péninsule scandinave

[1] *Cosmos*, année 1871.
[2] *Comptes rendus de l'Académie*, 1871.

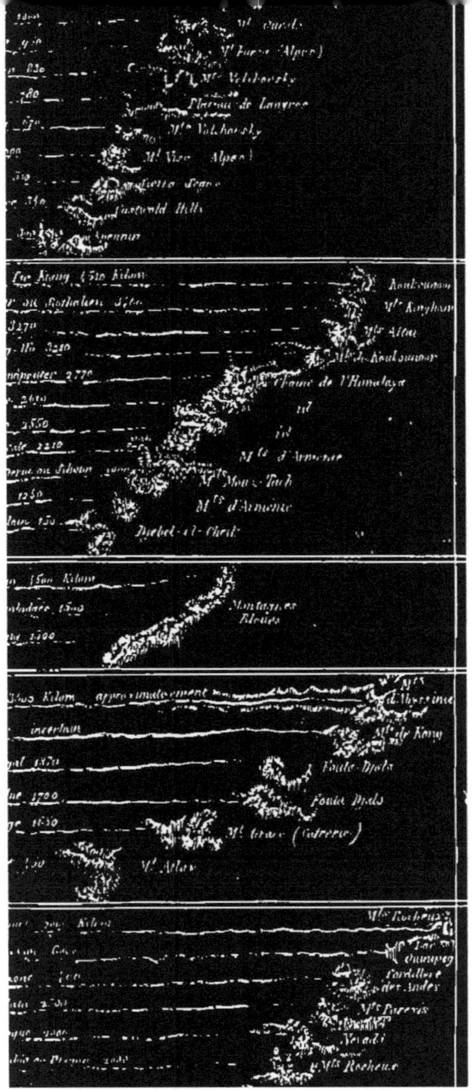

Mt Ouest
Vt Furca (Alpes)
Mts Valdavesky
Plateau de Langres
Mts Valdavesky
Mt Viso (Alpes)
[illegible] Segno
Cotswold Hills
Apennin

Eau Kiang 4500 Kilom
[illegible] ou Rathalou 3720
3270
[illegible] Ho 3210
[illegible]mpester 2770
2680
2550
[illegible]de 2210
[illegible]que ou Sihoun
1250
[illegible]lou 750
Kaukouman
Vt Kinghan
Mts Altai
Mts de Koulsoumar
Chaîne de l'Himalaya
id
id
Mts d'Arménie
Mts Mou-Tach
Mts d'Arménie
Djebel-el-Chrit

[illegible] 1500 Kilom
[illegible]badée 1500
[illegible]ne 1100
Montagnes Bleues

[illegible]000 Kilom   approximativement
incertain
[illegible]gal 1850
[illegible]ue 1700
[illegible]ge 1850
[illegible]100
Mts d'Abyssinie
Mts de Kong
Foute Diola
Fouta Djals
Mt Ieras (Cidreros)
Vt Atlas

[illegible]700 Kilom
[illegible] Gov
[illegible]600
[illegible] 2700
[illegible]que 1900
[illegible]lou au Pr[illegible]
Mts Rocheux
Lac Ouinipeg
Cordillère der Andes
Mts Pareras
Nevadi
Grdes Mts Rocheux

disparaîtrait, comme le Groënland, sous des glaciers immenses. L'extrémité de la Norvège, où le Soleil ne paraît pas pendant tout un mois, se refroidirait au point de congeler le mercure, comme il arrive sous le même parallèle en Asie et en Amérique, au lieu d'être baignée à Fauholnn par une mer à 3 degrés de température au moins par 11 degrés nord. Ainsi le Gulf-Stream forme sur son parcours une source permanente de chaleur que M. James Croll estime égale à celle qui est versée par le Soleil, sur une surface de huit millions de kilomètres carrés sous l'équateur.

En suivant la marche de la température dans les dernières ramifications du Gulf-Stream, l'auteur indique les rapports du courant chaud avec les limites des glaces fixes ou flottantes entre le Groënland et le nord de l'Europe, pendant les deux dernières années. D'après de nombreux sondages, le Gulf-Stream atteint le fond de l'océan Atlantique, entre l'Archipel des Hébrides et celui des Fers-oers par 60 degrés de latitude, avec une température de 5°,3 à 770 brasses de profondeur. A 1 degré de latitude plus au nord, entre le groupe des Fers-oers et les îles Shetland, le courant ne descend plus qu'à 200 brasses, et des eaux froides d'origine polaire règnent, plus bas, jusqu'à la profondeur de 640 brasses. Plus haut encore, par 60 degrés de latitude, l'amiral Irmenger trouva une température de 7°,5 à 60 brasses de profondeur, contre 10 degrés à la surface.

Les eaux du Gulf-Stream, continue M. Grad, se partagent ensuite en deux branches, dont l'une va droit au nord, en longeant les côtes occidentales des îles Spitzbergen, et l'autre à l'est du côté de la Nouvelle-Zemble. La branche occidentale, ou des Spitzbergen, dépasse, en été, 80 degrés de latitude, où elle atteint encore 2 degrés centigrades. Les limites du Gulf-Stream se dessinent mieux en hiver qu'en été, et le mouvement des glaces flottantes s'arrête pendant la saison

froide, puisque sur cent rencontres de glaces dans le nord
de l'océan Atlantique, quatre-vingt-dix se rapportent à l'intervalle du mois d'avril au mois d'août, et dix seulement au
restant de l'année. En résumé, dit M. Grad, les eaux tièdes
du Gulf-Stream s'avancent au sein de l'Océan glacial jusqu'au
delà de 80 degrés de latitude à l'ouest des Spitzbergen, et à
76 degrés sur la côte occidentale de la Nouvelle-Zemble.
Des bandes d'eau plus froides se présentent par intervalles
dans ces dernières ramifications, et, par suite du faible mouvement des eaux, la direction même des courants est difficile à observer. Malgré cette difficulté et la peine qu'on
éprouve à déterminer nettement la part exacte des différents agents susceptibles de contribuer à une température
de 2 degrés à la surface de la mer, l'arrivée du Gulf-
Stream à l'extrémité nord de la Nouvelle-Zemble a été
constatée par la présence de bois flotté, de grosses tiges de
bambou, de graines venues du Brésil, de flotteurs et d'us-
tensiles de pêche venus des îles Loffoden ou du Finmark,
sous l'influence des courants. — Le mémoire important de
M. Grad, dont nous ne parcourons qu'une faible partie, sera
d'autant plus observé, que l'on étudie maintenant d'une
manière toute spéciale le rôle du Gulf-Stream dans la météorologie.

Dans une note à l'Académie des sciences, M. Marié Davy
fait remarquer que la météorologie de l'Europe est dominée
par la circulation atmosphérique et par la circulation marine
qu'elle engendre. Suivant lui, le grand régulateur du climat
de la France et des pays voisins est le fleuve aérien à lit
variable, appelé *courant équatorial* dans sa première partie
et *courant polaire* dans sa dernière partie. Les efforts du
météorologiste doivent donc se concentrer sur l'étude de ce
grand courant, de ses origines, des causes qui modifient son
abondance ainsi que la direction et l'ampleur de sa trajec-

toire, des lois qui président à ces changements et des signes auxquels on peut prévoir leur arrivée ; sur l'origine, la nature, les lois et les signes précurseurs des accidents locaux qui se produisent au milieu de la masse aérienne en mouvement et donnent à la météorologie de l'Europe son incessante mobilité ; enfin, sur les fluctuations du *Gulf-Stream* résultant des fluctuations du courant aérien et réagissant à leur tour sur ces dernières [1].

XXIV

Les fleuves suivent ordinairement la direction des montagnes et coulent de l'occident à l'orient, quelques-uns seulement vont du nord au sud ou du sud au nord. Plusieurs de ces grands cours d'eau, tels que le Nil, le Pô, l'Indus, etc., grossissent et débordent à certaines époques de l'année.

Plusieurs poëtes ont tracé le tableau des fleuves ; celui que Roucher nous a laissé nous rappelle leurs principaux noms :

> Admire-les, ces rois de l'humide élément,
> Le Gange où l'Indien, plongé stupidement,
> En l'honneur de Brama voudrait finir sa course ;
> L'Yrtis impatient de voir les feux de l'Ourse ;
> Le Volga, vaste mer tributaire des czars ;
> La Seine, dont les bords embellis par les arts
> Font envier leur gloire à la fière Tamise ;
> La Saône, tendre amante à son époux soumise ;
> Le Rhône, cet époux qui l'entraîne en grondant,
> Et brise sur des rocs son orgueil imprudent ;
> La Loire, dont les eaux captives sans contrainte,
> Se creuse chaque année un nouveau labyrinthe ;
> Le Tigre, qui, déchu de ses antiques droits,
> Veut quelquefois encore intimider les rois ;
> Le Nil, le Sénégal, et l'immense Amazone,
> Trompant l'aridité de la brûlante zone,
> Tous, fleuves bienfaiteurs que doit cet univers
> Aux nuages, aux vents, sombres fils des hivers.

[1] *Comptes rendus de l'Académie des sciences*, 1871.

Presque tous les peuples de l'antiquité rendaient aux fleuves les honneurs de la divinité. Les peintres et les poëtes les représentaient souvent sous la figure de vieillards respectables, ayant la barbe épaisse, la chevelure longue et traînante et une couronne de jonc sur la tête. Couchés au milieu des roseaux, ils s'appuient sur une urne d'où il sort de l'eau ; cette urne est plus ou moins penchée suivant la rapidité ou la tranquillité du fleuve. Sur les médailles on les représente à droite ou à gauche suivant que leur cours est vers l'orient ou vers l'occident. Chaque fleuve a un attribut qui le caractérise et qui est ordinairement choisi parmi les animaux qui habitent les pays arrosés de ses eaux ou parmi les poissons qu'il renferme dans son sein[1].

[1] Nous devons mentionner ici l'*Explorateur géographique et commercial*, importante publication rédigée avec soin ; elle met parfaitement au courant de tout ce qui peut intéresser notre globe, et remplit une véritable lacune dans nos Revues savantes.

Fig. 41. — Rhée. (Tiré d'une médaille d'Adrien.)

CHAPITRE VIII.

LA LUNE.

I

La Lune est, après le Soleil, le corps céleste qui mérite le plus de fixer notre attention, soit par rapport à sa grandeur apparente, soit par rapport aux phénomènes particuliers qu'elle nous présente dans son cours.

Quoiqu'elle nous paraisse très-grande en comparaison des étoiles, elle est cependant beaucoup moins considérable qu'aucune d'elles.

Sa grandeur apparente provient de son peu de distance de la Terre, dont elle n'est éloignée que de 96,524 lieues.

Le diamètre de la Lune ne nous paraît pas toujours de la même grandeur, car elle est successivement plus rapprochée ou plus éloignée de nous; son diamètre moyen est de 32 minutes ; celui de la Terre vu de la Lune est de 1 degré 54 minutes.

Le diamètre de la Lune est de 782 lieues, sa circonférence de 2,500, sa surface n'est que le 13° de celle de la Terre, son volume le 49° et sa masse le 88°.

La Lune est, comme la Terre, un corps opaque, qui n'a point de lumière par lui-même, mais qui reçoit sa clarté du Soleil et nous la réfléchit.

C'est dans son plein qu'elle présente le plus grand éclat; on a calculé que sa lumière était alors 360 mille fois plus faible que celle du Soleil.

M. Volcipelli, physicien des plus distingués, a adressé à l'Académie des sciences [1] quelques détails historiques relatifs à la chaleur que renvoie la Lune. D'après lui, c'est Melloni qui a le premier démontré expérimentalement ce phénomène. Plusieurs poëtes, dit-il, tels que Virgile, Dante, le Corse Marini, Guarini et d'autres, nièrent la chaleur dans les rayons lunaires. Plusieurs philosophes, sans le démontrer, admirent avec raison leur puissance calorifique : Aristote, saint Thomas d'Aquin, Pic de la Mirandole et Jérôme Cardan sont de ce nombre. Mais on n'avait pas alors de thermomètres avec lesquels on pût faire des expériences sur ce sujet.

Le physicien anglais Hocke explique la faiblesse sur la Terre de l'effet calorifique *direct* de notre satellite. Montanori, né à Modène, raconte qu'au moyen d'un thermomètre à air et d'un grand miroir, on vit le rayonnement de la Lune produire une élévation de température de *plusieurs* degrés. Mais Montanori ne dit pas pourquoi cette expérience avait été faite ; et comme le thermomètre était alors très-imparfait, et qu'on ne peut pas admettre un effet calorifique de

---

[1] *Comptes rendus de l'Académie des sciences*, 1870, 1ᵉʳ semestre.

plusieurs degrés produit par le rayonnement lunaire sur notre globe, cette assertion, d'après M. Volcipelli, ne mérite aucune confiance, et il croit être parfaitement autorisé à dire que le premier physicien ayant donné une démonstration expérimentale et incontestable de la chaleur des rayons lunaires fut Melloni, le 23 mars 1846 [1].

Cette découverte présentait plus de difficultés qu'on n'est porté à le penser de prime abord; car le thermomètre le plus sensible, soit à air, soit à liquide, placé au foyer d'un miroir ou d'une lunette, ne peut pas rendre sensible l'existence de la chaleur dans le rayonnement lunaire. D'après les expériences les plus récentes et les plus exactes de M. Baille, à l'aide d'ingénieux appareils que nous devons renoncer à décrire ici, expériences que confirment les résultats de M. Piazzi Smith, de lord Rosse et de M. Marié Davy, la pleine Lune à Paris, pendant les mois d'été, envoie autant de chaleur qu'une surface noire de même grandeur maintenue à 100 degrés centigrades, et placée à peu près à 35 mètres de distance.

II

La surface de la Lune est remplie de taches noires, que l'on remarque à l'œil nu, et qui produisent des réflexions diverses de lumière suivant la position où l'astre se trouve par rapport au Soleil.

Vues au télescope, elles augmentent prodigieusement en nombre, elles s'étendent sur toute sa surface et offrent au plus haut degré le caractère volcanique, tel qu'on peut l'observer sur le cratère du Vésuve ou sur les terrains du Puy-de-Dôme.

[1] *Comptes rendus de l'Académie des sciences*, t. XXII, p. 51.

Quelques-uns de ces points se présentent sous l'aspect de hautes montagnes, que l'on remarque principalement par l'ombre triangulaire qu'elles réfléchissent dans une direction opposée au Soleil. D'autres ressemblent à de profondes, à de larges cavités, toujours obscures du côté le plus rapproché du Soleil et éclairées du côté opposé.

En général, les montagnes de la Lune paraissent plus élevées que celles de notre globe. Plusieurs d'entre elles sont considérées par les astronomes comme ayant huit ou dix mille mètres d'élévation, tandis que la plus haute des Cordillères, en Amérique, n'a que 6,434 mètres, à peu près une lieue et demie de hauteur perpendiculaire au-dessus du niveau de la mer.

On voit quelquefois, au delà du terme de la lumière de la Lune, des parties brillantes qui nous paraissent détachées de son disque, et semblables à des étoiles qui en seraient voisines. Ce sont des montagnes situées dans la partie obscure de sa surface, mais si élevées, que leur sommet est éclairé du Soleil pendant que le reste est dans l'obscurité.

Toutes ces inégalités et aspérités de la Lune nous expliquent les dentelures que l'on remarque souvent sur le bord éclairé de cet astre.

Ce sont ces dentelures que l'on aura probablement prises quelquefois pour des volcans; cependant, dans une note à l'Académie des sciences [1], M. Montucci rappelle qu'en observant à Aden l'éclipse du 18 août 1868, M. de Créty a cru remarquer, après la totalité, trois protubérances triangulaires sur le bord de la Lune qu'elles ont constamment suivie, et qui paraissaient être des volcans lunaires en activité. A en juger par la description donnée, ces protubérances auraient été gazeuses, ou au moins formées d'une matière très-divisée.

[1] *Comptes rendus*, séance du 27 janvier 1869.

Cette apparence peut s'expliquer autrement que par une illusion optique : elle semble indiquer, dit M. Montucci, l'existence sur la face postérieure de la Lune, et tout près du bord, d'une chaîne de volcans en activité au moment de l'éclipse dont la fumée ou les cendres auraient été poussées au delà du bord par une force quelconque : il resterait à déterminer la nature de cette force.

III

Galilée s'exerça le premier à mesurer la hauteur des montagnes lunaires; un grand nombre d'astronomes s'occupèrent avec soin de la même étude, « en sorte que l'on put connaître les hauteurs des principales montagnes de la Lune, alors que l'on ne connaissait pas même la hauteur de celles de notre globe [1] ».

Hévélius continuant, pour construire une carte de la Lune, les mesures de hauteur précédemment entreprises par Galilée après l'invention des lunettes, introduisit d'abord sur notre satellite les dénominations puisées dans la géographie, n'osant, disait-il, se hasarder à soulever des jalousies en y introduisant des noms d'hommes; mais d'autres, moins timides, continuèrent la nomenclature par des noms d'astronomes célèbres, ou d'autres illustrations, et par des noms de personnages contemporains.

Lorsque l'on étudie attentivement la forme des ombres dans la Lune et celle des hauteurs qui les produisent, fait remarquer le savant directeur de l'observatoire de Toulouse, M. Petit [1], on ne tarde pas à reconnaître que le plus grand nombre de ces hauteurs se compose d'une enceinte circulaire dont

[1] *Traité d'Astronomie*, t. II.

Cratère d'Albategnius.　　　　　　　　　*Cratère d'Ératosthène.*

La fig. 42 représente la Lune dans son plein et telle qu'on peut l'observer avec une forte lunette, d'après Nurnberger ; dessinée par de Guynemer.

Légende explicative : Les chiffres indicateurs commencent par le haut à gauche, en remontant à droite pour l'autre côté.

Marais, mers, lacs, golfes, etc.

I. Mer glaciale.

II. Golfe des rosées.

III. Golfe des fleurs.

IV. Marais des brouillards.

V. Mer des pluies.

VI. Monts Karpaths.

VII. Océan des tempêtes.

VIII. Mer du milieu.

IX. Mer des nuages.

IX *bis.* Mer des vapeurs.

X. Mer des ténèbres.

XI. Monts Altaï.

XIII. Mer de la fécondité.

XIII. Mer de la tranquillité.

XIV. Mer du sommeil.

XV. Mer de la sévérité.

XVI. Lacs des songes.

XVII. Lac de la mort.

XVIII. Mer de Humboldt.

A. Lac noir.

B. Vallée d'Endymion.

Montagnes, volcans, cratères, enceintes, etc.

	Hauteur. metres.			Hauteur. metres.
1. Platon, *enc*	2,210	16. Casalus, *cirq*....		6,900
2. Laplace, *cap*............... ...	3,000	17. Newton, *crat*..................		7,200
3. Archimède, *cirq*..............	2,300	18. Schort, *enc*...................		5,940
4. Huygens, *mont*...............	4,500	19. Curtius.................... .		6,770
5. Aristarque, *enc*...............	2,300	20. Boussingault, *crat.*, *mont.*		
6. Képler	3,600	21. Humboldt, *crat.*, *mont.*		
7. Copernic. *cirq.* 25 *lieues de diamètre.*		22. Guttemberg, *enceinte.*		
8. Ératosthène, *crat*..............	4,780	23. Albategnius, *crat*.............		4,330
9. Grimaldi, *enfoncement.*		24. Hipparque, *crêtes, monts.*		
10. Lalande, *mont.*		25. Arago, *enceinte, mont.*		
11. Herschel..................	2,900	26. Géninus, *crat*...............		3,700
12. Gassendi.................	2,900	27. Collipus, *crat*...............		6,215
13. Ptolémée..................	2,300	28. Aristote, *mont*...............		3,260
14. Longo-Montanus...............	4,400	29. Eudoxe, *crat*...............		4,820
15. Tycho, *cirq.* 24 *lieues de diamètre.*		30. Cassini, *mont.*		

l'intérieur est généralement plus bas que la surface
moyenne de la Lune, et vers le centre de laquelle se trouve
souvent un piton, qui semble avoir été formé comme le contour circulaire lui-même, aux dépens de matières disposées
primitivement en couches horizontales. Les enceintes offrent d'ailleurs, pour la plupart, des dimensions fort considérables. Il en est dont le diamètre atteint jusqu'à 40
ou 45 lieues, et, preuve manifeste de dépression, l'ombre portée dans leur intérieur est ordinairement plus
étendue que l'ombre extérieure. Nous n'avons guère sur
la Terre que quelques cirques analogues à ceux de la
Lune : le cirque du Cantal, par exemple, avec sa largeur
de 10,000 mètres; le cirque de Ceylan, d'une surface de
trente-cinq à quarante fois plus vaste, et néanmoins de beaucoup inférieur encore à plusieurs cirques lunaires. Peut-être
la grandeur de ces cirques est-elle due à ce que l'intensité de
la pesanteur étant six fois moins considérable dans la Lune
qu'ici-bas, l'enveloppe extérieure n'est pas assez lourde
pour résister, aussi bien que celle du globe terrestre, aux
causes de dislocation. Ces formations se lient à l'action de la

chaleur centrale, mais plutôt comme cratères de soulèvement que comme cratères d'éruption.

La Lune, comme notre globe, offre des traces évidentes
de révolutions géologiques successives. Aussi on voit souvent sur le contour d'une grande enceinte s'élever une enceinte secondaire, beaucoup plus petite que la première et
formée évidemment aux dépens de celle-ci. Souvent aussi
le pic et quelquefois les deux pics qui se montrent au milieu des grandes enceintes paraissent être venus après un
premier soulèvement. Quant à ces enceintes elles-mêmes,
on les trouve pour la plupart liées entre elles par des espèces de collines, comme si des gaz souterrains avaient produit sur la Lune des effets analogues à ceux observés sur
la Terre, et soulevé le sol entre les points qui ont cédé.

Rien n'indique que la Lune possède une atmosphère. S'il
y avait une atmosphère autour de cet astre, elle deviendrait
sensible dans les occultations d'étoiles et dans les éclipses
de Soleil.

Un climat très-extraordinaire doit donc régner à sa surface ; on doit y passer brusquement d'une chaleur plus brû-
lante que celle du midi de nos régions équatoriales, et soutenue pendant quinze jours, à un froid de même durée,
plus excessif que celui de nos régions polaires.

Il semble impossible, faute d'air, que des êtres vi-
vants, analogues par leur organisation à ceux qui peuplent
notre globe, se trouvent à la surface de la Lune. Rien n'y
indique l'apparence d'une végétation, ni de modifications
dans l'état de sa surface que l'on puisse attribuer à un changement de saisons.

IV

La Lune a trois mouvements principaux.

Le premier est un mouvement annuel autour du Soleil, qu'elle exécute en même temps que la Terre, puisque ce moument de la Lune n'est qu'une suite nécessaire de la révolution annuelle de notre globe. Ce mouvement est analogue à celui d'une pierre placée dans une fronde que l'on ferait tourner au-dessus de notre tête en parcourant un grand cercle.

Le second mouvement de la Lune est un mouvement de rotation sur son axe qu'elle exécute en 27 jours 7 heures 43 minutes 11 secondes. Elle met précisément le même temps à accomplir son troisième mouvement, c'est-à-dire sa révolution autour de la Terre. De là vient qu'elle ne présente jamais à notre vue que le même hémisphère, et qu'elle n'a par conséquent qu'un jour et qu'une nuit dans un mois lunaire.

La Lune circule perpétuellement dans une courbe rentrante, à l'intérieur de laquelle la Terre est située.

Elle ne quitte jamais notre globe; c'est pour cela qu'on l'a nommée son satellite.

On appelle *durée de la révolution sidérale* le temps que la Lune emploie à revenir à la même étoile. Ce temps était, au commencement de ce siècle, de 27,32 jours solaires.

Il n'est pas le même dans tous les siècles. Depuis les plus anciennes observations jusqu'à nous, la révolution sidérale est devenue de plus en plus courte.

C'est Halley, le premier, qui a observé que le mouvement de la Lune s'est accéléré depuis les plus anciennes observations, surtout depuis celles faites du temps des califes jusqu'à nos jours.

De prime abord, on ne peut être que profondément surpris si l'on rapproche ce résultat des lois qui président aux mouvements célestes; car il est impossible qu'un astre se meuve autour d'un autre avec plus de rapidité, sans que sa distance à celui-ci ne diminue.

A un mouvement plus rapide de la Lune correspond une diminution dans la distance de l'astre à la Terre; de sorte que si cette vitesse augmentait indéfiniment, la Lune finirait par tomber sur la Terre. D'épouvantables révolutions physiques accompagneraient sans doute cet événement.

Ces conséquences de l'accélération observée dans les mouvements de la Lune furent longuement discutées par les astronomes vers le milieu du siècle dernier; le public n'en fut informé qu'à l'époque où Laplace eut démontré, théoriquement, que l'accélération sera renfermée dans des limites fort restreintes, et qu'elle sera suivie, à une époque plus ou moins éloignée, d'un mouvement graduellement retardé.

Dans le passage suivant, Ossian rappelle les croyances populaires de son temps sur la chute de la Lune :

« Astre des nuits, fille du ciel, que j'aime, ô blanche Lune, le doux éclat de ton flambeau! Tu t'avances pleine d'attraits; les étoiles suivent vers l'Orient la trace azurée de tes pas. A ton aspect les nuées s'éclaircissent, et tes rayons argentent leurs flancs obscurs.

« Qui peut marcher ton égale dans les cieux, fille paisible de la nuit? A ton aspect les étoiles, jalouses, détournent leurs yeux tremblants. Où te reposes-tu à la fin de ta course, quand l'ombre s'épaissit et couvre ton globe? Ta demeure est-elle sombre comme l'asile du vieil Ossian? Habites-tu, comme lui, dans la nuit de la tristesse?

« Tes sœurs sont-elles tombées du ciel? Ne sont-elles plus celles qui se réjouissaient avec toi dans la nuit? Ah!

sans doute elles sont tombées, lumière charmante, et tu te
retires souvent pour les pleurer !

Fig. 43 — Les phases de la Lune

« Mais une nuit viendra où tu tomberas toi-même, où tu quitteras les chemins azurés du firmament. Alors les étoiles qu'humiliaient ton éclat lèveront leurs têtes brillantes, et se réjouiront de ta chute.

« Voici l'heure où tu resplendis de toute ta lumière; sors de ton palais, et monte vers les cieux. O vents, dissipez le nuage qui cache à nos regards la fille de la nuit! Qu'elle vienne éclairer la verdure des montagnes, et que l'Océan roule ses flots bleuâtres à la clarté de ses rayons [1]. »

V

Dans une communication à l'Académie des sciences, M. Delaunay attribue l'accélération apparente du moyen mouvement de la Lune au ralentissement progressif de la Terre sur elle-même, sous l'influence de l'action de la Lune sur les eaux de la mer.

Et ailleurs, il s'exprime lui-même ainsi : « On savait déjà que le moyen mouvement de la Lune peut éprouver une perturbation apparente par suite d'une variation dans la vitesse de rotation de la Terre, c'est-à-dire dans la durée du jour sidéral qui est l'unité de temps fondamental en astronomie. M. Delaunay a montré que, dans l'action de la Lune sur les eaux de la mer, eu égard au phénomène des marées et surtout au retard de la pleine mer sur le passage de la Lune au méridien, il y a tout ce qu'il faut pour occasionner un ralentissement progressif du mouvement de rotation de la Terre capable de donner lieu à la partie de l'équation séculaire de la Lune, dont la cause trouvée par Laplace ne peut rendre compte [2]. »

---

[1] Ossian, poëme, *Darthula.*
[2] *Rapport sur les progrès de l'Astronomie*, 1867.

Malgré le peu de rapport qu'il est possible d'apercevoir, au premier coup d'œil, entre la température générale de la Terre et le mouvement de la Lune, le résultat obtenu par Laplace a permis de prouver que cette température n'a pas varié d'un centième de degré, dans l'intervalle de deux mille ans.

On appelle *périgée* le point où la Lune se déplace, par son mouvement propre, avec le plus de vitesse, et *apogée* celui où ce même mouvement est parvenu à son minimum.

Les variations du mouvement propre et des changements de distance sont liées entre elles par une loi simple, dont la découverte est due à Képler, et que l'on peut formuler ainsi : *Les surfaces décrites par le rayon vecteur lunaire sont égales dans des temps égaux; et à partir d'un rayon vecteur déterminé elles sont proportionnelles au temps.*

On appelle *rayons vecteurs* des lignes droites menées de la Terre à la Lune.

Voulant expliquer l'inégalité dans le mouvement de la Lune, qui est la plus belle découverte de Ptolémée, Bouillaud l'attribuait à un déplacement du foyer de l'ellipse lunaire; de là le nom *d'évection* ou de *déplacement* que cette inégalité a conservé.

VI

M. Delaunay, de l'Institut[1], qui s'est illustré par sa magnifique théorie de la Lune, a publié une remarquable étude que nous résumons, pour compléter ce que nous avons à dire sur les mouvements de cet astre, et pour indiquer en même temps les applications successives du principe de la gravitation à l'explication du système solaire.

---

[1] Pièce lue dans la séance publique de l'Académie des sciences, le 11 mars 1867.

Newton avait cherché à établir l'identité de la pesanteur terrestre et de la force qui retient la Lune dans son orbite autour de la Terre, dès l'année 1666, mais il ne possédait pas alors les éléments nécessaires pour arriver à une solution favorable.

Picard, un des plus illustres membres de l'Académie des sciences, entreprit de mesurer avec précision les dimensions de la Terre, et par suite de cette opération il parvint à modifier sensiblement le nombre que l'on adoptait jusque-là pour la valeur du rayon terrestre.

Vers le milieu de l'année 1682, Newton assistant à une séance de la Société royale de Londres, y entendit parler de cette nouvelle mesure, et du soin avec lequel Picard l'avait exécutée. Il revint aussitôt chez lui, et, reprenant le calcul qu'il avait essayé seize ans auparavant, il se mit à le refaire avec ces nouvelles données. « Mais, à mesure qu'il avançait, « comme l'effet plus avantageux des nouveaux nombres « se faisait sentir, et que la tendance des résultats vers le « but désiré devenait de plus en plus évident, il se trouva « tellement ému, qu'il ne put continuer davantage son « calcul, et pria un de ses amis de l'achever [1]. »

Le succès de la comparaison que Newton cherchait à établir devenait complet, et ne permettait pas de douter que la force qui retient la Lune dans son orbite ne fût bien réellement la même que celle qui fait tomber les corps à la surface de la Terre, diminuée d'intensité dans le rapport indiqué du carré des distances.

Dès que Newton se trouva en possession de la loi de la gravitation, en vertu de laquelle *deux corps s'attirent proportionnellement à leurs masses et en raison inverse du carré de leur distance*, il était tout naturel qu'il cherchât à la gé-

---

[1] Biot, *Étude sur Newton.*

néraliser et à voir si elle donnerait l'explication des phénomènes que présente le mouvement des corps répandus dans l'espace. La Lune lui fournit un moyen de contrôle. D'après les idées de Newton, si le Soleil n'existait pas, la Lune se mouvrait autour de la Terre en restant dans un plan de position invariable; elle décrirait dans ce plan une ellipse ayant un de ses foyers au centre de la Terre, et le grand axe de cette ellipse ne changerait pas de position avec le temps.

Mais le Soleil, en exerçant son action attractive en même temps sur la Terre et sur la Lune, vient altérer d'une manière notable ce mouvement de la Lune autour de la Terre. Newton fit voir que c'est cette action du Soleil qui produit le mouvement rétrograde des nœuds de la Lune, le mouvement direct de son apogée, le mouvement de nutation de l'orbite lunaire et les inégalités périodiques qui font osciller la Lune de part et d'autre de la position qu'elle occuperait si elle suivait exactement les lois du mouvement elliptique.

Il montra également que cette même loi d'attraction, qui lui avait permis d'expliquer la plupart des circonstances que présente le mouvement de la Lune, fournit une explication simple et naturelle du phénomème des marées; il fit voir que cette oscillation périodique de la surface des mers est due aux différences d'action du Soleil, et surtout de la Lune, sur la masse totale du globe terrestre et sur les eaux qui le recouvrent en partie.

<h2 style="text-align:center">VII</h2>

Dans le même mémoire, le savant astronome fait remarquer qu'une question que les géomètres se proposèrent tout d'abord de résoudre aussi rigoureusement que possible, et qui est devenue célèbre sous le nom de *problème des trois corps,* est celle-ci : trois corps, tels que le Soleil, la Terre et la Lune, étant supposés exister seuls dans l'espace, quel est le mouvement que chacun d'eux prend sous l'action simultanée des deux autres?

Clairaut, d'Alembert, Euler, s'occupèrent de cette fameuse question à peu près en même temps, c'est-à-dire vers le milieu du dix-huitième siècle, et chacun d'eux fit faire un pas considérable à sa solution. Un des premiers résultats qu'ils obtinrent fut l'explication de l'*évection*, inégalité importante que Ptolémée avait découverte plus de dix-neuf siècles auparavant, et que Newton n'avait pu rattacher à sa grande loi de la gravitation. Cette inégalité cessa de faire exception, et se trouva être, comme les autres inégalités connues, une conséquence naturelle de l'action perturbatrice exercée par le Soleil sur la Lune.

Le calcul des perturbations des planètes dues à leur action mutuelle avait montré que l'orbite elliptique de la Terre se déforme peu à peu; la petite différence qui existe entre cette orbite et un cercle va en décroissant; en d'autres termes, l'excentricité de l'orbite de la Terre diminue.

Il en résulte un changement progressif et très-lent dans les valeurs par lesquelles passe chaque année la distance du Soleil à la Terre et à la Lune. Ce changement détermine une variation correspondante de l'action perturbatrice du Soleil sur la Lune.

Laplace reconnut qu'il devait en résulter une accélération progressive du mouvement de la Lune autour de la Terre, et trouva que la valeur de l'équation séculaire due à cette cause était sensiblement d'accord avec celle que les astronomes avaient déduite des anciennes observations comparées aux modernes.

Après de tels succès, il n'était plus possible de conserver le moindre doute au sujet de la loi trouvée par Newton ; cette magnifique conception d'une cause unique présidant aux mouvements divers des astres aussi bien qu'à la chute des corps sur la Terre, se trouvait confirmée de tous points, et la loi de la gravitation universelle devint la base principale des perfectionnements ultérieurs de l'Astronomie ; car avant qu'elle fût établie, tout était empirique dans les connaissances des astronomes sur les mouvements des astres. Cette grande découverte de la gravitation, en établissant un lien unique entre toutes les particularités de ces mouvements, devait conduire à une connaissance beaucoup plus intime de chacun d'eux et à une précision susceptible de s'accroître pour ainsi dire indéfiniment [1].

VIII

Le phénomène le plus curieux et le plus anciennement remarqué dans ceux que nous présente la Lune, est celui des phases. La théorie en est simple ; mais on peut la rendre plus simple encore en mettant les phénomènes à la portée des yeux et de la main.

Si l'on prend un globe de bois ou de carton peint en blanc et qu'on l'expose à la lumière d'un flambeau, on remarquera qu'il y a toujours une moitié de ce globe qui reste lumineuse, tandis que l'autre moitié est dans l'ombre.

Le spectateur variant sa position à l'égard de ce globe et du flambeau verra plus ou moins de la partie éclairée, et plus ou moins de la partie qui reste dans l'ombre ; il assis-

---

[1] *Annuaire du Bureau des longitudes*, 1868.

tera ainsi à une série de phases pareilles à celles que nous offre la Lune.

Si l'on se place d'abord à l'opposite du flambeau, on ne verra que la demi-sphère obscure; si l'on décrit, à partir de cette position, un quart de circonférence autour du globe, on verra la moitié de la partie lumineuse, qui prendra pour l'œil l'aspect d'un demi-cercle.

En se plaçant entre le globe et le flambeau, de manière à ne pas intercepter les rayons de celui-ci, on verra en plein toute la partie éclairée.

Un nouveau quart de révolution montrera un autre demi-cercle, tourné en sens inverse du premier; enfin, de retour à la première position, on sera de nouveau en face de la partie obscure.

On aura eu ainsi sous les yeux les quatre phases principales de la Lune, et on aura pu observer la série variée et continue des aspects intermédiaires.

Si, au lieu de tourner autour du globe, le spectateur reste immobile et que l'on promène le globe autour de lui, les phénomènes resteront tout à fait les mêmes; il est bien entendu que, pour avoir toujours le globe sous les yeux, le spectateur fixé au centre du cercle doit pivoter sur lui-même.

On obtiendrait un effet plus prononcé si, au lieu de demander de la lumière et de l'ombre à un flambeau, on faisait cette expérience avec un globe dont l'une des moitiés, représentant la partie éclairée, serait peinte en blanc, et l'autre en noir.

Après avoir ainsi observé sur un globe les phénomènes analogues aux phases de la Lune, rien ne sera plus facile que de comprendre les explications qui vont suivre.

IX

Lorsque, le soir, la Lune commence à se dégager des rayons du Soleil, elle nous présente la forme d'un croissant très-délié, dont la convexité est circulaire et se trouve tournée vers le Soleil, la concavité légèrement elliptique fait face à l'orient.

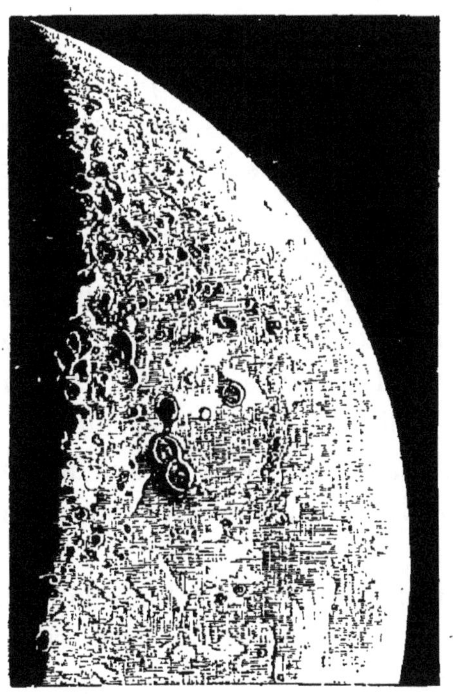

Fig. 44. — Croissant lunaire, six jours après la nouvelle lune.

La largeur de ce croissant va graduellement en augmentant; lorsque la lune nous montre la moitié de sa partie lumineuse, sept jours se sont écoulés; elle se trouve au quart de sa course qu'elle achève en vingt-neuf jours : c'est donc là le premier quartier; elle passe au méridien à six heures du soir, et, continuant de s'avancer vers l'orient, la partie lumineuse s'agrandit de jour en jour, et se présente à nos yeux sous une forme à peu près elliptique ou ovale.

Sept jours et demi après, elle nous présente tout son hémisphère éclairé; alors c'est la pleine Lune; elle se lève à l'orient au même instant que le Soleil se couche à l'occident; son passage au méridien se fait à minuit.

Dans l'intervalle de la pleine Lune au dernier quartier, la pleine Lune décroît de la même manière qu'elle a crû; sa forme devient elliptique jusqu'à ce qu'elle ne nous montre plus que la moitié de son disque.

Alors elle est à son dernier quartier, et ne passe au méridien que vers six heures du matin; c'est pour cela qu'on l'aperçoit encore dans le ciel une grande partie de la journée.

A partir du dernier quartier, la partie lumineuse diminue sans cesse, et bientôt elle ne se montre plus que sous la forme d'un croissant qui paraît le matin à l'orient, avant que le Soleil se lève, les cornes tournées en haut et opposées au Soleil; ce croissant disparaît ensuite, et la Lune redevient nouvelle, parce qu'elle se trouve de nouveau entre la Terre et le Soleil, vers lequel elle tourne son hémisphère éclairé.

La faible lueur répandue sur toute la partie obscure de la Lune dans les premiers et les derniers jours des croissants n'est encore, comme les phases, qu'un effet du mouvement de cet astre et de la circonstance de sa situation par rapport à la Terre.

La Terre réfléchit la lumière du Soleil vers la Lune, de la même manière que la Lune la réfléchit vers la Terre; de sorte que, quand la Lune est nouvelle, la Terre est pour elle en opposition; c'est *pleine Terre* pour la Lune, et la clarté que notre globe lui renvoie est telle, que la Lune peut, à son tour, nous la renvoyer par réflexion, et rendre ainsi visible la totalité du disque au commencement et au déclin du jour.

Ainsi, la lumière qui passe de l'hémisphère éclairé de la Terre sur la surface obscure de la Lune s'y réfléchit, revient à nous, quoique affaiblie, et nous montre la moitié de la Lune qui se trouve non-seulement bordée d'un croissant d'argent, mais couverte dans tout le reste d'une couleur pâle et cendrée, qui la distingue et la détache de l'azur des cieux.

Ce phénomène, connu sous le nom de *lumière cendrée*, cesse d'avoir lieu quand la Lune gagne en âge, car alors la Terre ne lui présente plus qu'une moindre portion de son hémisphère éclairé.

La plupart de ces phénomènes sont exprimés dans la fig. 43, p. 255.

X

M. Janssen, savant bien connu par ses belles expériences sur l'analyse spectrale, a rendu compte à l'Académie des sciences[1] du voyage aéronautique entrepris le 2 décembre 1870, pour traverser les lignes ennemies, afin d'aller étudier dans le bassin de la Méditerranée l'éclipse du 22 du même mois. Dans ce travail d'un haut intérêt scientifique, nous avons spécialement remarqué quelques passages qui peuvent expliquer plusieurs phénomènes météorologiques.

Le départ du *Volta* avait eu lieu le 2 décembre, à 6 heures du matin. Vers les 7 heures 33, le thermomètre marque 1 degré sous 0. Le ciel est splendide, le soleil se lève,

[1] *Comptes rendus de l'Académie des sciences*, 2ᵉ semestre 1871,

et, chose surprenante, lorsque son disque est complétement
dégagé, l'air se refroidit rapidement, le thermomètre tombe
à 7 degrés sous 0, puis à 8. Ainsi, par un effet remarquable, mais qui s'explique parfaitement, l'apparition du Soleil,
qui semblait devoir être pour le ballon une cause d'échauf-
fement, et par suite d'ascension, se traduisit au contraire
par un mouvement de descente très-prononcé. — Le rayonnement solaire eut d'abord pour effet de dissiper les vapeurs
atmosphériques, de rendre la transparence de l'atmosphère
beaucoup plus grande et d'augmenter ainsi dans une proportion considérable le rayonnement du ballon vers les
espaces célestes. L'aérostat perdit par là plus de chaleur qu'il
n'en reçut du Soleil, et son refroidissement occasionna un
mouvement de descente.

« Cette action des premiers rayons solaires sur les vapeurs
atmosphériques, constatée d'une manière si nette et dans
les régions mêmes où elle s'est produite, dit M. Janssen, est
une preuve toute nouvelle et très-forte en faveur de l'opinion qui attribue à la Lune le pouvoir de dissiper des vapeurs
et des nuages légers. A cet égard, le dire de nos cultivateurs
sur les effets de la lune d'avril, celui des Hindous relativement à l'intervention des astres dans la production nocturne
de la glace au Bengale, et d'autres opinions analogues que
j'ai rencontrées dans mes voyages, me semblent plus près
de la vérité que l'on n'a voulu l'admettre jusqu'ici dans la
science. La Lune doit être beaucoup plus qu'un témoin de
la sérénité des nuits où elle se montre, et s'il est vrai que
ses rayons ne gèlent pas directement les plantes ou ne congè-
lent pas l'eau, ne doivent-ils pas être considérés comme les
auteurs de ces effets, s'ils ont pu déchirer le voile atmosphérique protecteur de la végétation et conservateur de la chaleur terrestre ? »

La Lune a toujours été le symbole des caractères changeants

et des caprices de la fortune. Sophocle, dans une tragédie qui n'existe plus, mais dont Plutarque cite un fragment, fait ainsi parler Ménélas : « Mais mon destin, sur la rapide roue de la Fortune, incessamment tourne et se transforme à tout moment. Ainsi la face de la Lune, jamais deux nuits entières, ne saurait persister avec le même aspect : on ne la voyait pas, mais tout à coup elle commence à se montrer; puis son visage se colore d'un plus vif éclat, et s'arrondit de jour en jour. Et, quand elle a brillé dans toute sa splendeur, elle se remet à décroître; à la fin, elle disparaît[1]. »

Vie de Démétrius.

CHAPITRE IX

LES ÉCLIPSES.

Principales éclipses. — Occultation. — Théorie des éclipses de Soleil et de Lune. — Eclipse partielle, totale ou centrale. — Apulse. — Couronne lumineuse, protubérances, proéminences, flammes roses observées pendant les éclipses. — Curieux passage de Lucrèce. — Éclipses solaires les plus remarquables. — Mesure des éclipses. — Immersion et émersion. — Histoire de la connaissance des éclipses. — Phénomènes généraux observés dans une éclipse totale. — Terreur inspirée par les éclipses. — Faits curieux. — Cycle de Méton. — Nombre d'or. — Saros. — Instruments indiquant les éclipses passées et futures. — Utilité de la connaissance des éclipses pour déterminer les dates douteuses. — Faits historiques. — Christophe Colomb et les insulaires. — Périclès et son pilote. — Pélopidas et une éclipse de Soleil. — Les soldats de Paul Emile et une éclipse de Lune. — Frayeur de Nicias, général athénien. — Remarquables paroles de Plutarque.

I

Les principales éclipses sont les éclipses *solaires* et les éclipses *lunaires*.

On distingue aussi les éclipses des planètes, de leurs satellites ou planètes secondaires, et celles des étoiles : ces dernières se nomment plus particulièrement *occultations*.

Il y a *éclipse de Lune* lorsque la Terre, se trouvant interposée entre le Soleil et notre satellite, celui-ci traverse le cône d'ombre que la Terre projette au loin derrière elle.

Pour que ce phénomène se produise, il faut qu'au moment de l'opposition ou de la pleine Lune, cet astre se trouve dans le plan de l'écliptique, ou très-près de ce plan, c'est-à-dire dans les nœuds ou aux environs.

Si l'orbite de la Lune était parallèle à l'écliptique, c'est-à-dire à la courbe que la Terre décrit autour du Soleil dans le courant d'une année, il y aurait éclipse complète toutes les fois que la Lune est pleine; mais l'orbite lunaire étant incliné d'un peu plus de 5 degrés sur le plan de l'écliptique, la Lune se trouve tantôt au-dessus, tantôt au-dessous de ce plan. Il peut donc arriver, lorsqu'elle est pleine, qu'elle passe tout à fait en dehors de l'ombre de la Terre ou qu'elle l'effleure seulement par son bord (c'est ce que l'on appelle *apulse*), ou enfin qu'il y ait *éclipse partielle,* c'est-à-dire qu'elle entre en partie dans cette ombre.

L'éclipse est *totale* quand, au moment de l'opposition, la Lune se trouve dans le nœud même, et qu'elle plonge ainsi tout entière dans l'ombre; on l'appelle *centrale* quand le centre de la Lune coïncide avec l'axe du cône de l'ombre.

En s'éclipsant, le disque de la Lune perd successivement la lumière des diverses parties du disque solaire ; sa clarté diminue ainsi par degrés, et elle ne s'éteint qu'au moment où le disque est complètement enfoncé dans l'ombre terrestre.

La Lune n'étant pas lumineuse par elle-même, et ne brillant que lorsque le Soleil l'éclaire, il s'ensuit que toutes les fois que, dans son mouvement de circulation autour de la Terre, elle se trouve dans des positions où la lumière du Soleil ne peut pas l'atteindre, elle doit disparaître ou s'éclipser.

La Terre étant un corps opaque, projette à l'opposite du Soleil un cône d'ombre, où la lumière de cet astre ne peut pas pénétrer.

Le sommet de ce cône d'ombre s'étend très-loin, à plus de trois fois la distance de la Lune à notre globe.

L'éclipse de Lune est visible pour tout l'hémisphère terrestre tourné vers cet astre.

On appelle *pénombre* la demi-lumière que l'on observe
pendant cette diminution graduelle.

Fig. 45. — Éclipse de Lune.

Jamais dans une année il n'y a plus de sept éclipses ;
jamais il n'y en a moins de deux.

Quand il n'y en a que deux, ce sont toujours des éclipses
de Soleil.

Les éclipses de Lune sont plus rares que celles de Soleil ;
quelquefois il se passe des années qui n'en présentent aucune, telles qu'en 1763, 1767, 1788, 1789.

II

Les *éclipses solaires* se produisent par l'interposition de la Lune entre le Soleil et la Terre, quand la Lune est nouvelle, c'est-à-dire quand elle est en conjonction avec le Soleil.

Le disque solaire s'échancre d'un côté, et la partie obscure augmente pendant un certain temps pour diminuer ensuite et disparaître.

Quelquefois l'obscurité s'étend à tout le disque, et le Soleil disparaît complétement; quelquefois encore, c'est une large tache qui se projette sur l'astre radieux, et laisse tout autour un anneau lumineux.

Il est à remarquer que les éclipses de Soleil n'arrivent que les jours de nouvelle Lune ou des conjonctions, que les éclipses de Lune ne s'observent au contraire que les jours de pleine Lune ou des oppositions.

La distance de la Lune à la Terre est assez courte pour que le diamètre apparent de cet astre, qui est incomparablement plus petit que le Soleil, nous paraisse aussi grand et même quelquefois plus grand.

Lorsque la Lune, dans ses conjonctions, est assez près de ses nœuds pour qu'elle se trouve presque dans le plan de l'écliptique, le cône d'ombre qu'elle projette atteint la Terre, la touche d'abord en un point, la traverse ensuite, et la quitte enfin en un autre point, après un certain temps; les lieux de la Terre compris dans l'espace traversé par l'ombre lunaire voient aussi successivement le Soleil s'éclipser.

Les éclipses de Soleil sont *partielles, totales* ou *centrales : partielles*, lorsque la Lune cache seulement une partie du disque solaire; *totales*, lorsque le disque entier est caché;

la même éclipse de Soleil peut être *partielle* pour un lieu et *totale* pour un autre; *centrale*, celle où l'observateur se place au centre de l'ombre, sur la ligne droite qui joint les centres du Soleil et de la Lune.

Dans les éclipses annulaires, le disque du Soleil déborde

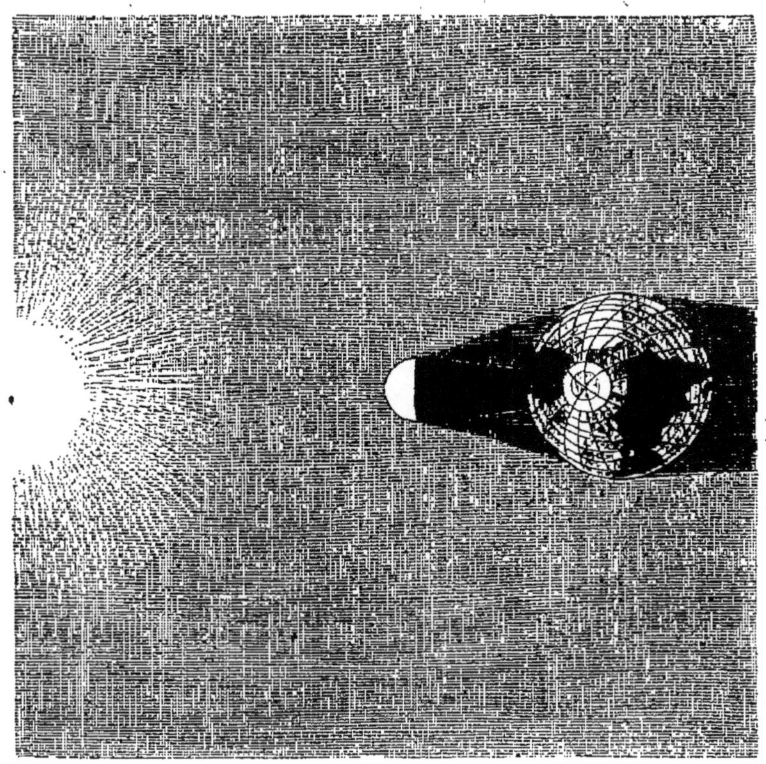

Fig. 46. — Éclipse de Soleil.

de toutes parts celui de la Lune, et apparaît comme un anneau lumineux.

Quand les disques de la Lune et du Soleil ne font que se toucher dans leur passage, il y a ce qu'on nomme *apulse*.

On évalue ordinairement la grandeur des éclipses partielles en prenant pour mesure de la partie éclipsée des douzièmes de diamètre de l'astre éclipsé, auxquels on a donné

18

le nom de *doigts* et que l'on subdivise en 60 minutes.

On appelle *moment de l'immersion* l'instant où le bord de la Lune commence à empiéter sur le bord du Soleil, ou de tout autre astre qu'elle doit éclipser; et on désigne sous le nom d'*émersion* le moment où les dernières parties de notre satellite cessent de se projeter sur l'astre qu'il vient d'éclipser.

S'il s'agit d'une éclipse de Lune, l'immersion est le moment où le disque éclairé de cet astre commence à pénétrer dans le cône d'ombre, et l'émersion l'instant où le disque quitte ce même cône.

III

Pendant les éclipses totales de Soleil, la Lune est entourée d'une couronne lumineuse, qui paraît couleur d'argent. Cette couleur se montra dans toute sa splendeur pendant l'éclipse de juillet 1842. Elle se composait d'une zone circulaire contiguë au bord de la Lune, et d'une seconde moins vive contiguë à la première.

La lumière de cette seconde zone allait en s'affaiblissant de l'intérieur à l'extérieur. Celle de la première était à peu près uniforme.

Lorsque le ciel est bien pur, la couronne a une étendue égale au diamètre de la Lune; mais elle ne brille d'un vif éclat que dans des limites bien plus restreintes; elle laisse souvent échapper des rayons ou aigrettes d'une longueur considérable. La couronne est le phénomène le plus remarquable d'une éclipse vue à l'œil nu.

On observe aussi dans les mêmes circonstances des protubérances rougeâtres sur divers points du contour de la

Lune ; ces lumières ont été appelées proéminences, protubérances, flammes, nuages, montagnes.

D'après M. Cléry, qui observait à Gottemburg, les protubérances du bord occidental augmentaient en saillie à partir du commencement de l'éclipse ; on remarqua même qu'une protubérance d'abord invisible s'y forma pendant le progrès de l'éclipse ; les protubérances orientales diminuèrent d'étendue et finirent par disparaître.

Il paraît, d'après M. Arago, que ces protubérances ne sont ni des montagnes, ni des apparences provenant de déviations que les rayons du Soleil auraient éprouvées, dans les anfractuosités présentées par les bords de la Lune, mais que tout s'explique dans l'hypothèse de nuages flottants dans l'atmosphère diaphane qui entoure la photosphère du Soleil.

Ce fut pendant l'éclipse du 8 juillet 1842 que l'attention des astronomes fut attirée par ces protubérances ou proéminences que l'on observe pendant les éclipses totales de Soleil, et qui s'élancent autour de la Lune comme des flammes gigantesques, de couleur rose ou fleur de pêcher.

De nombreuses observations le P. Secchi conclut que les protubérances sont des amas de matière lumineuse ayant une grande vivacité, et possédant une activité photogénique fort remarquable ; il y a des amas de matière protubérantielle suspendus et isolés comme des nuages dans l'atmosphère solaire ; il existe une zone de cette matiere qui enveloppe le Soleil de toutes parts. Les protubérances proviennent de cette couche ; ce sont des masses qui se soulèvent au-dessus de la surface générale et s'en détachent même quelquefois.

Quelques-unes d'entre elles ressemblent aux fumées qui sortent de nos cheminées ou des cratères des volcans, et qui, arrivées à une certaine hauteur, obéissent à un courant d'air en s'inclinant horizontalement. Le nombre des protubérances est incalculable, elles sont quelquefois tellement multipliées qu'il est vraiment impossible de les compter ; leur hauteur est également très-considérable et très-variable. On en a remarqué dont la hauteur est égale à 3 fois, à 6 fois et même à 10 fois le diamètre de la Terre, mais en général elles ont de 3 à 6 diamètres. M. Janssen étant parvenu à étudier les protubérances par l'analyse spectrale, a découvert que l'hydrogène est la principale des substances qui les constituent. Ce beau résultat obtenu par M. Janssen a ensuite été constaté par d'autres astronomes.

IV

Maintenant que nous venons de résumer nos connaissances actuelles sur les éclipses, nous citerons le passage suivant de Lucrèce, qui nous fait voir les suppositions que l'état de la science permettait alors de faire :

« Les éclipses de Soleil et de Lune sont aussi susceptibles de plusieurs explications. Car si la Lune peut ravir à la Terre la puissance du Soleil, nous cacher son front brillant, et, par l'interposition de sa masse opaque, en intercepter tous les rayons, un autre corps doué de mouvement et privé sans cesse de lumière, ne peut-il pas, dans le même temps, produire le même effet ? Le Soleil lui-même ne peut-il pas, dans un certain temps, languir et perdre son éclat, qu'il reprend après avoir traversé les régions de l'air ennemies de sa flamme et qui occasionnaient l'extinction de sa lumière ? Si la Terre peut à son tour dépouiller la Lune de sa clarté, et, placée au-dessus du Soleil, tenir tous ses rayons captifs, pendant que l'astre des mois se plonge dans l'ombre épaisse et conique de notre globe, un autre corps ne peut-il pas, dans le même temps, rouler sous le globe de la Lune, et au-dessus du disque solaire, et, par cette interposition, fermer le passage à la lumière? Et si la Lune brille d'un éclat qui lui soit propre, ne peut-elle pas languir dans certaines régions du monde, en traversant un fluide capable d'éteindre ses feux [1]? »

On le voit, il ne serait plus permis même à un poëte de faire maintenant les hypothèses que Lucrèce pouvait alors hasarder.

L'admirable logique de la nature, qui ne trompe jamais dans les conséquences de ses lois, nous permet tout aussi bien d'annoncer la manifestation des éclipses pour les divers points du globe, de décrire leurs phases, d'annoncer la seconde où elles se termineront, en un mot, de dessiner et d'exposer leurs plus minutieux détails, et avec autant d'exactitude que s'il s'agissait d'une éclipse passée.

V

Parmi les éclipses solaires les plus remarquables que l'on ait vues en France, on cite l'éclipse annulaire qui, en 1764, fut visible en plusieurs lieux; elle dura 5 heures 29 minutes 30 secondes. En 1847, le 9 octobre, pareille éclipse a été observée à Paris.

La plus belle éclipse du xixe siècle, pour Paris, a eu lieu le 15 mars 1858; elle a commencé à 11 heures 21 minutes du matin. Elle a présenté sa plus grande phase à 1 heure 11 minutes; elle s'est terminée à 2 heures 28 minutes.

Cette éclipse était impatiemment attendue par tous les as-

[1] *Lucrèce*, liv. V.

tronomes, soit pour essayer des instruments nouveaux, soit pour faire de nouvelles expériences. Mais l'aspect du ciel n'a pas répondu aux intelligents préparatifs qui s'étaient faits dans les observatoires, au premier rang desquels il faut citer l'observatoire technomathique, dirigé alors avec tant d'intelligence par l'infatigable et savant M. Porro.

Rien de plus imposant, de plus grandiose ni de plus simple en même temps que cet observatoire situé en plein air, qui n'avait d'autre voûte que le ciel même, où s'élevait la plus grande lunette du monde, et où plus de vingt des plus puissants objectifs étaient braqués dans l'espace pour lire dans les cieux, au moment où l'astre du jour allait, pour nous, perdre progressivement sa lumière.

Malgré le temps peu favorable, des savants et des artistes éminents ont pu faire des observations qui profiteront sans doute à la science. Nous avons été heureux de participer nous-même à ces grandioses observations. Notre fig. 47 est une copie des principales images photographiques que le savant constructeur d'instruments d'optique, M. Porro, et l'habile photographe M. Quinet ont obtenues de cette belle éclipse, sous la direction de plusieurs astronomes, principalement de M. Faye, de l'Institut. Sur ces épreuves ne se dessine pas la Lune en dehors du Soleil, mais nous avons indiqué son limbe sous les n°^{s} 3, 4 et 5. Ces images photographiques ont été également reproduites dans la *Science pour tous*, 3me année, n° 38.

L'éclipse du 18 août 1868 a été visible dans la partie orientale de l'Afrique, aux bords de la Mer Rouge, en Arabie, en Chine, à Madagascar, à l'île de Ceylan, en Australie.

La Lune est sortie d'un périgée exceptionnellement rapproché de la terre ; elle a passé en même temps par le nœud ascendant de son orbite. Il en résulte que le Soleil éclipsé a été très-près du zénith dans les pays où l'éclipse a eu lieu à midi. Le diamètre apparent de la Lune a donc été très-grand, et le mouvement de l'ombre très-lent.

La durée *maxima* de la totalité a eu lieu dans le golfe de Siam, où elle a atteint 6 m. 50 s., le Soleil ayant été à 2 degrés et demi seulement du zénith. L'éclipse totale de 1868 est donc une des plus considérables qui puissent

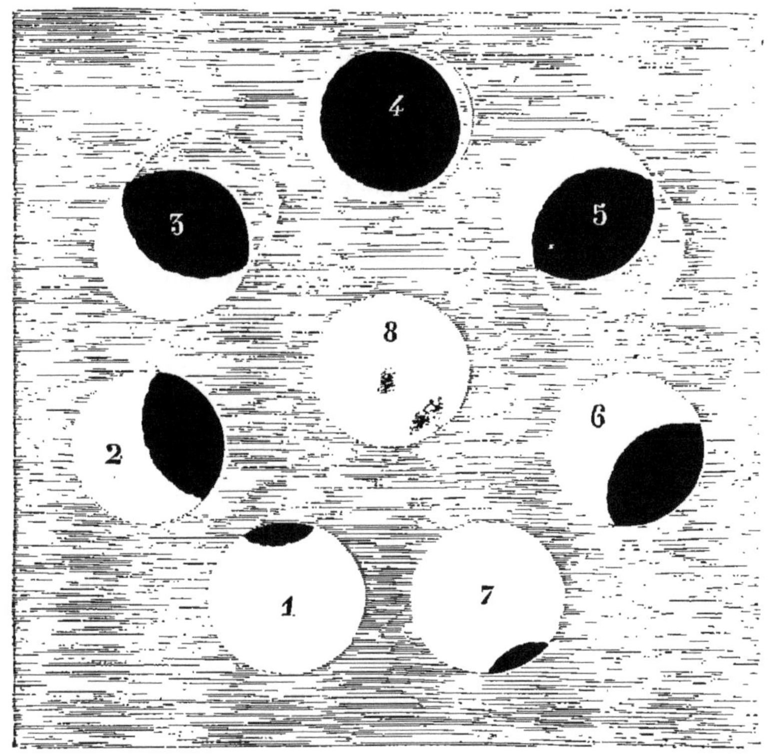

Fig. 47. — *Éclipse de Soleil du* 15 *mars* 1858.

Nᵒˢ 1, 2, 3, phases croissantes. — Nᵒ 4, phase maximum. — Nᵒˢ 5, 6 et 7, phases décroissantes. — Nᵒ 8, le Soleil avec les taches qu'il présentait huit jours après l'éclipse.

avoir lieu. De mémoire d'homme, aucune éclipse n'a offert une durée aussi longue, et deux seulement peuvent lui être comparées sous le rapport de la grandeur. Ce sont l'éclipse de Thalès, arrivée 585 ans avant J.-C., le 28 mai, et celle qui a été observée en Écosse, le 17 juin 1843, et dont le peuple a longtemps conservé le souvenir sous le nom de l'*Heure noire*.

Les observateurs qui s'étaient rendus dans l'Inde, à Guntor et à Cocanadah, au mois d'août 1868, afin d'observer l'éclipse totale du Soleil, espéraient ajouter quelque connaissance nouvelle à celles qui sont acquises déjà sur la constitution de cet astre. Leur espoir n'a pas été déçu; immédiatement après l'éclipse totale, deux magnifiques protubérances ont apparu. M. Janssen, envoyé par l'Académie des sciences, a pu analyser leur lumière au spectroscope, et il reconnut qu'elles étaient formées par deux immenses colonnes gazeuses et incandescentes, dans lesquelles l'hydrogène dominait.

Mais la plus précieuse découverte qui résulte des observations est le moyen imaginé, au moment même du phénomène céleste, par M. Janssen, permettant d'étudier en tout temps les protubérances et les régions circumsolaires. Il est fondé sur les propriétés spectrales de la lumière des protubérances, lumière qui se résout en un petit nombre de faisceaux très-lumineux, correspondant à des raies obscures du spectre solaire. Du 19 août au 4 septembre, l'astronome français a appliqué sa méthode à loisir, et il a recueilli un grand nombre de faits.

Cette méthode n'appartient pas exclusivement à M. Janssen; c'est un astronome anglais, M. Norman Lockyer, qui en a conçu la première idée, en 1866; mais son application était restée infructueuse jusqu'au 20 octobre 1868, époque à laquelle il réussit, à Londres, comme M. Janssen à Guntor, par une sorte de tour de main. L'honneur de la découverte doit donc être partagé entre les deux savants qui ont eu, sans se concerter, la même inspiration [1].

[1] M. Faye, *Académie des sciences.*

VI

Les phénomènes généraux que l'on observe dans une éclipse totale ont été décrits de la manière suivante par le P. Secchi : « Une éclipse ne commence à présenter un intérêt vraiment sérieux qu'à partir du moment où le centre du Soleil est couvert par la Lune. La lumière commence alors à diminuer d'une manière très-sensible, et lorsqu'approche le moment de la totalité, cette diminution est tellement rapide, qu'elle a quelque chose d'effrayant. Ce qui frappe alors, ce n'est pas seulement l'affaiblissement de la lumière, c'est surtout le changement de couleur que présentent les objets. Tout devient triste, sombre et comme menaçant. Le paysage le plus vert se recouvre d'une teinte grise; dans les régions les plus élevées et les plus voisines du Soleil, le ciel prend une couleur de plomb, tandis qu'auprès de l'horizon il devient d'un jaune verdâtre. Le visage de l'homme présente une teinte cadavérique analogue à celle que produit la flamme de l'alcool saturée de chlorure de sodium. Cette teinte jaunâtre et surtout l'abaissement de la température semblent accuser une diminution dans la puissance vitale de la nature.

« En même temps, un silence général s'établit dans l'atmosphère : les petits oiseaux disparaissent, les insectes se cachent; tout semble présager un imminent et terrible désastre. On conçoit très-bien, dit M. Forbes, que les populations ignorantes soient saisies d'une immense frayeur en voyant ainsi pâlir l'astre du jour, et qu'elles se figurent assister au commencement d'une nuit éternelle. Le P. Faura nous dit que, dans la dernière éclipse de 1868, des Chinois se jetèrent dans des embarcations afin d'échapper au désas-

tre; ils ne furent pas même rassurés par la présence des astronomes qui étaient là avec leurs instruments tout prêts à
faire leurs observations [1] ! »

Il est facile à un observateur convenablement placé de suivre
la marche de l'ombre totale; dans les derniers instants, le
croissant diminue avec une rapidité surprenante; bientôt il
est réduit à un mince filet terminé par des pointes très-aiguës; enfin il disparaît. Aussitôt la scène change d'une manière subite et complète; au milieu d'un ciel couleur de
plomb se détache un disque parfaitement noir, entouré d'une
gloire magnifique de rayons argentés, parmi lesquels scintillent des jets de flammes roses.

Ce spectacle, d'une beauté tout à la fois sublime et
effrayante est parfaitement décrit et avec une exactitude
scientifique toute spéciale par Baily, l'astronome anglais :
« J'étais tout occupé, dit-il, à compter les oscillations de mon
chronomètre, afin de saisir l'instant précis de la disparition
totale, plongé dans un silence profond au milieu de la foule
qui se pressait dans les rues, sur la place et aux fenêtres des
maisons, et dont l'attention était tout entière absorbée
par le spectable qu'elle contemplait. Tout à coup, le dernier rayon disparaît, et je suis assourdi par une explosion
d'applaudissements et de bravos qui éclatent au milieu de
cette immense multitude. Toutes mes fibres s'électrisent
et un frémissement s'empare de moi; je regarde le Soleil,
et je me trouve en face du spectacle le plus ravissant que
l'imagination puisse créer. L'astre du jour était remplacé
par un disque noir comme la poix, environné d'une gloire
brillante, analogue à celle qu'on représente autour de la
tête des saints.

« A cette vue je demeurai saisi d'étonnement; je perdis

____

[1] *Le Soleil*, p. 144.

une portion considérable de ces moments précieux, et je fus sur le point d'oublier le but de mon voyage. Je m'attendais bien, d'après les descriptions que j'avais lues, à voir autour du Soleil une certaine lumière, mais faible et crépusculaire ; tandis que je voyais une auréole brillante dont l'éclat, très-

Fig. 48. — Aspect du Soleil éclipsé.

vif sur le bord du disque, diminuait graduellement et disparaissait à une distance égale à peu près au diamètre de la Lune. Je n'avais rien prévu de semblable.

« Je fus bien vite revenu de mon étonnement, et je mis de nouveau l'œil à ma lunette, après avoir ôté le verre noir de l'oculaire. Une nouvelle surprise m'attendait. La couronne des rayons qu'entourait le disque lunaire était interrompue en trois points par d'immenses flammes de couleur de pourpre, dont le diamètre était d'environ deux minutes. Elles paraissaient tranquilles et présentaient le même aspect que les sommets neigeux des Alpes éclairés par le Soleil couchant. Il me fut impossible de distinguer si ces flammes étaient des nuages ou des montagnes ; pendant que je cherchais à les étudier pour en déterminer la nature, un rayon de Soleil brille dans les ténèbres, vient revivifier la nature, mais me plonge dans cette tristesse qu'éprouve une personne qui voit disparaître l'objet de ses vœux au moment où elle était sur le point de le saisir. »

VII

Les historiens nous ont laissé de curieuses relations, sans doute empreintes quelquefois d'exagération, sur l'obscurité répandue pendant les éclipses totales de Soleil.

Pendant celle de 1560, on ne voyait pas assez, disent-ils, pour poser le pied : les ténèbres étaient plus profondes que celles de la nuit.

L'éclipse d'Agathocle, celle qui parut 310 ans avant Jésus-Christ, aurait été d'une obscurité exceptionnelle, car on rapporte que les étoiles apparaissaient de toutes parts.

Pendant l'éclipse de 1715, Halley aperçut à la simple vue, et en regardant au hasard, Vénus, Mercure, la Chèvre et Aldébaran. Dans une direction particulière, où l'atmosphère paraissait moins éclairée, il put compter à l'œil nu vingt-deux étoiles.

Dans cette même éclipse, qui eut lieu à neuf heures du matin, Louville raconte que l'on ne voyait pas assez pour lire, quoique l'on distinguât les lignes d'écriture.

Dans la plupart des autres grandes éclipses, les observateurs aperçurent de même plusieurs planètes et plusieurs constellations.

Rien de plus piquant que les effets produits par le passage subit du jour à la nuit, au moment des grandes éclipses.

Pendant l'éclipse de 1706, à Montpellier, disent des témoins oculaires, les chauves-souris voltigeaient comme à l'entrée de la nuit; les poules, les pigeons coururent précipitamment se renfermer; les petits oiseaux qui chantaient dans les cages se turent et mirent la tête sous l'aile; les bêtes qui étaient au labour s'arrêtèrent.

Voici quelques observations assez curieuses faites de même à Montpellier, mais pendant l'éclipse de 1842 :

« Des chauves-souris, dit M. de Lentheric, professeur, croyant la nuit venue, quittèrent leur retraite; un hibou sortit d'une tour de Saint-Pierre, traversa en volant la place du Peyrou; les hirondelles disparurent, les poules rentrèrent; des bœufs qui passaient librement près de l'église Muguedelonne se rangèrent en cercle, adossés les uns aux autres, comme pour résister à une attaque. »

« On vit, dit M. l'abbé Deytal, des chevaux qui marchaient sur l'aire du battage du blé, se coucher; des moutons, dispersés sur la prairie, se réunir précipitamment comme dans un danger; des poussins se groupèrent sous l'aile de la mère; un pigeon, surpris par l'obscurité tandis qu'il volait, allant se heurter contre un mur, tomber tout étourdi et ne se relever qu'à la réapparition du Soleil. »

Le *Journal des Basses-Alpes* rapporte, dans le numéro du 9 juillet 1842, une anecdote qui peut trouver sa place ici :

« Un pauvre enfant de la commune de Sieyès gardait son troupeau. Ignorant complétement l'événement qui se préparait, il vit avec inquiétude le Soleil s'obscurcir par degrés; aucune vapeur ne lui donnait l'explication de ce phénomène ; lorsque la lumière disparut tout à coup, le pauvre enfant, au comble de la frayeur, se mit à pleurer et à crier *au secours !...* Ses larmes coulaient encore lorsque le Soleil donna son premier rayon. Rassuré à son aspect, l'enfant croisa les mains en s'écriant : *O beou Souleou !* (ô beau Soleil !) »

Un habitant de Perpignan, rapporte M. Arago, priva à dessein son chien de nourriture à partir de la soirée du 7 juillet 1842. Le lendemain matin, au moment où l'éclipse totale allait avoir lieu, il jeta un morceau de pain au pauvre animal, qui commençait à le dévorer lorsque les derniers rayons du Soleil disparurent. Aussitôt le chien laissa tomber le pain ; il ne le reprit qu'au bout de deux minutes après la fin de l'obscurité totale, et le mangea alors avec une grande avidité.

Un autre chien se réfugia dans les jambes de son maître lorsque le Soleil s'éclipsa.

A La Tour, chef-lieu de canton dans les Pyrénées-Orientales, un habitant avait trois linottes. Le 8 juillet 1842, de grand matin, en suspendant à la fenêtre de son salon la cage qui renfermait les trois petits oiseaux, il remarqua qu'ils paraissaient très-bien portants ; cependant après l'éclipse un d'entre eux était mort.

Riccioli rapporte qu'au moment de l'éclipse totale de 1415, on vit en Bohême des oiseaux tomber morts de frayeur. La même chose est rapportée de l'éclipse de 1560 : « Les oiseaux, chose merveilleuse ! disent les témoins oculaires, saisis d'horreur, tombaient à terre. »

« Dans une campagne dont je ne retrouve pas le nom, dit M. Arago en parlant de l'éclipse de 1842, des poules, au moment de l'éclipse totale, abandonnèrent subitement le millet qu'on venait de leur donner, et se réfugièrent dans une étable.

« Une poule, entourée de poussins, s'empressa de les appeler et de les couvrir de ses ailes. »

On a remarqué aussi que des fourmis en marche s'arrêtèrent au moment où le Soleil disparaissait entièrement, mais sans abandonner les fardeaux qu'elles traînaient; elles continuèrent de nouveau leur chemin dès que la lumière eut repris une certaine force.

On rapporte également que des abeilles qui avaient quitté leur ruche en grand nombre au lever du Soleil y rentrèrent avant le moment de l'éclipse totale, et qu'elles attendirent, pour en sortir de nouveau, que l'astre éclipsé eût repris tout son éclat.

Un phénomène très-singulier, raconté par plusieurs savants, c'est le changement de coloration des objets terrestres, lorsque l'obscurité provenant des éclipses de Soleil est arrivée à un certain degré.

On remarque, disent Plantade et Clapés, en rendant compte de l'éclipse totale qu'ils observèrent à Montpellier, le 12 mai 1706, que, suivant le progrès ou la diminution de l'éclipse, les objets changent de couleur.

Au huitième doigt, c'est-à-dire quand les deux tiers du diamètre du Soleil étaient sous la Lune, tant avant qu'après l'obscurité totale, ils étaient d'un jaune orangé. Quand l'éclipse fut parvenue à un peu plus de onze doigts et demi, c'est-à-dire lorsqu'il n'y avait plus de visible que la vingt-cinquième partie du diamètre du Soleil, les objets parurent tirant sur l'eau vive.

Halley donne le passage suivant sur l'éclipse totale de 1715. « Quand l'éclipse fut arrivée à dix doigts, c'est-à-dire au moment où la Lune couvrit les dix douzièmes du diamètre du Soleil, l'aspect et la couleur du ciel commencèrent à changer, le bleu d'azur devint d'une couleur livide, mélangée d'une couleur pourpre. »

Ces changements de couleur, qui n'ont rien de mystérieux et qui se rattachent aux lois de l'optique, ont ensuite
été observés par tous les astronomes.

VIII

Toutes les éclipses lunaires et solaires reparaissent dans
le même ordre après un intervalle de dix-huit ans et onze
jours environ, que l'on appelle *cycle de Méton* ou *nombre
d'or*. Les Chaldéens appelaient cette période *saros*.

A la suite de dix-huit années solaires, le Soleil se retrouve ainsi, soit en opposition, soit en conjonction, à la
même distance des nœuds de l'orbite de la Lune où il était
placé à l'origine de la période.

Il suffit donc d'avoir observé des éclipses pendant une
période de dix-huit ans, pour pouvoir prédire celles qui
auront lieu dans une période quelconque de même durée.

Rœmer, astronome distingué, auquel nous devons la
découverte de la vitesse de la lumière, a inventé une espèce
de planisphère et de montre qui, par le moyen d'une ma-
nivelle que l'on tourne, marque toutes les éclipses de planètes qui ont été et qui arriveront. On trouve cette machine, avec plusieurs autres très-curieuses, à l'observatoire
de Paris.

M. de la Hire a aussi inventé une machine qui montre
toutes les éclipses tant passées que futures, selon le moyen
mouvement de la Lune, avec les points de lunaison et les
épactes.

Les épactes astronomiques permettent de prédire très-
exactement les éclipses, en calculant les conjonctions
moyennes ou de nouvelles lunes, ainsi que celles des oppositions ou de pleines lunes, en déterminant pour ces

instants la distance du Soleil au nœud de la Lune, et cherchant si cette distance tombe dans les limites où il peut y avoir éclipse.

« Les anciens, qui étaient extrêmement loin de connaître les mouvements de la Lune avec autant de précision que nous, dit M. Delaunay, n'avaient pas le moyen de prédire les éclipses de Soleil. Ils prédisaient seulement les éclipses de Lune, en se fondant sur ce que ces éclipses se reproduisent à très-peu près périodiquement, présentant le même caractère et le même espacement entre elles tous les 18 ans 11 jours; en sorte qu'il suffisait d'avoir observé et enregistré toutes les éclipses de Lune qui s'étaient produites dans une pareille période de temps, pour annoncer avec certitude les éclipses qui devaient se produire dans la période suivante. Maintenant, au contraire, avec la connaissance beaucoup plus précise que nous avons du mouvement de la Lune et aussi de celui du Soleil, nous sommes en mesure de calculer et d'annoncer un grand nombre d'années et même de siècles à l'avance non-seulement les circonstances générales des éclipses de Lune et aussi des éclipses de Soleil, mais encore toutes les particularités que ces dernières éclipses doivent présenter dans tel lieu qu'il nous plaira de choisir sur la Terre. Nous pouvons de même, par un examen rétrospectif, nous rendre compte de toutes les circonstances qu'une éclipse ancienne a dû présenter dans telle ou telle localité [1]. »

Les éclipses peuvent donc servir à la chronologie, soit pour fixer la date exacte d'un événement éloigné, soit pour corriger de fausses indications.

Voici quelques exemples cités dans l'*Annuaire du bureau des longitudes* :

On lit dans Hérodote [2] : « Après cela les Lydiens et

____

[1] Delaunay, *Ann. du Bureau des longitudes*, 1868, p. 477.
[2] Hérodote, liv. Ier, § 74.

les Mèdes furent en guerre pendant cinq années consécutives ; dans cette guerre, souvent les Mèdes furent vainqueurs des Lydiens ; souvent aussi les Lydiens vainquirent les Mèdes ; une fois même ils se battirent la nuit. Or, comme la guerre se soutenait avec des chances égales des deux côtés, la sixième année, un jour que les armées étaient aux prises, il arriva qu'au milieu du combat le jour se changea subitement en nuit : Thalès de Milet avait prédit ce phénomène aux Ioniens, en indiquant précisément cette même année dans laquelle il eut lieu en effet. Les Lydiens et les Mèdes, voyant que la nuit succédait subitement au jour, mirent fin au combat et ne s'occupèrent plus que du soin d'établir la paix entre eux. »

L'éclipse dont il est ici question est connue sous le nom d'*éclipse de Thalès*. Les différents auteurs qui en ont parlé lui assignent des dates très-diverses : depuis le 1er octobre 583 avant J.-C. jusqu'au 3 février 626 avant J.-C. M. Airy, profitant des données les plus récentes sur la théorie du mouvement de la Lune, a fixé cette éclipse au 28 mai de l'année 585 avant J.-C.

On lit également dans Diodore de Sicile un passage relatif à une éclipse totale de Soleil, qui eut lieu pendant qu'Agathocle, fuyant du port de Syracuse, où il était bloqué par les Carthaginois, se hâtait de gagner la côte d'Afrique : « Comme Agathocle était déjà enveloppé par l'ennemi, la nuit étant survenue, il s'échappa contre toute espérance. Le jour suivant, il se produisit une telle éclipse de Soleil, que l'on pouvait croire qu'il était tout à fait nuit, car les étoiles apparaissaient de toutes parts. De sorte que les soldats d'Agathocle, persuadés que les dieux leur présageaient quelque malheur, étaient dans la plus vive inquiétude sur l'avenir[1]. »

---

[1] *Diodore*, liv. XX, § 5.

Les astronomes ont reconnu que l'éclipse dont il s'agit ici doit être fixée au 15 août de l'année 310 avant J.-C.

IX

Jusqu'à ce que l'astronomie eût dévoilé la cause des éclipses, ces phénomènes ont été, comme les comètes et les aurores boréales, pour les uns un sujet d'alarme, et pour les autres l'objet d'une infinité de conjectures

Un des faits les plus remarquables que nous ait conservés l'histoire sous ce rapport, est le parti qu'a su tirer Christophe Colomb de la connaissance de ces phénomènes singuliers, dans une extrémité où les Castillans se voyaient menacés de mourir de faim. Colomb était obligé, pour vivre lui et les siens, d'avoir recours aux insulaires du Nouveau Monde, qu'il avait découvert. Il agissait avec douceur, et faisait régner parmi ses gens une exacte discipline; jusqu'alors il n'avait jamais rien reçu des insulaires qu'ils n'eussent volontairement apporté. Cependant, leurs provisions diminuant, ils se lassèrent enfin de nourrir des étrangers affamés qui les exposaient eux-mêmes à manquer du nécessaire. Les Castillans se virent donc menacés de mourir de faim. Dans cette extrémité, Colomb s'avisa d'un stratagème qui lui réussit. Ses connaissances astronomiques lui avaient fait prévoir que l'on aurait bientôt une éclipse de Lune. Il fit dire à tous les caciques voisins qu'il avait à leur communiquer des choses fort importantes pour la conservation de leur vie. Un intérêt si pressant les eut bientôt assemblés.

Il leur reprocha vivement leur refroidissement et leur dureté, et déclara d'un ton ferme qu'ils en seraient bientôt punis, qu'il était sous la protection d'un Dieu qui se préparait à le venger : « N'avez-vous pas vu, leur dit-il, ce qu'il en a coûté à ceux de mes soldats qui ont refusé de m'obéir ? Quel danger n'ont-ils pas courus en voulant passer à l'île d'Haïti pendant que ceux que j'y ai envoyés ont traversé sans peine ? Bientôt vous serez un exemple beaucoup plus terrible de la vengeance du Dieu des Espagnols ; et pour vous faire connaître les maux qui vous menacent, vous verrez dès ce soir la Lune rougir, s'obscurcir et vous refuser sa lumière ; mais ce n'est que le prélude de vos malheurs si vous vous obstinez à me refuser des vivres. »

L'éclipse commença quelques heures après, et les insulaires, épouvantés, poussèrent d'effroyables cris. Ils allèrent aussitôt se jeter aux pieds de l'amiral et le conjurer de demander grâce pour eux et pour leur île. Il se fit un peu presser, pour donner plus de force à son artifice, et, feignant de se rendre, il leur dit qu'il allait apaiser la colère céleste. Il s'enferma pendant toute la durée de l'éclipse ; les Américains recommencèrent à jeter de grands cris. Enfin, lorsqu'il vit reparaître la Lune, il sortit d'un air joyeux pour leur assurer que ses prières étaient exaucées, et que Dieu leur pardonnait cette fois, parce que, ayant répondu pour eux, il l'avait assuré qu'ils seraient désormais bons et dociles, et qu'ils fourniraient des vivres aux chrétiens. Dès lors les insulaires évitèrent avec un soin extrême de causer le moindre mécontentement aux Espagnols, dit l'historien, et, loin de leur rien refuser, ils prévinrent même leurs désirs.

« Dans toutes les Indes orientales, dit Fontenelle dans ses *Entretiens sur la pluralité des mondes,* on croit que quand le Soleil et la Lune s'éclipsent un certain dragon qui a les griffes très-noires les étend sur ces deux astres, dont il veut se saisir, et vous voyez pendant ce temps-là les rivières couvertes de têtes d'Indiens qui se sont mis dans l'eau jusqu'au cou, parce que c'est une situation fort dévote selon eux et très-propre à obtenir du Soleil et de la Lune qu'ils

se défendent bien contre le dragon. En Amérique, on était persuadé que le Soleil et la Lune étaient fâchés quand ils s'éclipsaient, et Dieu sait ce que l'on ne faisait pas pour se raccommoder avec eux.

« Mais les Grecs, qui étaient si raffinés, n'ont-ils pas cru longtemps que la Lune était ensorcelée, et que les magiciens la faisaient descendre du ciel pour jeter sur les herbes une certaine écume malfaisante? Et nous, n'eûmes-nous pas une belle peur, en 1654, à une certaine éclipse de Soleil qui, à la vérité, fut totale? Une infinité de gens ne se tinrent-ils pas enfermés dans les caves? »

X

Les faits suivants nous montrent jusqu'à quel point les anciens étaient affectés par ces phénomènes.

Pélopidas, illustre général grec, à la tête de diverses troupes réunies, était sur le point de livrer un combat à Alexandre de Phères, l'an 364 ou 365 avant J.-C. : « Tout avait été prêt en peu de temps, et le général allait se mettre en campagne lorsqu'il survint une éclipse de Soleil, et la ville en plein jour fut couverte de ténèbres. Pélopidas, alors, voyant que ce phénomène troublait tous les esprits, ne voulut pas faire violence aux sentiments d'hommes épouvantés et qui avaient perdu toute confiance, et s'en aller ainsi jeter dans une entreprise périlleuse sept mille citoyens. Il se dévoua seul : il ne prit avec lui que trois cents cavaliers volontaires, et il partit, malgré les devins et malgré les désirs de ses concitoyens; car ce phénomène céleste paraissait un signe terrible et qui menaçait quelque grand personnage [1]. »

---

[1] Plutarque, *Vie de Pélopidas.*

En guerre contre le Péloponnèse, Périclès avait équipé cent cinquante vaisseaux, montés par une nombreuse et vaillante troupe, et qui inspirait autant de crainte à l'ennemi que d'espérance aux Athéniens. On allait mettre à la voile : tous les équipages étaient au complet, les troupes embarquées, et Périclès sur sa trirème, lorsque survint une éclipse de Soleil : « Tous, effrayés de cette obscurité soudaine, la prirent pour un présage terrible. Périclès, voyant son pilote saisi d'épouvante et tout éperdu, étendit son manteau devant les yeux de cet homme, et lui en couvrit la tête; puis il lui demanda s'il trouvait ceci un événement effrayant, ou le présage de quelque sinistre. — Non, dit le pilote. — Eh bien, reprit Périclès, quelle différence y a-t-il entre ceci et cela, si ce n'est que ce qui cause cette obscurité est plus grand que mon manteau [1] ? »

Drusus, envoyé par Tibère vers les légions romaines révoltées, profite de la terreur inspirée par une éclipse de Lune pour les ramener à l'ordre [2] : « La nuit était menaçante, dit Tacite, quelque forfait allait éclater; le hasard rétablit le calme. La Lune, au milieu d'un ciel sans nuage, pâlit tout à coup. Les soldats, ignorant la cause de ce phénomène, y cherchent un rapport avec leur situation présente; ils voient dans l'éclipse de cet astre une image de leur misère, et se persuadent que leurs vœux atteindront heureusement le but, si la déesse recouvre son éclat et sa clarté. Aussitôt ils font retentir l'air du bruit de l'airain, du son des clairons et des trompettes. Selon que la Lune est plus brillante ou plus obscure, ils se réjouissent ou s'affligent; enfin, quand des nuages en s'amassant l'eurent dérobée à leurs yeux, ils crurent qu'elle avait été ensevelie

---

[1] Plutarque, *Vie de Périclès.*
[2] Cette éclipse eut lieu le 26 septembre, la 14ᵉ année de notre ère.

dans les ténèbres, et comme le passage est rapide de la frayeur à la superstition, ils s'écrièrent, en gémissant, que d'éternels malheurs leur étaient annoncés, et que les dieux avaient horreur de leurs excès. Drusus, pensant qu'il fallait profiter de ces dispositions... etc. [1]. »

Voici un fait assez curieux, qui a quelque analogie avec celui de Christophe Colomb que nous venons de raconter, et qui nous rappelle en même temps l'usage antique de deux nations en présence de ces phénomènes.

Paul Émile était à la veille de livrer une grande bataille aux Lacédémoniens. « Quand la nuit fut venue, dit Plutarque, et que les soldats, après le souper, se disposaient au sommeil et au repos, la Lune, qui était dans son plein et déjà haut dans le ciel, se mit tout à coup à noircir : elle perdit peu à peu sa lumière, et après avoir changé plusieurs fois de couleur, elle s'éclipsa complétement. Les Romains frappaient avec grand bruit, comme c'est leur coutume, sur des vases d'airain pour rappeler sa lumière; et ils élevaient vers le ciel une grande quantité de torches et de flambeaux allumés. Les Lacédémoniens ne firent rien de semblable : leur camp était en proie à l'horreur et à l'épouvante; un bruit courait sourdement à travers la multitude, que le phénomène annonçait la chute de leur roi. Paul Émile n'était pas entièrement neuf sur cette matière : il avait entendu parler des anomalies de l'écliptique, qui précipite la Lune, après certaines révolutions réglées, dans l'ombre de la Terre, et qui la font disparaître à nos yeux, jusqu'à ce qu'ayant traversé l'espace obscurci, elle resplendisse de nouveau à la lumière du Soleil. Toutefois, comme il rapportait tout à la divinité, qu'il aimait les sacrifices et qu'il se mêlait de divi-

____

[1] Tacite, *Annales*, liv. Ier.

nation, dès qu'il vit la Lune reprendre sa clarté, il lui sacrifia onze jeunes taureaux. A la pointe du jour, il immola à Hercule jusqu'à vingt bœufs, sans obtenir des signes favorables ; mais au vingt et unième les signes apparurent, et ils annoncèrent la victoire si l'on se tenait sur la défensive[1]. »

XI

Sous l'impression d'une éclipse de Lune une vive frayeur s'empara de Nicias, général athénien, et de ses soldats ; ils perdirent un temps précieux, ce qui fut cause de la défaite de l'armée en Sicile. Nicias lui-même fut fait prisonnier et mis à mort par les Syracusains.

A propos de cette éclipse Plutarque dit les remarquables paroles suivantes : « Celui qui a traité le premier par écrit, et avec le plus de clarté et de hardiesse, des phases de lumière et d'ombre que l'on observe dans la Lune, Anaxagore, n'était pas lui-même alors un ancien auteur, et son traité, loin d'être fort connu, était encore tenu secret, et il ne se répandait que parmi un petit nombre de personnes qui ne l'accueillaient qu'avec une certaine circonspection et une confiance très-bornée. D'ailleurs l'on ne pouvait souffrir les physiciens, et ceux que l'on appelait en ce temps-là météorolesques, parce qu'ils rapetissaient, disait-on, la Divinité, en la réduisant à des causes sans raison, à des forces imprévoyantes, à des passions nécessaires. De là vint que Protagoras fut exilé, Anaxagore mis en prison et sauvé à grand'peine par Périclès ; et Socrate, quoique ses études n'eussent aucun rapport avec celles-là, fut pourtant con-

____

[1] Plutarque, *Vie de Paul Émile.*

damné à mort, à cause de la philosophie. Bien tard, enfin, la doctrine de Platon fit éclater sa lumière, et, grâce à la vie de son auteur, et parce qu'il soumettait les causes physiques nécessaires à des principes divins et souverains, elle fit cesser les imputations calomnieuses dont on noircissait la philosophie, et elle mit en vogue l'étude des mathématiques. C'est pourquoi Dion, son ami, ayant vu la Lune s'éclipser, au moment où il était près de mettre à la voile du port de Zacynthe pour aller attaquer Denys, n'en fut point troublé et n'en leva pas moins l'ancre : il aborda à Syracuse et en chassa le tyran [1]. »

Il est bien évident que plus on connaît les lois de la nature, plus on peut admirer la sagesse de leur Auteur. Celui qui peut tout a tout fait avec les moyens les plus simples; c'est ce que l'on découvre avec admiration à chaque pas que l'on exécute dans la science, et bien loin de devenir impie à mesure que l'on voit tant de grandeur et de magnificence unie à tant de simplicité, on doit éprouver les sentiments qui inspiraient Plutarque, quoiqu'il fût bien éloigné encore des vérités physiques et morales que tous peuvent posséder aujourd'hui, lorsqu'il disait :

« L'homme éclairé par l'étude des lois de la nature éprouve pour la Divinité une vénération pleine de sécurité et d'espérance, au lieu d'une dévotion superstitieuse et toujours alarmée [2]. »

[1] Plutarque, *Vie de Nicias.*
[2] Plutarque, *Vie de Périclès.*

CHAPITRE X.

DES MARÉES.

Leur nature. — Premier des Grecs qui fit attention à la cause de ce phénomène. — Passage de Lucain et d'un hymne à Sylvio Pellico. — Influence de la Lune et du Soleil sur les eaux. — Théorie des marées. — Les marées, par M. Delaunay. — Marées solaires et marées lunaires. — Obstacles aux marées. — Hauteur des marées dans la Lune. — Barre de flot. — Belle description par M. Babinet, de l'Institut. — Utilité des marées. — Charmante allégorie.

I

La Lune joue le principal rôle dans le phénomène des marées, et bien que nous traitions ce sujet dans notre *Histoire des Météores*[1], nous ne pourrions, sans laisser notre livre incomplet, le passer ici sous silence.

Marée vient du mot latin *mare*, qui veut dire mer. C'est le mouvement alternatif et journalier de l'Océan couvrant et abandonnant successivement le rivage. Dans l'espace de 24 heures 49 minutes, ses eaux se portent et se reportent deux fois de l'équateur vers les pôles et des pôles vers l'équateur.

Les eaux montent d'abord pendant environ six heures; elles inondent alors les rivages et se précipitent dans l'in-

---

[1] *Histoire des Météores et des grands phénomènes de la nature*, 3ᵉ édition, 1 vol. gr. in-8° raisin, illustré de 90 gravures et de deux planches chromolithographiques ; Paris, lib. Firmin-Didot et Cⁱᵉ.

térieur des fleuves, jusqu'à de grandes distances de leurs embouchures.

Après être parvenues à leur plus grande hauteur, elles restent quelques instants en repos, un quart d'heure environ; peu à peu elles descendent et se retirent des terres qu'elles avaient envahies: ce second mouvement dure aussi à peu près six heures; lorsqu'elles sont arrivées à leur plus basse dépression, elles restent quelques instants en repos, puis recommencent leur mouvement alternatif.

Le *flux*, que l'on appelle aussi *haute marée*, est le mouvement des eaux vers les pôles; le reflux, que l'on appelle aussi *basse marée*, est le retour des eaux vers l'équateur.

II

Le premier des Grecs qui fit attention à la cause des marées fut Pythéas de Marseille, qui vivait environ trois cent vingt ans avant notre ère. Il disait que la pleine Lune produit le flux et son décours le reflux. Il ne se trompait pas en les attribuant à la Lune, mais il était loin d'en connaître la véritable cause.

Newton, le premier, démontra les relations des marées avec les autres phénomènes de la gravitation universelle.

Lucain, dans sa *Pharsale*, en parlant des côtes maritimes de la France, s'exprime ainsi sur le phénomène des marées : « La même joie se répandit sur ce rivage que la terre et la mer semblent se disputer quand le vaste Océan l'inonde et l'abandonne tour à tour. Est-ce l'Océan lui-même qui de l'extrémité de l'axe roule ses vagues et les ramène? Est-ce le retour périodique de l'astre de la nuit qui les foule sur son passage? Est-ce le Soleil qui les attire pour alimenter ses flammes? est-ce lui qui pompe la mer et l'élève jusqu'aux cieux? Sondez ce mystère, vous qu'agite le soin d'observer le travail du monde. Pour moi, à qui les dieux t'ont cachée, cause puissante de ce grand mouvement, je veux t'ignorer toujours [1]. »

Newton et Laplace ont *cherché*, fait remarquer M. Babinet, et, au grand honneur de l'esprit humain, ils ont *trouvé*.

La Lune passant successivement au-dessus de chaque point de l'Océan, en vertu des lois de l'attraction, en attire les eaux, qui sont d'une mobilité extrême. On ne peut plus méconnaître maintenant l'action que cet astre exerce en vertu des lois de l'attraction sur ce grand et majestueux phénomène de la nature.

Un poëte inconnu a délicieusement exprimé cette influence dans un hymne à Silvio Pellico :

« Astre solitaire, aérien, paisible astre d'argent, ô Lune! comme une blanche voile, tu navigues à travers le firmament, et, comme une douce amie dans ta course antique, tu suis au ciel la marche de la Terre.

« La Terre, si ton disque limpide se rapproche d'elle, la Terre te sent venir, palpite et gonfle ses mers; peut-être est-ce une noble émotion, telle que l'aspect d'un ami en éveille dans un cœur mortel! »

III

On a reconnu :

1° Que les eaux de l'Océan s'élèvent successivement dans chaque endroit où la Lune passe ;

---

[1] Lucain, *la Pharsale*, liv. II.

2° Que la Méditerranée n'a point d'autre marée que celle qui lui est communiquée par l'Océan au détroit de Gibraltar, parce que la Lune ne passe jamais perpendiculairement sur elle;

3° Que le flux et le reflux retardent, comme la Lune, de trois quarts d'heure chaque jour;

4° Que les marées ne reviennent à la même heure qu'au bout d'environ trente jours, ce qui est précisément le temps qui s'écoule d'une nouvelle Lune à l'autre;

5° Que les marées sont toujours plus hautes lorsque la Lune est à sa moindre distance de la Terre;

6° Qu'aux pleines et aux nouvelles lunes, les marées sont plus grandes, parce qu'alors, le Soleil joignant son attraction à celle de la Lune, les eaux de la mer se trouvent plus fortement attirées; tandis qu'à l'époque des quadratures ou quartiers, les marées sont plus faibles, le Soleil détruisant environ un tiers de l'effet de l'attraction de la Lune.

IV

Lorsque la Lune passe d'aplomb sur une partie de l'Océan, les eaux de cette partie, attirées par l'attraction de cet astre, s'élèvent, et comme cette attraction agit en sens contraire de celle de la Terre, les eaux situées de chaque côté du globe, éprouvant une action oblique de la part de la Lune, augmentent de pesanteur et tendent plus fortement vers le centre de la Terre. En même temps, les parties de la mer diamétralement opposées au point attiré par la Lune, étant moins attirées par cet astre que le centre de la Terre, parce qu'elles en sont plus éloignées, se portent moins vers cet astre que le centre de la Terre, ce qui permet à la mer

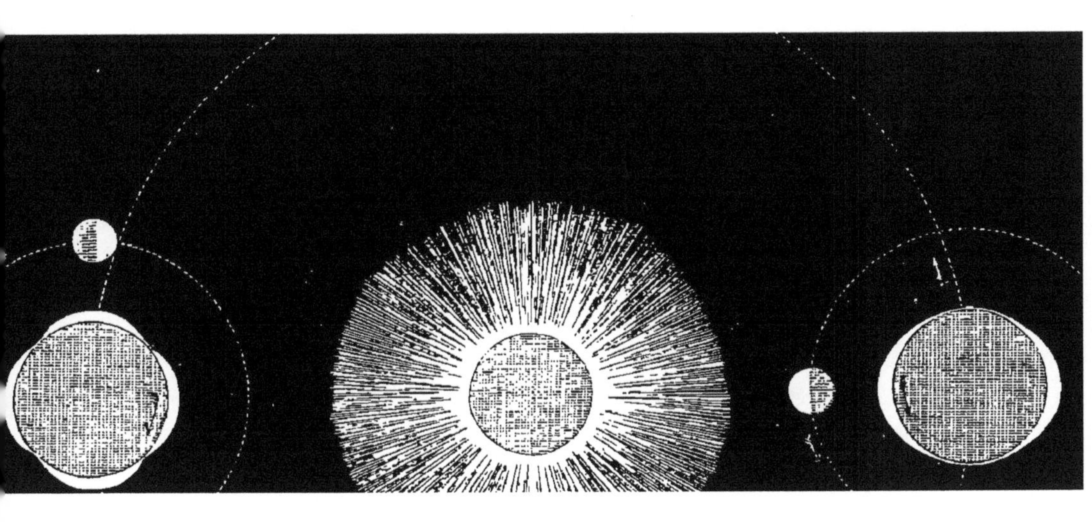

de s'élever aussi du côté opposé à la Lune, et à l'Océan de présenter le phénomène des marées dans deux hémisphères opposés.

La force attractive qu'exerce le Soleil sur la Terre, quoique trois fois moindre que celle de la Lune, suffit cependant pour produire un flux et un reflux.

On peut donc distinguer deux sortes de marées : les marées solaires et les marées lunaires.

L'astre du jour élève les mers à midi et à minuit, heures de son passage au méridien, et les laisse, au contraire, s'abaisser à dix heures du matin et à dix heures du soir.

Deux fois le mois, aux syzygies, ces deux sortes de marées s'accordent dans leurs directions et se réduisent à une seule, parce qu'alors le Soleil attire les eaux du même côté, dans le même sens que la Lune, et produit un effet commun avec elle; tandis qu'aux quadratures, comme nous l'avons fait remarquer, le Soleil, par sa position perpendiculaire à celle de la Lune, contrarie l'action de cet astre : en sorte que les marées sont plus petites aux premiers et aux derniers quartiers, et plus grandes aux pleines et aux nouvelles Lunes.

V

M. Delaunay expose ainsi la théorie des marées :

« Si la Terre était un corps entièrement solide, elle céderait tout d'une pièce à l'attraction que la Lune exerce sur ses diverses parties, sans qu'il en résultât la moindre altération dans sa forme. Mais il n'en est pas ainsi : la surface de la Terre est recouverte en partie par les eaux de la mer, qui, en raison de leur fluidité, peuvent facilement se mouvoir sur cette surface, sous l'action des forces qui leur sont directement appliquées. Or les diverses parties de ces eaux répandues tout autour du globe terrestre, et par conséquent placées à d'inégales distances de la Lune, ne sont pas également attirées par elle. Dans la région de la surface du globe qui est tournée du côté de la Lune, les eaux de la mer sont plus fortement attirées que la partie solide de la Terre considérée dans son ensemble; dans la région opposée, les eaux de la mer sont au contraire moins fortement attirées que cette partie solide. Il en résulte que les eaux situées du côté de la Lune sont portées vers elle par suite de cet excès d'attraction, et que du côté opposé de la Terre les eaux tendent à rester en arrière, relativement à la masse du globe, qui est plus fortement attiré qu'elles. En conséquence, les eaux viennent s'accumuler du côté de la Lune, et y forment une proéminence qui n'existerait pas sans la présence de cet astre; de même, elles s'accumulent du côté opposé à la Lune et y forment une proéminence pareille. Joignez à cela que la Terre, en vertu de son mouvement de rotation sur elle-même, amène successivement les diverses parties de son contour dans la direction de la Lune, ce qui fait que les deux protubérances liquides dont nous venons de parler, pour occuper toujours la même position par rapport à la Lune, changent continuellement de place sur la surface du globe terrestre; et vous verrez qu'en un même point de cette surface, en un même port, on doit observer successivement deux hautes mers, et par conséquent aussi deux basses mers, pendant que la Terre fait un tour entier relativement à la Lune, c'est-à-dire en 24 heures 49 minutes.

« Le Soleil produit un effet analogue sur les eaux de la mer; mais la masse énorme de cet astre est plus que compensée par la grande distance à laquelle il se trouve de la Terre; de sorte qu'en définitive la marée due à l'action du Soleil est beaucoup plus faible que celle dont nous venons de parler, et qui est due à l'action de la Lune. Le phénomène, dans ses allures générales, se règle donc sur la position de la Lune par rapport à la Terre; l'action du Soleil ne fait que la modifier, tautôt en avançant, tantôt en retardant l'heure de la pleine mer, tantôt en augmentant, tantôt en diminuant l'intensité du phénomène, suivant que le Soleil occupe dans le ciel telle ou telle position par rapport à la Lune[1]. »

VI

Le point le plus élevé de la marée ne se trouve pas précisément au-dessous de la Lune, mais toujours à quelque distance vers l'orient, et cette distance n'excède jamais 15 degrés.

Les eaux de l'Océan n'obéissent pas tout à coup à l'attraction qui les soulève; leur état d'inertie s'y oppose, et les empêche de suivre subitement la marche de l'astre qui agit sur elles.

C'est pour cette raison qu'elles n'atteignent pas leur plus haut point d'élévation au moment même où l'attraction lunaire est parvenue à sa plus grande force, mais seulement quelque temps après.

Non-seulement l'attraction solaire contrarie celle de la Lune, mais la résistance et le balancement des eaux, le frottement des côtes et les anfractuosités du rivage, sont autant d'obstacles qui retardent la haute marée.

Au cap de Bonne-Espérance, par exemple, ce retard est de deux heures et demie; mais à Dunkerque et à Douvres,

[1] Delaunay, *Annuaire* pour 1868, p. 467.

il est de douze heures, parce qu'il faut tout ce temps à l'Océan pour traverser la Manche et le Pas-de-Calais, et se répandre sur les côtes. Le flux et le reflux n'en sont cependant pas moins réguliers.

VII

L'élévation plus ou moins grande des eaux dépend non-seulement de l'attraction, mais encore de la nature du fond et du bord de la mer.

La marée sera sans doute plus grande dans un canal où les eaux resserrées trouveront pour s'élever une facilité qu'elles n'ont pas sur un rivage plus vaste et plus découvert.

A Saint-Malo, sur la Manche, les marées sont quelquefois de 15 à 18 mètres; au nord du golfe de Gascogne et à Brest, sur les côtes, elles ne vont guère qu'à 7 ou 8 mètres; à l'île Sainte-Hélène, leur plus grande hauteur n'est que de 1 mètre. A l'île de la Réunion, et dans les autres îles de la grande mer du Sud, à peine ont-elles 35 centimètres.

A l'entrée de la Garonne on remarque que le flux dure sept heures, et le reflux seulement cinq; cette différence est attribuée au cours du fleuve, dont le courant descend contre la direction du flux et favorise, au contraire, le reflux.

Les vents apportent aussi leur influence sur ce phénomène. Si le souffle d'un grand vent a lieu dans la direction de la marée, les eaux s'élèveront plus haut que dans un temps calme; mais si l'action du vent agit dans un sens opposé, le contraire aura lieu.

La marée varie en hauteur d'un jour à l'autre, sur le même rivage. Elle augmente pendant huit jours, puis diminue

pendant le même laps de temps; de sorte que, deux fois le
mois, il y a deux hautes marées à un intervalle de quinze
jours, et deux basses marées également distantes entre
elles; et deux fois l'an, à l'équinoxe du printemps et à celui d'automne, on remarque deux marées beaucoup plus
élevées que toutes les autres.

Newton a calculé que, s'il y a des mers dans la Lune,
l'attraction de la Terre doit y occasionner une marée de
trente mètres de hauteur, tandis que, dans la plupart des
lieux, l'attraction de la Lune n'élève l'eau de notre Terre
qu'à la hauteur de quatre mètres.

VIII

Les rivages et le bassin de la Seine offrent, dans les parages de Quillebœuf, un curieux et redoutable phénomène
des marées, c'est ce qu'on appelle, aux pleines et aux nouvelles Lunes des équinoxes, la *barre de flot*.

Le lecteur me saura gré de laisser parler ici M. Babinet,
de l'Institut, qui a spécialement étudié ces grandioses phénomènes que nous présente la nature.

« Ce mouvement tout-à-fait extraordinaire des eaux de
la mer, immense dans son développement, capricieux par
l'influence des localités, des vents, et surtout par l'état
variable du fond du lit du fleuve, a fait l'objet des longues recherches que je viens aujourd'hui développer devant vous.
Voyons d'abord ce que c'est que la barre de flot. Tandis qu'en
général, et même à l'extrême embouchure de la Seine, au
Havre, à Honfleur, à Berville, la mer, à l'instant du flux,
monte par degrés insensibles et s'élève graduellement, on
voit, au contraire, dans la portion du lit du fleuve au-dessous et au-dessus de Quillebœuf, le premier flot se précipi-

ter en immense cataracte, formant une vague roulante, haute comme les constructions du rivage, occupant le fleuve dans toute sa largeur, de dix à onze kilomètres, renversant tout sur son passage, et remplissant instantanément le vaste bassin de la Seine.

« Rien de plus majestueux que cette formidable vague, si rapidement mobile. Dès qu'elle s'est brisée contre les quais de Quillebœuf, qu'elle inonde de ses rejaillissements, elle s'engage en remontant, dans le lit plus étroit du fleuve, qui court alors vers sa source avec la rapidité d'un cheval au galop. Les navires échoués, incapables de résister à l'assaut d'une vague si furieuse, sont ce qu'on appelle *en perdition*. Les prairies des bords, rongées et délayées par le courant, se mettent, suivant une autre expression locale, *en fonte,* et disparaissent. Successivement, le lit du fleuve se déplace de plusieurs kilomètres de l'une à l'autre des falaises qui le dominent ; enfin, les bancs de sable et de vase du fond sont agités et mobilisés comme les vagues de la surface. Rien de plus étonnant que ces redoutables barres de flot observées sous les rayons du jour le plus pur, au milieu du calme le plus complet, et dans l'absence de tout indice de vent, de tempête ou d'orage de foudre.

« Les bruits les plus assourdissants annoncent et accompagnent ces grandes crises de la nature, préparées par une cause éminemment silencieuse : *l'attraction universelle.* Homère, le grand peintre de la nature, semblerait avoir été témoin de pareils phénomènes, lorsqu'il en écrivait la fidèle description que voici : « Telle aux embouchures d'un fleuve « qui court guidé par Jupiter, la vague immense mugit con- « tre le courant tandis que les rives escarpées retentissent « au loin du fracas de la mer, que le fleuve repousse loin « de son lit. »

IX

Un grand avantage que nous procure le flux, c'est de pousser l'eau de la mer dans les fleuves, et d'en rendre le lit assez profond, pour qu'ils soient capables d'amener jusqu'aux portes des grandes villes les marchandises dont le transport serait, sans cela, beaucoup plus difficile, et quelquefois même impossible.

Les vaisseaux attendent ces cours d'eau pour arriver dans les rades sans toucher le fond, ou pour s'engager sans péril dans le lit des rivières.

Les marées empêchent aussi que la mer, qui est le réceptacle où vont se rendre toutes les immondices du globe, ne vienne à croupir par un trop grand repos; ce qui arriverait infailliblement si le balancement perpétuel que les marées excitent ne purifiait les eaux, en dispersant partout le sel que la mer produit abondamment, et ne détruisait les matières dont la putréfaction pourrait être funeste aux habitants de la Terre.

Les agitations perpétuelles et alternatives de ce vaste amas d'eau qui enveloppe la terre, sont bien propres à nous rappeler celles par lesquelles la vie est sans cesse troublée. L'homme est balloté sur un fleuve inconstant et rapide, admirablement décrit dans ces vers de Métastase :

L'onda del mar divisa.
Bagna la valle e il monte;
Va passagiera in fiume,
Va prigioniera in fonte ;
Mormora sempre e geme,
Finchè non torni al mar ;
Al mar dov'ella naque,
Dove aquistò gli umori,

Dove da lunghi errori
Spera di riposar.

De la mer l'onde divisée baigne la ville et la campagne; elle va, passagère en
fleuve, prisonniere en fontaine, toujours murmurant, toujours gémissant, jusqu'à ce
qu'enfin elle retourne à la mer, à la mer d'ou elle naquit, et qui alimente son cours,
et ou, après avoir longtemps erré, elle espère trouver le repos.

Fig. 51. — Rhée (tiré d'une lampe romaine).

CHAPITRE XI.

LA PLANÈTE MARS.

I

La planète Mars est notre voisine dans les espaces célestes; elle présente des analogies si intimes avec notre globe, sous le rapport des phénomènes atmosphériques aussi bien que sous celui des glaces polaires, qu'on lira sans doute avec intérêt les dernières observations auxquelles elle a donné lieu.

A la vue simple, on distingue Mars sous l'aspect d'une étoile peu brillante.

L'éclat rougeâtre que présente cette planète fait croire qu'elle est environnée d'une atmosphère très-dense et plus considérable que celle de la Terre; ce qui confirme dans cette pensée, c'est que les étoiles devant lesquelles elle vient à passer disparaissent entièrement avant que le globe même de Mars les éclipse.

Sa lumière, fait observer M. Arago, est parfois scintillante. Cependant quelques savants ont attribué sa couleur rougeâtre à la constitution de son sol.

« Dans cette planète, dit sir John Herschel, nous distinguons avec une parfaite netteté les contours de ce que nous pouvons regarder comme des continents et des mers. Les continents se distinguent par cette couleur rougeâtre qui caractérise la lumière de cette planète, qui paraît toujours enflammée, et qui annonce, à n'en pas douter, que le sol est teint d'une couleur générale d'ocre, comme les carrières de sablon rouge qui se trouvent dans quelques lieux de la terre peuvent en offrir l'image aux habitants de Mars; seulement, le teint en est plus prononcé, par un contraste qu'expliquent les lois générales de l'optique. Les mers, comme nous pouvons les appeler, paraissent verdâtres. »

C'est cette couleur rougeâtre qui fait que, chez les Hébreux, on désignait cette planète d'un nom qui signifiait *embrasé*; chez les Grecs, Mars, qui s'appelait aussi Hercule, avait une épithète habituelle qui signifie *incandescent*. Chez les Indiens, cette planète était appelée Angaraka, c'est-à-dire *charbon ardent*, on l'appelait aussi *le corps rouge*.

D'après M. Vogel, directeur de l'observatoire de Bothkamp, on retrouve dans le spectre de Mars, un très-grand nombre de raies du spectre solaire; cependant, dans les portions les moins réfrangibles apparaissent quelques bandes qui n'appartiennent point au spectre solaire, mais qui coïncident avec celle du spectre d'absorption de notre atmosphère. On peut conclure avec certitude que Mars possède une atmosphère qui, pour la composition, ne diffère pas essentiellement de la nôtre, et doit être particulièrement riche en vapeur d'eau. Dans le rouge, on devine des raies qui seraient spéciales au spectre de Mars, mais il n'a pas été possible de fixer leur position à cause de leur trop faible intensité lumineuse[1].

---

[1] *Les Mondes scientifiques*, 5 janvier 1875.

II

Aucune planète ne peut d'ailleurs être comparée avec
Mars dans ses variations excessives d'éclat, dues à ce que
ses distances de la Terre et du Soleil changent considérablement avec sa position dans le ciel.

Son ellipse est fort excentrique : vers la conjonction, elle
est à 85 millions de lieues de nous, tandis que vers l'opposition elle en est seulement à 18 millions, ces distances bien
inégales à la Terre font que les variations du disque apparent sont très-grandes; aussi, au mois d'août 1719, Mars
se trouvant en opposition et en même temps à sa moindre
distance du Soleil, jeta un éclat si extraordinaire, qu'il fut
pris, en certains lieux, pour un astre jusque alors inconnu,
et inspira quelque terreur aux gens peu versés dans la connaissance du ciel. Son ellipse s'écarte très-peu du plan de
l'écliptique et ne forme avec lui qu'un angle de 1° 51.

Le Soleil se trouve dans l'hémisphère boréal pendant la
demi-durée de la révolution de la planète, et ensuite dans
l'hémisphère opposé ; par conséquent, des équinoxes semblables à ceux que nous observons sur la Terre séparent ces
deux périodes, et pour la même raison il y a sur Mars des
saisons diverses analogues à celles que l'on observe sur notre globe : ce qui explique un phénomène singulier qui se
manifeste vers les pôles nord et sud de Mars, c'est-à-dire la
croissance et la diminution de deux taches blanchâtres,
dont l'éclat est plus que double de celui des autres parties
de la planète.

La tache nord diminue d'amplitude pendant le printemps
et l'été de l'hémisphère de même nom; elle augmente pendant les deux saisons suivantes; le contraire arrive au pôle

sud; il se forme donc successivement autour des pôles de Mars des calottes étendues de neige et de glace qui augmentent et diminuent avec la chaleur.

Sur la terre, c'est l'hémisphère nord qui contient les continents les plus vastes; c'est le contraire qui paraît exister dans Mars. Ce n'est guère qu'aux abords du soixantième degré de latitude sud que commencent les grandes terres de cette planète; elles s'étendent du nord jusqu'à l'équateur.

III

Les meilleures occasions d'étudier l'aspect de Mars sont fournies par ses oppositions avec le Soleil; il passe alors au méridien à minuit, et se trouve plus près de nous qu'à toute autre époque.

Lors de l'opposition d'avril 1856, le R. P. Secchi voyait très-distinctement les deux taches neigeuses des régions polaires, et il constatait que leurs centres ne coïncidaient pas avec les pôles de rotation de la planète. Ces deux glacières diminuaient à vue d'œil lorsqu'elles se trouvaient exposées aux rayons solaires, et elles augmentaient au contraire d'étendue et d'éclat lorsqu'elles échappaient à la radiation directe du Soleil.

Les taches sombres de formes diverses que les lunettes font découvrir sur le disque de Mars sont plutôt fixes, et paraissent faire partie de sa surface; mais elles varient d'aspect comme le feraient nos forêts vues en deux saisons différentes ou sous des latitudes très-diverses.

Pendant l'été de 1858, le R. P. Secchi a profité de l'opposition qui eut lieu au mois de mai pour faire une série de

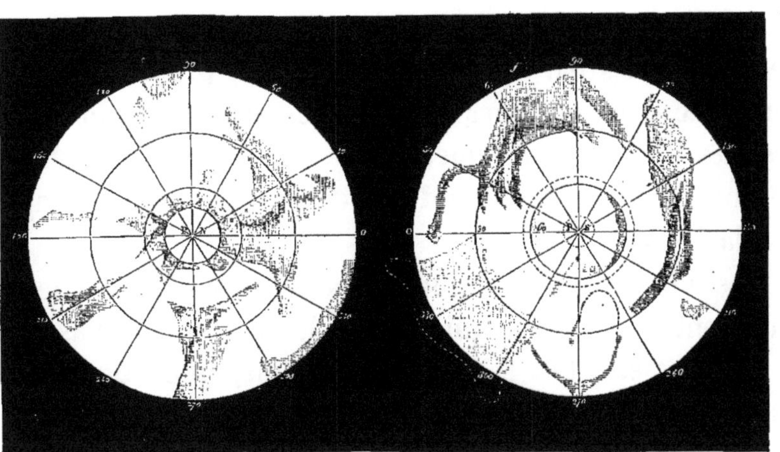

Fig. 52. — Mappemonde de la planète Mars, d'après Maedler.

dessins détaillés de Mars, à l'aide du grand équatorial du Collége romain : les couleurs des taches y paraissent très-variées, il y en a qui sont rouges, d'autres qui sont bleues, verdâtres ou blanches.

L'opposition de 1862 a été surtout utilisée par les astronomes anglais. MM. Grow et Joyson ont envoyé des croquis de la planète à la Société astronomique de Londres, et M. Phillips, d'Oxford, a présenté à la *Société royale* une série de dessins formés par la combinaison de ses propres observations avec quelques-unes de celles des autres astronomes, et destinés à mettre en évidence les phénomènes que Mars a présentés pendant toute la durée de sa proximité par rapport à la Terre.

Sa position a été telle, que l'on a pu voir distinctement le cercle entier de neige qui entoure le pôle sud de l'astre, et le contour en était si nettement défini, que l'on a pu constater qu'il se terminait par un escarpement.

Les neiges de l'hémisphère nord ne s'aperçoivent que comme une faible lueur; tout semble indiquer que les centres des calottes blanches ne sont pas situés sur un même diamètre

La région équatoriale est occupée par une large ceinture verdâtre, avec des baies profondes et des parties rentrantes qui font présumer que cette ceinture est un amas d'eau.

On voit surgir sur un de ses points une île offrant la même teinte rougeâtre que les deux grands continents au-dessus et au-dessous de la bande équatoriale.

« On peut, dit M. Vinot, se faire une idée assez nette de l'apparence ordinaire que présente la planète dans une de ses parties, en regardant une carte de l'Amérique du Nord. Si l'on suppose que l'Océan qui entoure l'Amérique devient terre ferme et que l'Amérique elle-même devient un

Océan, on aura la figure approchée de ce que les Astronomes appellent, sur Mars, l'Océan de la Rue [1]. »

M. Stan. Meunier voit un signe de la vétusté de Mars dans la forme de ses mers. Il lui paraît évident que nos mers prendront sensiblement les mêmes contours que celles de Mars lorsqu'elles auront suffisamment diminué de volume, à la suite de leur absorption progressive par le noyau solide [2].

Dans une intéressante étude sur cette planète, communiquée à l'Académie des sciences, M. Flammarion résume comme il suit les faits qui semblent désormais acquis à l'astronomie physique sur la connaissance de Mars : 1° les régions polaires se couvrent alternativement de neige suivant les saisons et suivant les variations dues à la forte excentricité de l'orbite; actuellement les glaces du pôle nord ne dépassent pas le 80e degré de latitude; 2° des nuages et des courants atmosphériques y existent comme sur la Terre; l'atmosphère y est plus chargée en hiver qu'en été; 3° la surface géographique de Mars est plus également partagée que la nôtre en continents et en mers; il y a un peu plus de terres que de mers; 4° la météorologie de Mars est à peu près la même que celle de la Terre; l'eau y est dans le même état physique et chimique que sur notre propre globe; 5° les continents paraissent recouverts d'une végétation rougeâtre; 6° enfin les raisons d'analogie nous montrent sur cette planète, *mieux que sur toute autre*, des conditions organiques peu différentes de celles qui ont présidé aux manifestations de la vie à la surface de la Terre [3].

---

[1] Vinot, dans son excellent *Bulletin astronomique*, 1873.
[2] *Comptes rendus de l'Académie des sciences*, 1er septembre 1873.
[3] *Comptes rendus de l'Académie des sciences*, 28 juillet 1873.

IV

Le diamètre apparent de Mars varie de 18″ à 4″, son diamètre réel est de 1,500 lieues, sa surface n'est que le tiers de celle de la Terre, et son volume la cinquième partie ; sa masse est dix fois moindre que celle de notre globe, et sa pesanteur n'en est à peu près que la moitié.

Il ne reçoit que les 4 9 de la chaleur et de la lumière que notre Terre reçoit du Soleil, et cet astre doit y paraître un tiers moins grand.

Sa moyenne distance au Soleil est de 23,545,800 myriamètres ; sa révolution s'exécute en 686 jours 23 heures 30 minutes 41 secondes ; elle est par conséquent près du double de celle de la Terre ; sa rotation se fait en 24 heures 30 minutes 21 seçondes.

Mars est la seule planète supérieure qui nous offre des phases ; la portion obscurcie de son disque n'excède jamais le huitième de la surface totale de l'astre.

Il paraît, vers ses quadratures, sous la forme d'un ovale plus ou moins allongé, mais jamais sous celle d'un croissant.

Galilée écrivait au Père Caselli, le 30 décembre 1610 : « Je n'ose pas assurer que je puisse observer les phases de Mars ; cependant, si je ne me trompe, je crois déjà voir qu'il n'est pas parfaitement rond. »

Le 24 août 1638, dit Ricasoli, Fontana à Naples vit Mars nettement gibbeux. Cette observation, pour l'époque, peut être considérée comme une découverte ; aujourd'hui l'astronome le moins exercé aperçoit les phases sans difficulté vers les quadratures de la planète, losqu'il peut se servir d'une bonne lunette.

CHAPITRE XII.

JUPITER, SATURNE, URANUS ET NEPTUNE.

Jupiter. — Sa distance du Soleil. — Ses mouvements. — Aspect de sa surface. — Ses dimensions. — Ses satellites. — Leurs éclipses et la vitesse de la lumière. — Saturne. — Sa distance de la Terre et du Soleil. — L'anneau de Saturne. — Nature de cet anneau. — Ses aspects. — Ses dimensions. — Hypothèses diverses. — Uranus. — Ses mouvements. — Ses dimensions. — Ses satellites. — Neptune. — Sa distance du Soleil. — Son mouvement de rotation autour de cet astre. — Ses perturbations.

I

Jupiter. — Jupiter est à 178 millions de lieues du Soleil. Il parcourt, en 11 ans 307 jours 14 heures 18 minutes 9 secondes, une orbite de plus d'un milliard de lieues autour de cet astre, et fait par conséquent environ 10,000 lieues par heure et 178 par minute.

« Les observations de Jupiter faites pendant cent vingt ans, soit à Greenwich, soit à Paris, dit M. le Verrier, se sont trouvées représentées avec toute l'exactitude désirable : d'où l'on conclut que Jupiter n'est soumis à aucune action sensible autre que celles qui résultent des planètes connues[1]. »

Le mouvement de cette planète sur elle-même est beaucoup plus rapide que celui de la Terre : il s'accomplit en 9 heures 56 minutes.

[1] *Académie des sciences*, 23 août 1875.

On s'est assuré que Jupiter tournait sur lui-même par le déplacement des taches que le télescope découvre sur son disque. Elles se montrent toutes, à quelques exceptions près, sous la forme de bandes longitudinales, les unes obscures et les autres lumineuses.

Leur nombre varie beaucoup, et tantôt elles paraissent toutes adhérentes, comme de longues zones qui enveloppent la planète, tantôt elles sont interrompues et séparées. Parfois on n'en aperçoit qu'une ou deux, et quelque temps après sept ou huit.

On distingue aussi, à divers intervalles, quelques points très-saillants qui font remarquer avec plus d'exactitude le mouvement journalier de cette planète sur son axe.

Les uns considèrent ces différentes taches comme des mers parsemées d'îles et étendues autour de son globe, dans la direction de son mouvement de rotation.

D'autres regardent les parties obscures comme constituant le corps de la planète, tandis que les parties lumineuses seraient des nuages, poussés par les vents dans des directions diverses et avec des vitesses différentes.

Les recherches sur le spectre de Jupiter ont établi, suivant M. Vogel, que la plupart des raies que l'on distingue dans le spectre de cette planète, et elles sont en très-grand nombre, coïncident avec les raies du spectre solaire. Le spectre de Jupiter diffère de celui du Soleil par la présence de quelques bandes obscures dans la portion la moins réfrangible, et parmi lesquelles on doit principalement en signaler une dans le rouge, dont la longueur d'onde a été évaluée en moyenne à 617,85 millionièmes de millimètres ; les autres raies étrangères au spectre solaire coïncident avec les raies telluriques. Tandis qu'il se produit des bandes dans les parties les moins réfrangibles du spectre, les radiations les plus réfrangibles bleues et violettes éprouvent une absorption uniforme ;

l'enveloppe gazeuse qui enveloppe Jupiter, exerce donc sur les rayons solaires qui la traversent, une action analogue à celle que produit notre atmosphère, d'où il nous est permis de conclure, en nous appuyant encore sur les observations de M. Janssen, à la présence de la vapeur d'eau dans l'atmosphère de Jupiter [1].

M. Tacchini a adressé à l'Académie des sciences le résultat de ses observations sur la planète Jupiter, faites à Palerme pendant le mois de janvier 1873, ainsi qu'un dessin que nous reproduisons figure 53, et qui représente l'apparence de cette planète pendant la nuit du 28 du même mois. Il fait remarquer qu'elle n'est pas sillonnée de bandes nombreuses, régulières, mais que sa surface est divisée par des zones bien marquées et larges, dont la plus accidentée est celle qui est comprise entre les parallèles AA' et BB'. — Les parties blanches de cette zone étaient très-vives, comme argentées; il y avait également des taches noires, entourées de la même substance blanche; elles ressemblaient à de petites taches solaires, avec des facules prononcées. Près du bord, entre les lignes obscures DD' et EE', la surface se montrait couverte de nuages blanchâtres; enfin les deux calottes polaires étaient faiblement cendrées ; « En comparant mes dessins, exécutés pendant l'année 1872, et le dessin actuel avec ceux de 1867 et 1871, dit M. Tacchini, on voit que la planète se trouve dans une période de variabilité [2]. »

On n'a point reconnu de phases dans Jupiter, parce que sa distance à la Terre est trop considérable : elle est de 144 millions de lieues. Son diamètre est de 30,333 lieues, ce qui nous montre qu'il est environ 1,400 fois plus gros que notre globe.

<hr>

[1] *Les Mondes scientifiques*, 7 janvier 1875.
[2] *Comptes rendus de l'Académie des sciences*, séance du 17 février 1873.

Jupiter étant cinq fois plus éloigné du Soleil que la Terre, doit apercevoir l'astre du jour cinq fois plus petit que nous ne l'apercevons, et conséquemment en recevoir vingt-cinq fois moins de lumière et de chaleur.

Mais une chose qui peut y suppléer jusqu'à un certain point, c'est que ses nuits ne sont que de cinq heures, et il

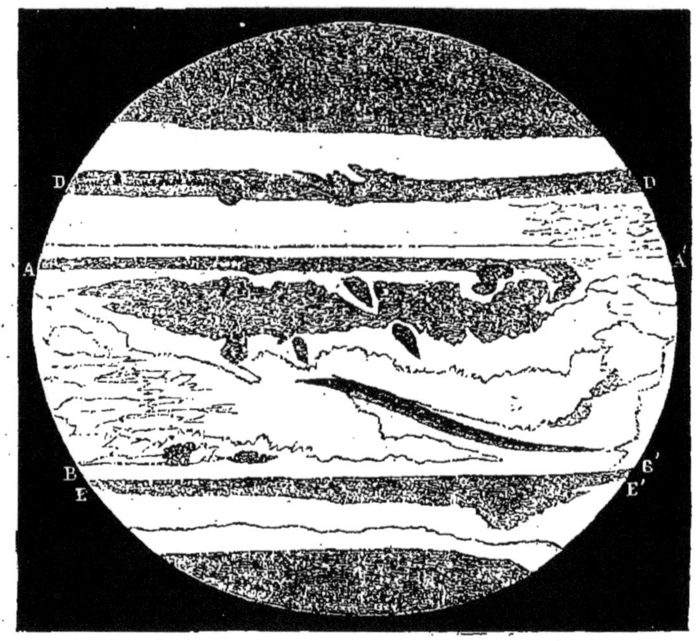

Fig. 53. — La planète Jupiter observée pendant la nuit du 28 janvier 1873, par M. Tacchini.

a quatre satellites ou lunes comme la nôtre, dont une au moins brille sans cesse pendant ces courtes nuits.

La première et la quatrième de ces lunes sont aussi volumineuses que Mercure. La seconde et la troisième sont à peu près de la dimension de la nôtre. La quatrième paraît spécialement destinée à éclairer les pôles de cette planète, à cause de l'inclinaison de son orbite sur l'équateur.

Ces satellites tournent tous d'occident en orient autour

de Jupiter, et ont encore avec notre Lune un trait de ressemblance, c'est qu'ils présentent continuellement la même face, parce qu'ils ne font qu'un seul tour sur leur axe, tout en accomplissant leur révolution entière autour de la planète. Ce fait a été conclu du retour périodique des taches que l'on observe à leur surface.

On appelle *premier* satellite celui qui est le plus près de Jupiter ; *second*, celui qui vient ensuite, et ainsi des autres.

Les trois plus rapprochés s'éclipsent à chaque révolution, mais le quatrième, à cause de l'inclinaison de son orbite, est deux années sur six sans tomber dans l'ombre de Jupiter.

Ces éclipses peuvent se calculer d'avance comme celles de la Lune.

C'est par le moyen de ces éclipses que Rœmer, astronome danois, est parvenu à déterminer la vitesse de la lumière, en observant qu'elles arrivaient toujours environ 16' 26'' plus tard quand Jupiter était en conjonction avec le Soleil, de l'autre côté de l'écliptique, que lorsqu'il était de notre côté en opposition. Il conclut de là que la lumière employait ce temps à franchir tout le diamètre de l'orbite terrestre, c'est-à-dire environ 70 millions de lieues.

II

Saturne. — Saturne est situé à 293 millions de lieues de la Terre ; il ne nous envoie, à cause de ce prodigieux éloignement, qu'une lumière pâle et de couleur plombée.

Quoique neuf cents fois plus grosse que notre globe, cette planète ne nous paraît pas plus grande qu'une étoile de la deuxième grandeur.

Elle est environ à 330 millions de lieues du Soleil, et emploie environ 29 ans et demi à parcourir autour de cet astre une orbite de près de deux milliards de lieues, ce qui fait 135 lieues par minute.

Vu de Saturne, le Soleil doit paraître 90 fois moindre que de notre globe, et par conséquent y produire une chaleur et une lumière bien faibles.

Mais, outre huit lunes qui se meuvent autour de cette planète et lui prêtent leur éclat, elle est environnée de deux anneaux plats, larges et minces, qui ont l'un et l'autre le même centre que la planète, sont couchés dans le même plan, séparés l'un de l'autre, sur tout leur contour, par un très-petit intervalle, et de la planète par un espace beaucoup plus considérable.

Il serait assez difficile de déterminer la nature de ce double anneau ; elle paraît cependant être analogue à celle de la planète, car il projette une ombre intense sur elle, et toutes les fois que le Soleil et la Terre se trouvent du côté de ce plan, cet anneau est lumineux ; tandis que s'il prend par rapport au Soleil et à la Terre une position intermédiaire, la partie qui nous regarde ne recevant plus les rayons de l'astre du jour, nous devient entièrement invisible, preuve qu'il est opaque, et que son éclat ou son obscurité par rapport à nous dépendent des diverses positions que Saturne occupe dans son orbite.

On remarque aussi que, quelque temps après nous avoir apparu éclatant, l'anneau se rétrécit peu à peu par suite du déplacement de sa planète dans l'espace, et ne se présente bientôt plus que sous la forme d'une ligne lumineuse qui finit même par disparaître.

Au bout d'un certain laps de temps, l'anneau reparaît, s'élargit progressivement, et, se montrant dans sa plus grande largeur, nous laisse apercevoir, dans l'intervalle

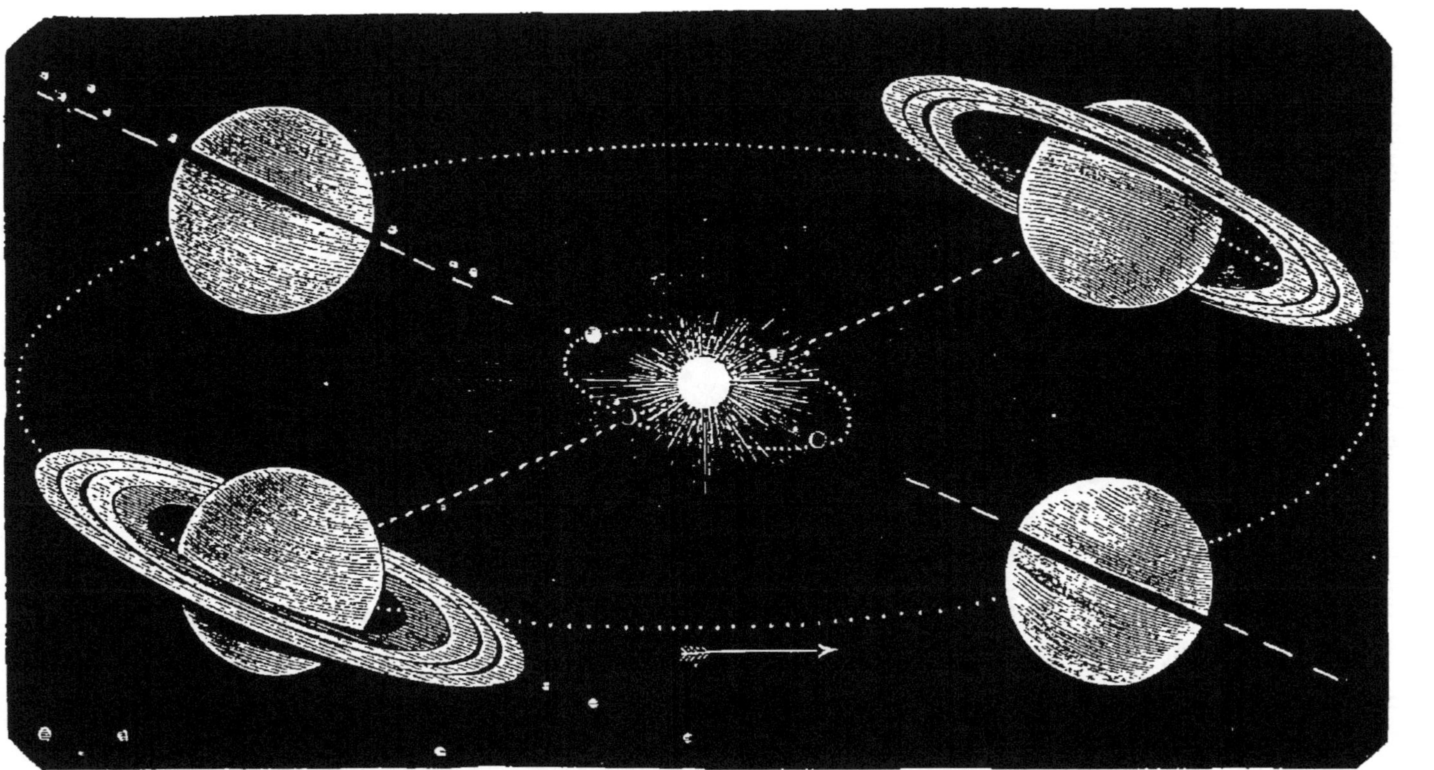

Fig. 54. — Principales phases de Saturne pour l'observateur terrestre.

qui le sépare de sa planète, une partie du ciel parsemée
d'étoiles.

Cet intervalle est, selon Herschell, de 14,444 lieues ;
l'anneau lui-même parait avoir 9,000 lieues de large : il
est divisé en deux anneaux bien distincts, séparés l'un de
l'autre par un espace continuellement obscur, de la largeur
de 648 lieues.

Le premier anneau, celui qui est le plus rapproché de
Saturne, a 6,000 lieues de larges ; il est environné par le
second qui n'en a que 2,352. Les bords n'en sont point
plats, mais sphériques ou arrondis, et leur épaisseur, qui
est d'environ 36 lieues, paraît hérissée de plusieurs hautes
montagnes.

Comme ce double anneau est incliné de 31° 35′ au plan
de l'écliptique, nous ne le voyons jamais qu'obliquement
sous la forme d'une ellipse, dont la largeur, lorsqu'elle
est la plus grande, est à peu près la moitié de sa longueur.

M. Hirne, correspondant de l'Institut de France, a pensé
que les théories modernes de la thermodinamique, théories
qui sont en partie basées sur ses propes travaux, ne sauraient rester sans application à la mécanique céleste. Il a
commencé quelques études sur ce sujet, et vient de publier
un important Mémoire sur les anneaux de Saturne, que
M. Fayè a présenté à l'Académie des sciences [1].

Il est difficile de déterminer la nature de ce double anneau ; on a cru généralement jusqu'à ce jour qu'elle devait
être analogue à celle de la planète.

Dans son Mémoire, M. Hirne s'efforce d'établir, contrairement à la croyance générale, que les anneaux de Saturne
ne sont pas des anneaux *solides*, circulant autour de la pla-

---

[1] Séance du 16 septembre 1872.

nète dans le plan de son équateur et *lestés* en certains points par un léger excédant de matière, de manière à donner de la solidité à leur remarquable équilibre ; que ce ne sont pas davantage des anneaux fluides ou liquides dans lesquels les réactions mutuelles des molécules donneraient inévitablement lieu à une transformation de force vive en chaleur, laquelle se perdrait dans l'espace, mais de simples agrégats de matière discontinue, dont les parcelles sont séparées par des intervalles très-grands par rapport à leurs dimensions.

Il montre, en terminant son mémoire, que cette conception s'accorde parfaitement avec l'idée que La Place a donnée de l'origine et de la formation de ces appendices si remarquables : seulement, la condensation par voie de refroidissement y aurait produit une infinité de corpuscules distincts, uniformément répartis dans l'anneau primitif, au lieu de les réunir peu à peu en masses isolées comme les satellites, ou d'en faire des anneaux continus solides et cohérents, dont la formation et le maintien ne semblent pas compatibles avec nos notions actuelles de physique.

M. Faye ajoute qu'en considérant l'ombre noire projetée par les anneaux sur la planète, les astronomes ont toujours pensé que ceux-ci devaient être opaques et solides ; mais qu'à l'époque de la dernière disparition, en 1848 et 1849, on aurait pu s'apercevoir que cette opacité n'était rien moins qu'absolue ; car alors que le plan de l'anneau passait entre la Terre et le Soleil l'anneau restait visible pour de puissants instruments, par la face non éclairée. Les astronomes ont, il est vrai, tenté de concilier ce phénomène avec l'hypothèse des anneaux solides et opaques, en introduisant une nouvelle hypothèse, qui consiste à doter les anneaux d'une atmosphère propre, capable de produire sur la face non éclairée une faible illumination crépusculaire. Mais, après

la lecture du mémoire de M. Hirne, M. Faye croit qu'il est
bieu plus vraisemblable que les anneaux laissent passer
quelques traces de lumière par les intervalles de leurs matériaux discontinus.

A propos de cette communication, M. A. Guillemin rappelle un passage des *Éléments d'astronomie* de Cassini II,
passage bien connu des astronomes, dit-il, d'après lequel
les anneaux ne seraient sans doute qu'un amas de satellites, disposés à peu près dans un même plan [1].

M. Volpicelli rappelle également que Bessel, parlant de
l'excentricité de l'anneau de Saturne, dit que celle-ci ne
pourrait s'expliquer sans admettre ou que l'anneau n'a point
de mouvement de rotation, ou qu'il consiste en un grand
nombre de parcelles capables de se mouvoir librement.
De plus, dans le vocabulaire de Marbach, on lit ce qui
suit :

« Quant à ce qui est de la nature de l'anneau de Saturne,
il nous semble, par analogie probable, que cet anneau consiste en une accumulation de satellites, remplissant entièrement son orbite. Il pourrait se faire que ces satellites ne
fussent point en contact entre eux ; mais il nous est impossible de reconnaître la distance qui les sépare, à cause du
grand éloignement entre Saturne et nous [2]. »

« Pour ce qui est de l'assertion de M. Hirne, que les parcelles formant l'anneau sont séparées par des intervalles très-
grands, cela ne paraît guère conciliable avec l'ombre projetée par l'anneau sur la surface de Saturne [3]. »

Dans le spectre de Saturne on a pu reconnaître les raies
les plus marquées du spectre solaire ; cependant d'après
M. Vogel, quelques bandes, surtout dans le rouge et l'oran-

[1] *Comptes rendus de l'Académie des sciences,* 23 septembre 1872.
[2] **T. V,** p. 356 ; Leipzig, 1858.
[3] *Comptes rendus de l'Académie des sciences,* 21 octobre 1872.

ger, n'ont pas leur équivalent dans le spectre solaire, mais elles coïncident avec des groupes de raies du spectre de notre atmosphère, à l'exception toutefois d'une bande très-intense. En somme, le spectre de Saturne présente la plus grande analogie avec celui de Jupiter. Il n'en est pas de même du spectre de son anneau, la bande caractéristique dans le rouge ne s'y trouve pas, ou du moins elle n'y est marquée que par une faible trace ; on pourrait conclure de là que l'anneau n'a pas d'atmosphère, ou du moins n'est entouré que d'une couche gazeuse de densité et d'épaisseur très-faibles [1].

Des huit satellites de Saturne, quatre furent découverts par D. Cassini et par Huyghens ; deux par Herschell, et un par Lassell, à Liverpool, la même nuit que Bond observait le huitième à Cambridge aux États-Unis. — La surface de Saturne offre plusieurs bandes obcures, parallèles aux anneaux, et qu'Herschell attribuait à une atmosphère nuageuse très-épaisse ; on distingue également, vers les régions polaires, des taches blanchâtres, qui semblent indiquer des neiges perpétuelles.

III

Uranus ou Herschell. — Uranus ou Herschell est une des plus grandes planètes, la plus éloignée après Neptune. Elle est demeurée confondue parmi les étoiles fixes jusqu'au 13 mars de l'année 1781. Le docteur Herschell la découvrit alors à Bath, en Angleterre.

La distance de cette planète au Soleil est de 670 millions de lieues. Elle emploie 84 ans environ pour parcourir une orbite de quatre milliards de lieues, ou à peu près 95 lieues par minute.

[1] *Les Mondes scientifiques*, 7 janvier 1875.

La lumière du Soleil, qui met 8′ 13″ pour nous arriver, doit employer près de deux heures trois quarts pour parvenir jusqu'à Uranus.

L'intensité de cette lumière et de la chaleur doit s'y faire sentir près de 400 fois moin sque sur notre terre, et le disque du Soleil ne doit y avoir que l'apparence d'une étoile de première grandeur.

Vu au télescope, Uranus a un éclat assez uniforme de couleur blanc azuré, son disque est bien terminé sur les bords. Son diamètre est de 12,700 lieues ; elle est par conséquent 80 fois plus grosse que la Terre.

Le faible éclat du spectre d'Uranus ne permet pas d'y distinguer nettement la plupart des raies qui le constituent, mais il est hors de doute, dit M. Vogel, que les bandes que l'on y observe, résultent de l'absorption des rayons solaires dans une atmosphère enveloppant cette planète ; cependant, il n'est pas possible dans l'état actuel de la science de déterminer quels sont les corps qui produisent cette absorption. On constate également qu'une des bandes du spectre de cette planète coïncide exactement avec une de celles de Jupiter et Saturne [1].

Herschell est parvenu à découvrir six lunes qui se meuvent autour de cette planète, dans des orbes presque circulaires et perpendiculaires au plan de l'écliptique.

IV

Neptune. — Neptune est la plus éloignée des planètes connues du système solaire.

Elle est à une distance moyenne du Soleil d'un milliard 150 millions de lieues.

[1] *Les Mondes scientifiques,* 7 janvier 1875.

Elle ne met guère moins de 165 ans à accomplir sa révolution totale autour du Soleil.

L'immense éloignement et la date récente de la découverte de cette planète expliquent le peu de données que l'on possède sur elle.

Le spectre de Neptune, d'après M. Vogel, est caractérisé par la présence de quelques larges raies d'absorption; son très-faible éclat ne permet pas de mesurer avec exactitude la place des bandes obscures; il semble néanmoins ressortir que le spectre de cette planète est identique à celui d'Uranus [1].

Elle n'a encore parcouru sous nos yeux que la septième partie de son orbite, car il n'y a guère plus de vingt-cinq ans qu'elle a été vue pour la première fois.

M. Le Verrier en avait annoncé l'existence en 1846, en se fondant sur des considérations théoriques puisées dans les perturbations d'Uranus; elle a été observée ensuite à Berlin par M. Galle, sur les indications fournies par les calculs de M. Le Verrier, le 23 septembre de la même année.

La cause des perturbations d'Uranus était cependant soupçonnée depuis quelque temps par plusieurs astronomes, Bouvard, Hansen, etc., etc., mais la solution complète fut l'œuvre de M. Le Verrier. « M. Le Verrier, dit Arago, a aperçu le nouvel astre sans avoir besoin de jeter un seul regard vers le ciel; il l'a vu au bout de sa plume : il a déterminé, par la seule puissance du calcul, la place et la grandeur approximative d'un corps situé bien au delà des limites jusqu'alors connues de notre système planétaire, d'un corps dont la distance au soleil dépasse 1,100 millions de lieues, et qui dans nos puissantes lunettes offre à

____

[1] *Les Mondes scientifiques,* 7 janvier 1875

peine un disque sensible. Ainsi la découverte de M. Le Verrier est une des plus puissantes manifestations de l'exactitude des systèmes astronomiques modernes. Elle encouragera les géomètres d'élite à chercher avec une nouvelle ardeur les vérités éternelles qui restent cachées, suivant une expression de Pline, dans la majesté des théories. »

Suivant M. Delaunay cette découverte ne doit pas être confondue avec celle des nombreuses petites planètes qui sont situées entre Mars et Jupiter : « C'est en cherchant au hasard dans le ciel, dit-il, en explorant attentivement les régions voisines de l'écliptique, que l'on a trouvé ces petites planètes. La découverte de Neptune, au contraire, est le résultat de recherches théoriques qui ont fait connaître le lieu du ciel où cette planète devait être placée ; de sorte qu'il suffisait de diriger une lunette vers le lieu désigné pour l'apercevoir [1]. »

Cependant Képler avait soupçonné l'existence de quelque astre entre Mars et Jupiter, avant qu'on eût découvert aucune des petites planètes ; voir page 38.

La recherche de la planète inconnue, à laquelle on était porté à attribuer le désaccord des positions observées d'Uranus et des tables établies par Bouvard, devenait en 1845 une question à l'ordre du jour ; les maîtres de la science, dit M. Delaunay, l'indiquaient aux jeunes savants comme un intéressant sujet à traiter. M. Le Verrier se mit à l'œuvre, et ne tarda pas à trouver la solution de ce curieux problème.

Voici comment M. Delaunay raconte cette merveilleuse découverte : « Ayant repris d'abord le calcul des perturbations d'Uranus, dues aux actions de Jupiter et de Saturne,

____

[1] *Rapport sur les progrès de l'Astronomie*, p. 111.

M. Le Verrier trouva d'importantes additions et modifications à faire à l'ensemble des perturbations que Bouvard avait adoptées, en 1821, comme base théorique de ses *tables*. Il discuta ensuite un grand nombre d'observations méridiennes d'Uranus, faites tant à Paris qu'à Greenwich, depuis la découverte de la planète, ainsi que les 17 observations antérieures à cette découverte dont nous avons parlé, et il mit par là complétement en évidence l'impossibilité de représenter toutes ces observations en regardant Uranus comme soumis aux seules perturbations produites par Jupiter et Saturne. Enfin, il chercha la place que devait occuper dans le ciel la planète inconnue capable de produire les différences de position d'Uranus résultant de cette discussion. Il parvint ainsi à fixer la longitude de cette planète inconnue, pour le 1ᵉʳ janvier 1847, longitude dont il donna d'abord une valeur approchée, puis bientôt une valeur plus précise. Le résultat de ces recherches théoriques ne tarda pas être pleinement confirmé. Le jour même où M. Galle, astronome de Berlin, en suivant les indications de M. Leverrier, se mit à chercher la planète dans le ciel, il l'aperçut presque exactement à la place indiquée par la théorie (23 septembre 1846) : elle avait l'aspect d'une étoile de huitième grandeur. La planète ainsi découverte a reçu le nom de Neptune.

« Il est impossible de trouver une preuve plus éclatante de l'exactitude de nos théories astronomiques.

« Nous devons ajouter que M. Le Verrier n'est pas le seul qui ait cherché à déterminer la position de la planète capable de produire les irrégularités non expliquées du mouvement d'Uranus. Un savant anglais, M. Adams, s'occupait en même temps que lui de cette question ; ses recherches, conduites avec beaucoup de simplicité et de netteté, lui ont permis d'assigner la position de la planète inconnue, et il

a ainsi approché autant que M. Le Verrier de la position
réelle de cette planète, telle que l'observation l'a fait connaître ensuite. Mais M. Le Verrier a eu la priorité sur
M. Adams; ses résultats ont été publiés les premiers, ils ont
servi seuls à la découverte de la planète dans le ciel ; c'est
donc incontestablement à M. Le Verrier que cette découverte doit être attribuée [1]. »

[1] *Rapport sur les progrès de l'Astronomie,* p. 13 et 14.

CHAPITRE XIII.

LES ÉTOILES.

Etoiles fixes. — Étoiles errantes. — Nombre des Étoiles. — Les étoiles vues au télescope. — Illusion à l'aspect de la voûte étoilée. — Distance des étoiles à la Terre. — Calcul vertigineux. — Étoiles les plus rapprochées de nous. — Étoiles de différentes grandeurs. — Comment on les classe et comment on les calcule. — Nombre des étoiles de chaque grandeur. — Voie lactée ou chemin de Saint-Jacques. — Sa nature et sa forme. — De surprise en surprise. — Rang que notre Soleil occupe dans la création. — Nombre incalculable de soleils. — Idées que l'on se faisait des étoiles fixes. — Marche grandiose qui emporte par un mouvement commun tout le système solaire dans l'immensité. — Les lois de l'attraction dans les régions les plus éloignées du ciel. — Système planétaire des étoiles. — Étoiles doubles, triples. — Satellites des étoiles. — Variations périodiques de certaines étoiles. — Magnifique révélation de l'analyse spectrale. — Eléments dont sont composées les étoiles. — Types auxquels se rapportent les étoiles. — Que penser de l'immensité et de tous les astres qui l'habitent. — Division des étoiles en constellations. — Les constellations dans l'antiquité. — Partie historique et légendaire. — Constellations visibles sur l'horizon de Paris, avec les indications pour les reconnaître facilement dans le ciel. — Constellations septentrionales placées au-dessus du zodiaque. — Constellations du zodiaque. — Constellations placées au-dessous du zodiaque.

I

On donne généralement le nom d'*étoiles* à tous les corps célestes; mais on désigne spécialement sous le nom d'*étoiles errantes* les planètes, et d'*étoiles fixes* ces astres nombreux et étincelants qui nous paraissent répandus de toutes parts dans l'immensité du firmament, parce qu'on a d'abord cru qu'ils ne tournaient point dans des orbites autour d'un centre, et qu'ils conservaient toujours la même situation les uns à l'égard des autres. Cependant on a reconnu que plusieurs étoiles sont animées d'un mouvement propre, il est probable qu'il en est de même de toutes les autres.

Leur lumière est plus brillante que celle des planètes et scintille continuellement, c'est-à-dire qu'elles présentent toujours un tremblement lumineux.

Dans une belle nuit, on s'imagine voir des millions d'étoiles; cependant, dans le ciel le plus pur et sous l'équateur, où l'on aperçoit la moitié du firmament, la meilleure vue, sans télescope, ne peut en compter que deux mille environ.

Si l'on se sert d'un télescope qui grossisse mille fois et même davantage pour examiner Sirius, qui est la plus belle étoile du ciel, on sera surpris de voir que le volume de cet astre, loin de paraître plus considérable, devient encore plus petit; car les étoiles, considérées sans le secours d'aucun instrument d'optique, paraissent toujours plus grandes qu'elles ne le sont en effet, à cause de la diffusion de la lumière qui s'étend autour de leur masse.

Le télescope, en réunissant les rayons, détruit cette irradiation, de telle sorte que l'étoile la plus brillante n'est plus, dans une bonne lunette, que comme un point d'une étendue infiniment petite, et qui échappe à toutes nos mesures.

Le télescope du pouvoir le plus amplifiant est donc sans effet sur les étoiles, tandis qu'il grossit considérablement tous les autres corps auxquels nous pouvons l'appliquer, tels que le Soleil, la Lune et les planètes.

S'il nous était possible de nous élancer au-dessus de la Lune, de nous rapprocher des planètes et d'atteindre une des étoiles qui brillent au-dessus de nos têtes, nous découvririons de nouveaux cieux, de nouveaux soleils, de nouvelles étoiles, de nouveaux mondes peut-être plus magnifiques que celui que nous admirons.

Là sans doute ne se bornerait pas le domaine du Créateur; ce ne serait que les frontières de l'espace des mondes. Nous apercevrions d'autres abîmes d'espaces infinis comblés par d'autres mondes incalculables.

Ce voyage durât-il pendant des myriades de siècles, nous n'atteindrions jamais la limite entre le néant et Dieu.

Sous l'influence de ces pensées, on ne compte plus, on ne chante plus, selon l'expression de M. de Lamartine, on est frappé de vertige et de silence, et l'on adore!

Un éminent écrivain qui unit avec un rare bonheur la science à la philosophie, s'exprime ainsi : « Le spectacle des corps célestes, brillant dans un ciel pur est un objet d'admiration pour tous les hommes. Sans être ni astronome, ni philosophe, ni poëte, on sent, on juge qu'une nuit étoilée est une belle nuit, et l'on se plaît à contempler au sein des espaces immenses le calme rayonnant des astres lointains. Cette admiration, que le scepticisme lui-même ne réussit pas à détruire, cette jouissance qu'un peu d'attention ramène et ravive, d'où viennent-elles? Le sens commun en soupçonne à peine les causes; une science imparfaite voit trop souvent ces causes où elles ne sont pas, et ne les aperçoit pas toujours où elles sont; une science plus avancée les met en évidence, même sans le vouloir, en décrivant ces mondes supérieurs dont elle n'aurait pas un mot à dire si l'ordre qui y règne ne les rendait jusqu'à un certain point intelligibles[1]. »

II

La distance des étoiles à la Terre est si considérable, qu'en supposant que nous puissions nous transporter jusqu'à Sirius, l'une des étoiles les plus rapprochées de notre globe, nous

[1] M. Ch. Lévêque, de l'Institut, *les Harmonies providentielles*, p. 1.

verrions de là, sous un angle à peu près nul, l'espace entier de 68 millions de lieues compris entre les deux extrémités de l'orbite terrestre, de telle sorte que le Soleil, la Terre et la Lune ne formeraient plus qu'un seul point, et que l'épaisseur d'un cheveu suffirait pour éclipser à nos yeux ces trois corps volumineux et l'espace immense qui les sépare.

Si un habitant de notre globe pouvait s'élever à une hauteur de 68 millions de lieues, ces corps de feu ne lui paraîtraient encore que des points rayonnants.

Nous avons la preuve de cela toutes les années : vers le 10 décembre, le mouvement de translation de la Terre autour du Soleil nous met au delà de 68 millions de lieues plus près des étoiles qui ornent la partie septentrionale du ciel que nous ne le sommes le 10 juin; cependant aucune augmentation de grandeur ne se fait apercevoir dans ces astres.

Vers le commencement du XIX⁰ siècle, malgré les efforts tentés par les astronomes les plus habiles, on n'avait pu connaître que la limite inférieure des distances cherchées par rapport aux étoiles.

Les calculs des astronomes avaient démontré, par la méthode dite des *parallaxes absolues*, que les étoiles dont ils avaient essayé d'évaluer l'éloignement se trouvaient être à une distance supérieure ou tout au moins égale à 62 trillions 624 billions de kilomètres, ou 15 trillions 656 billions de lieues. On ne peut guère se représenter bien nettement une pareille distance; aussi les astronomes ont-ils pour unité de mesure non le kilomètre, ni même la lieue, mais le chemin de 77,000 lieues parcouru par la lumière dans chaque seconde.

Or, 15 trillions 656 billions contenant 77,000 un peu plus de 103 millions de fois, il en résulte que la lumière, malgré sa vitesse de 77,000 lieues par seconde, emploierait au moins 203 millions de secondes ou 2,350 jours, c'est-à-dire six ans et demi environ pour parcourir la distance qui nous sépare des étoiles les plus rapprochées de nous.

On trouverait également que le boulet de canon, animé d'une vitesse de 500 mètres par seconde, mettrait un peu plus de *quatre millions* d'années à franchir le même espace, et que les trains express des chemins de fer, à raison de 50 kilomètres par heure, emploieraient 144 millions d'années environ.

III

Une méthode, dite des *parallaxes relatives*, mise en usage dans la mesure de la distance des étoiles par nos astronomes modernes, est enfin venue faire connaître quelques-unes des distances depuis si longtemps cherchées. Voici les principaux résultats mathématiquement obtenus :

La plus faible de ces distances, celle de l'étoile nommée *alpha* du *Centaure*, est égale à 226 mille fois 38 millions de lieues, et demande à la lumière près de quatre ans pour être parcourue ; puis vient l'étoile 61ᵉ du *Cygne*, dont la distance, égale à 618 mille fois 38 millions de lieues, ne peut être franchie par la lumière qu'en neuf ans et demi ; ensuite nous trouvons encore *alpha* de la *Lyre*, *Sirius*, le *Bouvier* et *Acturus*, la *Chèvre*, etc., dont les distances sont parcourues par la lumière en 12 ans et demi, en 22 ans, en 26 ans, en 31 ans et en 72 ans.

Maintenant, si nous admettons les déductions par analogie, que l'on admet si souvent dans les sciences naturelles, on arrive à des résultats bien autrement surprenants.

On peut admettre que les étoiles les moins brillantes à nos yeux sont généralement les plus éloignées ; en partant de cette idée et en la rapprochant de la propriété qu'a la lumière de diminuer d'intensité proportionnellement suivant le carré des distances, c'est-à-dire de paraître quatre fois plus faible pour une distance double, neuf fois plus faible pour une distance triple, etc., les astronomes ont pu calculer approximativement la distance des étoiles qui échappaient à toute mesure directe.

Partant de ce principe, Herschel calcula les rapports entre les distances inconnues. Les étoiles de deuxième grandeur seraient, *en moyenne*, quatre fois moins brillantes, par conséquent *deux fois* plus éloignées que celles de première. Les étoiles de quatrième grandeur seraient, à leur tour, *deux fois* plus loin généralement que celles de seconde. La distance des étoiles du cinquième ordre égalerait *huit fois*, et celle des étoiles du sixième ordre vaudrait *douze fois* la distance qui nous sépare des étoiles les plus brillantes. Les étoiles les plus faibles que pouvait distinguer Herschel dans son télescope de 10 pieds se trouveraient 344 fois plus loin que ces dernières, et celles que montraient le télescope de 20 pieds le seraient 900 fois; or, la lumière emploie en moyenne environ vingt ans pour nous venir des étoiles de première grandeur, elle devra donc employer *dix-huit mille ans* pour venir des dernières étoiles visibles dans le télescope de 20 pieds dont se servait Herschel [1].

Et remarquons que ce télescope était bien lion de pénétrer jusqu'aux dernières limites du ciel étoilé, puisqu'un télescope de 40 pieds, qui ne paraît pas cependant avoir servi aux comparaisons d'intensité, augmentait beaucoup, d'après Herschel, le nombre d'étoiles visibles; d'ailleurs, les espaces célestes ne jouissant pas, selon toute probabilité, d'une transparence infinie, un grand nombre

[1] Pour tous ces chiffres nous suivons principalement l'excellent *Traité d'Astronomie* de M. Petit, ancien directeur de l'observatoire de Toulouse.

d'astres trop faibles doivent par conséquent échapper aux plus puissants instruments. Tout nous fait présumer que ces nombres nous présentent des distances presque microscopiques par rapport aux dimensions réelles des régions célestes.

IV

Les étoiles nous paraissent de différentes grandeurs, et sous ce rapport, on les distribue communément en sept classes.

On nomme *étoiles de la première grandeur* celles qui se montrent à nous sous un plus grand diamètre et avec un plus grand éclat; les autres étoiles visibles à la simple vue se nomment étoiles de la deuxième, de la troisième, de la quatrième, de la cinquième, de la sixième grandeur, selon qu'elles paraissent plus petites ou moins éclatantes.

On nomme *étoiles de la septième grandeur* celles que l'on ne découvre qu'à l'aide du télescope; et comme parmi celles-ci il en est encore de plus brillantes les unes que les autres, on les partage en étoiles de la septième, de la huitième et même de la quatorzième grandeur.

La grandeur réelle de ces astres nous est absolument inconnue; leur classification ne repose donc que sur leur grandeur apparente, et cette classification même n'est pas très-juste. Elle a été faite par les astronomes de l'antiquité d'une manière arbitraire et sans aucune prétention à l'exactitude.

Ce vague s'est continué dans les catalogues modernes.

Les cartes les plus accréditées offrent aujourd'hui dix-sept étoiles de la première grandeur.

Pourquoi dix-sept et non pas dix-huit ou dix-neuf, ou quinze ou seize?

Personne ne saurait le dire; les étoiles de première grandeur sont loin d'avoir toutes la même intensité.

La dernière de la première grandeur, et la première de la seconde, ne diffèrent pas tellement d'éclat que l'une n'eût pu descendre à la classe immédiatement inférieure, et l'autre monter à la classe supérieure.

Ces remarques s'appliquent, à plus forte raison, aux nombreuses étoiles des ordres inférieurs.

Sous le rapport de la grandeur réelle, il est très-possible que celles qui nous paraissent les plus petites soient les plus grandes; il suffit pour cela qu'elles soient dans un éloignement plus considérable.

V

On a compté dans l'hémisphère boréal 4,300 étoiles visibles à l'œil nu. Ce dénombrement se fait en taillant dans un écran convenable une fente très-étroite située dans le méridien, et laissant voir les étoiles entre le pôle et l'équateur.

On observe pendant vingt-quatre heures les étoiles qui s'y présentent, et l'on tient note de chacune.

On calcule ensuite l'ensemble de ces astres; au moyen de la règle que voici.

On a reconnu par expérience que le nombre des étoiles de seconde grandeur est triple des étoiles primaires, que les étoiles de troisième grandeur sont en nombre triple de celles de la seconde et ainsi de suite.

Sur cette base on trouve un total de 43 millions; mais cette loi fait évidemment défaut en moins, quand on passe

à la septième grandeur et plus encore dans les ordres télescopiques.

Une partie de la constellation d'Orion, sur une bande de
15 degrés de long, et de 2 degrés de large, a laissé compter à Herschel 50,000 étoiles ; ce qui, proportion gardée,
en donnerait 59 millions pour la totalité du ciel.

Mais il y a sur la surface de celui-ci de nombreuses régions où ces astres sont beaucoup plus serrés, indépendamment des prodigieux amas que nous offrent les nébuleuses.

Comme nous n'atteignons que les premières zones du ciel,
et que les couches stellaires peuvent être et sont sans doute
superposées à l'infini dans les profondeurs de l'espace, on
peut dire que le nombre réel des étoiles est incalculable.

VI

En examinant la voûte céleste pendant la nuit, on y découvre une lueur pâle et irrégulière, formant une bande
ou zone qui fait le tour du ciel, et que le vulgaire appelle
généralement le *Chemin de Saint-Jacques,* et les astronomes
la *Voie lactée.*

« Il est dans l'empyrée, dit Ovide, une voie d'une blancheur éblouissante que l'on découvre par un ciel serein. On
la nomme *Voie lactée.* C'est par cette voie que les immortels se rendent à la suprême demeure du maître du tonnerre [1]. »

Cette trace lumineuse, qui ressemble à un léger nuage,
est formée d'innombrables étoiles que l'on ne distingue pas
à la vue simple, mais que les grands télescopes peuvent
faire découvrir.

[1] *Métamorphoses,* liv. Ier.

C'est parce que ces étoiles sont trop éloignées de nous qu'elles ne peuvent êtres aperçues séparément à l'œil nu. On découvre même entre celles qui sont visibles par un bon instrument, des espaces qui, selon toute apparence, sont remplis d'une immense quantité d'autres astres, que le télescope ne peut rendre visibles.

L'esprit se confond lorsque l'on pense que les étoiles que nous apercevons dans la voie lactée, quoique infiniment plus grandes que la Terre, ne sont pour nous que des points lumineux ; et, de quelque instrument que nous fassions usage, elles nous paraissent toujours aussi petites qu'auparavant, ce qui démontre le prodigieux éloignement où elles sont de nous.

On trouve dans la *voie lactée* de la matière lumineuse non résoluble, du moins avec nos instruments, toujours trop faibles, et des amas d'étoiles, dus peut-être à la dissociation de la *Nébuleuse*, et des étoiles simples de différentes grandeurs. Herschel en fit minutieusement l'étude à l'aide de son puissant télescope ; et tandis qu'il trouvait quelquefois 600 étoiles dans le champ de l'instrument, il n'y voyait plus d'autres fois qu'un seul de ces astres. Certaines parties de la Nébuleuse, traversant l'appareil immobile, y faisaient passer en un quart d'heure, jusqu'à 116 mille étoiles ; et bientôt, à ces étincelantes richesses succédaient des espaces ravagés. En un mot, suivant l'état actuel de nos connaissances, la voie lactée nous présente des lambeaux de matière lumineuse diffuse et de nombreux millions d'étoiles, soit isolées, soit réunies par groupes formant dans son ensemble une espèce de zone, d'anneau dont le diamètre serait environ six fois plus considérable que l'épaisseur et dont notre soleil ferait partie.

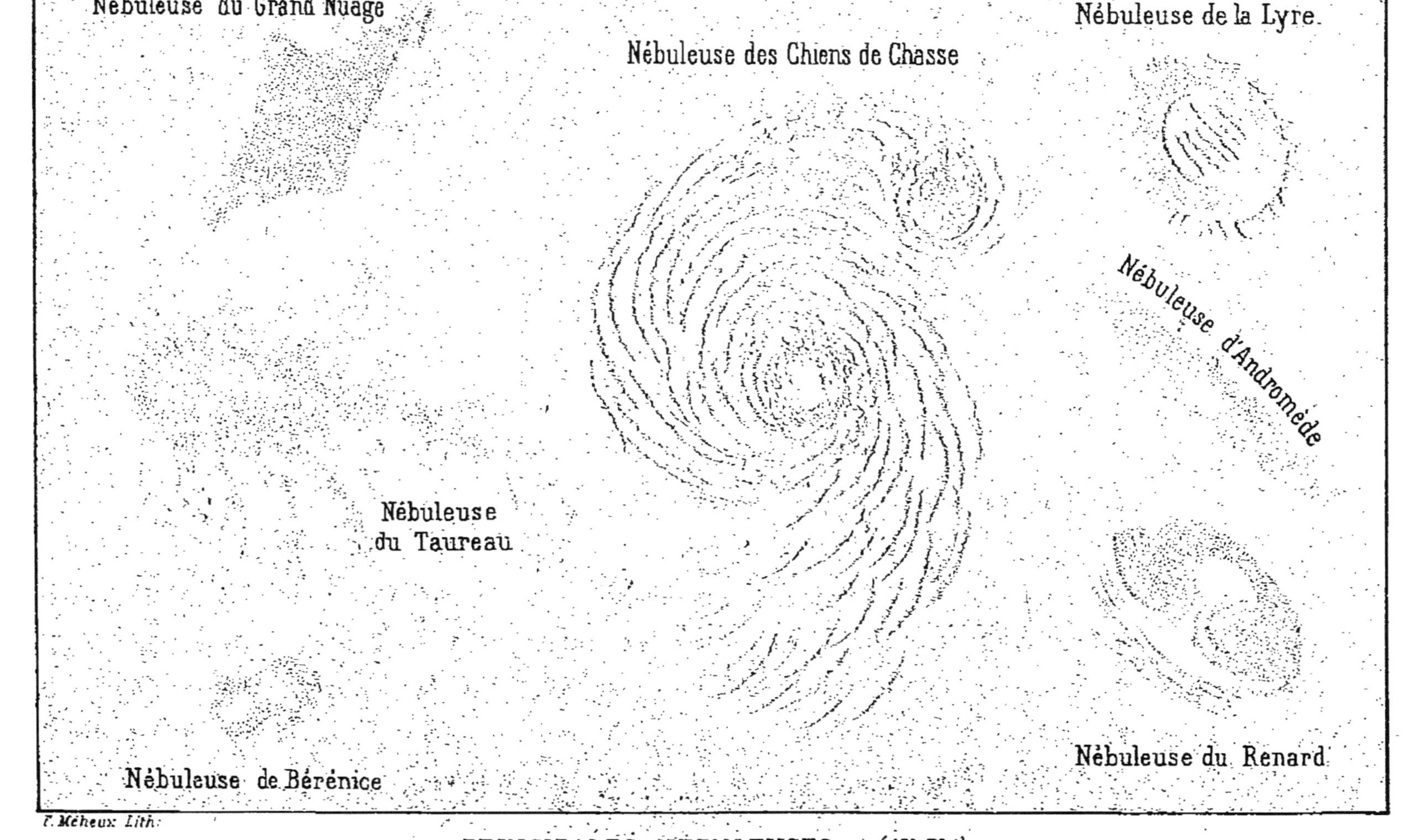

PRINCIPALES NÉBULEUSES — (1re PL.)

VII

Herschel fut conduit à conclure que les innombrables étoiles qui composent la voie lactée constituent une sorte d'assemblage de forme à peu près lenticulaire, une tranche de sphère, une roue si l'on veut, vers le centre de laquelle se trouverait la Terre, et dont l'épaisseur serait environ six fois plus petite que le diamètre. Or, un pareil assemblage ne devrait-il pas bien mieux encore, vu les profondeurs de l'espace, à des distances infiniment supérieures, présenter une tache de même aspect blanchâtre, tranchant sur le fond du ciel ? Eh bien, cette apparence, on la retrouve dans une multitude de petites nébulosités que les fortes lunettes montrent éparpillées au firmament et qui pour la terre sous-tendent des angles à peine sensibles.

Quelques-unes de ces taches, quelques-unes de ces cinq mille nébuleuses et plus que l'on a cataloguées, sont certainement égales en dimension à la nébuleuse dont nous faisons partie; les astronomes qui ont voulu calculer leurs distances sont arrivés à des nombres effrayants. On compte jusqu'à *soixante millions d'années*, le temps que la lumière mettrait à nous arriver de ces nébuleuses, et *trente-sept mille milliards* d'années pour le temps qu'emploierait le boulet de canon à franchir un pareil espace !

Et rien cependant, si ce n'est l'insuffisance de nos télescopes, ajoute M. Petit, rien qui doive nous faire présumer que l'univers créé s'arrête là ! Mille motifs des plus puissants, au contraire, donnent à penser que, transportés dans ces régions lointaines, nous verrions les bornes du firmament

se reculer encore; que des astres inconnus nous apparaî-
traient vers un nouvel infini [1].

La distance de quelques étoiles une fois obtenue, on a
pu déterminer le rang que notre Soleil occupe dans la création. Cet astre, dont le volume égale treize cent mille fois
environ le volume de la Terre, s'il était transporté dans la
région moyenne des étoiles de première grandeur, à un
million de fois, par exemple, sa distance actuelle, ne brille-
rait plus pour nous que comme un point lumineux à peine
visible, comme une toute petite étoile de cinquième ou
sixième grandeur.

Les étoiles sont donc elles-mêmes des soleils, et des soleils
en général plus considérables que celui qui nous éclaire.
Dans la seule voie lactée, d'après les calculs de M. Struwe,
sur les déterminations dues à Herschel, on compte 20 millions, au moins, de soleils visibles, indépendamment de ceux
bien plus nombreux sans doute que nous ne pouvons y
apercevoir ! La voie lactée n'occupe cependant qu'un petit
coin de l'univers, puisque dans cet univers les astronomes
ont déjà classé plus de cinq mille nébuleuses, dont plusieurs, cela paraît certain, ne sont ni moins étendues, ni
moins peuplées de soleils que ne l'est la voie lactée !

La contemplation de ces merveilles captivait Cicéron quoiqu'il fût bien loin de connaître, sur ce sujet, ce que nous
connaissons aujourd'hui. Écoutons cette page magnifique
qu'il met dans la bouche de Scipion : « Mon père me montrait ce cercle qui brille par son éclatante blancheur au milieu de tous les feux célestes, et que vous appelez d'une
expression empruntée aux Grecs, la voie lactée. Du haut
de cet orbe lumineux, je contemplais l'univers, et je le vis
tout plein de magnificence et de merveilles. Des étoiles que

[1] Petit, *Traité d'Astronomie*, t. Ier, ch. v.

l'on n'apercevait point d'ici-bas parurent à mes regards, et la grandeur des corps célestes se dévoila à mes yeux. Elle dépasse tout ce que l'homme a jamais pu soupçonner. De tous les corps, le plus petit qui est situé aux derniers confins du ciel, et le plus près de la terre brillait d'une lumière empruntée. Les globes étoilés l'emportaient de beaucoup sur la terre en grandeur. La terre elle-même me parut si petite, que notre empire, qui n'en touche qu'un point, me fit honte ! Comme je la regardais attentivement : Eh bien ! mon fils, me dit-il, ton esprit sera-t-il donc toujours attaché à la terre ? Ne vois-tu pas dans quelle demeure supérieure et sainte tu es appelé ?....

« Je contemplais toutes ces merveilles, perdu dans mon admiration. Lorsque je pus me recueillir : quelle est donc, demandai-je à mon père, quelle est cette harmonie si puissante et si douce au milieu de laquelle il me semble que nous soyons plongés [1]?... »

VIII

Les étoiles conservent, les unes par rapport aux autres, des positions regardées autrefois comme rigoureusement invariables, de là venait la dénomination de *fixes* qui leur avait été donnée. Dans les idées des anciens astronomes, ces astres étaient donc des points lumineux, cloués à la voûte céleste, et tous les jours emportés avec elle d'un mouvement commun, de l'orient à l'occident.

Ce ne fut que vers le commencement du XVIIIe siècle que les astronomes, par le rapprochement de travaux divers, prouvèrent le déplacement de ces corps célestes. En 1738 Jacques Cassini démontra le changement de position d'*Arcturus* et

[1] Cicéron, *Songe de Scipion.*

d'*Alpha* de l'Aigle, et en 1756 Tobie Mayer celui de quatre-vingts autres étoiles. Depuis lors les recherches se sont multipliées de telle sorte, que ce qui semblait un paradoxe il y a cent ans est devenu aujourd'hui un fait à peu près général, à tel point qu'en 1845 l'*Association britannique pour l'avancement de la science* a donné une liste de plus de huit mille étoiles, dont les trois quarts environ présentent des *mouvements propres* calculés.

M. Argelender, que la science a eu le malheur de perdre dans le courant de 1875, faisait son occupation principale à Abo en Finlande, dès 1823, d'observer les étoiles fixes qui montraient de grands mouvements propres. Ces observations furent continuées à Helsingfors, où il s'établit en 1832. Il réussit à indiquer près de 400 étoiles qui, dans l'intervalle de 1755 à 1830, s'étaient avancées de plus de 15 secondes vers la constellation d'Hercule [1].

Quelle magnificence et quel sujet d'admiration ! Des millions de globes semblables à notre Soleil, *douze* et *quinze cent mille fois* plus volumineux que la Terre, parcourant l'immensité sans se rencontrer, avec une vitesse que le boulet de canon est bien loin d'atteindre, et paraissant néanmoins sans mouvement, exigeant pour permettre d'apprécier un léger déplacement le secours des instruments les plus parfaits, tant leur prodigieux éloignement rapetisse à nos yeux les espaces parcourus ! On admire, on contemple et on s'écrie spontanément avec le Roi-prophète : *Cœli enarrant gloriam Dei !*

Après nombre de calculs basés sur le mouvement des étoiles, exécutés avec une rare sagacité, William Herschel parvint à démêler la preuve manifeste que le Soleil s'avance avec nous vers les étoiles dont les écartements mutuels

---

[1] *Les Mondes scientifiques,* 1er semestre 1875.

paraissent augmenter, et qu'il fuit au contraire celles qui
semblent se rapprocher les unes des autres. Depuis 1783,
époque à laquelle remontent les recherches de l'illustre astronome sur le mouvement propre du Soleil, de nombreux
travaux sont venus apporter une éclatante confirmation
aux résultats obtenus et vérifier cette belle découverte.
Les déterminations les mieux fondées lui assignent maintenant et par conséquent aussi à la Terre et à tout le système
solaire une marche annuelle et commune de 111 millions
de lieues vers les étoiles γ et δ du groupe auquel on a
donné le nom de constellation d'*Hercule;* ce qui donne
304,000 lieues ou 1,216,000 kilomètres par jour.

IX

Les lois de l'attraction agissent dans les régions les plus
éloignées du ciel : Herschel le premier a reconnu parmi
les étoiles, dans un assez grand nombre de groupes binaires,
la dépendance mutuelle des deux étoiles; il les caractérisa
par le nom d'*étoiles doubles.* Quelque chose d'analogue
paraît se produire dans des assemblages moins nombreux
que les premiers, mais formés de *trois,* de *quatre* ou même
d'un plus grand nombre d'étoiles que l'on a appelées *étoiles
multiples.* Quant aux mouvements encore peu nombreux
qui ont été étudiés, on a pu constater que l'*étoile satellite*
décrit autour de l'*étoile principale* une ellipse dont cette
dernière n'occupe pas le centre.

Les deux étoiles dont l'ensemble constitue une étoile double se meuvent l'une autour de l'autre; ce mouvement
commun, dit M. Delaunay [1], a été rattaché, il y a environ

---

[1] Delaunay, *Rapport sur les progrès de l'Astronomie.*

quarante ans, par Savary, à la grande loi de la gravitation universelle. M. Yvon Villarceau s'est occupé à son tour
de cette nouvelle question ; il a établi de nouvelles formules
pour la détermination des orbites des étoiles doubles et
en a fait l'application à un certain nombre de ces astres.

« Les étoiles, dit le P. Secchi, sont distribuées en groupes formant des systèmes semblables à celui auquel nous ap-
partenons. Les lois de l'attraction produisent et régissent le
mouvement de ces astres lointains, aussi bien que la circulation des planètes autour du Soleil. Les systèmes les plus
simples constituent les étoiles doubles ou triples ; ce sont autant de soleils ayant leur cortége de planètes qui décrivent
autour d'eux des ellipses elliptiques. Ces planètes ne diffèrent des nôtres qu'en un seul point : elles sont encore incandescentes et par conséquent lumineuses par elles-mêmes ; elles nous éclairent par une lumière qui leur est propre, et non par une lumière empruntée venant se réfléchir à
leur surface. C'est cette circonstance qui nous permet de les
distinguer à une aussi grande distance, d'observer les positions qu'elles occupent successivement, et de calculer les
orbites qu'elles décrivent [1]. »

On est même sur la voie de s'assurer que les étoiles ont
des satellites obscurs ; les irrégularités observées dans le
mouvement propre de Sirius ont fait supposer pendant
longtemps l'existence d'un astre semblable circulant autour
de cette magnifique étoile ; on a enfin découvert ce satellite, mais il est lumineux par lui-même, et son éclat égale
au moins celui d'une étoile de sixième grandeur ; il est
voilé de l'éblouissante lumière de l'étoile principale. Une
autre étoile, Algol (β de Persée), nous prouve directement l'existence des satellites obscurs par les variations

[1] Le R. P. Secchi, *le Soleil*, p. 404.

régulières qu'elle subit, et qui ne peuvent être que des occultations produites par un corps opaque passant devant l'astre lumineux. Ces variations sont des phénomènes en tout semblables à nos éclipses; on le supposait depuis longtemps, mais les dernières découvertes spectroscopiques l'ont pleinement démontré.

Ainsi on appelle *étoiles doubles* celles qui sont assez voisines pour s'influencer l'une l'autre par la gravitation et former un système à part. Jusqu'à présent il n'y a que quinze de ces systèmes qui soient assez bien connus pour qu'on ait pu déterminer complétement leurs révolutions et calculer les éléments de leurs orbites; mais il y en a bien davantage. Les études ultérieures augmenteront sans doute le nombre des systèmes binaires et ternaires; les systèmes binaires présentent deux particularités remarquables : leurs orbites sont ordinairement très-allongées, et les deux étoiles ont presque toujours des couleurs complémentaires, ce qui indique une différence de température et un état différent de condensation : « Enfin, il y a dans le ciel des groupes d'étoiles qu'il est impossible de ne pas reconnaître comme formant des systèmes d'astres physiquement reliés ensemble, par exemple les Pléiades, le groupe du Cancer, celui de Persée, certains espaces nébulaires très-vastes, comme la chevelure de Bérénice, les nuées de Magellan et surtout la voie lactée [1]. »

X

Une des choses les plus remarquables, ce sont les variations périodiques de certaines étoiles; par exemple, une de

[1] Le R. P. Secchi, *le Soleil,* p. 407

celles qui se trouvent dans le cou de la Baleine paraît être
de seconde grandeur dans son plus grand éclat : elle conserve cette dimension et cette clarté pendant quinze jours,
puis elle diminue par degrés et disparaît entièrement pour
ne reparaître que trois cent trente jours après.

Une autre, dans la poitrine du Cygne, a une période de
quinze ans; elle paraît pendant cinq années en variant d'é-
clat et de grosseur, ensuite elle devient invisible pendant
dix ans, pour reparaître ensuite.

On en voit une près du bec du Cygne qui a une période
de treize mois.

Enfin, en 1770 et 1771, on en vit une autre dans la
même constellation, qui disparut en 1772 et qui n'a pas reparu depuis.

Celle que Maraldi a découverte en 1704, dans la constellation de l'Hydre, paraît pendant quatre mois, disparaît au
bout de ce temps, et ne reparaît que vingt mois après; par
conséquent, sa période serait de deux ans.

Plusieurs astronomes croient que ces étoiles ne sont pas
brillantes dans toutes les parties de leur globe, et que, tournant sur leur axe, elles nous présentent tantôt leur hémisphère lumineux, tantôt leur côté obseur.

D'autres prétendent que des corps opaques circulent autour de ces étoiles et viennent, à certaines époques, s'in-
terposer entre elles et nous.

Quoi qu'il en soit, ces phénomènes indiquent une grande
activité dans les régions d'où nous serions portés à croire que
la vie et le mouvement sont bannis.

Il résulte du témoignage des auteurs de tous les siècles
que certaines étoiles étaient jadis plus brillantes que certaines autres, qui aujourd'hui les dépassent notablement
en éclat. Du temps d'Ératosthène, Antarès était moins brillante que l'une des deux étoiles de la Balance; depuis moins

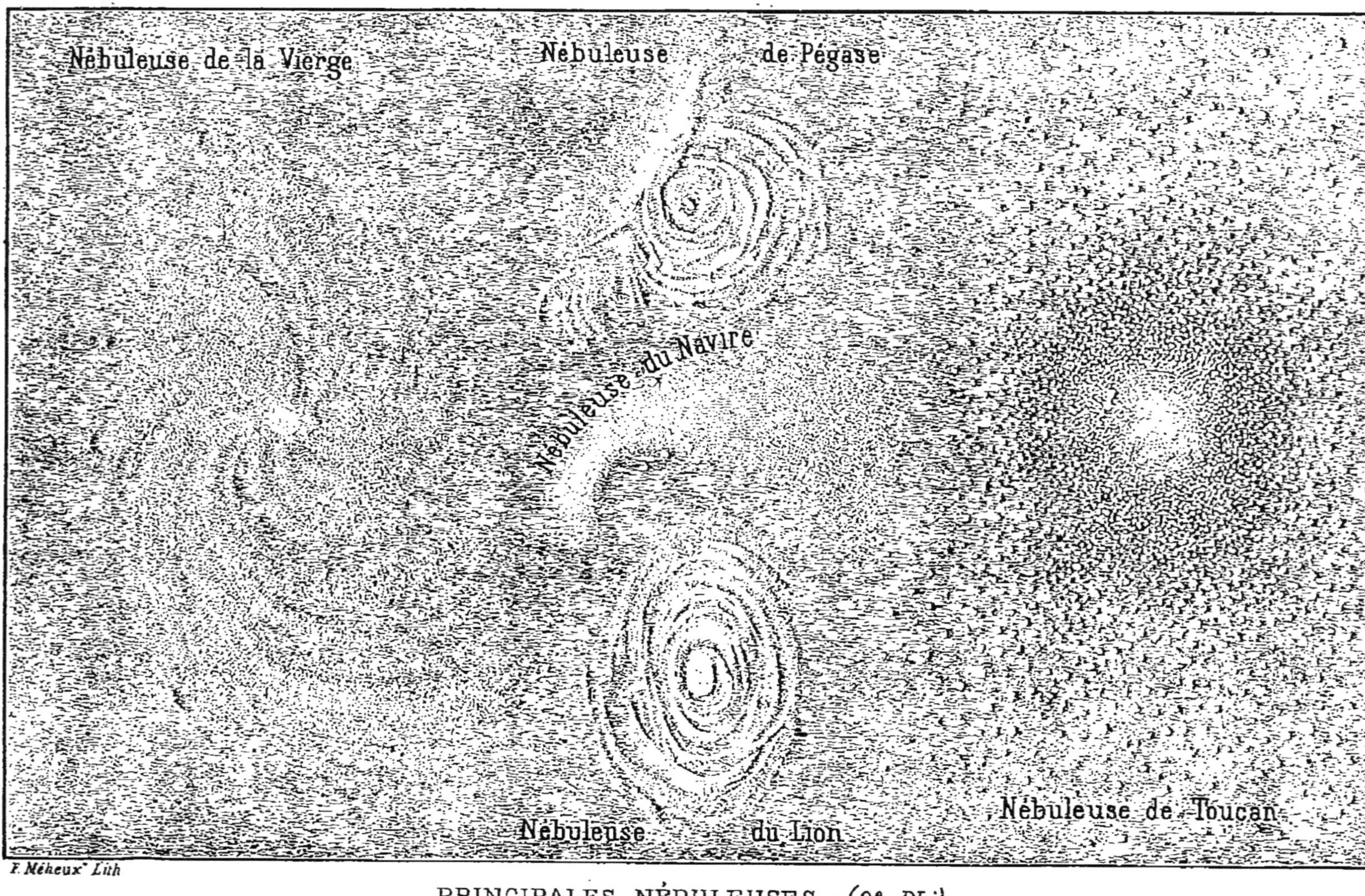

PRINCIPALES NÉBULEUSES — (2e PL.)

d'un siècle même, les altérations de cette nature démentent sur plusieurs constellations l'ordre des lettres grecques, tel qu'il est établi dans des catalogues assez modernes.

XI

L'analyse spectrale nous a découvert quelques-uns des éléments dont sont composées les étoiles. Voici sous ce rapport, et très-succinctement, les beaux résultats auxquels est arrivé le P. Secchi.

Au point de vue de l'étude spectrale, les étoiles se rapportent à quatre types parfaitement tranchés; quelques spectres cependant, au lieu de se rapporter nettement à l'un d'eux, semblent leur servir d'intermédiaire.

Le *premier type* est celui des étoiles que l'on appelle communément *blanches*, bien qu'en réalité elles soient légèrement bleues, comme Sirius, Véga, Altaïr, Régulus, Rigel, etc.

Ces étoiles offrent un spectre formé de l'ensemble ordinaire des sept couleurs, interrompu par quatre grandes lignes noires, l'une dans le rouge, l'autre dans le vert-bleu, les deux dernières dans le violet. Ces quatre raies appartiennent à l'hydrogène; elles coïncident avec les quatre raies les plus brillantes que l'on distingue dans le spectre de ce gaz lorsqu'il est porté à une haute température; d'autres raies révèlent la présence du sodium, du magnésium et du fer. La particularité la plus frappante de ce type, c'est la largeur de certaines raies, largeur qui tendrait à prouver que la couche absorbante possède une grande épaisseur et qu'elle est soumise à une pression considérable. La moitié à peu près des étoiles du ciel se rapportent à ce type. ' Voir pour la classification, la planche des *Spectres*, chap. III).

Le *deuxième type* est celui des étoiles jaunes, leur spectre est parfaitement semblable à celui de notre soleil; on y remarque des raies noires très-fines, très-serrées; il comprend la Chèvre, Pollux, Arcturus, Aldébaran, Procyon, etc., à peu près les deux tiers des étoiles restantes, la moitié se rapportant au premier type. Les étoiles de cette deuxième catégorie ont donc la même composition que notre soleil, et elles sont dans le même état physique que lui.

Le *troisième type* est celui des étoiles tirant plus ou moins sur le rouge ou l'orangé, telles que α d'Hercule, β de Pégase, o de la Baleine, α d'Orion, Antarès, etc. Leur spectre est composé d'un double système de bandes nébuleuses et de raies noires, les raies noires fondamentales sont les mêmes que dans le deuxième type. La plupart des raies dominantes de ce type appartiennent à des métaux qu'on retrouve dans le Soleil, tels que le magnésium, le sodium et le fer; on y retrouve également celles de l'hydrogène. Ce spectre rappelle en tout celui des taches solaires; ce qui indiquerait que les étoiles du troisième type ne différeraient de celles du deuxième que par l'épaisseur de leurs atmosphères et par le défaut de continuité dans leurs photosphères; elles auraient des taches comme celles du Soleil, mais incomparablement plus considérables.

Le *quatrième type* se rapporte à de petites étoiles de couleur rouge-sang, qui sont assez peu nombreuses; leur spectre contient trois zones fondamentales, rouge, verte, bleue; quelques-unes des raies noires et les plus importantes coïncident à peu près avec celles du troisième type.

Ajoutons qu'une cinquième catégorie d'étoiles très-peu nombreuses donnent le spectre *direct* de l'hydrogène.

XII

M. Norman-Lockier, le savant physicien et astronome anglais, si habile dans les observations spectroscopiques, est arrivé à de magnifiques résultats qui concordent avec ceux du P. Secchi et que l'on peut résumer ainsi. Les astres du firmament se partagent très-nettement en trois groupes : 1° les astres à lumière blanche, très-brillants et très-chauds, comme Sirius; 2° les astres à lumière jaune, mais moins brillants et moins chauds, comme le Soleil, qui n'est en réalité qu'une étoile jaune de sixième grandeur; 3° enfin les astres à lumière rouge, encore moins lumineux et moins chauds. Or, le spectroscope a révélé à M. Lockier la présence : 1° dans les astres de la troisième catégorie d'un grand nombre de métalloïdes et de combinaisons chimiques caractérisés par des bandes ou colonnes lumineuses ou obscures; 2° dans les astres de la seconde catégorie, des métaux manifestés par des raies très-fines; 3° enfin dans les astres de la première catégorie, de l'hydrogène pur, et peut-être du magnésium. Ainsi, quand un astre est suffisamment chaud et blanc, toutes les combinaisons et même tous les métaux disparaissent de sa photosphère, leur substance étant ramenée à une dissociation absolue, à ses éléments constitutifs, à l'hydrogène, dernier mot de toutes les substances de l'univers [1].

Ces études nous rappellent qu'Élie de Beaumon tcroyait que dans les premiers âges la chimie présentait des phénomènes particuliers que nous ne pouvons plus constater

____

[1] *Académie des sciences*, 1873.

aujourd'hui. Il faisait remarquer, à l'Académie des sciences, que l'acide acétique, acide réputé faible, agissait cependant sur des corps qui semblent presque inertes en présence des agents chimiques qui jouent les rôles les plus efficaces dans la nature actuelle, et que cela le confirmait dans la pensée que, dans les premiers âges du monde, la nature mettait en pratique une chimie différente de celle qui fonctionne aujourd'hui dans les volcans et dans les phénomènes atmosphériques. Cette chimie primitive, qui a donné naissance aux granites et à beaucoup d'autres roches que l'on n'a pas encore reproduites, employait sans doute des agents susceptibles de produire des effets autres que ceux qui se passent aujourd'hui sous nos yeux [1].

Nous ne pouvons mieux terminer cette partie qu'en répétant les paroles d'un de nos astronomes les plus illustres : « Que dire de ces espaces immenses et des astres qui les remplissent? Que penser de ces étoiles qui sont sans doute, comme notre Soleil, des centres de lumière, de chaleur et d'activité, destinés, comme lui, à entretenir la vie d'une foule de créatures de toutes espèces? Pour nous, il nous semblerait absurde de regarder ces vastes régions comme des déserts inhabités ; elles doivent être peuplées d'êtres intelligents et raisonnables, capables de connaître, d'honorer et d'aimer leur Créateur ; et peut-être que ces habitants des astres sont plus fidèles que nous au devoir que leur impose la reconnaissance envers Celui qui les a tirés du néant ; nous voulons espérer qu'il n'y a point parmi eux de ces êtres infortunés qui mettent leur orgueil à nier l'existence et l'intelligence de Celui à qui ils doivent eux-mêmes et leur existence et la faculté de connaître tant de merveilles [2]. »

---

[1] Voir chap. VII, p. 174.
[2] Le R. P. Secchi, *le Soleil,* p. 418.

Ce spectacle si grandiose nous rappelle également le hardi système astronomique de Chamskij, exposé avec tant de grâce et d'entraînement par une plume des plus sympathiques : « Mais ce qui m'a éblouie et charmée, ce qui enivre la pensée, c'est l'horizon de soleils sans nombre qu'il nous démontre de par les déviations de notre planète et de ses satellites, déviations commandées par la force d'un second soleil dont relève le nôtre, d'un soleil infiniment plus puissant que ce soleil-planète qui nous fait vivre, quoique lui-même dépende d'un autre soleil encore, et ainsi de soleil en soleil jusqu'au feu suprême, au soleil des soleils, résidence ineffable de celui que nous nommons Dieu et que nous appelons *Notre Père !* [1] »

XIII

DIVISION DES ÉTOILES EN CONSTELLATIONS.

Pour étudier plus facilement les étoiles, on les a divisées en groupes que l'on appelle *constellations*.

On a donné à ces constellations des noms d'hommes, d'animaux ou d'objets mythologiques tout à fait arbitraires, et qui n'ont pas de rapport avec leur figure.

On désigne les différentes étoiles d'une même constellation par les lettres de l'alphabet grec, en attribuant les premières lettres aux étoiles les plus brillantes.

On regarde généralement les Chaldéens comme les premiers astronomes de l'univers; ce sont eux aussi les premiers qui ont divisé les étoiles fixes en constellations.

---

[1] Madame la marquise de Blocqueville, *la Villa des Jasmins,* 24ᵉ soirée.

Il est parlé dans le livre de Job des *Chambres secrètes du midi*, ce que l'on entend ordinairement des constellations voisines du pôle austral.

Selon les meilleurs critiques, les signes du Scorpion et du Taureau sont aussi désignés dans le livre de Job.

Les seules constellations dont il soit fait mention tant dans le livre de Job que dans Homère et dans Hésiode sont la Grande Ourse, le Bouvier, Orion, le Grand Chien, les Hyades, les Pléiades, le Scorpion et le Taureau.

Cent vingt-cinq ans avant Jésus-Christ, Hipparque fit un catalogue des étoiles avec la description de leur grandeur, de leur situation, de leur longitude et de leur latitude. Ce catalogue est le premier dont nous ayons connaissance.

Voici quelques-unes des fables et légendes qui ont rapport aux noms que l'on a donnés aux constellations : Ovide est un maître en ce genre, nous le suivons quelquefois :

La nymphe Calisto, jeune compagne et suivante de Diane, ayant outragé Junon, en reçut un terrible châtiment. Junon la gourmande, la saisit par les cheveux et la terrasse. Calisto lui tend ses bras suppliants, mais au même instant ses bras se hérissent de poils noirs, ses mains s'arment d'ongles aigus, se recourbent et lui servent de pieds; sa bouche devient large et hideuse ; et afin de n'être pas touchée par des prières touchantes, l'implacable Junon lui ravit la parole. De son gosier sort une voix rauque, furieuse, menaçante et terrible.

Calisto est ainsi changée en ourse ; cependant elle garde ses premiers instincts. De continuels gémissements attestent sa douleur. Que de fois, n'osant se reposer seule dans la forêt, n'erra-t-elle pas devant la demeure et dans les champs qu'elle possédait jadis ! Que de fois ne fut-elle pas poursuivie sur les rochers par les aboiements d'une meute ! Ancienne chasseresse, elle fuit d'épouvante devant les chasseurs. Souvent elle se cache à la vue des bêtes sauvages, oubliant ce qu'elle est.

Cependant, son fils Arcas compte près de trois lustres. Tandis qu'il poursuit les hôtes des forêts, tandis qu'il choisit les bois les plus favorables et entoure de filets les bosquets d'Érymanthe, il rencontre sa mère. Elle s'arrête à sa vue, et semble le reconnaître ; de son côté il rebrousse chemin. Les yeux de l'ourse s'attachent sur lui fixes et immobiles. Arcas ne la reconnaît pas ; il tremble, et comme elle veut s'approcher davantage, il s'apprête à plonger dans son sein un dard meurtrier. Le maître des dieux écarte le trait, les enlève l'un et l'autre, et prévient le coup parricide. Un tourbillon rapide les emporte à travers les espaces, et les place dans le ciel, où ils forment deux constellations voisines : *la Grande* et *la Petite Ourse*.

Cassiopée, épouse de Céphée et mère d'Andromède, ayant osé se dire plus belle que les Néréides, qui sont les nymphes de la mer, pour la punir, Neptune fit ravager ses États par un monstre marin ; le dieu ne s'apaisa que lorsque Andromède fut exposée à la fureur du monstre. Jupiter mit *Cassiopée* au rang des constellations.

Après avoir épousé Persée, son libérateur, Andromède fut aussi mise au rang des constellations.

Persée, époux d'Andromède, était fils de Jupiter et de Danaé ; il tua Méduse, la plus terrible des trois Gorgones, bâtit la ville de Mycènes, et, après sa mort, il fut de même placé au nombre des constellations.

Céphée, fils de Phénix, roi d'Éthiopie, épousa Cassiopée, dont il eut Andromède. Il accompagna les Argonautes à la conquête de la toison d'or. Les dieux, après sa mort, le mirent au rang des constellations, pour le réunir à son épouse et à sa fille.

Le fameux écuyer Trithon, roi d'Athènes, attela le premier quatre chevaux de front à un char; pour le récompenser de cette invention, Jupiter le plaça au ciel parmi les constellations. On l'appelle *le Cocher.*

Lycaon, ayant coupé en morceaux son petit-fils Arcas pour le donner à manger à Jupiter, son hôte, ce dieu le ressuscita, et le plaça au nombre des astres. C'est *le Bouvier,* que l'on appelle aussi *Arctophylax, garde des Ourses.*

Bérénice était l'épouse de Ptolémée Évergète, roi d'Égypte; ce prince étant parti pour une expédition dangereuse, Bérénice fit vœu de consacrer sa chevelure à Vénus si son époux revenait. Évergète revint triomphant, et Bérénice accomplit son vœu. Quelque temps après, la chevelure ayant disparu du temple de Vénus, l'astronome Conon, courtisan adroit, publia que Jupiter l'avait enlevée et placée parmi les astres. C'est la constellation que l'on appelle la *Chevelure de Bérénice.*

A la prière d'Apollon, dieu des musiciens, le dauphin qui sauva Arion, le célèbre joueur de lyre, fut placé dans le ciel.

Tous les lieux retentissaient de la gloire d'Arion. On vit souvent, aux accords de sa lyre, le loup quitter la poursuite de la brebis timide, et l'innocente proie oublier sa peur et ses dangers. Le même arbre prêtait son ombre aux chiens et aux lièvres; la biche prenait place sur le rocher à côté de la lionne; la colombe ne fuyait plus l'épervier et pour la première fois l'oiseau de Minerve supportait sans humeur le babil de la corneille.

Le nom d'Arion avait retenti dans toutes les villes de la Sicile et les côtes de l'Ausonie avaient répété ses accords. Le poëte revenait de ces beaux lieux; il montait un vaisseau chargé des trésors qu'il devait à son génie. Il craignait sans doute les vents et les flots, mais le sein de la mer était un asile plus sûr que son navire. En effet, le pilote et ses compagnons levaient déjà sur lui un fer homicide : « Pourquoi ce glaive? ô nautonier! Je ne demande pas la vie, mais laissez-moi tirer encore quelques sons de ma lyre. »

Arion prend une couronne digne d'orner la tête de Phébus. Sur ses épaules flotte un manteau teint deux fois de la pourpre tyrienne ; sa lyre résonne doucement sous ses doigts : ainsi percé d'une flèche cruelle le cygne prélude par des plaintes harmonieuses à son dernier soupir. Tout à coup Arion s'élance dans la mer et l'onde jaillit sur les flancs du vaisseau. O prodige! un dauphin présente avec docilité son dos à la victime, le poëte s'y place et tire de sa lyre de nouveaux accords qui commandent le calme aux flots. La piété attira les regards du ciel : Jupiter plaça *le Dauphin* parmi les astres, et l'entoura de neuf étoiles.

L'empereur Adrien aimait tendrement un jeune homme d'une beauté remarquable, nommé Antinoüs. Adrien croyant devoir sacrifier aux dieux une victime volontaire, Antinoüs se dévoua. En reconnaissance, l'empereur lui fit élever un temple, et donna son nom à une constellation découverte sous son règne.

Pour se soustraire à la poursuite des Géants, Vénus et Cupidon se changèrent en poissons, et se transportèrent en Syrie. C'est pour cette raison qu'autrefois les Syriens s'abstenaient de manger des poissons, dans la crainte de dévorer des dieux. Ces poissons, divinisés, furent ensuite transportés dans le ciel, et donnèrent leur nom à une constellation.

Un bélier couvert d'une toison d'or sauva Phryxus et Hellès de la cruauté d'Ino, fille de Cadmus, leur belle-mère ; Phryxus immola ce bélier à Jupiter, et attacha sa toison dans le temple. Jupiter agréa ce sacrifice, et plaça dans le ciel *le Bélier* qui donna son nom à une constellation.

Castor et Pollux étaient fils de Jupiter et de Léda. Castor ayant été tué au siége de Sparte, Pollux demanda à Jupiter de donner à son frère la moitié de sa vie, pour que tous deux vécussent chaque jour alternativement. Jupiter récompensa cet exemple si rare d'amitié fraternelle, en plaçant au ciel les deux frères.

L'Écrevisse fut mise au ciel à la prière de Junon, parce qu'Hercule la tua pour lui avoir mordu le pied, pendant le combat que ce héros eut à soutenir contre l'hydre de Lerne.

Orion représente une des plus belles constellations du ciel. On dit que Jupiter voyageait accompagné de Neptune et de Mercure. C'était le moment où les bœufs ramènent les charrues renversées, et où la brebis rassasiée livre à la soif de l'agneau ses mamelles inclinées. Le vieux Hyrié, cultivateur d'un champ modeste, les aperçoit par hasard comme il se tenait à l'entrée de son étroite cabane. « La route est longue, leur dit-il, et il vous reste peu de temps ; les hôtes trouvent ma porte ouverte. » Son air répond à ses paroles : il réitère son invitation, les dieux l'acceptent sans se faire connaître. Ils entrent sous le toit noirci par la fumée ; un peu de feu se conservait dans une souche de la veille. Le vieillard à genoux réveille la flamme avec son souffle, et l'alimente de menus éclats de bois qu'il casse encore.

Pendant que les mets simples composés d'herbes potagères s'apprêtent, il présente un vin rouge à ses hôtes ; le dieu des mers prend la première coupe, et quand il l'a vidée : « Verse, dit-il, que Jupiter boive maintenant à son tour. » Au nom de Jupiter le vieillard pâlit. Dès qu'il a repris ses esprits, il immole le bœuf avec lequel il cultivait son pauvre champ, et le fait rôtir à grand feu ; il tire d'un baril enfumé le vin qu'il y a enfermé jadis, aux premiers ans de son enfance. Les dieux, pour le récompenser de son hospitalité, lui envoient un fils qu'il désirait depuis longtemps, et qui fut nommé Orion.

Orion, grand chasseur, était aimé de Diane; Apollon en devint jaloux, et provoqua Diane à tirer sur un objet noir qui sortait de la mer. Cette déesse ayant décoché sa flèche, vit qu'elle avait percé Orion. Pour la consoler, les dieux placèrent sa victime dans le ciel, où il représente une constellation des plus brillantes et des plus étendues.

On dit également qu'Orion se vantait de pouvoir dompter les monstres les plus féroces, et qu'il mourut alors de la morsure d'un scorpion. Cet animal fut placé au ciel pour avertir les hommes de ne pas se livrer à l'ostentation et à l'orgueil.

Le chien d'Orion avait une si grande légèreté qu'il surpassait tous les autres animaux à la course; mais devant lutter en vitesse contre un renard à qui Jupiter avait donné une légèreté égale, il fut enlevé au ciel, dans la crainte que les Destins ne lui fussent contraires. C'est la constellation du *Grand Chien*.

Le Petit Chien fut placé dans le ciel à cause de l'extrême douleur qu'il avait témoignée de la mort d'Icare, son maître.

Phaéton, fils du Soleil et de Climène, obtint de son père de conduire son char pendant un jour; mais ayant failli être la cause de l'embrasement de l'univers, il fut précipité par la foudre de Jupiter dans *l'Éridan*, qui est le Pô. C'est pour cette raison que ce fleuve a été transporté dans le ciel.

Chiron, l'un des centaures, dont le torse humain se rattachait à une croupe de cheval fauve, a été surnommé le Sage. L'antiquité le fait vivre à l'époque de la guerre des Argonautes, et quelque temps avant la guerre de Troie.

Dès qu'il fut grand il se retira dans les montagnes. Chasseur infatigable et terrible, sans cesse courant avec Diane; déchiré par les bois à travers lesquels il se précipitait en suivant sa divine compagne, il eut besoin d'apprendre les propriétés des plantes propres à guérir ses blessures, et la position des astres qui devaient l'aider à reconnaître sa route.

Le Pélion, montagne d'Hémonie, dont les flancs étaient couverts de chênes et le sommet couronné de pins, fut choisi par lui ; il se retira dans une grotte creusée au pied de ce mont. Là se rendait toute la Grèce attirée par la renommée du demi-dieu et par ses doctes leçons. Il donna les plus grands soins à Achille, dont il fut l'instituteur et l'aïeul maternel. Il s'associait à tous les dangers de son élève, dont il pénétrait l'immortel avenir ; il se lançait avec lui à travers les précipices au-devant des lions et des ours et lui enseignait l'astronomie, la botanique, la médecine et la chirurgie ; la chimie et la musique. On prétend que Chiron porta le talent de la musique jusqu'à guérir les maladies par les seuls accords de sa lyre. Quand les Argonautes voulurent partir pour la conquête, ce fut à lui qu'ils s'adressèrent pour avoir un calendrier qui leur était nécessaire.

Hercule, après avoir exécuté une partie de ses travaux, revint auprès de Chiron, dont il avait été l'élève ; le Centaure examine la massue et la peau du lion, et regardant Hercule : « L'homme, dit-il, est digne des armes et les armes dignes de l'homme. » Il manie ensuite les traits empoisonnés ; une flèche tombe et lui perce le pied gauche ; la force dévorante du virus triomphait de l'art, et ne permettait plus aux remèdes d'agir ; le mal pénétrait ses os, et s'emparait de tout son corps. Inondé de larmes, Achille se tenait debout, comme devant son père. Souvent de ses mains amies il pressait les mains malades, souvent il couvrait le moribond de baisers, souvent il lui répétait : « Vis, je t'en conjure, père chéri, ne m'abandonne pas ! » Hercule lui-même se désespérait et versait des larmes, et de ses divines mains appliqua sur la plaie un remède que Chiron lui avait enseigné.

Gravé par P. Méa, rue St Victor, 70 — Imp Praillery, Paris

Tout fut inutile; le neuvième jour Chiron laissa sa dépouille terrestre, et fut placé dans les signes du zodiaque :
c'est le *Sagittaire*.

On aperçoit dans le même espace du ciel trois constellations qui se suivent : le *Corbeau*, le *Serpent*, et au milieu
le signe de la *Coupe*.

Une même allégorie explique ces trois constellations :

Phébus préparait une fête solennelle à Jupiter : « Va,
mon oiseau chéri, dit-il au corbeau, va puiser une onde
pure dans les sources vives; il faut que rien ne retarde
l'auguste cérémonie. » Le ministre du dieu saisit une coupe
d'or dans ses serres recourbées, et prend sa course
aérienne. Un figuier élevait ses branches surchargées de
fruits, qui étaient encore durs. L'oiseau essaye de les goûter:
c'était trop tôt. On dit qu'oubliant les ordres du dieu, il
attendit, perché sur l'arbre, que la maturité eût amolli les
figues. Alors il se rassasie, puis il enlève dans ses ongles
noirs un long serpent, revole vers son maître, et lui conte
ce mensonge : « Voilà la cause de mon retard; c'est ce
gardien des fontaines qui m'empêcha de remplir mon devoir. » — « Tu ajoutes l'imposture à ta faute, dit Phébus;
dans ton audace, tu veux tromper le dieu qui lit dans l'a-
venir. Eh bien, tant que la figue nageant dans un suc lai-
teux restera attachée à l'arbre, l'eau fraîche des fontaines
te sera interdite... » Il dit, et, monuments éternels de cet
antique événement, le Serpent, l'Oiseau et la Coupe brillent
réunis dans le ciel. »

Apollon punit ainsi le *Corbeau*, en laissant la *Coupe*
pleine d'eau et l'*Hydre* auprès, pour l'empêcher de boire.

Le bouc qui fut élevé avec Jupiter sur le mont Ida découvrit et emboucha la conque marine, et porta l'effroi parmi
les Titans, dans leur guerre contre l'Olympe. Les dieux,
épouvantés, se cachèrent sous différentes formes d'ani-

maux ; Diane se changea en chat, Apollon en grue, Mercure en ibis, Pan en *Capricorne*, qui maintenant est un signe du zodiaque.

Ganymède, chassant sur le mont Ida, fut enlevé dans le ciel par Jupiter changé en aigle, et devint, à la table de l'Olympe, l'échanson des dieux. C'est le *Verseau*.

Hercule rentrant dans sa patrie avec son épouse était arrivé sur les bords de l'impétueux Événus. Ce fleuve, grossi extraordinairement par les pluies de l'hiver, présentait partout des tourbillons que nul n'osait franchir. Hercule, tranquille pour lui-même, craint cependant pour son épouse. Le robuste Nessus, à qui tous les gués sont connus, s'approche : « Hercule, lui dit-il, veux-tu que je transporte ta compagne sur l'autre rive ? Réserve tes forces pour traverser les ondes à la nage. » Hercule lui confie la princesse de Calydon, toute tremblante, pâle d'effroi, redoutant le fleuve et le Centaure.

Déjà sur l'autre rive, Hercule ramassait l'arc qu'il y avait jeté, lorsqu'il entendit la voix de son épouse ; Nessus s'apprêtait à ravir le dépôt confié à sa garde. Aussitôt un trait parti de la main d'Hercule frappe le dos du Centaure, qui s'enfuit, et ressort à travers sa poitrine. A peine en est-il arraché que de la double blessure le sang jaillit, mêlé au venin de l'hydre. Nessus le recueille : « Non, dit-il, je ne mourrai pas sans vengeance. » En même temps il remet à celle qu'il a voulu enlever sa tunique teinte de son sang fumant encore, comme un don destiné à réveiller l'amitié de son époux si jamais il venait à l'oublier.

Longtemps après Hercule revenait vainqueur de glorieux combats ; Déjanire, craignant que son époux ne l'eût oubliée, lui envoya la tunique de Nessus. En ce moment le héros allait s'acquitter d'un sacrifice ; il déposait l'encens dans le feu, en adressant ses vœux à Jupiter ; aussitôt le poison, développé par la chaleur, circule dans ses veines. Longtemps son courage éprouvé comprime la plainte; mais enfin, succombant à ses maux, il remplit de ses accents douloureux les forêts de l'OEta. Une sueur noire coule de tous ses membres, son sang frémit comme l'onde où l'on plonge un fer chaud ; le venin caché fond la moelle de ses os.

Son dernier jour est venu, il se place sur un bûcher que les flammes embrasent de toutes parts; tout ce qu'il a reçu de sa mère a bientôt disparu; dégagé de sa dépouille mortelle, il vit dans la meilleure partie de lui-même : il grandit, et semble revêtu d'une majesté divine. Le souverain maître des dieux l'enveloppe de nuages, et le conduit parmi les astres radieux.

Tout le monde connaît l'histoire d'Orphée, pleurant avec sa *Lyre* sur sa chère Eurydice; du *Dragon* gardant le jardin des Hespérides; du *Cygne* et du *Taureau,* dont Jupiter prit la figure; du *Lion* tué par Hercule dans la forêt de Némée, etc., etc., qui sont autant de figures mythologiques qui ont donné leurs noms à des constellations.

N'oublions pas la *Croix du Sud,* si bien décrite dans ces beaux vers :

> Sous des vents réguliers pour le navigateur,
> Nous changerons de ciel en coupant l'équateur.
> Nous doublerons le Cap avec toutes nos voiles ;
> Et, dans la nuit sereine, au large, on pourra voir
> La Croix du Sud jaillir de l'immense miroir
> De la mer... où rayonne un crucifix d'étoiles [1].

Cette constellation préoccupe tous les voyageurs aux pays lointains, bien avant de frapper leurs regards. Quelle émotion, lorsque, avançant sous des cieux inconnus pour la première fois, mes yeux contemplèrent ce suave écrin d'étoiles, signe d'un monde nouveau : « O pays désert et désolé

[1] André Lemoyne

du Nord, vous ne verrez jamais l'éclat de cette brillante lumière [1]. »

Que de fois, avec mes compagnons au long cours, pleins d'une profonde mélancolie, inspirée par les vastes solitudes orageuses, nous restions de longues heures, appuyés sur les rembardes du navire, à contempler la magnificence des mers dont les eaux étincelaient de lueurs nocturnes, et les innombrables étoiles, scintillants regards des espaces infinis qui nous baignaient de leurs doux rayons. Mais c'était la Croix du Sud principalement qui nous captivait, elle réveillait en nous des sentiments de nostalgie, en nous rappelant le chemin parcouru et la distance qui nous séparait de tout ce qui nous était cher.

XIV.

CONSTELLATIONS VISIBLES SUR L'HORIZON DE PARIS, AVEC DES INDICATIONS POUR LES RECONNAITRE FACILEMENT DANS LE CIEL [2].

Constellations septentrionales placées au-dessus du zodiaque.

1° La *Grande Ourse* ou *Chariot*. Cette constellation est formée de sept belles étoiles, dont quatre figurent un carré, et les trois autres, figurant la Queue de l'Ourse ou le Timon du Chariot, sont en ligne courbe.

Six des sept étoiles de la Grande Ourse sont de la deuxième grandeur, ou *secondaires;* la septième, qui est *tertiaire,* est à l'angle du carré d'où part la Queue de l'Ourse.

---

[1] Dante.

[2] M. Vinot, savant dévoué, bien connu par ses cours d'astronomie populaires et gratuits, a présenté à l'Académie, dans le courant de 1875, un instrument auquel il donne le nom de *Sidéroscope*, et qui est destiné à permettre à toute personne si étrangère qu'elle soit aux notions d'astronomie, de trouver facilement les constellations et les principales étoiles. Cet instrument a été apprécié avec de ustes éloges par MM. Bertrand et Janssen, de l'Institut.

Les deux étoiles formant le petit côté du carré opposé à la Queue se nomment les *Gardes*. Les Pattes de l'Ourse sont figurées par les étoiles placées entre l'Ourse et le Lion.

2° La *Petite Ourse* ou *Petit Chariot*, plus rapprochée du pôle que la Grande Ourse, est aussi formée de sept étoiles offrant la même configuration, c'est-à-dire un carré long et une queue ou flèche; mais ces étoiles sont moins brillantes, et la figure qu'elles dessinent est plus petite et disposée dans le sens inverse de la Grande Ourse.

La dernière étoile de la Queue de la Petite Ourse est l'étoile *Polaire*.

C'est une belle étoile *secondaire*, située à 1 degré 39 minutes du pôle. Elle est d'autant plus remarquable, qu'elle est la seule secondaire que l'on aperçoive dans cette région du ciel; elle est placée sur la direction des Gardes de la Grande Ourse, de sorte que, pour la reconnaître dans le ciel, il suffit d'imaginer une ligne droite passant par ces deux Gardes; en allant de bas en haut, on rencontrera l'étoile Polaire.

3° *Cassiopée* est située de l'autre côté du pôle par rapport à la Grande Ourse; elle ne se couche jamais, c'est-à-dire qu'elle est toujours sur notre horizon.

On la distingue facilement par ses cinq étoiles *tertiaires* en forme de M, dont les deux jambages sont très-ouverts.

4° *Céphée* est formée de trois étoiles tertiaires disposées en arc et de cinq étoiles quartaires; elle est plus rapprochée du pôle que Cassiopée.

Le prolongement de la ligne des Gardes de la Grande Ourse, qui a servi à déterminer la Polaire, passe au delà, sur la plus boréale de l'Arc de Céphée.

5° Le *Dragon*. Cette constellation offre une grande file d'étoiles doublement sinueuses.

La Queue du Dragon sépare les deux Ourses; le Corps

contourne la Petite Ourse, en se rapprochant de Céphée, et en s'éloignant ensuite par une courbure en sens contraire, pour arriver à la Tête, formée de quatre étoiles rendues très-visibles par le prolongement d'une ligne droite, menée par les milieux de Céphée et de Cassiopée.

6° *Pégase* présente un grand carré un peu long, formé principalement de quatre étoiles *secondaires*.

Si des Gardes de la Grande Ourse on mène une ligne à l'étoile Polaire, et qu'on la prolonge d'une longueur double, cette ligne droite traverse le Carré de Pégase, qui se trouve d'un côté du pôle tout opposé au Carré de la Grande Ourse.

7° *Andromède* est la plus septentrionale des quatre étoiles du Carré de Pégase.

La ligne droite qui la joint à l'étoile Polaire contient, en son milieu, l'étoile la plus brillante de Cassiopée. Cette constellation offre trois étoiles *secondaires* équidistantes en ligne un peu courbe.

8° *Persée*. L'étoile la plus brillante de Persée, qui est *secondaire,* est située au milieu de deux *tertiaires* formant un petit arc convexe vers la Grande Ourse. De l'extrémité de cet arc partent deux files d'étoiles : l'une dirigée à l'orient vers la Chèvre et continuant l'Arc de Persée; l'autre dirigée vers le midi, ayant d'abord une courbure opposée et allant ensuite en ligne droite vers les Pléiades.

Au-dessous de la plus brillante de Persée se trouve *Algol* ou *Tête de Méduse.* Cette étoile est changeante; elle reste pendant deux jours et demi comme une étoile *secondaire,* puis son éclat décroît tout à coup; dans l'espace de trois heures et demie, elle n'offre plus qu'une étoile *quartaire;* bientôt son éclat reparaît.

9° Le *Cocher* présente un grand pentagone irrégulier situé à l'orient de Persée. Les trois plus brillantes étoiles forment un triangle isocèle ; le sommet, qui est aussi la Corne supérieure du Taureau, se trouve en bas, et la base contient l'étoile de la Chèvre dans le prolongement de la Ceinture de Persée.

Abhaiot ou la *Chèvre* est une étoile de première grandeur. Tout près d'elle, on voit trois petites étoiles nommées les *Chevreaux*, placées en triangle isocèle.

10° Le *Lynx*, constellation peu remarquable, située entre le Cocher et la Grande Ourse, au-dessous de celle-ci.

11° Le *Petit Lion*, composé de six étoiles, se trouve sur le prolongement méridional de la ligne des Gardes de la Grande Ourse.

12° Le *Triangle boréal* est formé de trois étoiles placées en triangle isocèle, entre le Pied d'Andromède et le Bélier.

13° La *Girafe*. Cette constellation, peu apparente, se trouve entre l'étoile Polaire et le Cocher.

14° Le *Bouvier* contient une étoile de la première grandeur, nommée *Arcturus*, située sur le prolongement un peu arqué de la Queue de la Grande Ourse.

Près et au nord-est d'Arcturus, est le pentagone irrégulier du Bouvier, dont les trois étoiles du nord forment un triangle isocèle.

La Main supérieure du Bouvier est formée de quatre étoiles de quatrième grandeur, situées très-près de l'extrémité de la Queue de l'Ourse.

Cette Main tient deux *Lévriers* placés au-dessous de la Queue de l'Ourse : l'un porte sur son cou une étoile tertiaire appelée le *Cœur de Charles*.

15° La *Chevelure de Bérénice*, appelée aussi *Gerbe de blé*, se compose d'un groupe de petites étoiles très-rapprochées les unes des autres, situées entre la Vierge et le Cœur de Charles, au-dessous de la Grande Ourse, près de la Queue du Lion.

16° La *Couronne boréale* se compose de trente-trois étoiles, parmi lesquelles six ou sept sont disposées en demi-cercle, dont la concavité regarde la Tête du Dragon; la plus brillante est de troisième grandeur, et se nomme la *Claire* de la Couronne.

17° La *Lyre* est formée de vingt et une étoiles, dont une magnifique *primaire,* nommée la *Claire de la Lyre* ou *Véga.*

Véga fait, avec deux autres étoiles *tertiaires,* un triangle isocèle qui aide beaucoup à la faire trouver.

18° L'*Aigle,* ou le *Vautour volant,* est située au midi de la Lyre.

Elle se distingue facilement par trois étoiles remarquables et placées en ligne droite; celle du milieu se nomme *Altaïr;* elle est de la première grandeur; les deux autres sont de la deuxième.

19° Le *Cygne* ou la *Croix* se compose de cinq étoiles principales, qui forment une croix dans la Voie lactée.

La plus septentrionale de ces cinq étoiles est de la deuxième grandeur; on la nomme la *Queue* ou la *Claire du Cygne.* La plus méridionale, qui est de la troisième grandeur, s'appelle le *Bec du Cygne.*

Cette constellation est située à l'orient de la Lyre, et diamétralement opposée aux Gémeaux par rapport aux pôles.

20° Le *Serpent* et le *Serpentaire* ou *Ophiuchus.*

Ces deux constellations occupent un vaste espace.

La Tête du Serpentaire est marquée par une étoile secondaire.

La Tête du Serpent est située au-dessous de la Couronne boréale; elle ressemble à une espèce d'Y dont la Queue est formée de deux étoiles tertiaires, entre lesquelles se trouve le Cœur du Serpent, qui est aussi une étoile secondaire.

PLANISPHERE CELESTE AUSTRAL

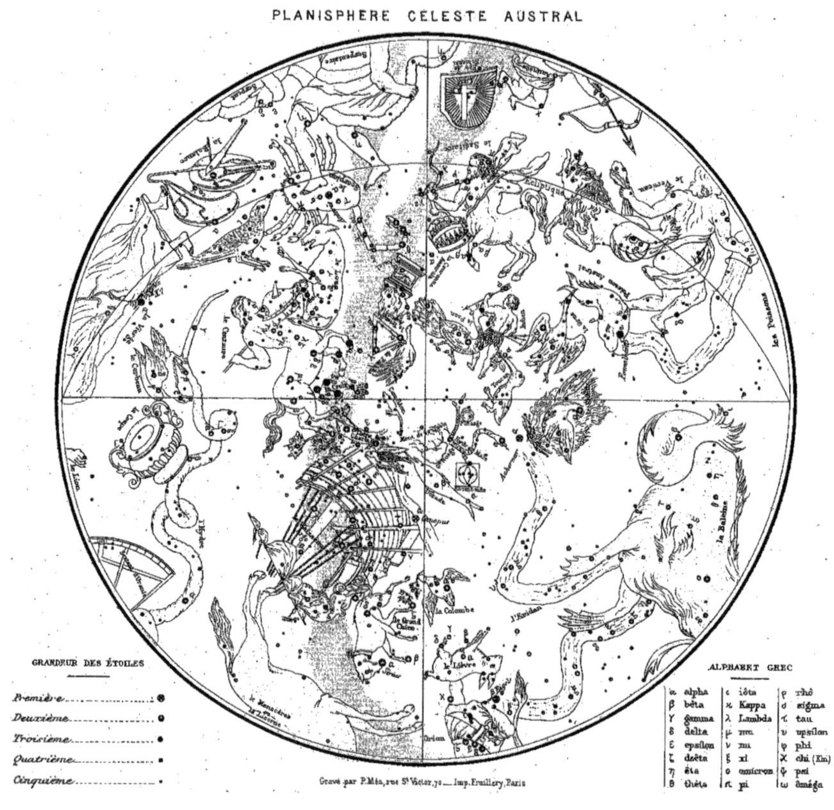

GRANDEUR DES ÉTOILES
Première
Deuxième
Troisième
Quatrième
Cinquième
ALPHABET GREC
α alpha ι iôta ρ rhô
β bêta κ Kappa σ sigma
γ gamma λ Lambda τ tau
δ delta μ mu υ upsilon
ε epsilon ν ni φ phi
ζ dzêta ξ xi χ chi (Khi)
η êta ο omicron ψ psi
θ thêta π pi ω oméga
Gravé par P.Méa, rue St Victor, 70 — Imp. Fraillery, Paris

Le reste du corps se prolonge en une file d'étoiles *tertiaires*, et va s'abaissant beaucoup au-dessous de l'équateur.

21° La *Flèche* est composée de dix-huit étoiles de quatrième et cinquième grandeur; elle se voit au nord et assez près de l'Aigle, entre Altaïr et le Pied de la Croix du Cygne.

22° *Hercule*. La partie principale de cette constellation est formée d'un quadrilatère de quatre étoiles de troisième grandeur.

Le milieu de la ligne droite menée de Véga à la Claire de la Couronne boréale, traverse le quadrilatère d'Hercule. Sa *Tête*, qui est formée d'une étoile tertiaire, se trouve à côté de celle d'Ophiuchus.

23° Le *Dauphin*. Cette constellation est formée de cinq étoiles principales, dont une *tertiaire*, située au sud de quatre autres étoiles qui sont réunies dans un petit espace en forme de losange.

24° *Antinoüs* se trouve au-dessous et près de l'Aigle. Cette constellation est formée de six étoiles principales, dont quatre forment un quadrilatère; la plus orientale est formée dans le prolongement de la ligne droite des trois étoiles de l'Aigle.

25° Le *Petit Cheval* se trouve entre la constellation de l'Aigle et celle de Pégase; il se compose de quatre étoiles formant un carré irrégulier, dont les plus longs côtés vont du nord au sud.

XV

Constellations du zodiaque.

1° Les *Poissons*. Cette constellation, au 342° degré de l'écliptique, s'étend de 18 degrés jusqu'au 360°; là est le point équinoxial et le commencement du signe du Bélier.

Les Poissons s'étendent encore de 42 degrés; ainsi, ils en contiennent en tout 60, ou l'espace de deux signes.

Les douze premiers degrés de cette constellation lui sont communs avec le Verseau, et son dernier degré lui est commun avec le Bélier.

Elle se compose de deux étoiles : l'une nommée *Poisson oriental,* située au-dessus de l'écliptique, sous Andromède et le Triangle ; l'autre, nommée *Poisson occidental,* est rapprochée de l'écliptique. Les Poissons sont liés par un cordon formé de deux files d'étoiles très-fines, qui, de part et d'autre, se réunissent à une étoile tertiaire ou nœud.

2° Le *Bélier* n'occupe que 20 degrés, dont 17 dans le signe du Taureau ; il n'a que trois étoiles remarquables. Son ensemble forme une espèce d'accent circonflexe au-dessus de l'écliptique.

3° Le *Taureau* occupe 10 degrés dans le signe qui porte son nom et 22 dans le signe des Gémeaux. C'est dans celui-ci qu'est la Tête du Taureau, facile à reconnaître; elle forme un V, le pied de ce V est du côté du Bélier, les deux pointes se dirigent vers la Voie lactée.

L'une de ces pointes est formée par une belle étoile de première grandeur, nommée *Aldébaran* ou l'*Œil du Taureau,* qui va joindre une petite étoile près de la Voie lactée ; l'autre pointe est formée d'une étoile de deuxième grandeur. Ces deux étoiles sont les deux cornes de l'animal.

4° Les *Gémeaux,* qui forment un carré long et irrégulier de quatre étoiles principales; deux de ces étoiles sont secondaires et situées à l'est du Taureau ; elles forment les Pieds des Gémeaux.

Leurs têtes sont deux belles étoiles : *Castor,* de première grandeur, est au nord ; elle est plus près du pôle et de la

Voie lactée : *Pollux,* qui est de deuxième grandeur, en est un peu plus éloignée.

5° L'*Écrevisse,* ou le *Cancer,* est composée d'étoiles assez difficiles à distinguer ; on la rencontre en allant des Gémeaux au Lion.

6° Le *Lion* occupe 38 degrés dans le zodiaque ; il forme un grand trapèze de quatre belles étoiles au-dessous de la Grande Ourse.

Si des deux étoiles du Carré de la Grande Ourse, les plus voisines de sa *Queue,* on tire une ligne droite, elle conduit, en se prolongeant, à *Régulus* ou le *Cœur du Lion,* qui est une très-belle étoile de première grandeur, située un peu au-dessus de l'écliptique.

Sa tête, plus élevée, formant un carré de quatre petites étoiles donnant sur l'Écrevisse, a une belle étoile secondaire qui représente la Queue du Lion.

7° La *Vierge.* Sur le prolongement d'une grande ligne diagonale tirée par le Carré de la Grande Ourse, vers le midi, on rencontre une belle étoile de première grandeur qui est l'*Épi* de la Vierge.

Cinq étoiles tertiaires disposées en forme de V très-ouvert appartiennent à cette constellation ; on appelle la *Vendangeuse* celle qui se rapproche le plus de la Chevelure de Bérénice.

8° La *Balance* se trouve facilement par le prolongement de la droite menée de Régulus du Lion à la Vendangeuse de la Vierge.

Deux belles étoiles secondaires forment les Bassins de la Balance ; deux autres étoiles tertiaires lui donnent la forme d'un carré oblique.

9° Le *Scorpion* est composé de six étoiles principales placées symétriquement, savoir : trois à peu près en ligne droite, du nord au sud, et trois de l'est à l'ouest. Celle du milieu des trois dernières est de première grandeur et très-brillante. C'est *Antarès* ou le *Cœur du Scorpion.*

10° Le *Sagittaire* est la première constellation qui passe au méridien après le Scorpion. Cette constellation, très-apparente, est en partie dans la Voie lactée ; elle est marquée par une ligne menée du milieu du Cygne vers le milieu de l'Aigle.

11° Le *Capricorne*, composé de cinq principales étoiles de troisième grandeur, se trouve à l'est en partant du Bec du Cygne et passant par la Claire de l'Aigle.

12° Le *Verseau* est peu apparent, ses plus belles étoiles n'étant que de la troisième grandeur. Il est près du Capricorne, à l'est. On le trouve dans toute sa longueur, en allant du Dauphin à Fomalhaut ou Bouche du Poisson austral.

XVI

Principales constellations placées au-dessous du zodiaque.

1° *Orion*. C'est la plus remarquable constellation du ciel ; elle est composée de onze étoiles principales : deux de la première grandeur, quatre de la seconde, deux de la troisième et trois des quatrième et cinquième.

Elle est placée au-dessous du Cocher, entre les Gémeaux et le Taureau ; elle présente un grand quadrilatère dont les diagonales sont formées de deux secondaires et de deux primaires ; à l'angle nord-est est l'épaule droite, étoile de première grandeur ; à l'angle sud-ouest est le pied gauche, étoile de première grandeur, nommée *Rigel*.

Au milieu du quadrilatère sont trois étoiles de deuxième

grandeur, que l'on appelle le *Baudrier d'Orion*, ou la *Ceinture*, les *Trois Rois*, le *Râteau*, ou le *Bâton de Jacob*.

2° La *Baleine*, grande constellation située au midi du Bélier et au-dessous de l'espace qui est entre les Pléiades et le Carré de Pégase.

3° Le *Corbeau*, qui a la forme d'un assez grand trapèze, formé de quatre étoiles principales au midi de la Vierge, à peu près sur l'alignement de la Lyre à l'Épi.

4° Le *Lièvre* forme un quadrilatère par quatre étoiles de troisième grandeur, au-dessous de celui d'Orion et à droite du Grand Chien.

5° La *Coupe* est située au-dessous des quartaires qui ornent les pieds de derrière du Lion.

Elle est composée d'étoiles de quatrième grandeur en demi-cercle, placées à droite et près du Corbeau ; d'autres quartaires, qui s'aperçoivent au-dessous du demi-cercle, représentent le Pied de la Coupe.

6° L'*Hydre* occupe le quart de l'horizon sous le Cancer, le Lion et la Vierge. A la gauche de *Procyon* est *la Tête*, formée de quatre étoiles quartaires.

La ligne tirée par le côté occidental du grand trapèze du Lion va rencontrer la primaire *Alfard* ou le Cœur de l'Hydre. Une file de dix étoiles forme les replis de l'Hydre, qui porte sur son dos le *Corbeau* et la *Coupe*.

7° L'*Éridan*, formée d'une longue traînée d'étoiles tertiaires et quartaires, commence aux pieds d'Orion, à la première, nommée *Rigel*, se replie sur lui-même au-dessous du Taureau et de la Baleine, et va finir sous l'Horizon par une belle étoile primaire invisible pour nous.

8° Le *Petit Chien*, placé entre l'Hydre et Orion, offre une belle étoile de première grandeur, nommée *Procyon*, au nord de Sirius, au-dessous des Gémeaux ; une tertiaire, se rapprochant des Pieds des Gémeaux, représente la Gueule du Petit Chien.

9° Le *Grand Chien*, placé sous les pieds d'Orion, se compose principalement de cinq étoiles secondaires et de *Sirius*, la plus belle et la plus brillante du ciel.

Fig. 55. — Les Dioscures (Castor et Pollux).

CHAPITRE XIV

LES COMÈTES.

Description d'une comète, ses différentes parties. — Nature de ces astres. — Opinions des anciens et des modernes. — Terreur inspirée par les comètes. — Événements sinistres qu'on leur attribuait. — Comètes récentes. — Comètes périodiques. — Changements que peuvent subir les comètes dans leur forme, dans leurs mouvements, dans leur trajet. — Leur volume et leur masse. — Possibilité de la rencontre d'une comète avec la Terre. — Résultat du choc. — Densité des diverses parties d'une comète. — Passage observé de la Terre dans la queue d'une comète. — Historique des principales comètes périodiques : comètes de Halley, d'Encke, de Biéla ou de Gambard, de Faye, de Brorsen, de d'Arrest, de Tuttle, de Winnecke.

I

Comète, d'après l'étymologie du mot, tiré du grec, veut dire *étoile chevelue*.

Le point lumineux qui s'aperçoit ordinairement vers le centre d'une comète s'appelle le *noyau*.

L'espèce d'auréole lumineuse qui entoure le noyau de tous les côtés porte le nom de *chevelure*.

Le noyau et la chevelure réunis forment la *tête de la comète*.

Les traînées lumineuses, plus ou moins longues, dont la plupart des comètes sont accompagnées, s'appellent leurs *queues*.

La plupart de ces astres ne paraissent que comme des

masses vaporeuses, rondes ou un peu ovales, plus denses vers le centre, mais sans masses distinctes, ni rien qui ressemble à un corps solide.

Les étoiles restent visibles, lors même qu'elles sont recouvertes par la portion en apparence la plus dense de la comète; pourtant un léger nuage suffit pour les faire disparaître à nos yeux. Dans quelques-unes, cependant, on a cru apercevoir, à l'aide de puissants télescopes, un noyau solide extrêmement petit.

Le volume extraordinaire des comètes est probablement dû à la faible attraction que le noyau, si peu volumineux, oppose à l'élasticité des particules gazeuses, car l'attraction est en raison directe des masses; c'est-à-dire que, plus un corps contient de molécules sous un même volume, plus il attire les corps environnants. Si la Terre diminuait de masse, l'atmosphère occuperait immédiatement un plus grand espace.

La nature de ces astres vagabonds n'est plus un problème insoluble pour nos astronomes.

Huyghens, le premier, a appliqué le procédé si fécond de l'analyse spectrale à l'étude des comètes, et il est arrivé à ce résultat étrange, que la partie centrale brille d'une lumière propre, analogue à celle de la flamme de certains composés carburés, tandis que la nébulosité n'émet que de la lumière reçue du Soleil. Cette distinction est d'une haute importance pour la détermination de la nature de ces astres.

On a pu s'assurer que la plupart de celles que l'on a bien observées circulent autour du Soleil, comme les planètes, en suivant les lois de Képler, mais en décrivant des ellipses très-excentriques, dont les plans, au lieu d'être ainsi que ceux des planètes principales, presque confondus avec l'écliptique, présentent au contraire toutes sortes d'inclinaisons. D'un jour à l'autre, les comètes changent d'aspect; ce n'est pas à leurs apparences qu'on peut ordinairement les reconnaître. Il faut donc, pour constater l'identité d'une comète dans ses diverses apparitions, avoir recours à ses éléments mathématiques.

Dès le temps de Képler et de Newton on avait observé que la figure des comètes accuse l'existence d'une action répulsive soit réelle, soit apparente de la part du Soleil. M. Faye s'est efforcé de formuler les caractères essentiels de cette force qu'il attribue à l'état d'incandescence de l'astre du jour. M. Zœllner l'attribue à la répulsion qui s'exercerait, à travers les espaces célestes, entre deux corps chargés à leurs surfaces respectives d'électricité de même nom [1].

La plupart des philosophes anciens regardaient les comètes soit comme des météores atmosphériques, soit comme des phénomènes célestes tout à fait passagers. Pour les uns, ces astres étaient, comme les étoiles filantes, des exhalaisons terrestres s'enflammant dans les régions du feu; pour d'autres, c'étaient les âmes des grands hommes qui remontaient vers le ciel. Cependant, Pythagore paraît avoir eu des idées assez exactes sur leur nature; il les regardait comme étant de véritables astres se mouvant autour du Soleil, mais il était loin de soupçonner la nature elliptique de leurs orbites. La détermination sérieuse des mouvements planétaires ne date guère que de la fin du XVIe siècle.

II

Dans un brillant discours prononcé devant l'Association britannique à Édimbourg, le président, sir W. Thomson, retraçant le tableau des progrès et de l'état actuel de nos connaissances, s'est exprimé ainsi :

[1] *Académie des sciences*, 26 octobre 1874.

« On a fait, depuis peu, de très-grands pas vers la découverte de la nature des comètes; on a établi, avec un degré suffisant de certitude, la vérité d'une hypothèse qui m'a paru longtemps probable : elles consisteraient en groupes de pierres météoriques. On rendrait compte ainsi, d'une manière satisfaisante, de la lumière du noyau; et l'on donne une explication, simple et rationnelle, des phénomènes présentés par les queues de comètes, phénomènes regardés, par les plus grands astronomes, comme presque surnaturellement merveilleux [1]. »

Inutile de faire remarquer que tous les astronomes sont loin de penser de même. Ce passage a été le sujet d'une savante critique dans les *Comptes rendus de l'Académie des sciences* du 9 octobre 1871, et a donné lieu à une importante étude sur *l'histoire et l'état présent de la théorie des comètes*, par M. Faye. Il nous serait difficile de la résumer et d'en donner en même temps une idée juste, mais voici un passage qui nous semble le mieux faire ressortir la manière de voir de l'éminent astronome :

« Je ne change pour ainsi dire pas de sujet en revenant aux comètes. Depuis les travaux dont j'ai donné. l'analyse bien sommaire dans la première partie, deux faits nouveaux se sont produits. M. Huggins a découvert, dans le spectre du noyau de quelques comètes, des raies lumineuses qu'il rapporte à l'incandescence de vapeurs carburées. D'autre part les beaux travaux de MM. Schiaparelli, Newton, Le Verrier, Peters, Adams, etc., ont établi que certains essaims périodiques d'étoiles filantes sont en liaison intime avec certaines comètes également périodiques, car ces essaims et les comètes correspondantes suivent exactement la même route dans le ciel. M. Tait a déduit de ces

---

[1] *Les Mondes scientifiques*, 1871, p. 422.

deux faits seuls, toute une théorie nouvelle des phénomènes cométaires. Il suppose, avec sir W. Thompson, que les comètes sont de simples agrégats d'aérolithes dont les chocs mutuels engendreraient la lumière propre observée par M. Huggins, et que leurs queues ne sont qu'une partie, rendue momentanément visible, de la traînée d'étoiles filantes qui doit accompagner chaque comète. Cette seconde supposition mettrait à néant toute la science actuelle, théorie et observations; ne nous y arrêtons qu'un moment pour faire remarquer que, si la découverte de M. Schiaparelli nous a en quelque sorte donné le mot de l'énigme des étoiles filantes, elle est restée muette sur les comètes elles-mêmes. C'est une question d'origine commune fort inopinément posée et merveilleusement résolue : les queues des comètes n'y sont pour rien. Quant au premier point, il faut, je crois, retenir de l'hypothèse de M. Tait cette idée très-heureuse, que la lumière propre du noyau peut provenir de simples chocs. Mais ici nous n'avons que faire des aérolithes : il suffit de considérer les innombrables particules de la tête que le Soleil repousse en arrière, et dont une certaine quantité va frapper, avec une vitesse déjà notable, les couches extérieures du noyau. »

Cependant, nous devons également rappeler ici, que M. Delaunay regarde les *étoiles filantes* comme de petites comètes se mouvant par essaims dans l'espace[1].

III

Les comètes furent, dans les siècles d'ignorance, des sujets de terreur et d'effroi, soit à cause de la rareté de leur

---

[1] *Rapport sur les progrès de l'Astronomie,* p. 36.

apparition, soit à cause de leur figure extraordinaire et de leur queue ou chevelure, qui présente souvent un aspect menaçant.

Leur existence, pour ainsi dire à part dans les régions sidérales, la singularité de leurs mouvements, la bizarrerie de leur forme, étaient en effet de nature à faire naître des terreurs mystérieuses, alors que la science n'avait pas encore pu pénétrer les secrets de la mécanique céleste.

Les peuples les regardaient comme le présage de grandes calamités, et justifiaient de si puériles frayeurs en leur attribuant les sinistres événements qui les précédaient ou les suivaient immédiatement.

On prétendit que la mort de Jules César fut annoncée par la comète qui parut l'an 44 avant notre ère ; les cruautés de Néron, par celle de 64 ; l'origine du mahométisme, par celle de 603 ; on trouvait que sa queue avait la forme d'un cimeterre turc ; l'irruption de Tamerlan, par celle de 1240, et la chute de l'empire grec, par celle de 1456. En 837 parut uue magnifique comète. Louis Ier dit le *Débonnaire*, fils de Charlemagne, s'occupait beaucoup d'astronomie et crut que cet astre annonçait sa mort ; il tomba dans une profonde tristesse et succomba au bout de deux ans. En 1066, lors de l'invasion de l'Angleterre par Guillaume de Normandie, parut également une comète, celle de Halley ; elle en fut considérée comme le précurseur ; elle figurait dans une tapisserie faite à Bayeux par la reine Mathilde, femme de ce conquérant. En 590 on s'empressa d'attribuer à l'apparition d'une brillante comète les ravages d'une singulière épidémie dans laquelle on mourait en éternuant. C'est alors que l'on commença à saluer d'un *Dieu vous bénisse !* ceux qui éternuaient. Ces paroles s'adressaient aux malades comme un souhait d'heureuse mort.

« Seul, ou presque seul, dit M. Babinet, Sénèque opposa

sa puissante logique aux idées superstitieuses de ses contemporains et de ceux qui avaient vécu dans les siècles antérieurs ; les comètes, suivant lui, se meuvent régulièrement dans des routes produites par la nature ; et, jetant un regard vers l'avenir, il affirme que la postérité s'étonnera que son âge ait méconnu des vérités si palpables ; il avait raison contre le genre humain tout entier, ce qui équivaut à peu près à avoir tort. »

Par les travaux théoriques de Newton et par les calculs de Halley, la prédiction de Sénèque était accomplie : les comètes, ou du moins quelques-unes d'entre elles, suivant des orbites régulières, leur retour pouvait être prévu ; elles cessaient d'être des existences accidentelles : c'étaient de vrais corps célestes à marche réglée. Le merveilleux disparaissait ou du moins il passait au génie qui avait percé le mystère de la nature ; car, après la puissance créatrice et organisatrice du monde, le premier rang appartient à l'intelligence qui a pénétré la pensée du Créateur.

La comète de 1664 devait causer la mort de tous les souverains, d'après un dicton vulgaire ; cependant aucun ne mourut cette année-là.

Les comètes que l'on a aperçues au commencement du siècle, au milieu de tant de grands événements politiques, n'ont pas été accusées de les avoir produits ; au contraire, d'abondantes récoltes et d'excellentes qualités de vin ont accompagné celle de 1811, dont l'aspect fut cependant terrible.

IV

Plusieurs comètes récentes ont été remarquables :

Le 8 janvier 1862, M. Ninnecke, de Poulkova, aperçut une comète télescopique de 3 à 4 minutes de diamètre.

Peu après le 8 janvier, il fut reconnu que le même astre avait déjà été découvert en Amérique le 29 décembre, par M. Tuttle.

Une autre comète, visible à l'œil nu pour une vue perçante, a été aperçue le 2 juillet, vers les dix heures du soir, par M. Schmidt, directeur de l'observatoire du baron Sina, à Athènes. Cette comète a paru subitement, visible à l'œil nu, et se dirigeant rapidement vers le pôle boréal, circonstance qui rappelle la manière dont la grande comète de 1861 s'est présentée, au moment où elle a été découverte en Europe.

Lorsque cette découverte a eu lieu, l'astre chevelu était visible déjà depuis sept semaines dans l'hémisphère austral. J'ai pu l'observer à l'île de la Réunion.

On le voyait très-bien le soir, vers les sept heures et demie, dans la direction du nord-est, à une petite hauteur au-dessus de la mer.

Son éclat était faible et pouvait à peine être comparé à une étoile de troisième grandeur ; en revanche, sa chevelure, tournée vers l'est, était vaste et présentait à l'œil nu près de 18 degrés de longueur.

La comète de Charles-Quint, attendue de 1856 à 1862, et qui, suivant une opinion qui a produit une contagion presque générale, devait bouleverser le monde par sa rencontre avec la terre est oubliée, on désespère de la revoir.

Quand on pense à la terreur profonde et fabuleuse que cette attente a causée au XIX° siècle, il ne nous est plus permis de sourire en considérant la bonne foi des siècles que nous appelons, à tort peut-être, siècles d'ignorance.

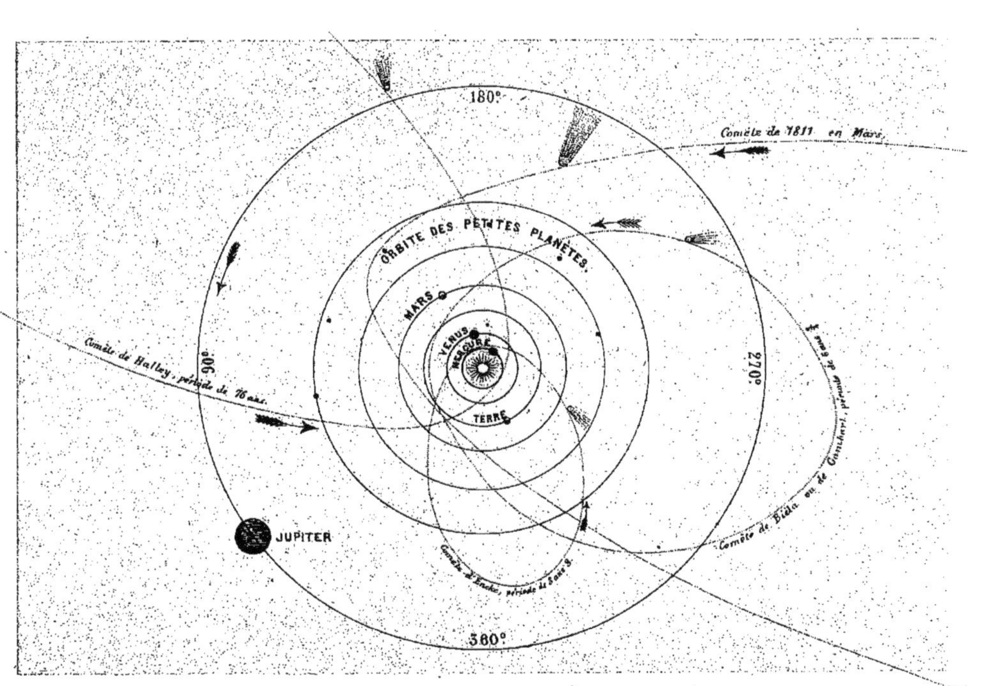

ORBITE DE QUELQUES COMÈTES.

V

Sur plus de six cents comètes observées depuis Jésus-Christ, il y en a près de deux cents dont les orbites ont été calculées, mais il n'y en a guère que huit ou neuf dont on puisse prédire le retour à peu près exactement. Plus loin nous donnons quelques détails sur les comètes périodiques.

Les autres comètes effectuent généralement leurs révolutions dans des ellipses tellement allongées, eu égard à leurs plus grandes dimensions, les portions d'orbites où nous les apercevons sont d'ailleurs tellement restreintes, qu'il n'est guère possible, lors d'une première apparition, de déterminer autre chose que la position du plan dans lequel elles se meuvent, et la longueur, ainsi que la direction au périhélie, c'est-à-dire à la plus courte distance du Soleil.

Ce n'est que lorsque les orbites de deux comètes, qui se sont montrées à deux époques différentes, ont sensiblement les mêmes éléments, que les astronomes se croient autorisés à regarder ces comètes comme identiques, et à conclure, par conséquent, la nature de l'orbite et la durée de la révolution.

L'apparence physique de ces astres éprouve des changements si considérables du jour au lendemain, et, à plus forte raison, entre deux apparitions séparées par un long intervalle de temps, qu'il n'y a pas moyen de compter sur des ressemblances de forme pour reconnaître l'identité.

La ressemblance elle-même des éléments ne peut être considérée comme une preuve complète d'identité, que lorsque la réapparition conclue de cette ressemblance a réellement eu lieu; c'est alors seulement que la comète est classée parmi les comètes périodiques, et que l'on peut calculer avec précision les éléments de son orbite.

Un astronome pourra bien, pour une comète de révolution connue, fixer le jour où elle passera au périhélie, c'est-à-dire le jour où elle se trouvera le plus rapprochée du Soleil, et celui où elle arrivera le plus près de la Terre ; mais le jour de leur première apparition, même pour les comètes les mieux connues, ne pourra pas être précisé, car l'observation a démontré que leur visibilité dépend non-seulement des distances, mais encore d'autres circonstances physiques auxquelles elles peuvent être assujetties dans leurs cours éloignés, et qui nous sont tout à fait incalculables.

VI

Depuis les premiers âges de l'astronomie jusqu'à l'invention du télescope, on n'a pu remarquer que les plus brillantes comètes ; il ne se passe guère d'année maintenant sans qu'on n'en observe une ou deux.

Un certain nombre de ces astres échappent à l'observation lorsqu'ils traversent le ciel pendant le jour ; ils ne peuvent devenir visibles que par le rare événement d'une éclipse considérable de Soleil. Au rapport de Sénèque, c'est ce qui arriva soixante ans avant Jésus-Christ : une éclipse totale permit de voir une énorme comète près du Soleil.

D'autres, cependant, furent assez brillantes pour être aperçues en plein midi, telles que celles de l'an 44 avant Jésus-Christ, de 1402 et de 1532.

Les comètes décrivent autour du Soleil des ellipses si

allongées, qu'elles paraissent se mouvoir presque en ligne droite. La position de ces ellipses varie beaucoup, le mouvement de ces astres se faisant dans toutes les directions.

Comme ils se rapprochent et s'éloignent considérablement du Soleil, ils éprouvent une alternative de chaleur et de froid extrême.

La comète de 1680 n'était, dans le point le plus rapproché du Soleil, qu'à 850,000 kilomètres environ de cet astre, c'est-à-dire à peu près cent soixante-six fois plus proche du Soleil que nous n'en sommes nous-mêmes; aussi la chaleur qu'elle en reçut fut-elle vingt-huit mille fois plus considérable que celle que l'on éprouve sur la Terre, température plusieurs milliers de fois plus élevée que celle du fer en fusion. Celle de 1843 n'a passé qu'à 52,000 kilomètres du Soleil; elle a dû supporter une température neuf millions de fois plus élevée que dans les régions qui entourent notre globe.

Pour l'ordinaire, les comètes ne paraissent à nos yeux que lorsqu'elles sont parvenues dans la partie de leur orbite qui est la plus voisine du Soleil; alors leur course devient plus accélérée et elles ne tardent pas à disparaître à nos regards.

Leur retour, au contraire, est retardé souvent de plusieurs siècles, parce que, ces astres s'éloignant de plus en plus du Soleil, leur marche devient, à proportion, comme celle des planètes, beaucoup plus lente.

La rapidité de la comète de 1682, calculée par Newton, était de près de 293,000 lieues par heure; elle descendait des régions reculées de l'espace et faisait un angle droit avec l'orbite de la Terre.

VII

Halley calcula, en 1705, l'orbite de plusieurs comètes, suivant le système d'attraction formulé par Newton. Il reconnut que la comète de 1531, de 1607 et de 1682, était la même qui devait reparaître en 1759. Sa prédiction s'est parfaitement vérifiée. Comme on l'avait calculé d'avance, cette comète a reparu en 1835, et on la reverra en 1911; le grand axe de son orbite est de 1,239,000,000 de lieues; sa période, de soixante-seize ans environ.

Après la comète de Halley, la première comète que l'on ait également supposée périodique est celle de juin 1770, découverte par Messier; Lexell en détermina l'orbite dont la courbure lui parut assez prononcée pour fournir immédiatement l'ellipse elle-même, avec un grand axe égal à trois fois seulement le diamètre de l'orbite terrestre, ce qui donnerait à la révolution cinq ans et quelques mois de durée; or la comète de Lexell n'a plus reparu. Les astronomes durent se préoccuper d'une pareille singularité, et tout calcul fait, il s'est trouvé que les anomalies provenaient de perturbations planétaires. En 1767, par exemple, le voisinage de Jupiter avait fait d'une ellipse de 50 ans et d'une distance périhélie de 190 millions de lieues, l'ellipse et la distance périhélie de 1770. Puis en 1776, la comète était passée de jour; et pendant qu'elle s'éloignait de nouveau, Jupiter avait encore transformé l'ellipse de 1770 pour rendre la comète désormais invisible, en assignant 130 millions de lieues à la distance périhélie de cet astre, et 20 ans à la durée de sa révolution [1].

[1] Petit, direct. de l'obs. de Toulouse, *Traité d'Astronomie*, t. II, p. 185.

Messier découvrit non-seulement la comète dont nous venons de parler, mais il en découvrit seize. Delambre raconte une anecdote assez curieuse : l'ardeur de Messier pour ce genre de recherche était telle, que, venant de perdre sa femme au moment où l'astronome de Limoges, Montagne, découvrait à son tour une nouvelle comète, il recevait les compliments de condoléance de ses amis en disant : « J'en avais découvert *onze;* fallait-il que ce Montagne m'enlevât la douzième! » Puis, s'apercevant qu'on lui parlait non de la Comète, mais de sa femme, il ajoutait : Ah! oui, c'était une bien bonne femme. » Mais il continuait toujours, dit Delambre, à pleurer sa comète!

La comète de Newton a une période d'environ cinq cent soixante-quinze ans; en remontant sept périodes, certains commentateurs ont calculé que cette comète avait dû passer près de la Terre l'an 2349 avant Jésus-Christ, époque assignée au déluge par Moïse. Cependant la cause du déluge ne saurait être cette comète. Le système qui l'attribue à cet astre a été amplement réfuté dans divers ouvrages. A sa dernière réapparition, en 1680, elle s'est approchée de 13,000 lieues du Soleil.

Nous ferons remarquer cependant que la prédiction du retour des comètes n'est pas toujours parfaitement précise : ainsi la comète de Halley reparut bien en 1759, mais après plusieurs mois de retard, dû à l'action de quelques planètes voisines, retard annoncé d'avance par Clairaut, ce qui offrit une vérification victorieuse de l'attraction qui n'avait pas encore rallié tous les savants.

La grande et belle comète de 1556, dont le retour avait été calculé pour 1848, n'a pas reparu. Un astronome de Middelbourg, par un travail immense, avait calculé l'influence secondaire des planètes sur le retour de cette grande comète; il trouvait pour résultat qu'elle serait retardée de

dix ans, et qu'avec cette incertitude seulement de dix années, nous aurions la comète en 1858. C'est cette comète
que l'on a attendue de jour en jour jusqu'en 1862, et que
l'on désespère de retrouver.

Celle qui a paru en septembre 1853 était à 26,700,000
lieues de la Terre; elle parcourait 150 lieues par minute,
9,000 par heure et 216,000 par jour; son diamètre était
de 2,666 lieues, c'est-à-dire à peu près comme celui de la
Terre; sa queue avait 1,500,000 lieues de longueur et
une largeur presque égale à la distance qui existe entre la
Lune et la Terre; elle était de 83,330 lieues.

VIII

Il ne serait pas impossible qu'une comète vînt un jour
heurter la Terre; cependant il y a des millions de probabilités contre une telle rencontre.

D'ailleurs, les savants calculs de mécanique, exécutés
par M. Babinet, tendent à prouver que ce choc serait tout-
à-fait insignifiant pour nous, à cause du peu de densité de
la comète relativement à celle de l'atmosphère. Cependant
nous devons dire que bon nombre de savants trouvent sa
manière de voir un peu exagérée, surtout à l'égard du noyau
de ces astres.

Voici le résumé des deux dernières communications qu'il
a faites à l'Académie des sciences sur ce sujet :

D'après les estimes de sir John Herschel, de Bessel, de
M. Struve, de l'amiral Smyth, et même d'Arago, le contraste des intensités lui a fourni, pour l'équivalent atmosphérique d'une comète, un nombre si petit, qu'il a réduit
presque à rien la densité de ces astres; car on n'a pu reconnaître aucune réfraction, même dans leur noyau.

Il fait remarquer que le résultat auquel on arrive est tellement exorbitant, qu'il n'aurait pas osé le mettre sous les yeux de l'Académie, s'il était autre chose que la déduction immédiate de faits et de lois admises par tous.

Tous les astronomes ont reconnu que la densité des comètes n'affaiblit pas sensiblement la lumière des plus petites étoiles, vues au travers de leurs queues et même de leurs noyaux.

En sorte que le choc direct d'un de ces astres ne pourrait pas faire pénétrer, même dans notre atmosphère, la matière infiniment peu dense dont ils sont composés.

Les étoiles de dixième, de onzième grandeur, et même au-dessous, ont été vues au travers de la partie centrale des comètes sans déperdition sensible de leur éclat.

Il est facile d'expliquer l'erreur de ceux qui ont admis des noyaux opaques; il suffit de prendre pour exemple la comète bien connue d'Encke, qui est quelquefois visible à l'œil nu, et qui présente généralement une masse arrondie.

En 1828, elle formait un globe régulier, d'environ 500,000 kilomètres de diamètre, sans noyau distinct, et M. Struve vit au travers de sa partie centrale une étoile de onzième grandeur, sans remarquer de diminution d'éclat.

On peut admettre que le clair de lune fait disparaître toutes les étoiles au-dessous de la quatrième grandeur; or il y a entre la cinquième grandeur et la onzième six ordres de grandeur, et d'après le fractionnement qui règle ces divers ordres, on peut admettre qu'une étoile qui est d'un seul degré de grandeur au-dessus d'une autre étoile, est deux fois et demie plus lumineuse que cette dernière.

On tire de là, que l'étoile de cinquième grandeur est environ deux cent cinquante fois plus brillante que l'étoile de onzième grandeur; ainsi l'illumination de l'atmosphère par la Lune est bien plus intense que l'illumination de la substance cométaire par le Soleil lui-même, puisqu'il faudrait rendre la comète trois mille six cents fois plus lumineuse pour qu'elle pût éteindre une étoile de onzième grandeur, tandis que l'éclat de l'atmosphère, éclairée par la Lune, suffit pour rendre invisibles des étoiles qui sont deux cent cinquante fois plus brillantes.

Quand on fait attention aux mesures de Wollaston, auxquelles sir John Herschel dit qu'il ne voit point d'objection à faire, la disproportion devient encore plus grande ; l'illumination de la pleine Lune étant un peu moindre que la huit cent millième partie du plein Soleil.

Pour compléter les données de son calcul, M. Babinet rappelle que, d'après la densité de l'air dans les couches inférieures de l'atmosphère, et son poids total indiqué par la colonne barométrique, toute la couche aérienne qui constitue l'atmosphère est équivalente à une couche d'environ 8 kilomètres d'épaisseur, et ayant pour densité celle de l'air à la surface de la Terre.

D'après les données du savant astronome, la substance d'une comète ne pourrait être évaluée, en densité, à une quantité aussi élevée que celle de l'atmosphère diminuée par l'énorme diviseur 45 millions de milliards. Le choc d'une substance si peu compacte serait tout à fait nul, et il n'en pourrait pénétrer aucune parcelle, même dans les parties les plus dilatées de notre extrême atmosphère.

Bien que la substance cométaire soit excessivement ténue, elle l'est moins que ne le dit ici M. Babinet, car on a pu constater le passage de la Terre dans la queue de ces astres, comme nous allons d'ailleurs l'exposer ; cependant laissons encore la parole au spirituel écrivain.

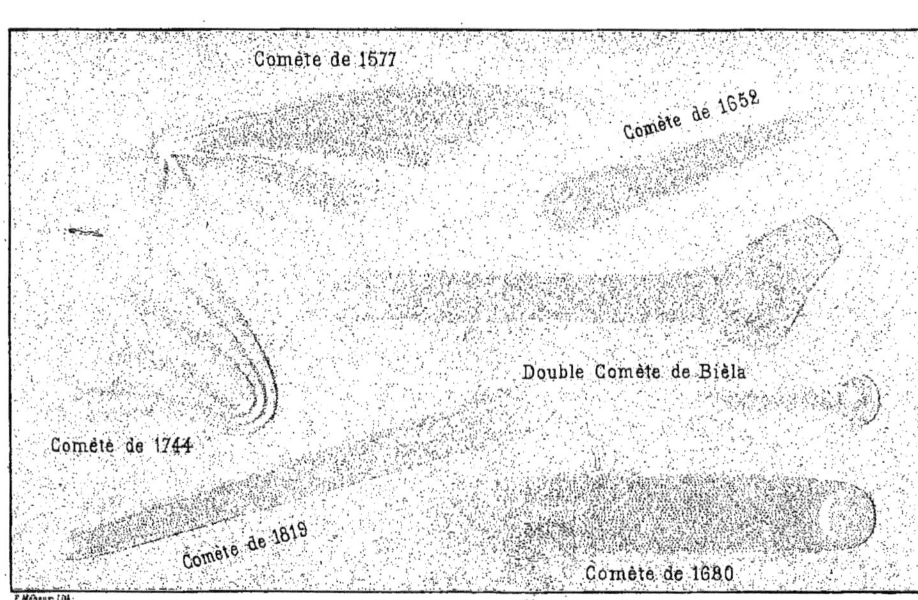

PRINCIPALES COMÈTES *(1re PL)*

IX

On a accusé M. Babinet d'exagération dans l'estime infiniment réduite qu'il a faite de la matière des comètes ; le savant académicien répond ainsi :

« Voici les paroles d'une haute autorité scientifique, de sir John Herschel, associé étranger de l'Académie des sciences, et aussi excellent physicien qu'astronome infatigable et mathématicien pratique. Les vues d'un esprit de cette capacité et de cette illustration auront, je l'espère, quelque poids, et, indépendamment de cette autorité même, je préviens les incrédules que je tiens encore en réserve deux autres arguments *à fortiori,* qui réduisent les comètes à pouvoir à peine fournir assez de substance pour la médecine homœopathique. Voici les paroles de sir John, sous le titre : *Excessive ténuité des comètes.* « En un « mot, la queue d'une grande comète pourrait bien ne con- « sister qu'en un très-petit nombre de livres ou même en « quelques onces de matière! » Voilà du positif. (*Outliness of Astronomy,* art. 559; 1850.) J'ai donné, dans la *Revue des Deux-Mondes,* le poids de la Terre en kilogrammes. Le nombre comprend une ligne entière de zéros à la suite des premiers chiffres. Il est inutile de le récrire ici; mais le lecteur pourra s'assurer que la comète de sir John Herschel ne serait pas à la Terre ce que le plus petit moucheron serait à l'éléphant ou à la baleine, et sa queue, fût-elle formée du poison le plus violent, ne pourrait nuire aux existences vitales les plus éphémères de la nature. On lit dans quelques-uns des ouvrages les plus en vogue dans le dernier siècle cette boutade latine contre la prétendue égèreté des femmes : « *Quid levius pluma? — Pulvis. —*

« *Quid pulvere? — Ventus. — Quid vento? — Mulier. —*
« *Quid muliere? — Nihil.* » (Quoi de plus léger que la plume?
— La poussière. — Que la poussière? — Le vent. — Que
le vent? — La femme. — Que la femme? — Rien.) « Il
n'est personne, sans doute, qui n'ait devancé ma plume
pour dire : et les comètes, donc? Au reste, s'il y a des
femmes bien légères, il y a des hommes bien lourds,
comme le disait une dame d'esprit à un ennuyeux interlo-
cuteur qui lui ressassait cette vieille métaphore. »

X

Les chances pour la rencontre d'une comète avec la
Terre sont à peu près dans le même ordre que celle de la
rencontre de deux grains atomiques de poussière qui volent
au vent, l'un à Paris, et l'autre quelque part en Amérique,
disait Arago. Cependant un habile astronome, M. Liais,
a constaté, et après lui plusieurs savants, que la Terre et
la Lune ont été immergées dans la queue de la comète
de 1861; les phénomènes observés alors ont donné une
éclatante confirmation aux conjectures de ceux qui af-
firment l'innocuité de la substance cométaire.

Mais aujourd'hui, que nos connaissances en physique
nous permettent d'apprécier l'extrême rareté du milieu
gazeux qui forme les appendices cométaires, dit M. Liais,
dans son bel ouvrage : *l'Espace céleste,* il est certain que,
même lorsque ces gaz seraient délétères, la quantité mêlée
à l'atmosphère serait trop petite pour nuire aux habitants
de notre globe.

Immédiatement avant la rencontre de la Terre et la
queue de la comète, M. Liais put faire une observation
qui, combinée avec celles qu'il avait faites antérieurement

et postérieurement à cet instant, lui a permis de reconnaître avec certitude que le passage de notre globe dans la queue de la comète s'est réellement effectué.

Ce n'est qu'après ce passage que la comète est devenue visible en Europe. Elle y fut aperçue pour la première fois dans la soirée du 30 juin 1861.

Deux astronomes habiles : l'un en France, M. Valz, le savant directeur de l'observatoire de Marseille; l'autre en Angleterre, M. Hind, remarquèrent aussi que la Terre devait avoir traversé la queue de la comète.

Dans la soirée du 30 juin, M. Hind et plusieurs autres observateurs, en Angleterre, avaient même noté une sorte de phosphorescence du ciel, avec une teinte jaunâtre comme celle d'une aurore boréale, et ils l'attribuèrent à la matière cométaire.

M. le baron de Prados, prévenu par M. Liais du phénomène qui devait avoir lieu, a fait attention à l'état de l'atmosphère à Barbacena, ville de la province Minas-Geraes, et il a pu remarquer que le ciel s'y était montré constamment rouge. Ce fait mérite d'être rapproché des autres particularités notées en Angleterre le 30 juin.

Nous devons à M. Liais de remarquables détails sur l'immersion de la Terre dans la queue de cette comète; ils prouvent une fois de plus, que l'on doit être complétement rassuré contre les dangers si souvent exagérés d'une rencontre possible entre l'appendice d'un de ces astres et la Terre.

M. Petit, ancien directeur de l'observatoire de Toulouse, nous donne sur ce sujet un passage plein d'intérêt : « Quoi qu'il en soit, on a remarqué parfois, en 1783, en 1831, etc., des espèces de brouillards parfaitement secs, qui couvraient, pendant des mois entiers, à la surface du globe, des espaces considérables, et qu'on a cru pouvoir expliquer par le passage de la Terre à travers des queues de comètes. Bien que cette opinion ait trouvé, pour les brouillards de 1783 et de 1831, d'énergiques contradicteurs, Arago entre autres, dont l'autorité scientifique est d'un si grand poids, il me paraît évident, comme le pensait d'ailleurs Arago lui-même, que les planètes doivent s'approprier parfois de la matière cosmique; et je saisis à ce sujet l'occasion de citer un phénomène singulier qui se manifesta, le 13 mai 1858, à Toulouse, qui me fut en outre signalé de divers points du département de la Haute-Garonne, je veux parler d'un affaiblissement considérable du jour, avec une odeur très-prononcée de chlore, de deux à sept heures du soir, dans le temps sans doute où la Terre traversait une portion extrêmement ténue de l'anneau d'astéroïde que nous rencontrons à cette époque [1]. »

Quelque incertaine d'ailleurs que nous paraisse la marche des comètes et quelque rassuré que l'on puisse être sur l'innocuité de leur substance, il est bon de se rappeler que celui dont la main puissante a marqué toutes les œuvres de la création du sceau de l'ordre et de la stabilité, a dû fixer à ces astres des lois telles qu'il leur fût impossible de porter la confusion dans l'univers.

XI

M. Delaunay, directeur de l'Observatoire de Paris, a publié une récente notice sur les comètes périodiques, dans l'Annuaire du Bureau des longitudes. Elle nous servira de guide principal pour ce qui nous reste à dire sur ce sujet.

[1] *Traité d'Astronomie*, t. II, p. 197

Faisons de suite remarquer qu'il ne mentionne pas la comète de Newton dont nous venons de parler, probablement parce que le retour n'en a pas paru assez certain au savant astronome. Jusqu'à présent nous connaissons huit de ces astres qui sont revenus dans notre voisinage, après que leur retour eut été annoncé comme probable, d'après les circonstances de leurs apparitions antérieures.

1° *Comète de Halley. Période de 76 ans.* — La comète de Halley est celle dont la période de retour est la plus longue; les circonstances de la découverte dont elle a été l'objet sont des plus remarquables; elles ont été exposées par Lalande en 1759 dans le Recueil de l'Académie des sciences, au moment où la comète venait de reparaître, conformément à la prédiction qui en avait été faite par Halley cinquante-quatre ans auparavant. Ce retour produisit la plus grande émotion dans le monde savant, et a été annoncé avec le plus grand enthousiasme.

« L'univers, dit Lalande, voit cette année le phénomène le plus satisfaisant que l'astronomie nous ait jamais offert, événement unique jusqu'à ce jour; il change nos doutes en certitude et nos hypothèses en des démonstrations.

« L'Académie s'empresse d'annoncer ce retour comme une époque désormais mémorable dans nos sciences, qui nous assure enfin le prix d'une multitude immense de calculs, d'observations et de recherches.

« En effet, quoique de tout temps les physiciens intelligents aient espéré le retour des comètes, quoique Newton l'ait assuré et qu'Halley en ait osé fixer le temps, tous, jusqu'à Halley lui-même, en appelaient à l'événement et à la postérité. Quelle différence entre sa situation et la nôtre, entre le plaisir que lui donna cette heureuse conjecture et les avantages que nous trouvons aujourd'hui en la voyant se vérifier! Combiner ensemble des faits que présentent l'histoire, et en tirer des conséquences pour l'avenir ce fut l'ouvrage de M. Halley. Voir ces conséquences se justifier après plus de cinquante années par un entier accomplissement, c'est une satisfaction qui nous était réservée, et que, dans les temps les plus reculés, les philosophes enviaient à la postérité. »

Lalande fait remarquer que Cassini fut le premier qui s'occupa à chercher dans les anciennes observations les routes des comètes pour en déterminer les retours; mais que toutes ses prédictions ne pouvaient se vérifier, parce que les ressemblances qu'il apercevait entre les comètes observées n'étaient qu'apparentes et n'avaient rien de réel, c'était en les rapportant au Soleil qu'il fallait tenter cette comparaison et Halley fut le premier qui l'entreprit, et il ajoute : « D'après la théorie de Newton, M. Halley forma des procédés commodes pour le calcul d'une comète dont la parabole est donnée; il les appliqua d'abord aux comètes qui avaient été les mieux observées; peu à peu il étendit ses recherches à toutes celles dont il put découvrir quelques observations, jusqu'en 1705; il se trouva avoir formé une table de vingt-quatre comètes qu'il publia dans les *Transactions philosophiques*, n° 297. »

En comparant entre elles ces vingt-quatre comètes, M. Halley aperçut que celles de 1531, de 1607 et de 1682, avaient des orbites fort approchantes les unes des autres, la ressemblance se trouva même assez frappante pour lui faire espérer qu'on reverrait encore cette comète en 1758 : « Or,
« dit-il, je suis bien porté à croire que celle de l'année 1531,
« observée par *Apianus*, est la même, qui a reparu en 1607,
« et qui nous a été décrite par *Képler* et par *Longomon-*
« *tanus*, et qu'enfin j'ai revue moi-même et que j'ai ob-
« servée soigneusement en 1682. Car tous les éléments de
« leurs théories sont les mêmes, et il n'y a d'inégalité un

« peu considérable que dans le temps de leur révolution
« périodique; ce qui n'est pas étonnant et peut être attribué
« à différentes causes physiques. Nous en avons un exemple
« à peu près semblable dans *Saturne*, dont le mouvement
« de révolution est tellement altéré par les autres planètes
« et surtout par *Jupiter*, que nous ne saurions jamais
« déterminer qu'à quelques jours près le temps de sa
« révolution périodique. A plus forte raison, combien ne
« serait donc pas altéré le mouvement d'une comète qui
« s'éloigne quatre fois davantage que ne le fait Saturne, et
« dont la vitesse, pour peu qu'elle soit augmentée, peut
« changer la figure de son orbite, et lui donner une cour-
« bure différente de l'ellipse, et par conséquent plus ap-
« prochante de celle d'une parabole. Ce qui me confirme
« encore davantage dans ce sentiment, c'est qu'il me paraît
« que c'est encore la même qui fut aperçue l'an 1456. On
« la vit pendant l'été ayant un cours rétrograde, et passant
« à peu près de la même manière entre la Terre et le Soleil.
« Or, quoique nous n'en ayons pas cette fois là d'observa-
« tions bien exactes, cependant, je crois ne pouvoir point
« douter, en comparant sa route et le temps de sa révo-
« lution, que ce n'ait été la même que celle des années 1531,
« 1607 et 1682; de sorte que je puis avec assez de certi-
« tude annoncer son retour pour l'an 1758, et si cette
« espèce de prédiction a lieu, et qu'elle reparaisse en ef-
« fet, il ne doit plus rester, ce me semble, aucun lieu de
« douter que les autres comètes ne reparaissent enfin de la
« même manière [1]. »

[1] Mémoire de Halley, *Astronomiæ cometicæ synopsis*.

XII

A mesure que l'époque du retour annoncé devenait plus proche, on se préoccupait davantage des moyens de ne pas manquer l'observation de la comète. Clairaut conçut le dessein de calculer rigoureusement ce que l'attraction de Jupiter avait pu faire en 1681 et en 1683, dans les temps où il avait passé si près de la comète. Il lut un mémoire sur ce sujet dans la séance publique de l'Académie des sciences du 14 novembre 1758 ; en voici quelques passages :

« La comète que l'on attend depuis plus d'un an, est devenue d'un intérêt beaucoup plus vif que le public n'en met ordinairement aux questions astronomiques. Les vrais amateurs des sciences désirent son retour, parce qu'il en doit résulter une très-belle confirmation d'un système en faveur duquel presque tous les phénomènes déposent... J'entreprends ici de faire voir que ce retardement (on attendait la comète depuis une année), loin de nuire au système de la gravitation universelle, en est une suite nécessaire ; qu'il doit aller encore plus loin, et je tente d'en assigner les limites. »

Il expose ensuite les idées émises par Halley pour rendre compte de l'inégalité des périodes successives de la comète ; Halley estimait vaguement la période nouvelle à un peu plus de soixante seize ans et plaçait son retour prochain vers la fin de 1758 ou au commencement de 1759. Les détails dont il accompagnait sa prédiction, tout imparfaitement traités qu'ils étaient, méritaient d'être rapportés ; cependant ils ont été omis par la plupart des auteurs qui les premiers ont fait mention en France de la conjecture faite par l'astronome anglais. On en était venu par une sorte d'impatience à avancer le terme jusqu'à ses limites les plus voisines; ainsi on avait pris la période la plus courte de toutes, qui est de soixante-quinze ans, et l'on attendait la comète en 1757. Clairaut indique ensuite les divers résultats auxquels le calcul l'a conduit, et dit que la révolution de la comète, depuis son apparition en 1682 jusqu'à celle qu'on attendait, devait être de 618 jours plus longue que celle comprise entre 1607 et 1682.

« Il me paraît que la comète attendue, dit-il, doit passer à son périhélie vers le milieu du mois d'avril prochain. On sent avec quels ménagements je présente une telle annonce, puisque tant de petites quantités négligées nécessairement par les méthodes d'approximation pourraient bien altérer le terme d'un mois, comme dans le calcul des périodes précédentes; puisque d'ailleurs tant de causes inconnues, ainsi que je l'ai dit au commencement de ce mémoire, peuvent agir sur notre comète; puisqu'enfin je ne dois être rassuré moi-même sur l'exactitude de mes nombreuses et délicates opérations, qu'après les avoir mises sous les yeux de mes confrères et de mes juges. »

XIII

M. Lalande dit à ce sujet : « M. Clairaut demandait un mois de grâce en faveur de là théorie, le mois s'y est trouvé exactement, et la comète est descendue après une période de 586 jours, plus longue que la dernière fois, trente-deux jours avant le terme qui lui était fixé; mais qu'est-ce que trente-deux jours sur un intervalle de plus de 150 ans, dont on avait à peine observé grossièrement la deux-centième partie, et dont tout le reste s'étend hors de la portée de notre vue? Qu'est-ce que trente-deux jours pour toutes les autres attractions du système solaire, desquelles on n'a pas tenu compte pour toutes les comètes dont nous ignorons la situation et les forces, pour la résistance de la matière éthérée qu'on ne peut apprécier et pour toutes les quantités qu'on est forcé de négliger dans l'approximation du calcul?... Une différence de 586 jours entre les révolutions de cette même comète, différence produite par les forces perturbatrices de Jupiter et de Saturne, devient une démonstration plus frappante qu'on n'eût jamais osé l'espérer du grand principe de l'attraction, et met cette loi au nombre des vérités fondamentales de la physique, dont il n'est pas plus possible de douter actuellement que de l'existence même des corps qui la produisent. »

Dès le 25 décembre 1758 la comète fut aperçue d'abord par un paysan de Dresde, nommé Palitsh; les astronomes s'empressèrent de l'observer ensuite. La prédiction de Halley se trouva ainsi réalisée, et l'on pouvait à coup sûr s'attendre à voir revenir cet astre soixante-quinze ou soixante-seize ans après 1759, c'est-à-dire vers 1835. Elle passa à son périhélie le 16 novembre suivant; les calculs de Damoiseau, faits longtemps avant cette réapparition, avaient fixé le passage au périhélie au 4 novembre, et ceux de M. Pontécoulant au 13.

D'après les calculs de M. de Pontécoulant, le prochain passage de cette fameuse comète à son périhélie doit avoir lieu le 24 mai 1910 [1].

En remontant le cours des siècles, la science s'aidant de l'histoire a pu établir avec plus ou moins de certitude que cette comète a été observée : en juin 1456, en novembre 1378, en septembre et octobre 1301, en avril et mai 1066, en septembre 989, en mars 141, en janvier 66, et en octobre de l'an 12 avant J.-C.

---

[1] *Comptes rendus de l'Académie des sciences*, t. LVIII.

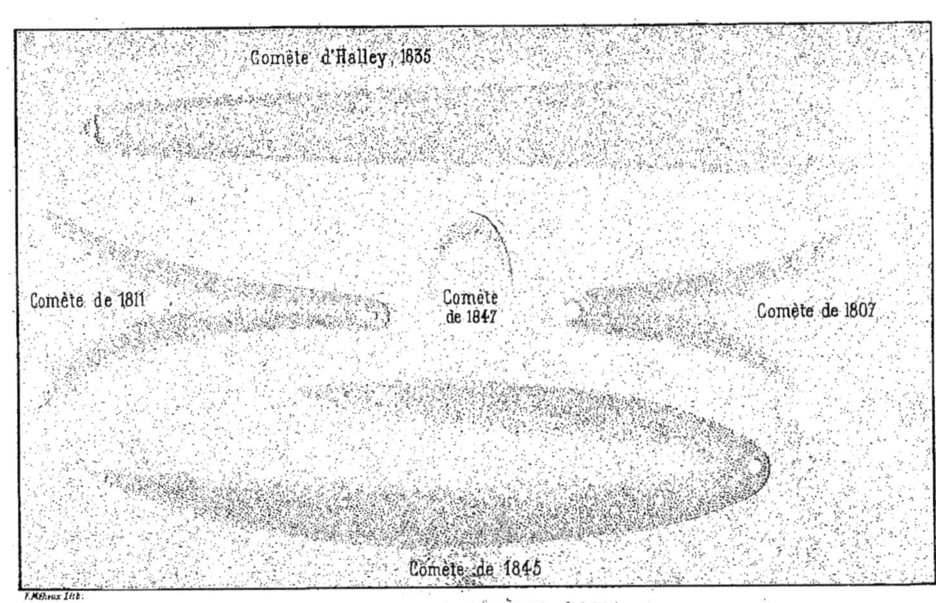

PRINCIPALES COMÈTES. (2e PL.)

XIV

2° *Comète de Encke*, dont la période est de 3 ans, 3. Elle fut découverte en 1818 par Pons, qui observait alors à Marseille. Ses éléments ont été calculés par Encke, astronome de Gotha, en 1819. Sa périodicité, fixée d'abord à 3 ans et un tiers environ, tend à se raccourcir, par l'effet des perturbations qu'elle éprouve en traversant notre système solaire.

Dans une pièce lue par Poisson à l'Académie des sciences, il est dit : « En ayant seulement égard à la rapidité de ses révolutions successives, cet astre pourrait être considéré comme une planète; mais on a continué de le ranger parmi les comètes, à cause des apparences qu'il présente, et parce qu'il n'est pas visible pour nous dans toutes les parties de son orbite. Pour faciliter l'observation de son retour en 1822, M. Encke se proposa d'en calculer une éphéméride relative à cette époque; mais la comète devant se trouver, pendant une grande partie de cette nouvelle révolution, à une distance peu considérable de Jupiter, M. Encke fut obligé d'avoir égard aux perturbations dues à l'action de cette planète; et, en effet, il trouva que, par suite de cette action principale, le temps de la révolution anomalistique, dont la durée moyenne avait été de 1,204 jours à peu près, depuis 1805 jusqu'à 1819, serait augmenté d'environ neuf jours dans la révolution suivante. Il annonça qu'en 1822 la comète, d'après ses déclinaisons, ne serait pas visible en Europe, et que pour l'observer il faudrait se transporter dans l'hémisphère austral. L'événement a complétement justifié cette prédiction [1]. »

[1] *Annuaire du Bureau des longitudes*, 1872.

Depuis 1822 jusqu'en 1871, époque de son dernier passage, cette comète n'a pas manqué de reparaître régulièrement à intervalles à peu près égaux de 1,200 jours. Dans son dernier passage elle a été observée à Marseille dans la nuit du 8 au 9 octobre ; M. Stephan cherchait depuis longtemps à apercevoir cet astre dans la position que lui assignait l'éphéméride, et il a découvert en même temps sept nébuleuses [1].

En tenant compte aussi exactement que possible des perturbations que cette comète éprouve de la part des planètes, Encke est arrivé à reconnaître que la durée de sa révolution va sans cesse en diminuant, ce qui tendrait à indiquer la présence d'un milieu résistant. Un pareil milieu, en effet, en ralentissant peu à peu la vitesse de la comète, dit M. Delaunay, lui permettrait de céder plus facilement à l'action attractive du soleil ; son orbite se rétrécirait de plus en plus, d'où résulterait une diminution progressive du temps qu'elle emploie à parcourir tout le contour de cette orbite.

<h2 style="text-align:center">XV</h2>

3° La *comète de Biéla ou de Gambart*, dont la période est de 6 ans $\frac{3}{4}$. Elle fut aperçue pour la première fois le 27 février 1826 par Biéla à Josephstadt, en Bohême ; elle fut également trouvée 10 jours plus tard à Marseille par Gambart. Clausen et Gambart en calculèrent séparément les éléments et déterminèrent la durée de sa révolution. Dès lors on a été en mesure de prédire le retour de l'astre.

Cette comète coupe l'écliptique sur laquelle son orbite est inclinée seulement de 12° 34′, ce qui rend fort possible sa

[1] *Comptes rendus de l'Académie des sciences*, 2ᵉ semestre 1871.

rencontre avec la Terre. En 1832 elle a passé à 7,000 lieues seulement de l'orbite terrestre, mais la Terre était alors fort éloignée de ce point, où elle ne passa qu'un mois après. On a calculé qu'à une telle distance, et en supposant la masse de la comète égale à celle de la Terre, l'obliquité de l'écliptique serait modifiée, et la longueur de notre année considérablement augmentée. Sa masse n'était donc pas en rapport avec celle de notre globe, puisque nous ne nous sommes aperçus d'aucun changement.

En 1846 on l'observa de nouveau; mais elle présenta, pendant la durée de son apparition, un phénomène extraordinaire : elle se dédoubla en deux comètes distinctes qui marchèrent côte à côte en s'éloignant peu à peu l'une de l'autre. En 1852 on revit la comète double. Ses deux parties avaient continué de marcher ensemble, tout en s'éloignant l'une de l'autre, mais avec une extrême lenteur. Il résulte des calculs de M. d'Arrest que la distance des noyaux des deux parties de la comète était de 2,599 mille kilomètres, le 28 septembre 1846.

Cette comète devait reparaître au commencement de 1866; les circonstances étaient très-favorables à son observation, et cependant, malgré tout le soin que l'on a mis à la chercher avec des instruments puissants, on n'est pas parvenu à l'apercevoir. Son prochain retour devait avoir lieu dans l'automne de 1872.

Un fait bien extraordinaire au point de vue scientifique, c'est que les résultats des observations qui abondent de toutes parts, amènent les astronomes à considérer comme très-vraisemblable la transformation de cette comète que l'on attendait de jour en jour, en un courant de corps météoriques. Un remarquable article de M. Al. Herschel tend à le démontrer [1].

---

[1] *Les Mondes scientifiques,* 12 décembre 1872.

Le R. P. Secchi a également envoyé à l'Académie des sciences la relation d'une brillante apparition d'étoiles filantes observée à Rome dans la nuit du 27 novembre; le maximum eut lieu environ à huit heures trente minutes, et le nombre atteignit alors 93 par minute. « Depuis sept heures trente minutes jusqu'à une heure après minuit, dit-il, nous enregistrâmes 13,892 météores, mais un grand nombre ne put pas être enregistré. Tout le ciel était en feu; c'était *littéralement* une pluie. Il est remarquable que la Terre se trouvait pendant le phénomène dans le nœud de l'orbite de la comète de Biéla [1]. »

On est donc porté à croire que cette comète s'est réduite en morceaux, et qu'elle a donné lieu à ces apparitions extraordinaires d'étoiles filantes observées dans la direction de sa course.

XVI

4° La *comète de Faye*, dont la période est de 7 ans $\frac{1}{2}$, a été découverte à l'Observatoire de Paris le 22 novembre 1843, par l'éminent astronome dont elle porte le nom. Peu de temps après. M. Goldschmidt, élève de Gauss, en s'appuyant sur des observations faites à Paris et à Altona, en calcula les éléments, et son retour fut prédit pour 1851. M. le Verrier calcula les perturbations que la comète devait éprouver dans son mouvement jusqu'à ce prochain retour, et fixa le passage au périhélie au 3 avril 1851, un peu après minuit, en prévenant qu'il ne pouvait répondre de cette époque qu'à deux jours près. La prédiction s'accomplit avec une grande précision : la comète reparut dès la fin de 1850, et passa à son périhélie le 2 avril suivant, vers les 10 heures du ma-

[1] *Comptes rendus de l'Académie des sciences*, 1872, 2ᵉ semestre.

tin. Elle a été revue deux fois depuis cette époque, en 1858 et en 1865 ; on l'attend de nouveau pour 1873.

M. le professeur Moller, de Lunde (Suède), a publié les éphémérides de cette comète périodique pour son prochain retour dans le voisinage du Soleil. Elle sera au périhélie vers le 18 juillet, disait-il, et continuera de s'approcher de plus en plus de la Terre jusqu'au 10 janvier 1874. Mais elle ne sera pas dans une position favorable pour l'observation, et il est très-probable qu'elle ne pourra être saisie en aucun point de son orbite par les plus grandes lunettes connues [1].

Cependant elle a été retrouvée à l'Observatoire de Marseille par M. Stephan dans la nuit du 3 au 4 septembre 1873 ; elle était excessivement faible, très-petite, mais avec un petit noyau bien net qui rendait l'observation facile [2].

5° La *comète de Brorsen*, dont la période est de 5 ans, a été découverte à Kiel par M. Brorsen le 26 février 1846. La durée assignée à sa révolution étant environ de cinq ans et demi, on attendait son retour dans l'automne de 1851 ; mais malgré toutes les recherches auxquelles on s'est livré, la comète n'a pas été aperçue. Elle a été observée de nouveau le 18 mars 1857 ; elle a dû revenir deux fois à son périhélie depuis, en 1862 et en 1868 ; ce dernier retour a été seul constaté par les observateurs.

Elle a depuis été retrouvée à l'observatoire de Marseille, par M. Stephan, dans la nuit du 31 août au 1er septembre 1873 ; elle avait l'apparence d'une nébulosité ovoïde, diffuse, d'une excessive faiblesse, une trace de condensation vers la *partie centrale* [3].

6° La *comète de d'Arrest*, dont la période est de 6 ans, 4,

---

[1] *Les Mondes scientifiques*, 6 février 1873.

[2] *Académie des sciences*, 8 septembre 1873.

[3] *Idem, ibid.*

fut découverte le 27 juin 1851, à Leipzick, par l'astronome dont elle porte le nom; son prochain retour a pu être annoncé pour la fin de 1857. M. Yvon Villarceau ayant préparé une éphéméride en vue de ce retour, il lui fut aisé de reconnaître que la comète ne pourrait être observée dans notre hémisphère; mais l'éphéméride fut envoyée dans les observatoires de l'hémisphère austral, et le succès répondit complétement à l'attente de l'astronome français; elle fut aperçue au cap de Bonne-Espérance par M. Mac-Lear, suivant les indications. Elle a dû revenir en 1864, mais elle n'a pas été aperçue; en 1870 elle a été retrouvée dans le ciel par M. Winnecke à Carlsruhe.

7° La *comète de Tuttle*, dont la période est de 13 ans $\frac{2}{3}$, a été découverte à Cambridge (États-Unis), le 4 janvier 1858, par l'astronome dont elle porte le nom. A l'aide des éléments publiés sur cette comète, M. Borrelly est parvenu à la reconnaître, dans la nuit du 12 au 13 octobre 1871, à Marseille. Elle a pu de même être observée à Paris par MM. Lœwy et Tisserand, aussitôt après l'arrivée de la lettre de M. Borrelly. Elle peut donc être mise définitivement au nombre des comètes périodiques.

Cet astre a été reconnu pour être la seconde comète de 1790, découverte à Paris par Méchain. L'intervalle de 1790 à 1858 comprenant cinq révolutions de la comète, elle devait être revenue 4 fois : en 1803, en 1817, en 1830 et en 1844 sans avoir été aperçue, et elle devait revenir de nouveau en 1871. C'est à l'aide des éléments calculés pour ce dernier retour par M. Tischeler et de l'éphéméride que M. Hind en a déduite, que la comète a été aperçue dans le ciel par M. Borrelly.

8° La *comète de Winnecke*, dont la période est de cinq ans $\frac{1}{2}$, a été découverte à l'observatoire de Bonn, le 8 mars 1858. Ses éléments paraboliques présentèrent une grande ressemblance avec ceux de la troisième comète de 1819, découverte à Marseille par Pons, et on ne tarda pas à reconnaître que ces deux apparitions ont été dues au même astre. On peut s'assurer qu'elle avait fait sept révolutions depuis 1819. On l'a également revue après deux nouvelles révolutions, à trois jours seulement de distance de l'époque indiquée. C'est M. Vinnecke lui-même qui en fit la première observation, à Carlsruhe, le 9 avril 1869.

XVII

Dans le passage suivant, M. Delaunay donne un résumé succinct de nos connaissances sur les comètes ; il servira de conclusion à notre étude : « Les comètes occupent pour ainsi dire une position mixte, appartenant tantôt au système stellaire, tantôt au système planétaire. Ce sont de petites nébuleuses non résolubles, qui voyagent dans l'espace, et qui, venant à pénétrer dans la sphère prédominante du Soleil, s'approchent de cet astre avec une vitesse croissante, tournent autour de lui en passant plus ou moins près de sa surface, puis s'en éloignent en perdant peu à peu l'accroissement de vitesse qu'elles avaient reçu, pour se rendre dans d'autres régions du ciel. Si le Soleil n'était pas accompagné de planètes, toutes les comètes que nous voyons se mouvraient conformément à ce qui vient d'être dit en deux mots, en exceptant toutefois le cas extrêmement rare où une comète, marchant juste dans la direction du Soleil, irait tomber sur cet astre pour se perdre dans sa masse. La présence des planètes qui circulent autour du Soleil, et près desquelles les comètes peuvent passer dans leur mouvement vers cet astre central, amène souvent des modifications importantes dans la marche de ces nébuleuses errantes. L'attraction qu'une planète exerce sur une comète passant dans son voisinage peut changer beaucoup la grandeur et la direction de la vitesse de cette dernière, de telle sorte que l'orbite de la comète autour du Soleil devienne toute différente de ce qu'elle était auparavant. Cette orbite peut devenir elliptique, et dès lors la comète se meut dans des conditions analogues à celles dans lesquelles se trouvent les planètes : la comète est pour ainsi dire incorporée au système solaire dont elle fait désormais partie. Elle devient alors ce que l'on nomme une comète périodique, reparaissant régulièrement au bout d'un certain intervalle de temps, toutes les fois qu'elle s'approche suffisamment de son périhélie pour être visible. Mais, de même qu'une comète venant des profondeurs de l'espace peut devenir périodique par l'action de quelques planètes, de même le mouvement d'une comète périodique peut être tellement altéré par son passage près d'une planète, qu'elle cesse d'être périodique, et qu'elle s'éloigne indéfiniment pour aller tomber dans la sphère d'attraction d'un autre soleil. On comprend par là quelle variété de recherches les comètes offrent à la sagacité des astronomes[1]. »

[1] *Rapport sur les progrès de l'Astronomie*, page 32.

CHAPITRE XV.

LES ÉTOILES FILANTES, BOLIDES, MÉTÉORITES, ETC.

Ces brillants phénomènes connus de tous temps. — Homere, Ossian, Milton. — Phénomènes qu'il ne faut pas confondre. — Les météorites et leurs subdivisions. — Matières gazeuses ou pulvérulentes arrivant des espaces planétaires dans notre atmosphère. — Pluie de sable du Sahara à de grandes distances. — Apparitions, mouvement, nombre, forme, composition et pesanteur des météorites. — Histoire des principaux météorites : Météorites du fleuve Ægos-Potamos et du fleuve d'Abydos. — Cybèle et le soleil adorés sous forme de météorite. — Bolides extraordinaires, fait rapporté par Plutarque. — Les météorites à l'exposition. — Les savants modernes et les météorites; hardiesse de Chladni. — Pluie d'aérolithes en 1803; délégation de M. Biot pour sa constatation. — Hypothèses proposées pour expliquer ces phénomènes. — Les météorites se forment-ils dans l'atmosphère ? — Sont-ils des asteroïdes ou des petites planètes ? — La Lune, voisin incommode. — Analogie des météorites et des comètes. — La comète Biéla s'est-elle transformée en météorites ? — Apparitions périodiques. — Points radiants. — Etoiles filantes périodiques et étoiles filantes sporadiques. — Jours et mois dans lesquels le nombre des étoiles filantes est le plus considérable. — Influence de la précession sur leur apparition. — Les étoiles filantes chez les Chinois. — Courants météoriques. — Les étoiles filantes soumises aux lois générales de l'univers.

I

On nomme *étoiles filantes* des corps qui semblent enflammés, et qui se meuvent dans le ciel avec une excessive rapidité : ils sont connus vulgairement sous le nom de *bolides,* on les nomme aussi *aérolithes, météorites,* etc.

Il est évident que les brillants phénomènes que nous présentent les étoiles filantes ont été connus de tous temps, et nous pouvons trouver dans les chefs-d'œuvre de l'esprit humain non-seulement de délicieuses métaphores qui les ont mis à contribution, mais aussi des descriptions fidèles et des remarques ingénieuses sur les prévisions du temps auxquelles elles ont donné lieu. Minerve prend son essor et descend des cimes de l'Olympe, afin de faire rompre l'alliance entre les Grecs et les Troyens : « Telle, dit Homère, une étoile qu'envoie le fils de l'artificieux Saturne, en présage aux matelots ou à une grande armée, resplendit et fait jaillir de nombreuses étincelles, telle Minerve s'élance à terre et se précipite au milieu de l'arène[1]. »

Ossian met ces paroles dans la bouche de Fergus rappelant ses souvenirs de deuil : « Morna, toi aussi, la plus belle des vierges, tu dors ton dernier sommeil dans le creux du rocher ! Tu es tombée dans les ténèbres comme l'étoile qui file et s'éteint dans les déserts du ciel, et dont le voyageur égaré regrette la lueur passagère[2]. »

Milton nous peint Gabriel siégeant au milieu de la jeune milice du ciel, et : « Vers eux descend Uriel, rapide comme une étoile qui, dans l'automne, tombe à travers la nuit, lorsque les vapeurs enflammées sillonnent les airs. Sa course prédit au navigateur le point de l'espace d'où s'élanceront contre lui les vents impétueux[3]. »

III

Les personnes étrangères aux études météorologiques pourraient être portées à regarder comme étant de la même

[1] *Iliade*, chant IV.
[2] *Ossian*, chant I.
[3] *Paradis perdu*, chant IV.

Fig. 56. — Bolide en fusion observé au-dessus de la ville d'Athènes.

nature et de la même origine tous ces phénomènes aériens que l'on nomme *étoiles filantes*, et que l'on voit pendant la nuit rayer d'un trait de lumière fugitive une portion plus ou moins étendue de la voûte céleste. C'est pour prévenir cette erreur qu'à l'occasion de la dénomination de *bolide* donnée à un météore récemment observé, M. Élie de Beaumont faisait remarquer qu'il est important de ne pas perdre de vue, dans l'étude de ces phénomènes, qu'un bolide, d'après la dérivation du mot, est une sorte de projectile naturel, et que c'est vers 1820 que l'on a commencé à reconnaître généralement que la plupart des étoiles filantes répondent à cette idée ; mais il n'a jamais été établi qu'il ne puisse quelquefois apparaître sur la voûte céleste des points ou des disques lumineux d'une nature différente. Avant de regarder les étoiles filantes comme étant généralement de très petits corps planétaires, on examinait si, en effet, elles ne pourraient pas résulter de l'inflammation d'amas de vapeurs condensées en certains points de l'atmosphère. On cite des *feux follets*, des *tonnerres en boule*, des *nuages phosphorescents*, et il existe encore beaucoup d'inconnu dans ce chapitre. C'est un motif pour décrire, sans idées préconçues, toutes les apparitions lumineuses que le ciel peut nous présenter, avec d'autant plus de soin et de scrupule que les circonstances en sont plus singulières, quelle que soit d'ailleurs la dénomination sous laquelle elles pourront avoir été enregistrées de prime abord[1].

Il est évident que l'on ne doit pas regarder aveuglément comme des bolides ou étoiles filantes tous les points lumineux et fugitifs qui sillonnent l'espace, et que trop souvent on est porté à confondre ces phénomènes divers.

[1] *Comptes rendus de l'Académie des sciences,* 1871.

III

Les corps qui nous arrivent des régions planétaires et que l'on comprend sous le nom général de *météorites* ont été rapportés à deux grandes divisions : les *fers* ou *mésosidérites* et les *pierres* ou *lithosidérites*. Cependant, en examinant un certain nombre de ces masses, plusieurs savants ont jugé convenable, il y a quelques années, d'établir une troisième division intermédiaire entre les deux précédentes, à laquelle ils ont donné le nom de *sidérolithes*.

On a également constaté qu'il arrive dans notre atmosphère des matières gazeuses ou pulvérulentes, accompagnant les masses solides, ou au moins ayant la même origine.

Dans un mémoire de M. Baumhauer, présenté à l'Académie des sciences par M. Ch. Sainte-Claire Deville, nous avons noté quelques passages sur ce sujet. Ce ne serait pas seulement des corps solides, mais aussi des brouillards de matière non encore condensée qui parviendraient dans notre atmosphère; comme les pierres météoriques sont constituées en partie et les masses de fer météoriques presque en entier, dit-il, par du fer et du nickel, il est possible que les brouillards météoriques contiennent également une proportion considérable de ces métaux magnétiques. Ce serait principalement à l'action magnétique de la terre sur ces brouillards que M. Baumhauer attribuerait la production des aurores polaires.

Il fait ensuite remarquer que ce n'est pas une hypothèse entièrement dénuée de fondement, que d'admettre la présence de particules métalliques dans les régions supérieures de l'atmosphère. Il rappelle que plusieurs fois on a observé des chutes de grêle dans lesquelles les grêlons avaient un noyau métallique ; c'est ainsi, par exemple, qu'Eversman a trouvé des grêlons tombés à Sterlitamack, en Russie, contenant des cristaux de sulfure de fer ; de même, il est tombé, le 21 juin 1821, en Espagne, dans la province de Majo, des grêlons avec noyaux métalliques, où M. Pictet a constaté la présence du fer. Il attire surtout l'attention sur la chute qui a eu lieu à Padoue, le 26 août 1834, de grêlons avec des noyaux de couleur gris-cendré. Ces noyaux, examinés par Cozari, consistaient en grains de diverses grosseurs, dont les plus gros étaient attirables à l'aimant et furent trouvés composés de fer et de nickel. L'identité de cette matière avec celle des aérolithes, ajoute M. Baumhauer, ne peut guère faire l'objet d'un doute ; il fait également remarquer que des savants, M. Quetelet entre autres, ont observé que l'époque où les aurores boréales sont le plus fréquentes coïncide avec celles où l'on observe le plus d'astéroïdes ; cependant il est loin de regarder son hypothèse relative aux aurores polaires comme une vérité établie, et il pense que les recherches ultérieures décideront si elle est fondée ou non [1].

IV

M. Tarry, dans une lettre à l'Académie [2] concernant la périodicité du phénomène atmosphérique des pluies de sable observées au sud de l'Europe, s'attache à démontrer que les trois pluies de sable des 26 décembre 1870, 27 juin 1871 et 10 mars 1872, s'expliquent par les cyclones qui, après avoir traversé notre continent du nord-ouest au sud-est,

---

[1] *Comptes rendus de l'Académie des sciences,* 1872.
[2] *Comptes rendus,* 1872, 1er semestre.

éprouvent, vers les régions tropicales, un mouvement de recul; les conditions de ces phénomènes sont assez connues aujourd'hui, dit-il, pour qu'on puisse prédire leur arrivée plusieurs jours à l'avance. Il apporte à l'appui de cette opinion l'avertissement qui a été donné par lui le 27 février 1872, à divers observatoires du sud de l'Europe, d'une pluie de sable qui devait survenir dans les premiers jours de mars; des dépêches adressées par les observatoires de Rome et de Palerme, et par l'observatoire de Montcalieri, lui ont annoncé que le phénomène s'est produit, en effet, le 10 et le 11 mars.

Un fait connu, je crois, de tous les capitaines de navires au long cours est celui du transport des sables des déserts à de grandes distances dans les mers. Nous étions à près de deux cents lieues de l'Afrique, lorsque les vents apportaient sur les blanches voiles de notre navire, affrété pour la mer des Indes, une poussière extrêmement fine et roussâtre qui voyageait avec eux depuis les vastes déserts.

Une communication de M. Daubrée à l'Académie des sciences vient à l'appui de ce fait. Il a présenté au nom de M. Berthelot, consul de France à Sainte-Croix de Ténériffe, un échantillon de sable qui s'est abattu comme une pluie sur toute la partie occidentale de l'archipel des îles Canaries, le 7 février 1863, et pendant la nuit dans la matinée du même jour. Les bâtiments qui se trouvaient sur les atterrages des îles de Ténériffe, de Palma, de Gomère et de l'île de Fer en furent saupoudrés. Le pic de Ténériffe, alors couvert de neige, fut lui-même coloré en jaune par cette poussière jusqu'à son sommet. Ce sable était de couleur blonde, d'un grain presque impalpable; par son aspect et par sa composition minéralogique il présentait une identité complète, à la ténuité des grains près, avec le sable du désert du Sahara, notamment avec un échantillon des cuvirons de Biskra que possède la galerie de géologie du Museum. Comme dans le sable du désert, on y rencontrait quelques menus débris de coquilles qui paraissent entrer dans sa formation. Il n'est pas douteux que le sable transporté n'ait été pris au sol du Sahara, qui est distant de ces îles de plus de 32 myriamètres ; il paraît avoir été enlevé par une sorte de trombe à une hauteur de plus de 4,000 mètres au-dessus du niveau de la mer, de manière à atteindre la zone du contre-courant atmosphérique.

Je prendrai la liberté d'ajouter à cette explication, qu'il n'est pas nécessaire qu'il y ait des mouvements orageux pour que ce transport se fasse sur les voiles des navires : les petites brises suffisent pour cela; il s'opère quelquefois si légèrement, si doucement, que la sérénité même du ciel n'en est pas obscurcie; on n'aperçoit pas le dépôt se faire, mais dès qu'il est fait, on le constate facilement par la vue et par le toucher.

On peut citer ici comme ayant de l'analogie avec ces transports de sable le transport des cendres des volcans : on sait qu'en 472 les cendres du Vésuve allèrent tomber jusqu'à Constantinople, à 250 lieues[1] !

---

[1] Voir sur ce sujet notre *Histoire des Météores*, chap. XXII.

V

Cependant, nous ne croyons pas que toutes les poussières, surtout les poussières métalliques suspendues dans notre atmosphère, aient une origine terrestre, et nous partageons la manière de voir émise par M. Daubrée, dans un important mémoire où se trouve la classification adoptée pour la collection des météorites du Muséum. M. Daubrée s'exprime ainsi : « Bien qu'il ne nous parvienne à la surface du sol que des météorites solides, on doit évidemment admettre comme possible, et même comme très-probable, l'arrivée dans notre atmosphère de matières gazeuses ou liquides, accompagnant les masses solides, ou au moins ayant la même origine. L'état de nos connaissances au sujet de ces fluides d'origine extra-terrestre est trop imparfait pour qu'il y ait lieu de les faire entrer, au moins dès à présent, dans une classification d'ensemble.

« De plus, parmi les météorites affectant l'état solide, on en a cité à diverses reprises qui sont tombées avec le même cortége de lumière et de bruit, non en masse cohérente, comme des météores ordinaires, mais à l'état de poussière. Comme ces poussières météoriques n'ont pas été convenablement étudiées et distinguées des poussières d'origine terrestre, que d'ailleurs leur nature peut être modifiée par suite de leur combustion dans l'air, nous les passerons également sous silence[1]. »

Dans un travail plus récent, communiqué à l'Académie des sciences, M. Daubrée dit que M. Nordenskiod a analysé la substance métallique qu'il a trouvée dans la poussière

---

[1] *Comptes rendus de l'Académie des sciences*, 8 juillet 1872.

charbonneuse recueillie sur la glace et la neige, par 80 degrés de latitude; il a pu y constater la présence du fer, du nickel et du cobalt. Il a de même examiné de la grêle tombée à Stockholm l'automne dernier, et il y a trouvé de petits grains noirs qui, triturés entre deux mortiers d'agate, donnaient des lames de fer métallique. Il est convaincu que la grêle s'était condensée autour de grains minimes d'une origine cosmique flottant dans l'air. Des observations diverses et répétées le portent à regarder comme prouvée l'existence d'une poussière cosmique tombant imperceptiblement et continuellement, fait, dit-il, d'une importance immense, non-seulement pour la physique du globe, mais encore pour la géologie et les questions pratiques, par exemple pour l'agriculture, à raison du phosphore. Le fer hydraté trouvé dans les grêlons, traité par divers procédés chimiques, donna la réaction du phosphore[1].

M. G. Tissandier s'est également proposé de déterminer la proportion des corpuscules solides contenus dans un volume d'air connu, et de rechercher la composition chimique des poussières aériennes. Des expériences qu'il a communiquées à l'Académie des sciences, il a conclu que la proportion de matières solides en suspension dans l'air, ou tombant à l'état de sédiment, est assez considérable pour jouer un rôle réel dans la physique du globe terrestre. Les résultats qu'il a obtenus démontrent, dit-il, que les poussières aériennes sont formées environ d'un tiers de substances organiques très-combustibles et de deux tiers de matières minérales. Il croit devoir insister particulièrement sur la présence du fer, qu'il a rencontré en proportion notable dans les échantillons de poussières examinés; il l'attribue à une origine cosmique. Après les belles études de M. Nor-

---

[1] *Comptes rendus de l'Académie des sciences*, 1873.

denskiod, il croit pouvoir affirmer qu'une partie des corpuscules aériens flottant dans l'atmosphère proviennent des espaces planétaires[1].

VI

La vitesse de ces météores s'est trouvée quelquefois de 48 kilomètres ou 12 lieues par seconde ; c'est à peu près le double de la vitesse de translation de la Terre autour du Soleil.

Alors même que l'on voudrait prendre la moitié de cette vitesse apparente pour une illusion, pour un effet de la translation de la Terre dans son orbite, il resterait six lieues à la seconde pour la vitesse de la météorite, vitesse plus grande que celle de toutes les planètes supérieures, la Terre exceptée.

D'ailleurs cette vitesse a été appréciée à des chiffres divers : « La météorite d'Orgueil, dit M. Daubrée, paraissait parcourir environ 20 kilomètres par seconde ; on a observé, dans d'autres cas, des vitesses que l'on a pas évalué à moins de 30 kilomètres[2]. »

On a reconnu que si les étoiles filantes s'enflamment dans notre atmosphère, elles n'y prennent pas du moins naissance ; qu'elles viennent du dehors, et que leur direction la plus habituelle semble diamétralement opposée à la direction de la Terre dans son orbite.

Leur nombre est quelquefois prodigieux : dans l'étonnante apparition d'étoiles filantes observée en Amérique pendant la nuit du 12 au 13 novembre 1823, ces météores se succédaient à de si courts intervalles, qu'on ne put les compter ;

[1] *Comptes rendus de l'Académie des sciences,* 1875.
[2] *Étude récente sur les Météorites,* p. 3.

des évaluations modérées en portèrent le nombre à plusieurs centaines de mille.

On les aperçut le long de la côte orientale de l'Amérique, depuis le golfe du Mexique jusqu'à Halifax, à partir de neuf heures du soir jusqu'au lever du Soleil, et même, en quelques endroits, en plein jour à huit heures du matin.

Pendant leur course dans l'espace, les météorites lancent des étincelles et laissent derrière elles une traînée brillante. Il arrive souvent qu'elles disparaissent sans qu'on remarque d'autres phénomènes; mais quelquefois aussi elles sont accompagnées de détonations aussi fortes que celle d'un coup de canon, se terminant par un sifflement et par la chute de projectiles. Ces projectiles sont composés des mêmes principes chimiques et à peu près dans les mêmes proportions.

Il résulte de plusieurs centaines d'analyses, dues aux chimistes les plus éminents, dit M. Daubrée, que les météorites n'ont présenté aucun corps simple étranger à notre globe. Les éléments que l'on y a reconnus avec certitude jusqu'à présent sont au nombre de vingt-deux. Les voici à peu près, suivant l'ordre décroissant de leur importance : le *fer,* le *magnésium,* le *silicium,* l'*oxygène,* le *nickel,* le *cobalt,* le *chrome,* le *manganèse,* le *titane,* l'*étain,* le *cuivre,* l'*aluminium,* le *potassium,* le *sodium,* le *calcium,* l'*arsenic,* le *phosphore,* l'*azote,* le *soufre,* le *chlore,* le *carbone* et l'*hydrogène.* Il est très-remarquable que les trois corps qui prédominent dans l'ensemble des météorites, le *fer,* le *silicium* et l'*oxygène,* sont aussi ceux qui prédominent dans notre globe[1].

Il est également à remarquer que le fer et le nickel y sont à l'état métallique, ce qui n'a lieu dans aucune des agré-

____

[1] *Étude récente sur les Météorites,* p. 56.

gations minérales que l'on trouve à la surface de la Terre

M. Saigey, qui a étudié d'une manière toute spéciale les météorites, est porté à croire que les gisements d'or que l'on trouve à fleur de sol et dans des lieux très-circonscrits, sont des aérolithes de l'époque dans laquelle les espaces célestes pleuvaient de l'or au lieu de pleuvoir du fer.

En général, les aérolithes offrent une grande régularité de forme; leurs angles nombreux sont souvent émoussés par la fusion, et leur surface est recouverte d'une sorte d'é-mail métallique noirâtre dont l'épaisseur dépasse rarement un millimètre. A l'instant de leur chute, ils ont une tempé-rature élevée; leur pesanteur varie depuis quelques gram-mes jusqu'à plusieurs centaines de kilogrammes.

Celui que Pallas trouva en Sibérie est estimé peser 800 ki-logrammes; au Brésil, il y en a un qui pèse 700 kilogram-mes, cependant son volume n'égale pas un mètre cube, et un autre, trouvé sur les bords de la Plata, ne pèserait pas moins de 50,000 kilogrammes.

A Orgueil, il est tombé des pierres sur une soixantaine de points, compris dans un ovale dont le grand axe avait 20 kilomètres de longueur; la chute de Laigle en a fourni environ trois mille, et comme à Orgueil l'espace recouvert par les pierres était ovale et avait 12 kilomètres de lon-gueur.

VII

M. J. Schmidt a fait une observation bien remarquable d'un bolide en fusion, composé de deux principaux frag-ments brillants, vert, vert jaunâtre en forme de gouttes al-longées, le plus grand suivi par l'autre, qui n'était qu'un peu plus petit; chacun avait une queue rouge à bords bien définis; ils étaient également suivis de corps lumineux plus petits, chacun avec sa trace rouge et distribués irrégulièrement, comme des étincelles dans le grand total de la queue du météore qui s'éteignit à peu près à la hauteur d'un degré au-dessus de l'horizon; il paraissait alors consister en quatre ou cinq fragments d'un rouge offusqué [1], fig. 56.

Le P. Secchi a adressé à l'Académie des sciences une très-curieuse relation de l'apparition d'un bolide aux environs de Rome, qui a eu lieu le 31 août 1872, au matin, et qui avait beaucoup d'analogie avec une comète. A cinq heures 15 minutes environ, un globe de flamme très-vif et un peu rougeâtre apparut sur l'horizon vers le sud-sud-ouest, dirigé vers le nord-nord-est. Il marchait d'abord lentement, mais sa marche s'accéléra rapidement; il laissait derrière lui une traînée lumineuse semblable à une fumée ou à un nuage éclairé par le soleil, qui cependant n'était pas encore levé. Arrivée près du point culminant du lieu, à l'est-nord-est de Rome, la flamme se dilata, prit l'aspect d'un cône ayant sa base arrondie en avant, s'éclaira vivement et disparut en lançant de petites lignes enflammées. Quelques minutes après, de 2 à 4 minutes, selon les lieux, une détonation épouvantable se fit entendre, elle fit trembler en plusieurs endroits les maisons et les vitres. Cette détonation était sourde, différente de celle du tonnerre, et ressemblait à l'explosion d'une mine ou d'une poudrière. Elle fut suivie d'un roulement semblable à un feu de file renforcé par deux forts contre-coups. Des éclats de pierres noires et ferrugineuses ont ensuite été reconnus pour des fragments aérolithiques.

L'observation de ce bolide est d'une haute importance, car

---

[1] Nous donnons avec détails cette curieuse observation, dans le 2ᵉ volume de notre ouvrage *la Science populaire*.

il paraît qu'il a été vu en pleine obscurité comme une comète à son approche de la Terre; sa grandeur est représentée, dans le moment de son apparition, comme étant peu inférieure au diamètre de la Lune [1].

Plutarque nous raconte l'apparition d'un bolide à peu près semblable. Lucullus commandait l'armée romaine contre Mithridate : « On était sur le point de charger des deux parts, quand, tout à coup, sans qu'il eût paru aucun changement dans l'air, le ciel se fendit et l'on vit tomber entre les deux camps un grand corps enflammé, qui avait la forme d'un tonneau et une couleur d'argent incandescent. Les deux armées, également effrayées du prodige, se séparèrent sans combattre. Ce phénomène parut, dit-on, dans un endroit de la Phrygie, appelé Otryes [2]. »

Un bolide remarquable a été observé par M. Silbermann, le 11 juin 1867, peu d'instants après le coucher du Soleil, allant de l'est-sud-ouest à l'est-nord-est avec une vitesse qui se ralentissait progressivement. Quand il fut arrivé à un certain point très-éloigné du zénith, il s'est éteint tout à coup, et sur la même trajectoire, à une distance de deux à trois fois le diamètre de la Lune, le bolide s'est manifesté instantanément par une explosion subite, en projetant une lumière d'un vert pomme magnifique. Des phénomènes analogues ont été maintes fois remarqués. Nous reproduisons, dans une de nos chromolithographies, celui qu'a dessiné l'habile observateur.

VIII

Les météorites étaient largement représentés à l'Exposition universelle de 1867. L'Académie des sciences de Saint-

[1] *Comptes rendus de l'Académie des sciences*, 2ᵉ semestre 1872.
[2] Plutarque, *Vie de Lucullus*.

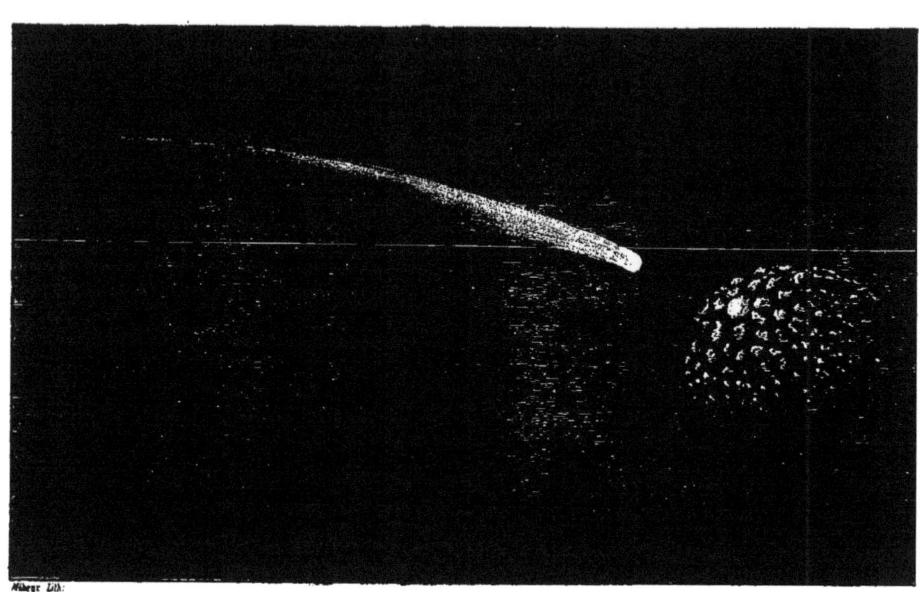

BOLIDE OBSERVÉ LE 11 JUIN 1867.

Pétersbourg avait envoyé une série de modèles en carton-pierre des météorites tombés en Russie, parmi lesquels se trouvait la célèbre masse de Pallas ; elle a offert ces imitations très-bien exécutées au Muséum d'histoire naturelle de Paris. De son côté, l'Académie des sciences de Madrid a envoyé un météorite de nature pierreuse, tombé en 1858 à Murcie, remarquable sous plus d'un rapport ; il offre l'aspect d'un fragment ayant la forme d'un parallélipipède carré. Un météorite métallique, curieux par les cavités qu'il présente à sa surface, formait le couronnement de la belle collection du Chili ; grâce à la libéralité du gouvernement de ce pays, on peut le voir actuellement dans la collection du Muséum d'histoire naturelle de Paris [1].

Les aérolithes sont connus dès la plus haute antiquité. Anaxagore les fait tomber du Soleil, et, suivant lui, cet astre ne serait qu'un immense aérolithe. Du temps de ce philosophe, une pierre noirâtre, de la dimension d'un char, tomba près du fleuve de Ægos-Potamos, en Thrace. C'est le premier phénomème de ce genre dont les historiens aient fait mention. Cette pierre se voyait encore dans le même lieu, du temps de Vespasien. Des projectiles du même genre se trouvaient dans le gymnase d'Abydos et dans la ville de Canondria, en Macédoine. Pline dit avoir vu lui-même une de ces pierres tomber dans les campagnes des Vocontiens, dans la Gaule Narbonnaise. Cybèle était adorée en Galatie sous la forme d'une pierre tombée du ciel ; le Soleil, à Émèse, en Syrie, recevait un culte semblable sous la même forme [2].

---

[1] Daubrée, *Rapport du jury international*, 1867.

[2] Un catalogue d aérolithes aussi complet que possible a été publié par M. J.-A Barral. Peu de savants ont rendu autant de services à la météorologie naissante et à l'astronomie que M. Barral ; il a communiqué de nombreux et importants mémoires à l'Académie des sciences, que l'on retrouve en partie dans les œuvres d'Arago, publiees d'après l'ordre de l'illustre académicien, sous son habile direction ; nous y

On est naturellement porté à se demander ce que deviennent tous ces corps qui tombent en si grand nombre à la surface de notre globe, depuis un temps qu'il n'est pas possible de déterminer.

Dans l'importante monographie sur les météorites que nous avons citée, M. Daubrée s'exprime ainsi : « Lorsqu'on réfléchit au nombre des météorites que la Terre reçoit tous les ans, on est disposé à admettre qu'il en est tombé aussi durant les immenses laps de temps pendant lesquels se sont formés les terrains stratifiés, et dans le bassin même de l'Océan, où ils se déposaient. Cependant, bien que ces terrains aient été fouillés maintes fois, on n'y a jamais mentionné rien d'analogue aux pierres météoriques.

« Ce fait, très-remarquable, s'explique peut-être, conformément aux résultats d'expériences que j'ai commencées depuis un certain temps, par la facilité avec laquelle ces pierres disparaissent à la suite de leur oxydation sous l'influence de l'eau', et de la désagrégation qui en est la conséquence'. »

Lorsque je revenais de la mer des Indes, un magnifique bolide, dont le diamètre apparent était à peu près égal à celui de la Lune, tomba non loin de notre navire (voir fig. 57 .

M. Daubrée fait également observer que souvent les pierres d'un certain volume pénètrent profondément dans le sol ; par exemple l'une de celles recueillies à Aumale s'est

avons spécialement remarqué les observations météorologiques faites pendant ses voyages aéronautiques ; des mémoires sur les eaux de pluie et sur le magnétisme de rotation ; l'influence des taches solaires sur la température ; les tables des comètes, des hivers et des étés mémorables, des températures maxima et minima extrêmes, de la congélation des grands fleuves, etc., etc., mémoires incessamment reproduits, souvent sans indication de sources. Nous sommes heureux de pouvoir signaler ici, au moins en partie, les importants travaux de ce savant éminent.

' *Étude récente sur les Météorites*, p. 8.

enfoncée de plusieurs décimètres dans un bloc de calcaire compacte et résistant; nombre de météorites peuvent rester ainsi enfouis et inaperçus.

IX

Pendant longtemps les savants, ne pouvant expliquer le phénomène des aérolithes, se refusèrent à y croire. Ce fut seulement en 1794 que Chladni osa se ranger ouvertement, du côté de la prétendue superstition populaire, et tenta de démontrer que cette superstition, comme tant d'autres, n'était point sans fondement; et lorsque, le 26 avril 1803, une pluie de pierres des plus remarquables vint à tomber en plein jour sur la petite ville de Laigle, en Normandie, l'Institut nomma une commission qui se rendit sur les lieux, et dont le rapport ne laissa aucun doute sur la réalité des aérolithes.

C'est Biot qui fut délégué par l'Académie des sciences pour aller étudier l'authenticité et la nature de ce phénomène ; mais il paraissait encore si étrange, même au sein de la compagnie la plus familière avec les nouveautés de la science, que plusieurs membres ne voulaient pas qu'elle s'occupât publiquement de cette affaire, craignant qu'elle n'y compromît sa dignité. Laplace se décida cependant à passer par-dessus ces hésitations, et le rapport que fit Biot démontra parfaitement l'à-propos et l'efficacité de sa mission.

Pour expliquer ce phénomène, qui inspirait une anxieuse curiosité, on proposa les hypothèses suivantes :

1° On supposa d'abord que les aérolithes étaient, comme la pluie ou la grêle, de véritables météores qui se formaient dans l'atmosphère par voie d'agrégation.

Quoique simple en apparence, cette hypothèse parut de suite très-invraisemblable; en effet les principes constituant les aérolithes ne se trouvent pas dans l'atmosphère; il faudrait, de plus, que ces principes y fussent à l'état gazeux, et en assez grande quantité pour donner naissance à des masses de plusieurs quintaux, ou à des milliers de pierres de grosseurs différentes. Si les aérolithes se formaient dans l'atmosphère, ils obéiraient aux lois de la pesanteur et tomberaient en ligne droite, ce qui n'est pas, car ils ont dans leur chute une vitesse de translation horizontale, qui paraît être plus grande que celle qui entraîne notre planète dans son mouvement autour du Soleil.

2° Laplace pensait que les aérolithes pouvaient tirer leur origine des éruptions de quelques volcans de la Lune. Lichtemberg avait déjà dit : « La Lune est un voisin incommode, qui salue la Terre en lui lançant des pierres. » La Lune n'étant point entourée d'une atmosphère résistante, il est permis d'admettre qu'une pierre peut être lancée avec assez de force par un de ses volcans pour sortir de la sphère d'attraction de ce satellite, et entrer dans celle de la Terre. Il ne faudrait pour cela qu'une vitesse égale à cinq fois et demie celle d'un boulet de canon.

Cette hypothèse expliquerait la direction oblique que les aérolithes suivent dans leur chute; car une fois la limite de l'attraction de la Lune dépassée, la pierre lancée devient un satellite de la Terre, et, par suite des perturbations qu'elle éprouve, finit par tomber à sa surface.

3° Chaldni admit que les aérolithes étaient des fragments de planète ou même de petites planètes qui, en circulant dans l'espace, étaient entrées dans l'atmosphère terrestre, y avaient perdu graduellement leur vitesse par l'effet de la résistance de l'air, et venaient enfin tomber à la surface de la Terre.

Cette hypothèse qui fait des aérolithes des *astéroïdes*, ou petites planètes, nom donné autrefois à Cérès, Pallas, Junon et Vesta, circulant par milliards autour du Soleil, et ne devenant visibles qu'au moment où elles pénètrent dans notre atmosphère et s'y enflamment, peut expliquer la plupart des circonstances qui précèdent et accompagnent leur chute.

M. S. Meunier, qui a fait une étude toute spéciale de la nature des météorites, dit, après avoir exposé les principes auxquels il est arrivé : « Il en résulte, toute hypothèse mise à part, que les météorites dérivent d'un astre, aujourd'hui désagrégé, dont ils constituent les débris [1]. »

X

Les astronomes ne sont parvenus que récemment à constater l'origine vraie des aérolithes, de manière à pouvoir abandonner les anciennes théories, basées sur des suppositions. On s'est assuré que, dans sa course rapide, la Terre s'élance comme un boulet immense au milieu d'essaims et d'anneaux mouvants de mitraille qui circulent sans cesse dans des ellipses déterminées. Ces anneaux sont de vrais fleuves sans commencement et sans fin qui roulent des projectiles célestes, en coupant en plusieurs points la route invisible que parcourt la Terre autour de l'astre du jour.

En traversant ces fleuves d'un nouveau genre, la Terre est criblée par des milliers de petites planètes qui s'abattent à sa surface, et sa puissance attractive en entraîne un

[1] *Comptes rendus de l'Académie des sciences*, 2ᵉ semestre 1870. — Voir également *le Ciel géologique* du même auteur, où ses idées sont développées.

grand nombre qui lui font cortége, en tournant autour d'elle, pendant plus ou moins longtemps, comme des lunes imperceptibles, pour la rejoindre à un moment donné, en tombant sous la forme d'étoiles filantes.

Ces phénomènes ont un caractère bien grandiose et bien imposant, et propre à surprendre ceux qui s'initient à leur secret pour la première fois.

Mais voici qui est plus grandiose et plus surprenant encore : la connaissance approfondie des lois admirables qui régissent notre système planétaire fait jaillir des lumières inattendues sur ces phénomènes, et, comme conséquences rigoureuses, elle nous apprend comment ces essaims de petits astres ont été attirés près de nous, et la date récente de l'apparition de certains groupes dans les espaces que nous parcourons.

La découverte vraiment extraordinaire de deux comètes périodiques, intimement liées aux flux d'étoiles filantes d'août et de novembre, a donné à la question de ces météores une face nouvelle. Les astronomes s'accordaient généralement à regarder les étoiles filantes comme appartenant à des anneaux continus ou à des essaims de matière cosmique circulant autour du Soleil, lorsque M. Schiaparelli eut la pensée de déterminer les éléments paraboliques du flux du 11 août, tout comme s'il s'était agi d'une comète venant des profondeurs de l'espace, et a conclu qu'il devait être étranger au système solaire. Dans son remarquable rapport sur le prix d'astronomie, M. Delaunay a fait observer que M. Schiaparelli, à qui a été décernée la médaille de la fondation Lalande, « a ouvert une voie toute nouvelle, qui doit conduire les astronomes aux conséquences les plus importantes relativement à la constitution de l'univers [1]. » Quelque temps après, M. Le

[1] *Comptes rendus de l'Académie des sciences,* 18 mai 1868.

Verrier, en se fondant sur le mouvement rétrograde des étoiles de novembre, est arrivé aux mêmes conclusions que M. Schiaparelli.

Ainsi, M. Schiaparelli d'abord, et M. Le Verrier ensuite, sont parvenus, par des voies différentes, aux mêmes conclusions : pour eux, les étoiles filantes proviennent de la désagrégation de vastes amas de matière cosmique pénétrant dans notre système, à la manière des comètes, et subissant ensuite une désagrégation totale, sous l'action perturbatrice du Soleil ou d'une grosse planète. Il en résulterait la dispersion de ces matériaux le long de l'orbite décrite par le centre de gravité primitif de l'amas, dispersion qui finirait même avec le temps par constituer un véritable anneau.

Pour compléter ces données, nous devons ajouter ici les lignes suivantes de M. l'abbé Raillard, l'un de nos météorologistes les plus ingénieux, et les plus modestes tout à la fois : « La date du 25 au 27 novembre est celle du retour périodique d'un essaim d'étoiles filantes analogue à celui des Perséides du mois d'août, mais qui n'arrive pas tous les ans comme ce dernier. Je l'avais déjà observé plusieurs fois. Le P. Denza l'a également observé cette année à Moncalieri, où il a été accompagné d'une aurore boréale. Il y en a encore un du 8 au 14 décembre, et un autre vers le 7 janvier. J'ai observé celui-ci en 1830; il était accompagné d'une très-belle aurore boréale. De là m'est venue l'idée que les aurores boréales, les étoiles filantes et les comètes avaient une origine commune, et j'ai communiqué cette idée à l'Académie des sciences dans une note que je lui ai adressée en janvier 1839, c'est-à-dire environ trente ans avant que M. Schiaparelli ait fait son travail sur la coïncidence des essaims d'étoiles filantes et des comètes, mais où il n'est pas question d'aurores boréales. Je suis revenu bien des fois,

depuis, sur mon idée, dans le *Cosmos*, dans la *Revue photographique* et dans *les Mondes* [1]. »

XI

Deux découvertes faites coup sur coup par M. Schiaparelli et M. Peters, sur les deux orbites dont nous venons
de parler, ont frappé de surprise le monde savant. A peine
étaient-elles obtenues, qu'on remarqua une étonnante coïncidence : on y reconnut trait pour trait les orbites récemment calculées par M. Oppolzer, de la grande comète
de 1862 et de la première comète de 1866.

On admet donc que ces deux amas cosmiques conte-
naient chacun une comète à leur entrée dans notre système,
comètes qui auraient échappé à la dissolution complète
des amas primitifs, tout en continuant à décrire la même
orbite que les matériaux dispersés.

Des relations entre les comètes et les étoiles filantes
avaient déjà été devinées par Chladni, en 1819, et la nécessité de fortes excentricités dans leurs orbites reconnues
par M. Newton, en 1866.

En présence de ces faits, M. Delaunay dit : « On doit
désormais regarder les étoiles filantes comme étant de
petites comètes se mouvant par essaims dans l'espace [2]. »

On peut également ajouter ici un fait bien extraordinaire au point de vue scientifique, qui vient de se produire :
les résultats des observations qui abondent de toutes parts
amènent les astronomes à considérer comme très-vraisemblable la transformation de la comète de Biéla, que l'on at-

---

[1] *Les Mondes scientifiques*, 5 décembre 1872.
[2] *Rapport sur les progrès de l'Astronomie*, p. 36

tendait de jour en jour, en un courant de corps météoriques. Un remarquable mémoire de M. Al. Herschel tend à le démontrer [1].

Le R. P. Secchi a également adressé à l'Académie des sciences la relation d'une brillante apparition d'étoiles filantes observées le 27 novembre dernier : « Tout le ciel était en feu ; c'était littéralement une pluie. Il est remarquable que la Terre se trouvait pendant le phénomène dans le nœud de l'orbite de la comète [2]. »

On sait que la comète de Biéla ou de Gambard a une période de six ans trois quarts ; elle coupe l'écliptique sur lequel son orbite est inclinée seulement de 12 degrés 34, ce qui rend fort possible sa rencontre avec la Terre. Elle devait reparaître dans l'automne de 1872, et, comme nous venons de le dire, des astronomes sont portés à croire qu'elle s'est réduite en morceaux, et qu'elle a donné lieu à ces apparitions extraordinaires d'étoiles filantes observées dans la direction de sa course.

Cependant il semble que l'on ne peut encore, des faits connus, tirer aucune conclusion rigoureuse relative à l'identité ou à la différence de la matière des comètes avec les essaims des étoiles filantes.

XII

Dans la remarquable communication à l'Académie des sciences dont nous avons parlé plus haut, M. Le Verrier a fait observer que M. Newton, de New-Haven, parlant des flux d'etoiles filantes observés depuis l'an 902, et dont

---

[1] Voir *les Mondes scientifiques* du 12 déc. 1872.
[2] *Comptes rendus de l'Académie des sciences*, 1872, 2ᵉ semestre.

les chroniqueurs nous ont gardé le souvenir, a fixé à trente-trois ans et un quart la durée d'une période du phénomène de novembre.

La discontinuité du phénomène montre qu'il n'est pas dû à la présence d'un anneau d'astéroïdes que la Terre rencontrerait, mais bien à l'existence d'un essaim d'astéroïdes se mouvant dans des orbites très voisines les unes des autres, et qui, à notre époque, viennent couper l'écliptique vers le 13 novembre.

L'essaim que nous considérons pourrait n'être pas de la même date que notre système et être pourtant fort ancien ; mais il y a lieu de supposer qu'il est beaucoup plus nouveau.

On ne peut qu'être frappé de cette circonstance que l'essaim de novembre s'étend jusqu'à l'orbite d'Uranus et fort peu au delà ; d'autant plus que ces orbites se coupent en un point situé après le passage de l'essaim à son aphélie et au-dessus du plan de l'écliptique. Or, Uranus et l'essaim n'ont pu se trouver simultanément en ce point, c'est-à-dire dans le voisinage du nœud de l'orbite, plus tôt qu'en l'année 126 ; mais au commencement de cette année l'essaim a pu s'approcher d'Uranus, alors l'action de cette planète a été capable de le jeter dans l'orbite qu'il parcourt aujourd'hui, de même que Jupiter nous avait donné la comète de 1770.

Ainsi tous les phénomènes observés peuvent être expliqués par la présence d'un essaim globulaire, jeté par Uranus en l'année 126 de notre ère dans l'orbite que les observations assignent à l'essaim auquel sont dus, de nos jours, les astéroïdes de novembre.

Les étoiles périodiques du 10 août, dues à un anneau complet, puisque le phénomène revient chaque année, reçoivent une explication pareille. Seulement le phénomène est plus ancien; l'anneau a eu le temps de se former et empêche de se livrer à son égard à une étude du même genre que celui de novembre; la continuité annuelle du phénomène ne permet pas d'en établir la période avec assez de certitude.

Les communications de M. Schiaparelli et de M. Le Verrier jettent des flots de lumière sur la théorie des étoiles filantes, et la dégagent complétement des hypothèses.

XIII

M. Faye a exposé à l'Académie des sciences qu'il résulte de ses observations que les anneaux météoriques d'avril, d'août et de novembre, dont la périodicité ne saurait être contestée, sont à peu près circulaires, comme l'orbite terrestre, et qu'on ne saurait douter qu'en dehors de ces trois grands anneaux il existe un très-grand nombre d'astéroïdes disséminés dans toutes sortes de directions qui viennent se mêler aux grandes apparitions, et fournissent à d'autres dates le contingent plus ou moins régulier des nuits ordinaires. Il paraît qu'une bonne part de ces étoiles se trouvent dans la région écliptique et se meuvent par essaims. Les deux principaux anneaux météoriques d'août et de novembre sont désormais caractérisés de la manière la plus nette par leur stabilité séculaire, la position et le mouvement de leurs nœuds, la date de leurs retours réguliers et les périodes des *maxima* de leurs apparitions [1].

M. Le Verrier dit, en parlant de l'apparition des 12, 13 et 14 novembre, que l'essaim va en s'appauvrissant

[1] *Comptes rendus de l'Académie des sciences*, 1871, 2ᵉ semestre.

et que la partie traversée est fort irrégulièrement cons-
tituée; que dans la nuit du 12, par un temps également
beau à Brest et à Toulon, on observait 107 étoiles à Brest,
tandis qu'à Toulon on n'en voyait pas une! Le 13, le
nombre des météores ne paraît pas s'accroître pour les
stations de l'ouest, tandis qu'à l'école normale de Barcelonnette on en observe 284. Le 14, à Barcelonnette, on
observe 544 étoiles. A Alexandrie, Gênes, Milan, etc., où
le ciel se découvre enfin, on observe un nombre considérable de météores. Il semble, dit M. Denza, que le courant météorique est passé dans la nuit du 14 au 15;
mais le radiant a peut-être été un peu déplacé. — Ce
n'est pas le point radiant qui se déplace de jour en jour,
ajoute M. Le Verrier, mais il y a plusieurs points
radiants qui font successivement sentir leur influence[1].

Dans la relation du R. P. Secchi, il est également
dit qu'il résulte de l'observation des étoiles filantes du
10 août 1827 que ces étoiles dérivent d'au moins trois
points différents, placés l'un dans la direction de Cassiopée, un autre dans celle de Persée, et le troisième
du côté de la Girafe [2].

XIV

Ainsi on distingue les étoiles filantes sporadiques, qui
apparaissent toute l'année, à raison de 10 ou 11 environ
par heure, dans toutes les directions imaginables; puis les
étoiles filantes périodiques, qui apparaissent par essaims,
vers les 9, 10 et 11 août, avec une régularité bien remarquable depuis 1842; enfin les étoiles périodiques de

[1] *Comptes rendus de l'Académie des sciences*, 1871, 2e semestre.
[2] *Ibid.*, 1869.

novembre, dont les maxima se déplacent irrégulièrement d'une année à l'autre.

On peut négliger la *précession* pendant le cours de quelques années, fait remarquer M. Faye, mais cela n'est plus permis dans l'examen des siècles antérieurs. Si le phénomène du 10 août, par exemple, répond à un même point de l'orbite terrestre, sa date devra diminuer d'un jour à chaque période de 71 années 6 dixièmes, comptées dans le passé; en sorte que 716 ans, par exemple, avant l'époque actuelle, le phénomène a dû arriver vers le 31 juillet. Les annales chinoises citent une apparition le 5 août 1451; le calcul indique le 4 août.

Ainsi, avec les siècles, le phénomène remonte le cours des dates, et avance d'un demi-mois en mille ans, précisément comme le ferait l'arrivée de la terre à un point fixe de l'écliptique. La seule conclusion que l'on puisse tirer d'un pareil fait, c'est que l'anneau d'astéroïdes vient couper l'orbite terrestre par un point sensiblement invariable qui a aujourd'hui pour longitude 318 degrés, et que les choses se passent ainsi depuis un millier d'années. Les variations d'intensité des phénomènes reconnues récemment n'offrent d'ailleurs aucune difficulté. En admettant vingt ans, par exemple, pour la période de la variation d'intensité, le phénomène s'expliquerait par une inégale densité de l'anneau combinée avec une différence de un vingtième entre le temps de sa rotation et la durée de l'année.

Il n'en est pas de même du phénomène de novembre; les apparitions célèbres de 1799 et de 1833 ont bien eu lieu du 12 au 13, mais les autres ne se sont guère présentées à la même époque; elles arrivent du 26 octobre au 16 novembre, et même elles ont presque totalement disparu aujourd'hui.

XV

M. Silbermann, l'habile et ingénieux observateur du Collége de France, a étudié d'une manière toute spéciale les étoiles filantes et les phénomènes qui s'y rattachent, et en a tiré de fécondes conséquences. Il explique par leur influence, la plupart des grands faits météorologiques qui, selon lui, seraient sous leur dépendance. Nous regrettons de ne pouvoir donner ici, avec toute l'étendue qu'ils méritent, les beaux résultats auxquels il est parvenu, et qui sont consignés en partie dans les *Compte rendus de l'Academie des sciences;* cependant nous en indiquerons quelques-uns des plus généraux.

M. Silbermann a remarqué que si les étoiles filantes vont de l'E. à l'O. magnétique, le thermomètre tend à monter, le baromètre à descendre, et la boussole reste stationnaire. — Si elles vont de l'O. à l'E. le thermomètre tend à descendre, le baromètre à monter et la boussole reste stationnaire. — Si elles vont du N. au S., le thermomètre et le baromètre restent stationnaires et la boussole dévie à l'O. — Si elles vont du S. au N., le thermomètre et le baromètre restent également stationnaires et la bousssole dévie à l'E. — Lorsqu'elles vont dans une direction intermédiaire aux points que nous venons d'indiquer, on trouve un résultat moyen, suivant qu'elles s'approchent de l'un ou de l'autre. — Dans le cas où les étoiles filantes vont, les unes de l'E. à l'O. magnétique, et les autres de l'O. à l'E., il n'y a pas de déviation de la boussole. — La température est d'autant plus élevée qu'il y a plus d'étoiles filantes qui vont en sens contraire de la rotation de la Terre; alors,

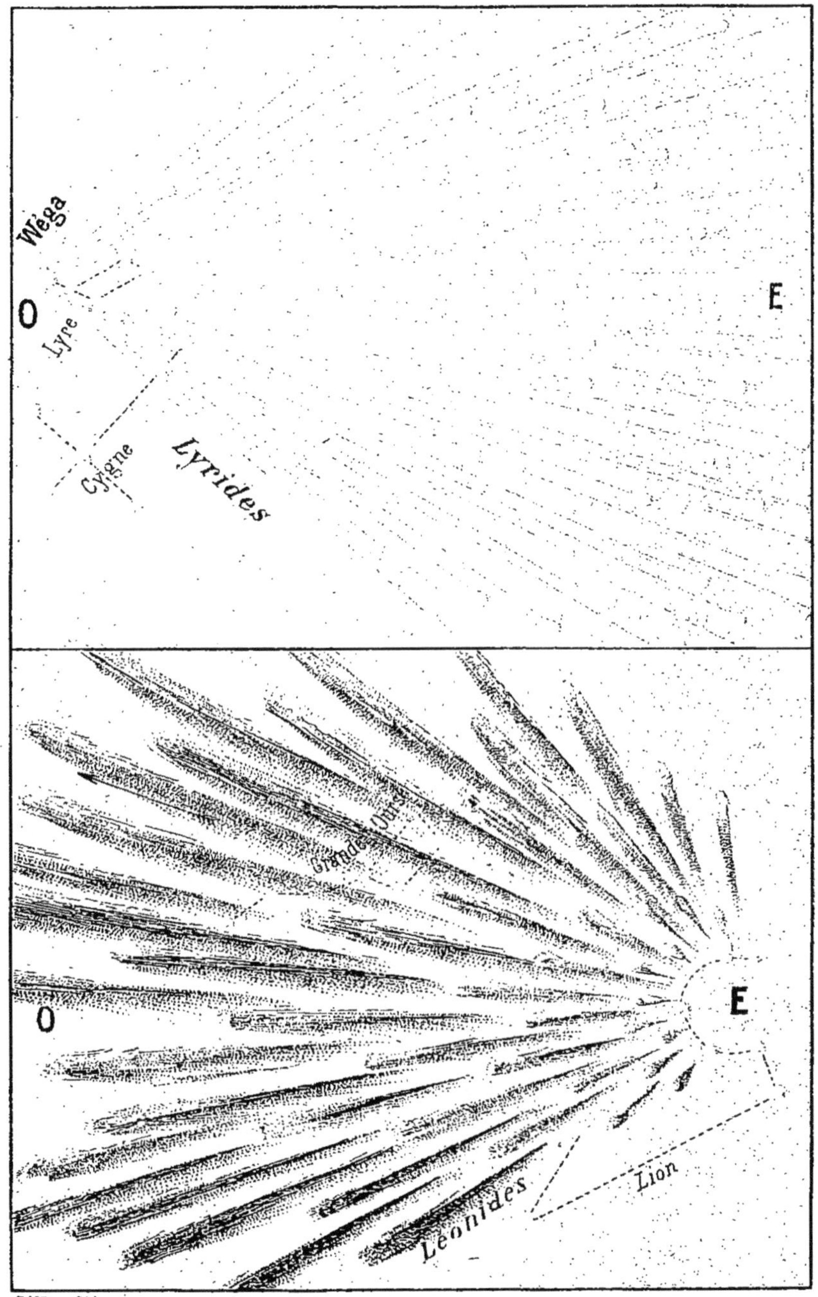

ÉTOILES FILANTES

les étoiles filantes s'échauffent elles-mêmes et prennent un éclat plus grand, elles s'avancent plus lentement dans la voûte céleste, devant lutter contre l'entraînement de la Terre.

Les savants ont compté jusqu'à ce jour 95 points radiants, indiqués par le nom des constellations desquelles ils semblent rayonner. Parmi les principaux se trouvent les *Léonides* et les *Lyrides* spécialement étudiées par M. Silbermann, et que nous indiquons dans l'une de nos planches chromolithographiques. Les *Léonides* ont été vues colorées par une aurore faible dans un cas spécial. Parmi les Léonides se trouvent représentés deux bolides observés par M. Silbermann vers minuit et demi, dans la nuit du 13 au 14 novembre 1866. Sur un espace de 60 degrés, ils ont tourné huit fois l'un autour de l'autre.

Il résulterait de ses observations : « Que la masse des Perséides, dit-il, serait beaucoup plus considérable que celle des Léonides, puisqu'elle a été capable de produire l'aurore boréale du mois d'août 1869, tandis que les Léonides, quoique beaucoup plus brillantes, n'auraient pas donné lieu alors à une aurore très-visible. Néanmoins, je dois faire une réserve sur la possibilité d'une aurore durant l'averse d'étoiles filantes du mois de novembre 1866 : puisque ces étoiles paraissaient d'autant plus blanches qu'elles parcouraient une région plus élevée du ciel, et d'autant plus colorées en jaune, orange, rouge, bleu et vert, que leur trajectoire était plus rapprochée du N.-O., à 20, à 30 degrés environ au-dessus de l'horizon. — Ces faits impliquent donc l'existence de marées atmosphériques, lesquelles seraient rendues visibles par l'ascension rapide de vapeur chargée d'électricité et la transformation de celle-ci en lumière [1]. »

____

[1] *Comptes rendus de l'Académie des sciences*, 19 fév. 1872.

Il n'est pas nécessaire de faire remarquer que tous ces faits relatifs aux étoiles filantes se rangent sous la loi de la gravitation universelle et en sont une nouvelle preuve.

XVI

Les grands courants d'étoiles filantes tendent à dominer toute la météorologie. Dans une récente communication à l'Académie des sciences, M. Ch. Sainte-Claire Deville fait remarquer que Brande, puis Madeler et Quételet constatèrent d'abord le fait important du retour périodique annuel de certaines oscillations de la température; et qu'ensuite Erman, dès 1840, et Petit, ont émis l'hypothèse que ces retours périodiques des mêmes phénomènes pouvaient être attribués à l'influence des matières cosmiques, des étoiles filantes s'interposant périodiquement entre le Soleil et la Terre.

Depuis lors, ajoute-t-il, le premier côté de la question a été étudié avec soin; le fait du retour périodique des inégalités ou perturbations de la température a été établi d'une manière incontestable. L'hypothèse appuyée aujourd'hui par la belle découverte de M. Schiaparelli, a l'avantage d'atteindre la vraie cause; elle dit : « Vous trouvez du mouve-
« ment dans la région des cirrhus et vous croyez avoir
« trouvé le principe de la force, mais il n'en est rien ; ce
« mouvement, comme la formation des cirrhus qui l'ac-
« compagne, n'est qu'un effet; la force primitive est une
« action calorifique, c'est le rayonnement solaire, qui est
« périodiquement modifié par l'interposition de matière
« cométaire. Un jour, on saura calculer le passage périodi-
« que de ces grandes tourmentes atmosphériques [1]. »

[1] *Comptes rendus de l'Académie des sciences*, 28 février 1876, p. 480.

Il est certain que les anneaux de matière cosmique jouent un rôle prépondérant en météorologie, et c'est en déterminant leur retour périodique que l'on arrivera à prévoir avec quelque certitude les perturbations atmosphériques.

Dans la même séance, M. Hinrichs a soumis à l'Académie un travail dont le but est de faire voir que l'oscillation de la mi-novembre est aussi bien marquée en Amérique, de l'Iowa jusqu'à New-Foundland, que dans l'Europe et l'Algérie, et que cette oscillation est bien un fait général qui peut servir de base aux prévisions du temps : « Il sera donc permis de dire, ajoute-t-il, que l'oscillation de la mi-novembre en 1874 s'est étendue avec une grande régularité depuis le nord de l'Europe jusqu'au sud de l'Algérie, et depuis la mer Baltique jusqu'au delà des grands lacs de l'Amérique, sur une étendue de 30 degrés en latitude et plus de 90 degrés en longitude; que les basses températures ont porté partout sur les 12, 13, 14 et 15, et que le minimum absolu a varié entre le 12 et le 15 [1] ».

M. l'abbé Raillard, un de nos plus savants météorologistes, a également étudié l'influence des étoiles filantes sur les perturbations atmosphériques. Dès 1839 il s'exprimait ainsi : « On est conduit à penser que certaines portions des espaces célestes, traversées par notre globe, exercent sur lui une influence réelle. Par suite, les comètes ne seraient plus pour nous des astres indifférents; et de plus, on comprendrait l'origine de ces vieilles traditions populaires qui assignent à certains jours de l'année une influence particulière. Il y a seulement entre M. Deville et moi cette différence, qu'il attribue l'influence des traînées météoriques à leur interposition entre le Soleil et nous, tandis que je suppose que nous nous y plongeons réellement, et la raison que j'en donnerai,

[1] *Comptes rendus de l'Académie des sciences,* 28 février 1876, p. 520.

c'est, comme M. Schiaparelli l'a démontré, que ces traînées doivent décrire des orbites très-allongées, comme celles du plus grand nombre des comètes, et que si elles coupent l'écliptique dans deux points opposés, la température de ces deux points ne doit pas être la même ; celui qui précède leur passage au périhélie sera froid, parce qu'elles viennent des limites les plus reculées de l'espace, et celui qui le suit sera chaud parce qu'elles ont passé près du Soleil. Donc la Terre prend un bain froid en passant par le premier, et un bain chaud en passant six mois après par le second. Ainsi bain froid en février et bain chaud en août; bain froid en avril et bain chaud en octobre; bain froid en mai, les saints de glaces, et bain chaud en novembre, l'été de la Saint-Martin [1].

Notre savant confrère, M. de Parville, n'est pas satisfait des explications que l'on donne généralement de ces changements subits de température que l'on remarque à certaines époques de l'année. Nous regrettons de ne pouvoir exposer tout au long son intéressante manière de voir ; voici du moins quelques passages qui en donneront une idée : « D'abord, dit-il, les gelées de février et de mai ne tombent pas mathématiquement les 11, 12, 13 février ou mai. De même l'été de la Saint-Martin ne tombe pas rigoureusement les 11, 12, 13 novembre. Enfin, rien ne me prouve jusqu'ici que l'abaissement de température des 11, 12 et 13 mai et le réchauffement de novembre se manifestent partout sur la terre. J'ai tout lieu d'en douter. Or, si le phénomène était dû à l'interposition ou à la réflection d'un anneau, les oscillations de température seraient générales et viendraient absolument à l'heure, avec une précision astronomique, aux dates indiquées. Les changements de température sont

---

[1] *Les Mondes scientifiques*, 1866, t. XII.

surtout produits par les changements de vent. Avec les vents sud, chaleur; avec les vents nord, froid. Or, les changements de vent dépendent, pour nous, des déclinaisons de la Lune. Les déclinaisons australes de la Lune amènent les vents du nord; les déclinaisons boréales, les vents du sud. Les déclinaisons australes de mai correspondent aux déclinaisons boréales de novembre. Les 16, 17, 18, 19, 20, 21, 22, 23, etc., de mai : déclinaisons australes, froid accentué. Les 9, 10, 11, 12, 13, 14, 15, 16, 17, 18, 19, 20 de novembre : déclinaisons boréales, températures exceptionnellement douces. Été de la Saint-Martin. Mêmes symétries en 1874. Les froids de mai sont venus aux déclinaisons australes les 1, 2, 3, 4, 5, etc.; les chaleurs de novembre, aux déclinaisons boréales, les 1, 2, 3, 4, 5, etc. » — On pourrait facilement constater jusqu'à quel point cette théorie qui présente de l'intérêt est exacte.

XVII

Il serait injuste, en parlant des étoiles filantes, de ne pas rappeler que c'est à M. Coulvier-Gravier, activement aidé par son gendre et son digne successeur M. Chapelas, que l'on doit les observations les plus suivies; depuis nombre d'années ils ont puissamment contribué à établir les bases scientifiques des phénomènes dont nous parlons. Les communications importantes et multipliées insérées dans les *Comptes rendus de l'Académie des sciences* dues à ces observateurs infatigables, et auxquelles on sera toujours obligé d'avoir recours pour l'étude de ces phénomènes, formeraient des volumes considérables si elles étaient réunies en corps d'ouvrage.

Entre autres travaux M. Chapelas a publié, en 1871,

une note sur la direction des étoiles filantes portant sur une période de vingt années (1848-1868), formant un groupe de 39,771 observations. Il résulte de ces observations que ces météores vont en augmentant du printemps à l'été et diminuent de l'automne à l'hiver. Si l'on considère les étoiles filantes sans se préoccuper aucunement de leurs diamètres apparents, on trouve que leur direction moyenne oscille constamment vers le sud, quelle que soit l'époque de l'année, et si l'on calcule leur direction moyenne par grandeurs et suivant les deux principales époques de l'année, on obtient un tableau duquel on peut déduire ce principe important : Il existe deux sortes de courants météoriques : le premier ayant une direction constante; le second, au contraire, variant avec l'époque de l'année; le premier régnant dans les couches supérieures de l'atmosphère; le second ayant son action dans une région plus voisine du sol. En terminant cet important mémoire, M. Chapelas fait observer les rapports qui existent entre les courants atmosphériques et la direction des étoiles filantes [1]. Ces rapprochements peuvent être féconds.

On le voit, on est bien loin d'avoir tout dit sur l'étude qui nous occupe; cependant on ne saurait douter que les étoiles filantes, dans toutes leurs évolutions, ne soient soumises aux lois générales de l'univers, et tout tend à nous démontrer l'unité de plan dans l'intelligence suprême qui a organisé les mondes.

[1] *Comptes rendus de l'Académie des sciences,* 1872, 2e semestre.

CHAPITRE XVI.

DIVISION DU TEMPS.

I

Les anciens fondèrent la division du temps sur les mouvements des corps célestes les plus apparents, tels que le Soleil
et la Lune.

La vicissitude admirable et perpétuelle de la lumière et
des ténèbres produite par la rotation de la Terre sur elle-
même fixa naturellement la longueur de cette partie de
temps qui fut appelée *jour*. Les Athéniens réglaient leur
système horaire d'un coucher de soleil à un autre coucher;
les Babyloniens du lever à un autre lever; les prêtres égyptiens et romains, entre deux minuits.

Les Germains comptaient non point par jours, mais par
nuits : « Les chefs (chez les Germains), dit Tacite, délibèrent
sur les affaires peu importantes, la nation toute entière sur

les grandes; cependant, même quand la décision en appartient au peuple, elles sont d'abord discutées par les chefs. Ils s'assemblent, sauf les circonstances fortuites et inattendues, à jour fixe, quand la Lune est nouvelle ou dans son plein; car c'est là le temps qui leur paraît le plus favorable aux entreprises. Ils ne comptent point comme nous par jour, mais par nuit; c'est ainsi qu'ils datent leurs engagements, leurs transactions. Il leur semble que la nuit précède le jour [1]. »

La révolution apparente du Soleil autour de la Terre, dans l'espace de 365 jours et un quart, donna la mesure de l'*année*.

Le mouvement de la Lune autour de la Terre détermina la durée du mois, qui est à peu près la douzième partie de l'année.

La division de la·*semaine* en *sept jours* date de l'origine même du monde.

La Genèse nous dit que Dieu créa le monde en six jours et qu'il se reposa le septième, c'est-à-dire qu'il cessa de créer, et le Seigneur commanda aux hommes de sanctifier le septième jour, en mémoire du repos qui suivit les œuvres de la création.

« La création du monde, telle qu'elle est exposée dans les récits bibliques, dit M. Am. Sédillot, a donné l'idée des semaines de sept jours. Les Grecs et les Romains, pour lesquels le nombre sept était un nombre sacré, connaissaient, comme l'atteste Aulu-Gelle, cette division du temps, mais n'en faisaient point usage : les premiers avaient des *semaines* de dix jours (*décades*), et les seconds, à côté des kalendes, des ides et des nones, des *semaines* de huit jours (*ogdoades*) [2]. »

Bien que les jours dont parle la Genèse ne soient pas des

[1] *Mœurs des Germains*, XI.
[2] *Comptes rendus de l'Académie des sciences*, 9 déc. 1872.

jours ordinaires, mais des périodes de temps indéterminées, ils ont en effet donné lieu à la création de la semaine qui a été connue de toutes les nations : « On rencontre la semaine de sept jours dans toute l'Asie et particulièrement chez les Babyloniens. Elle est connue chez les Chinois, les Indiens et les Arabes. Les Égyptiens, il est vrai, comptaient par décade, mais eux aussi connaissaient notre division élémentaire du temps, et Dion Cassius assure que cette base des calendriers romains et les noms des planètes appliqués aux jours par les Romains sont empruntés à l'Égypte. La semaine des sept jours, dit Tuch, a pour origine une donnée primordiale qui se trouve partout, du Gange jusqu'au Nil. Les légendes des peuples orientaux ne s'expliquent que par un fond commun appartenant à l'histoire du genre humain ; mais on reconnaît en même temps que cette donnée primordiale a été convertie en légende [1]. »

Les peuples s'étant ensuite livrés à l'idolâtrie, donnèrent aux sept planètes connues alors les noms de leurs dieux principaux et consacrèrent le lundi à la Lune, le mardi à Mars, le mercredi à Mercure, le jeudi à Jupiter, le vendredi à Vénus, le samedi à Saturne et le dimanche au Soleil.

II

Le tableau sur lequel on indiquait les divisions du temps en jours, semaines, mois, années, fut appelé *calendrier*, des *kalendes*, qui, chez les Romains, tombaient au premier jour de chaque mois.

---

[1] Mᵍʳ Meignan, *le Monde et l'homme primitif, selon la Bible*, p. 12. Nous signalons avec empressement cet important ouvrage, qui indique avec autant de charme que de solidité l'accord de la Bible avec les sciences les plus exactes dans ce qu'elles ont de capital et de bien établi.

La forme et la distribution du calendrier ne furent pas les mêmes chez les différents peuples; et c'est ce qui a souvent hérissé de difficultés la chronologie et l'histoire.

Chez les Égyptiens, l'année civile était de 365 jours; de sorte qu'en négligeant tous les ans à peu près un quart de jour, le commencement de leur année revenait avant que la Terre eût achevé sa révolution autour du Soleil, et par la suite elle se présentait même dans les différentes saisons.

Les Chaldéens tinrent compte de ce quart de jour, pour que leur année recommençât à la même époque ; c'est pourquoi ils avaient successivement trois années de 365 jours, et faisaient la quatrième de 366. Ainsi, après 4 fois 365 ou 1460 ans, les Egyptiens, qui perdaient un jour tous les quatre ans sur l'année solaire, se trouvaient de 365 jours ou d'une année en avance sur les Chaldéens, et comptaient 1461 années, tandis que ceux-ci n'en comptaient que 1460.

Vers l'an 776 avant Jésus-Christ, les Grecs commencèrent à compter par *olympiades*. L'olympiade était une période de quatre ans, ainsi nommée des jeux olympiques, avec la célébration desquels elle s'accordait.

Chez les Romains, sous Romulus, l'année se composait de dix mois, dont mars était le premier, septembre le septième, octobre le huitième, novembre le neuvième, décembre le dixième ; du latin *septem, octo, novem, décem*. Peu de temps après, Numa ajouta les deux mois de janvier et de février.

Plutarque dit à ce sujet : « Numa changea aussi l'ordre des mois. Mars était le premier de l'année : il en fit le troisième, et il mit à sa place janvier, qui, sous Romulus, était le onzième; février était le douzième et dernier, et il devint désormais le second. Toutefois, c'est une opinion accréditée que janvier et février ont été ajoutés par Numa, et qu'avant lui l'année romaine n'était que de dix mois, comme il y en a de trois chez quelques peuples barbares, et comme chez les Grecs, l'année des Arcadiens est de quatre mois, et celle des Arcananiens de six. Les Égyptiens eurent d'abord, dit-on, des années d'un mois, puis des années de quatre mois. Voilà pourquoi ce peuple, bien qu'il habite un pays tout nouveau, fait l'effet de remonter si haut dans l'histoire : ils déroulent dans leurs annales ce nombre infini d'années, parce qu'il y a des mois qui comptent chacun pour un an[1]. »

III

Depuis cette époque jusqu'à Jules César, le calendrier romain tomba peu à peu dans une telle confusion que ce grand homme jugea qu'il était indispensable de le réformer. Éclairé des conseils de Sosigène, astronome égyptien, il établit le *calendrier julien*, 45 ans avant Jésus-Christ.

On convint qu'on intercalerait, comme chez les Chaldéens, un jour tous les quatre ans, et qu'on le placerait à la suite du sixième jour avant les calendes de mars, de sorte qu'il serait le second sixième jour, *bis sexta dies,* d'où est venu le nom de *bissextile,* que l'on donne aux années qui ont un jour de plus que les autres.

Cette correction fut, à la longue, insuffisante, car en donnant à l'année 365 jours et un quart de durée, on l'avait faite trop longue de 11 minutes 9 secondes. Cette erreur, presque imperceptible pour un court espace de temps, produisait un jour à peu près en 134 ans; de sorte qu'en l'année 1582, l'équinoxe du printemps, qui aurait dû tomber au 20 mars, se présentait déjà le 10.

Le pape Grégoire XIII, pour ramener l'équinoxe à son

______

[1] Plutarque, *Vie de Numa.*

époque, ordonna que l'on supprimerait 10 jours, et que le lendemain du 4 octobre 1582 serait le 15.

On convint encore de retrancher trois bissextiles séculaires dans l'espace de 500 ans; ainsi les années 1700 et

Fig. 58. — Année mexicaine.

1800 n'ont pas été bissextiles; 1900 ne le sera pas non plus, mais 2000 le sera.

La réforme du calendrier *grégorien* fut, en général, promptement adoptée, excepté par les Russes et par les Grecs, qui conservent encore aujourd'hui l'usage du calendrier *julien;* de sorte que leur année est maintenant de 12 jours en retard sur la nôtre.

Quand on correspond avec ces peuples, on marque les

deux dates ; ainsi 8/20 juillet signifie que notre 20ᵉ jour de juillet est le 8ᵉ dans le calendrier julien.

Les Mexicains étaient parvenus à des connaissances astronomiques assez étendues, surtout pour une nation encore barbare trois siècles avant la conquête, et qui traîna longtemps une vie d'esclaves et de pauvres pêcheurs. Ils faisaient servir ses connaissances principalement aux usages de la vie civile et à l'exercice du culte religieux ; elles réglaient l'ordre de leurs deux calendriers, le civil ou solaire , dont le nom signifiait littéralement *compte du Soleil*, et le lunaire, appelé *compte de la Lune*. L'année solaire se composait de trois cent soixante-cinq jours, divisés en dix-huit mois de vingt jours, plus cinq jours complémentaires ajoutés au dernier mois. Elle était représentée dans leurs peintures par un cercle au centre duquel on voyait une figure indiquant la Lune éclairée par le Soleil, et tout autour les emblèmes des dix-huit mois (fig. 58). En 1790, on a découvert dans les fondements de l'ancien Téocalli une pièce énorme de porphyre trappéen, gris-noirâtre de 4 mètres de diamètre, pesant 24,400 kilogrammes, chargée de caractères relatifs aux fêtes religieuses et aux jours dans lesquels le Soleil passe par le zénith de Mexico. Ce monument a été décrit par M. de Humboldt sous le nom de *calendrier mexicain* (fig. 59). Il a servi à éclairer des points douteux et à rappeler l'attention des indigènes instruits sur les anciennes données astronomiques[1].

IV

Le *cycle solaire* est une période de 28 ans, à la fin de laquelle le dimanche et les autres jours de la semaine revien-

[1] *Histoire du Mexique*, par MM. de la Renaudière et Lacroix, lib. Didot.

nent dans le même ordre et au même quantième, parce qu'au bout de ce temps le Soleil se retrouve à fort peu près au même signe et au même degré de l'écliptique qu'il occupait 28 ans auparavant.

Si l'année était exactement composée d'un certain nombre de semaines, les mêmes dates de chaque mois retomberaient aux mêmes jours. Mais comme les années communes renferment 52 semaines et 1 jour, et les années bissextiles 52 semaines et 2 jours, il s'ensuit qu'une année ne saurait ni commencer ni finir par les mêmes jours qui ont commencé et fini l'année précédente, et que, par conséquent, les mêmes jours ne peuvent tomber aux mêmes quantièmes de mois dans ces deux années.

Cependant, au bout de 28 ans, le jour qui reste après les 52 semaines dans les années communes, et les deux jours excédant ces 52 semaines, dans les bissextiles, forment 5 semaines : alors la 28ᵉ année, se composant d'un nombre juste de semaines, il en résulte que tous les 28 ans les années ont les mêmes jours aux mêmes quantièmes de mois.

Le *nombre d'or* ou *cycle lunaire* est une période de 19 ans, au bout desquels les lunaisons reviennent aux mêmes quantièmes de mois et presque aux mêmes heures ; et cela parce que 19 ans ou 228 de nos mois solaires répondent à peu près à 235 lunaisons. L'époque de la connaissance de cette période se perd dans la nuit des temps les plus reculés ; elle était appelée *Saros* chez les anciens. (Voir le chapitre premier.)

Ces 19 années s'indiquent par les chiffres 1, 2, 3, 4, 5, etc., jusqu'à 19, puis on recommence. Par exemple l'année 1865 a 4 pour nombre d'or, cela veut dire que 4 ans se sont écoulés depuis que le cycle lunaire a recommencé.

On a nommé cette période *nombre d'or*, parce que le jour

où l'astronome Méton la fit connaître, les Athéniens en furent si satisfaits, qu'ils ordonnèrent que l'on exposât ce calcul en lettres d'or dans les places publiques, pour l'usage de tous les citoyens.

Cependant, on a reconnu depuis que les nouvelles lunes ne reviennent pas exactement à la même heure tous les 19 ans, comme l'avait cru Méton.

La différence est d'environ une heure et demie, ce qui donne un jour 30 minutes au bout de 312 ans. C'est pourquoi on a été obligé d'abandonner le *nombre d'or*, et l'on a imaginé les *épactes* (du grec *épacte*, surajouter) pour trouver l'âge de la Lune avec plus de justesse et de précision.

V

L'*épacte* est l'âge que la dernière Lune d'une année a au commencement de l'année suivante.

Ainsi, le nombre inscrit dans les almanachs à la suite du mot *épacte* indique le nombre de jours écoulés depuis la dernière nouvelle Lune d'une année jusqu'au 1er janvier de l'année suivante.

Par exemple, en 1852 l'épacte est 9, ce qui montre que la dernière Lune de 1851 avait 9 jours d'âge lorsqu'est venu le 1er janvier 1852, et par conséquent, elle avait renouvelé le 21 décembre 1851. L'épacte venant de l'excès de l'année solaire sur l'année lunaire, il ne s'agit, pour la calculer pour telle ou telle année, que de connaître cet excès, qui est de 11 jours.

Par exemple, en 1843 l'année solaire a commencé en même temps que l'année lunaire : l'épacte de cette année a donc été 0, puisque les années solaire et lunaire concordaient. En 1844 l'épacte a été 11, c'est-à-dire l'excès de l'année solaire.

En 1845 elle a été 22, ou deux fois 11. En 1846 elle a été de 33 ou trois fois 11 ; mais comme l'épacte n'excède jamais le nombre 30, parce que 30 jours font un mois,

Fig. 59. — Calendrier mexicain.

de ce nombre 33, on a retranché 30 ou un mois intercalaire ; l'on a ajouté ce mois à l'année 1846, qui par là s'est trouvée composée de 13 lunaisons, et il est resté 3 pour épacte de 1846.

Il n'est pas très-difficile de faire un calendrier, car il ne s'agit principalement que de trouver le quantième du jour où doit tomber la fête de Pâques. Ce jour étant une fois fixé, les fêtes mobiles se rangent sans difficulté dans leur ordre.

Le concile de Nicée ordonna, en 325, que l'on célébrerait la fête de Pâques le premier dimanche après la pleine Lune qui suit l'équinoxe de printemps, c'est-à-dire celle qui tombe au 21 mars ou après.

Pour connaître ce dimanche, il faut chercher, au moyen de l'épacte, à quel quantième tombe la nouvelle Lune de mars, puis ajouter quatorze jours à la date où elle tombe pour avoir le jour de la pleine Lune.

Si ce jour tombe le 21 mars ou après, Pâques est le dimanche suivant. Mais si la pleine Lune tombe avant le 21 mars, ce n'est qu'au dimanche d'après la pleine Lune suivante qu'on fixera cette fête.

C'est pour cela qu'elle peut varier depuis le 22 mars, comme en 1848, jusqu'au 25 avril, comme en 1886.

Le jour de Pâques une fois déterminé, les fêtes mobiles trouvent naturellement leur place, et le reste du calendrier s'achève sans difficulté.

VI

Une question qui a son importance trouve sa place ici. M. J. Bertrand, de l'Académie des sciences, avait posé à M. J. Verne, de la Société de géographie, la question suivante :

« Un monsieur, muni de moyens de transport suffisants, quitte Paris un jeudi à midi ; il se dirige vers Brest, de là à New-York, San Francisco, Yeddo, etc. ; il revient à Paris après vingt-quatre heures de course à raison de quinze degrés à l'heure. — A chaque station, il demande : Quelle heure est-il ? On lui répond invariablement midi. — Il demande ensuite : A quel jour de la semaine vivons-nous ? A Brest, on répond jeudi ; à New-York également... Mais au retour, à Pontoise, par exemple, on répond : Vendredi. Où se fait la transition ? Sur quel méridien notre voyageur, s'il est bon catholique, peut-il et doit-il jeter le jambon devenu défendu ?

« Il est évident que la transition doit être brusque. Elle se fera *en mer* ou dans les pays qui ignorent les noms des jours de la semaine.

« Mais supposez un parallèle tout entier sur le continent et habité par des peuples civilisés parlant tous la même langue et soumis aux mêmes lois, il y aura deux voisins, séparés par une haie, dont l'un dira : aujourd'hui à midi nous sommes à jeudi, et dont l'autre dira : nous sommes à vendredi.

« Supposez d'un autre côté que l'un habite Sèvres et l'autre Bellevue, ils n'auront pas vécu huit jours dans cette situation sans arriver à s'entendre sur le calendrier ; l'équivoque cessera donc, mais elle renaîtra ailleurs, et l'on aura un mouvement perpétuel dans le dictionnaire des jours de la semaine. »

M. Verne répond : « Il est vrai que toutes les fois que l'on fait le tour du monde en allant vers l'est on perd un jour ; que lorsqu'on fait le tour du monde en allant vers l'ouest on gagne un jour, c'est-à-dire les vingt-quatre heures que le Soleil, dans son mouvement apparent, met à faire le tour de la Terre. Ce résultat est si réel, que l'administration de la marine livre un jour de ration supplémentaire à ses navires qui, partis d'Europe, doublent le cap de Bonne-Espérance, et retient au contraire un jour à ceux qui doublent le cap Horn. Il est vrai aussi que s'il existait un parallèle ne traversant que des régions habitées, il y aurait désaccord complet entre les habitants de ce parallèle. Mais ce parallèle n'existe pas ; la bonne nature a mis entre les grandes nations des déserts et des océans. La transition du jour gagné au jour perdu se fait d'une façon inconsciente. Par une convention internationale, l'accord des quantièmes se fait sur le méridien de Manille. Les capitaines changent la date de leur livre de bord quand ils passent le dix-huitième méridien [1]. »

VII

On appelle *temps vrai*, celui qui est mesuré par le mouvement journalier du Soleil ; sa durée est variable parce que la marche du Soleil ou plutôt de la Terre est inégale, le mouvement du globe s'accélérant ou se ralentissant alternativement en s'approchant ou en s'éloignant du Soleil. — Le *temps moyen* ou *égal* est celui qui se mesure par la vitesse moyenne de la Terre ou par un mouvement uniforme comme celui des horloges. Il est calculé dans la supposition qu'au bout de toutes les 24 heures le Soleil se retrouve exactement au méridien où il était le jour précédent. Il y a quatre jours seulement dans l'année où le temps moyen s'accorde avec le temps vrai : 15 avril, 15 juin, 1er septembre et 25 octobre. La plus grande différence en moins est de 18″,6 ; la plus grande différence en plus va jusqu'à 30″ ; mais il y a compensation parfaite au bout de l'année, abstraction faite cependant des équations planétaires et des petites variations séculaires.

On appelle *précession des équinoxes* le mouvement insensible par lequel les points équinoxiaux se déplacent continuellement sur l'écliptique, en marchant d'orient en occident, en sens inverse de l'ordre des signes, de telle sorte que

[1] *Les Mondes scientifiques*, 28 mai 1873.

les équinoxes arrivent tous les ans 20′25″ avant que la Terre soit en conjonction avec le Soleil et avec la même étoile qu'au même équinoxe de l'année précédente. Cette différence est cause que le Soleil paraît rétrograder dans les signes du zodiaque de 154″,63 par an, ce qui donne un degré en 72 ans, et un signe entier ou 30 degrés en 2,156 ans; le Soleil parcourt ainsi tout le cercle de l'écliptique en 26,000 ans environ. Depuis que l'on a donné les noms aux constellations du zodiaque, le Soleil a rétrogradé d'un signe entier; et quoiqu'on dise toujours qu'il entre au mois de mars dans le signe du Bélier, il faudrait dire qu'il entre dans le signe des Poissons, et ainsi des autres signes. La précession résulte de l'attraction inégale que le Soleil et la Lune exercent sur les diverses parties de la Terre, à cause de son aplatissement aux pôles. Hipparque le premier a observé ce phénomène, et Newton nous l'a expliqué.

Les anciens désignaient sous le nom de *grande année* une période très-longue, après laquelle tous les phénomènes planétaires devaient se reproduire dans le même ordre et aux mêmes époques.

Les astrologues prétendaient que les événements de la Terre étaient liés aux phénomènes célestes, de sorte qu'il devenait très-important de définir avec exactitude la grande année, dont tous les événements historiques devaient se reproduire indéfiniment.

D'après cela l'histoire d'une grande année quelconque aurait été le résumé de l'histoire universelle.

Voici, d'après Arago, les principales idées que les anciens attachaient à la grande année, et la durée que les principaux auteurs ont attribuée à cette période.

La *grande année,* appelée aussi *année parfaite, année du monde,* était le temps qu'il fallait aux sept planètes des anciens pour revenir à leurs mêmes positions relatives.

Bérose dit que la grande année commence lorsque les sept planètes ont leurs centres sur la même ligne droite.

Assimilant la grande année aux années ordinaires de la vie civile, Aristote croyait que l'hiver de cette période correspondait à un *déluge universel*, et l'été à une *conflagration générale*.

D'ailleurs l'hiver devait avoir lieu, d'après Bérose, lorsque la ligne passant par le centre des sept planètes aboutirait au Capricorne, et l'été lorsque la même ligne passerait par le Cancer.

Il ne paraît pas que les anciens fussent d'accord sur la nature des phénomènes que devait amener la grande année.

Les uns prétendaient qu'il n'y aurait que des incendies, et les autres que des inondations.

Quant à la durée de l'année du monde, certains auteurs lui donnent 6,670,000 ans, tandis que d'autres, moins hardis, ne lui attribuent pas de durée certaine, disant que Dieu seul peut connaître la longueur de la grande année. Cicéron et Hésiode étaient de ce dernier avis. Dans son *Astronomie populaire*, Arago cite ce passage d'Hésiode :

La durée de la vie de l'homme est de...	90 ans.
La corneille vit 9 fois plus que l'homme, soit.	810 —
Le cerf, 4 fois plus que la corneille, soit..	3,240 —
Le corbeau, 3 fois plus que le cerf, soit..	9,720 —
Le phénix, 9 fois plus que le corbeau, soit.	87,480 —
Les hamadryades, 10 fois plus que le phénix, soit.	874,800 —

Hésiode, ajoute Arago, après toutes ces hardiesses, déclare cependant qu'il ignore absolument quelle est la durée de la grande année, et que Dieu seul peut la connaître.

Ainsi, la grande année était une période complétement basée sur les croyances astrologiques. Sa durée variait avec les idées particulières de chaque astronome. Elle a exercé une grande influence sur l'astronomie, en obligeant, pour ainsi dire, ceux qui voulaient connaître sa durée à étudier avec soin les révolutions des astres, et par conséquent à faire avancer la science, dont les progrès devaient, à leur tour, anéantir le prestige des prédictions astrologiques.

CHAPITRE XVII.

ASTROLOGIE.

I

Rien n'est plus curieux que les sciences et les arts à leur origine.

On est surpris de voir les erreurs et les préjugés qu'ont partagés les esprits les plus vigoureux, et les intelligences d'élite qui ont commencé à défricher le terrain intellectuel ; éloquent avertissement pour les savants et surtout pour les pédants qui croient tout savoir. Astrologie vient d'*astron*, astre, et de *logos*, discours, traité. C'est une science au moyen de laquelle on se flattait de dire l'avenir d'après l'aspect des astres.

L'astrologie est donc née de l'astronomie, qui, suivant l'expression d'un célèbre astronome (Képler), est la mère sage d'une fille folle.

L'une et l'autre de ces deux sciences ont été appelées au

secours de la médecine, par suite de la croyance aux relations intimes que l'on avait remarquées dans toutes les parties de l'univers : « Que Paracelse ait été moins heureux en appelant l'astronomie au secours de la médecine, on le croit sans peine, dit M. Franck, de l'Institut, dans une importante étude sur le mysticisme et l'alchimie, car s'il est vrai, en thèse générale, que toutes les parties de l'univers sont liées entre elles et agissent les unes sur les autres, il est impossible de définir ces rapports et d'en faire aucun usage s'ils ne tombent pas sous l'observation ou sous les lois du calcul [1]. »

On distinguait :

1° L'astrologie naturelle, qui avait pour objet de prédire le retour des astres, les éclipses, les marées et même les changements de temps, les tempêtes, les sécheresses et les inondations, en s'appuyant sur les données de l'astronomie ;

2° L'astrologie judiciaire, par laquelle on prétendait pouvoir, au moyen de la présence des astres et de leur aspect, prédire les destinées des hommes et des empires.

Cette deuxième est la seule que l'on désigne aujourd'hui sous le nom d'astrologie, et qui est justement blâmée.

La plupart des auteurs croient que cette science mystérieuse a pris naissance dans la Chaldée, d'où elle pénétra en Égypte, en Grèce et en Italie ; plusieurs en attribuent l'invention à Cham, fils de Noé.

Ce sont les Égyptiens, dit Hérodote, qui enseignèrent à quel dieu chaque mois et chaque jour est consacré. Ils observèrent les premiers, suivant le même historien, sous quelle constellation un homme est né pour prédire sa fortune, les aventures de sa vie et le genre de sa mort.

---

[1] *Philosophie et religion*, p. 79.

II

On croyait que les astres réglaient par leur influence la vie et la destinée des hommes ; que chaque planète, chaque constellation, dirigeait vers le bien ou le mal l'être créé sous elle ; et que, par conséquent, un astrologue n'avait besoin de connaître que l'heure et la minute de la naissance pour déterminer le tempérament, les facultés de l'esprit, la destinée, les maladies, le genre de mort et le jour même de la mort.

Telle était la croyance non-seulement de la multitude, mais même des personnes que le rang, les connaissances et les lumières semblaient devoir élever au-dessus de ces préjugés.

Presque tous les anciens croyaient à l'astrologie. On peut citer Hippocrate, Virgile, Horace, etc.

« J'ai lu dans le registre du ciel tout ce qui doit vous arriver, à vous et à vos fils, » disait Bélus, roi de Babylone, à ses enfants.

Juvénal dit également :

« Il importe beaucoup sous quel signe tu vins au monde et poussas les premiers cris, encore teint du sang de ta mère.

« S'il plaît à la Fortune, de rhéteur tu deviendras consul ; de consul, rhéteur. Que prouve un Ventidius, un Tullius, sinon l'étonnante influence d'une destinée mystérieuse ? Elle élève à son gré l'esclave sur le trône, le captif sur un char de triomphe. Mais cet homme heureux est plus rare qu'un corbeau blanc [1]. »

[1] Juvénal, satire VII.

Au temps du philosophe Varron, le contemporain et l'am
de Cicéron, de tous les Romains le plus versé dans la connaissance de l'histoire, il y avait un certain Tarutius, son
ami, philosophe et mathématicien, qui se mêlait d'horoscopes
par curiosité, et qui passait pour y exceller.

Varron lui proposa de déterminer le jour de la naissance
de Romulus, par des raisonnements déduits de ses actions
connues, comme on fait pour la solution des problèmes de la
géométrie. La même théorie qui, sur une naissance donnée,
prédit quelle sera la vie d'un homme, devait aussi, disait-
il, une vie étant connue, découvrir le moment de la naissance.

Fig. 60. — Les Parques ou les Destinées et Prométhée, d'après un bas-relief antique.

« Tarutius fit ce que Varron demandait. Après avoir attentivement considéré et les aventures de Romulus, et ses
faits et gestes, et la durée de sa vie, et le genre de sa
mort, et ce qui s'en suit, le tout bien et dûment comparé,
il prononça intrépidement et sans aucune hésitation, que Romulus avait été conçu la première année de la deuxième olympiade, le 23 du mois égyptien Chœac, à la troisième heure
du jour, pendant une éclipse totale de soleil ; et il ajouta
que Romulus était né le 21 du mois de Thoth, vers le lever

du soleil, et qu'il avait fondé Rome le 9 du mois Phar-
monthi, entre la deuxième et la troisième heure[1]. »

Plutarque ajoute : « C'est en effet l'opinion des mathéma-
ciens que la fortune d'une ville, comme celle d'un·parti-
culier, a son temps préfix, qui s'observe par la position des
étoiles au premier instant de sa fondation. »

La croyance à l'astrologie ne devait pas être absolue,
d'ailleurs les lignes suivantes nous l'indiquent : « Au reste,
ce qu'il y de neuf et de curieux dans ces détails et d'autres
du même genre n'est pas peut-être d'un agrément qui com-
pense, aux yeux des lecteurs, ce que des fables ont de re-
butant[2]. »

III

Tacite nous apprend que Tibère s'occupait beaucoup
d'astrologie : « Je ne puis passer sous silence une prédiction de Tibère, dit-il, relative à Servius Galba, alors consul, qu'il avait fait venir à Caprée. Après l'avoir sondé par
une conversation qui roule sur divers sujets, il finit par
lui dire en grec : « Et toi aussi, Galba, tu goûteras quelque jour de l'empire, » lui annonçant ainsi sa puissance
tardive et éphémère, par la science des Chaldéens, qu'il
apprit dans ses loisirs de Rhodes sous la direction de
Thrasylle, dont il avait mis l'habileté à l'épreuve que voici :
Quand Tibère consultait un astrologue, il se plaçait dans
la partie élevée de son palais, et prenait pour unique confident un affranchi, ignorant et vigoureux, qui amenait
par des sentiers difficiles et bordés de précipices, car le palais est au haut des rochers, l'homme dont César voulait

[1] Plutarque, *Vie de Romulus.*
[2] *Id.*

éprouver la science. Au retour, si l'astrologue était soupçonné d'indiscrétion ou de supercherie, l'affranchi le précipitait dans la mer, pour ensevelir le secret. Thrasylle, conduit par les mêmes chemins, à travers les précipices,
avait frappé l'esprit de Tibère, qui l'interrogeait, en lui
montrant la souveraine puissance, en lui dévoilant habilement les choses futures. César lui demanda s'il avait tiré
son propre horoscope, et de quel signe était marqué
pour lui cette année et ce jour. Thrasylle alors examine
la position et la distance des astres; il hésite d'abord, il
pâlit; plus il observe, plus il tremble d'étonnement
et de crainte, et enfin il s'écrie : « Que le moment est
périlleux, qu'il touche presque à sa dernière heure. »
Tibère alors l'embrasse, le félicite d'avoir échappé au
danger en le devinant, et, acceptant toutes ses prédictions comme des oracles, il l'admet au nombre de ses amis
intimes [1].

Lorsque Tibère, décidé de ne plus vivre à Rome, partit
pour la Campanie, les astrologues firent diverses prédictions sur ce voyage : « Ceux qui savaient lire dans le ciel
disaient qu'au moment où Tibère était sorti de Rome, la position des astres annonçait qu'il n'y devait plus rentrer,
et ce fut là, pour plusieurs, la cause de leur perte; car, en
tirant l'horoscope de la mort prochaine de César, en le di-
vulguant, ils ne soupçonnaient pas sa détermination étrange,
et l'exil volontaire qui le tiendrait pendant onze ans éloigné de sa patrie. On reconnut bientôt combien est indécise
la limite qui sépare la certitude du mensonge, et que les
ténèbres couvrent la vérité. En annonçant que Tibère ne
rentrerait pas dans Rome, les astrologues avaient prédit
juste; sur tout le reste ils se trompèrent complétement,

[1] Tacite, *Annales*, liv. VI.

puisque ce prince parvint à une extrême vieillesse, en se tenant dans les campagnes et sur les côtes voisines de Rome, quelquefois près de ses murailles [1]. »

L'Astrologie était en grand usage chez les Mexicains ; chaque événement paraissait influencé à la fois par les hiéroglyphes qui présidaient au jour, à la demi-décade, ou à l'année. De là l'idée d'accoupler des signes et de créer ces êtres purement fantastiques que l'on retrouve répétés tant de fois dans les peintures astrologiques parvenues jusqu'à nous et dont peuvent donner une idée les fig. 59, 60 et 61, représentant le calendrier, l'année et les signes de leurs jours.

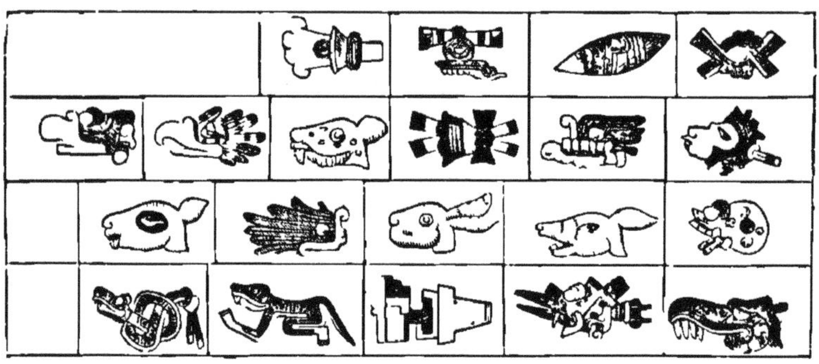

Fig. 61. — Signes des jours du calendrier mexicain.

L'apparition d'une comète dans le commencement du seizième siècle avait porté la consternation chez les Mexicains ; la multitude la regardait comme un sinistre présage, comme l'annonce d'un grand malheur. Les ennemis de Montezuma, qui régnait alors, disaient que c'était un signe précurseur de la fin de l'empire et du despotisme. Pour calmer de telles frayeurs, dont Montezuma sentait la portée, et probablement pour calmer aussi les siennes, il ordonna à son astrologue d'expliquer cette apparition. L'astrologue,

[1] Tacite, *Annales*, liv. IV.

qui n'en savait pas plus que le vulgaire sur la marche des comètes, tint apparemment le même langage que la multitude. Cette fâcheuse interprétation lui coûta la vie. Il fut mis à mort par ordre du roi, pour lui apprendre à expliquer plus politiquement le passage des comètes [1].

Il est étonnant de voir avec quelle opiniâtreté on tint à l'exagération des idées des astrologues, quoique leurs prédictions se trouvassent souvent fausses. Les évêques et autres ecclésiastiques du premier ordre, les philosophes et les médecins les plus célèbres, tiraient l'horoscope ; on faisait dans les universités des cours sur cet objet comme sur la géomancie et la cabale.

Marsilius Ficinius, dans son *Traité sur la prolongation de la vie*, qui parut dans le siècle dernier, recommandait à toutes les personnes prudentes de consulter tous les sept ans un astrologue, afin d'avoir des renseignements sur les dangers qu'elles pourraient courir pendant les sept années suivantes, et surtout de respecter et d'employer convenablement les remèdes des trois rois : l'or, la myrrhe et l'encens. M. Pensa, en 1720, dédia au conseil de Leipzig un livre intitulé : *De prorogandâ vitâ, aureus libellus*, dans lequel il recommande à ces messieurs, comme une chose essentielle, de bien apprendre à distinguer les constellations qui leur étaient favorables et celles qui leur étaient contraires, et d'être sur leurs gardes tous les sept ans, époque à laquelle régnait Saturne, planète très-maligne.

IV

Voici, en résumé, la doctrine des astrologues [2] :

[1] *Univers pittoresque,* Mexique, p. 29.
[2] Résumé que j'ai publié dans *la Science pour tous,* n° 40, ann. 1857.

Sept astres principaux et les douze constellations influent particulièrement sur la destinée humaine et sur les événements. Les sept astres illustres sont : le Soleil, la Lune, Vénus, Jupiter, Mars, Mercure et Saturne.

Le Soleil préside à la tête, la Lune au bras droit, Vénus au bras gauche, Jupiter à l'estomac, Mars aux parties sexuelles, Mercure au pied droit, et Saturne au pied gauche.

Dans les constellations, le Bélier gouverne la tête; le Taureau, le cou; les Gémeaux, les bras et les épaules; l'Écrevisse, la poitrine et le cœur; le Lion, l'estomac; la Vierge, l'abdomen; la Balance, les reins et les parties postérieures; le Scorpion, les parties sexuelles; le Sagittaire, les cuisses; le Capricorne, les genoux; le Verseau, les jambes; les Poissons, les pieds.

Non-seulement les individus, mais les États, les villes, chaque lieu, étaient placés sous l'influence des constellations. Dans le cours du XVIᵉ siècle, des astrologues d'Allemagne déclarèrent Francfort sous l'influence du Bélier, Vurtzbourg sous celle du Taureau, Nuremberg sous celle des Gémeaux, Magdebourg sous celle de l'Écrevisse, Ulm sous le Lion, Heidelberg sous la Vierge, Vienne sous la Balance, Munich sous le Scorpion, Stuttgard sous le Sagittaire, Augsbourg sous le Capricorne, Ingolstadt sous le Verseau, et Ratisbonne sous les Poissons.

Albert le Grand a assigné aux astres les influences suivantes :

Saturne était censé dominer sur la vie, les changements, les sciences et les édifices;

Jupiter, sur l'honneur, les souhaits, les richesses et la propreté des habits;

Mars, sur la guerre, les prisons, les mariages et les haines;

Le Soleil, sur l'espérance, le bonheur, le gain et les héritages;

Vénus, sur les amitiés et les amours;

Mercure, sur les maladies, les dettes, le commerce et la crainte;

La Lune, sur les plaies, les songes et les larcins.

Chacun de ces astres présidait à un jour de la semaine, à une couleur, à un métal, etc.

Le Soleil gouvernait le dimanche; la Lune, le lundi; Mars, le mardi; Mercure, le mercredi; Jupiter, le jeudi; Vénus, le vendredi; Saturne, le samedi.

Le Soleil figurait le jaune; la Lune, le blanc; Vénus, le vert; Mars, le rouge; Jupiter, le bleu; Saturne, le noir; Mercure, les couleurs nuancées.

Le Soleil présidait à l'or; la Lune, à l'argent; Vénus, à l'étain; Mars, au fer; Jupiter, à l'airain; Saturne, au plomb; Mercure, au vif-argent.

Le Soleil était censé bienfaisant et favorable; Saturne, triste, morose et froid; Jupiter, tempéré et bénin; Mars, ardent; Vénus, bienfaisante et féconde; Mercure, inconstant; la Lune, mélancolique.

Dans les constellations, le Bélier, le Lion et le Sagittaire sont chauds, secs et ardents; le Taureau, la Vierge et le Capricorne sont lourds, froids et secs; les Gémeaux, la Balance et le Verseau sont légers, chauds et humides; l'Écrevisse, le Scorpion et les Poissons sont humides, mous et froids.

V

On tire l'horoscope en étudiant les combinaisons de ces influences, en examinant avec soin les rencontres des planètes avec les constellations. Par exemple, si Mars se rencontre avec le Bélier au moment de la naissance, on a un pronostic qui annonce du courage, de la fierté et une longue vie.

Mars, suivant les astrologues, augmente l'influence des constellations avec lesquelles il se trouve, et ajoute la valeur et la force.

Fig. 62. — Naissance et horoscope d'un enfant, d'après un bas-relief grec.

Saturne, symbole des mauvaises influences, gâte les bonnes.

Vénus augmente les bonnes et diminue les mauvaises.

Mercure augmente ou diminue les influences, suivant qu'il se rencontre avec un signe du zodiaque présageant bonheur ou malheur.

Les astrologues tiraient aussi des pronostics des aurores boréales, des comètes, etc.

Pour que l'horoscope ne trompât point, il était nécessaire d'en commencer les opérations précisément à la minute où l'enfant naissait, ou au moment précis d'une affaire dont on désirait connaître les suites.

Le fameux Thurneisen, homme vraiment rare et le phénomène le plus extraordinaire dans le genre de l'astrologie, vivait dans le siècle dernier, à la cour électorale de Berlin, dit le docteur Hufeland, où il était tout à la fois médecin de la cour, chimiste, tireur d'horoscopes, faiseur d'almanachs, imprimeur et libraire.

Sa réputation d'astrologue était si étendue, qu'il ne naissait presque pas d'enfants dans une famille distinguée d'Allemagne, de Pologne, de Hongrie, de Danemark, même d'Angleterre, sans qu'on lui envoyât sur-le-champ un exprès qui lui annonçait le moment précis de la naissance. Il lui arrivait souvent trois, et jusqu'à dix ou douze messages de ce genre à la fois, et il finit par être tellement surchargé de besogne qu'il fut obligé de prendre des associés.

On voit encore, dans la bibliothèque de Berlin, des volumes entiers contenant des demandes de ce genre, et dans lesquels se trouvent même des lettres de la reine Élisabeth. Outre cela, il écrivait tous les ans un almanach astrologique, dans lequel il marquait, en peu de mots ou avec quelques signes, non-seulement la qualité de l'année en général, mais encore les principaux événements et la température des différents jours.

Il ne donnait, il est vrai, cette explication que l'année suivante; cependant il est certain qu'à force d'argent et de flatterie, il communiqua plusieurs fois ses observations d'avance.

On ne peut trop admirer les effets d'un oracle rendu en termes vagues, et auquel le hasard donne un accomplissement heureux. Son almanach eut, pendant plus de vingt

ans, un succès prodigieux, et, joint à quelques autres char-
lataneries, procura à l'auteur un capital de quelques centaines de mille florins.

VI

Comment un art qui met à la vie des bornes inévitables
pouvait-il offrir un secret pour la prolonger?

Voici quel était ce secret ingénieux : de même que chaque homme, comme nous l'avons déjà fait remarquer, est
soumis à l'influence d'une certaine constellation, tout autre
corps du règne animal ou végétal, et même des pays entiers et des maisons, avaient leurs constellations séparées,
auxquelles ils étaient soumis.

C'est surtout entre les planètes et les métaux qu'il y avait
un rapport parfait.

Ainsi, dès qu'un homme savait de quelles constellations
son malheur et ses maladies provenaient, il n'avait besoin
que de se servir des aliments, des boissons et des demeures
placées sous l'influence des planètes opposées. Il en résulta
une nouvelle diététique, mais bien différente sans doute
de celle des Grecs.

Y avait-il un jour qui, étant soumis à une constellation
dangereuse, menaçait de maladie ou d'un accident quelconque, aussitôt on se rendait dans un lieu placé sous un astre
bienfaisant, ou bien on prenait des aliments et des médeci-
nes qui, soumis à une constellation bienfaisante, détrui-
saient l'influence de la première.

C'est la même raison qui faisait espérer de pouvoir conserver sa vie par le moyen des amulettes et des talismans.

Les métaux étant dans un rapport parfait avec les planètes, il suffisait de porter sur soi un talisman composé de métaux fondus ensemble, jetés au moule et gravés sous certaines constellations, et en rapport avec elles, pour s'approprier toute la vertu et la protection de sa planète.

Ainsi, on avait des talismans contre les maladies qui provenaient de l'influence non-seulement d'une planète, mais aussi de celle des autres astres; on en avait même auxquels, par l'alliage de certains métaux et par les procédés particuliers dont on se servait en les fondant, on communiquait la vertu miraculeuse de détruire l'influence de la constellation maligne qui avait présidé à la naissance, de faire parvenir à des postes éminents et de réussir en affaire, en mariage, etc.

S'il y avait dessus l'empreinte de Mars dans le signe du Scorpion et s'ils avaient été fondus sous cette constellation, ils rendaient victorieux et invulnérable à la guerre.

Les soldats allemands étaient tellement pénétrés de cette idée, qu'un auteur français, parlant de leur défaite en France, dit qu'on avait trouvé des amulettes au cou de tous les morts et prisonniers. Toutefois, l'image des divinités des planètes ne devait point avoir de forme antique; il fallait qu'elle eût une forme mystique et extraordinaire.

Il existe un de ces talismans contre les maladies qui provenaient de l'influence de la planète de Jupiter, avec la figure de Jupiter. Ce Dieu, suivant l'expression de M. Hufeland, y ressemble parfaitement à un Wittembergeois ou à un professeur de Bâle. Le menton couvert d'une longue barbe, revêtu d'une redingote large et fourrée, il tient dans la main gauche un livre ouvert, et fait des gestes de la main droite.

Les historiens français observent que l'astrologie judiciaire était tellement en vogue sous la reine Catherine de

Médicis, qu'on n'osait rien entreprendre d'important sans avoir auparavant consulté les astres; et, sous les règnes de Henri III et de Henri IV surtout, les astrologues étaient regardés comme les interprètes des volontés du ciel.

VII

Tout le monde connaît cet apologue, qui peut servir de conclusion à ce chapitre :

> Certain roi jusqu'à la folie
> Aima jadis l'Astrologie :
> Toujours marchait à ses côtés
> Un docteur à longues lunettes ;
> Et de ce conteur de sornettes,
> En aveugle il suivait toutes les volontés.
> Sur ses projets divers, sur ses peines secrètes
> Les astres étaient consultes.
> C'était un faible ridicule :
> Mais les rois sont friands d'apprendre le futur ;
> Un hasard détrompa le prince trop crédule.
> Un jour que le soleil, plus brillant et plus pur,
> Invitait le monarque à s'ébattre à la chasse,
> Il sort. Le pédant suit. Le ciel devient obscur,
> L'air s'épaissit, l'orage le menace.
> Le monarque tremblant consulte son docteur.
> Alors, d'un ton de pédagogue :
> « Calmez votre souci, seigneur,
> Je promets du beau temps, » lui répond l'astrologu.
> Sur la parole du menteur,
> On s'avance, on s'exerce aux travaux de Diane.
> La meute était au champ lorsque parut un âne.
> Un pitaud le suivait. « Bonhomme, par ta foi,
> Pleuvra-t-il ? » demanda le roi.
> « Sire, j'aurons de l'iau, sans doute, »
> Dit le manant sans se troubler,
> « J'aperçois du baudet les oreilles trembler ;
> C'est un présage sûr. » Le monarque l'écoute,
> Et se sait bon gré d'avoir mis
> Et le docteur et l'âne en compromis.
> L'astrologue en pâlit. Cependant la tempête
> Commence à fondre sur leur tête.

> Le prince bien mouillé chassa de son palais
> Des doctes charlatans la gent porte-soutane [1],
>   Et jura ses dieux que jamais
> Il ne consulterait d'autre docteur qu'un âne.

Cet apologue, exprime avec une délicieuse et piquante naïveté le cas que l'on doit faire des indications de l'astrologie.

« Ami, crois-moi, la suprême sagesse a caché l'avenir sous un voile, et le prévoyant qui veut percer le nuage s'expose à la risée de Jupiter [2]. »

Horace nous donne également un excellent conseil, plus judicieux, il nous semble, que toute la doctrine des astrologues : « Leuconoé, si tu veux m'en croire, ne cherchons pas à savoir qui de nous deux s'en ira le premier. Laissons en repos la sorcellerie, et soumettons-nous, quoi qu'il arrive, aux décrets de Jupiter!

« Soit qu'il ait résolu de nous laisser encore un certain nombre d'hivers, ou que déjà nous ayons vu pour la dernière fois la mer de Toscane heurtant de son flot irrité les rochers de ses rives, soyons sages, filtrons nos vins; réglons notre espoir sur la brièveté de la vie, et résignons-nous. Prends-moi ce jour sans lendemain peut-être. Le moment où tu m'écoutes est déjà loin [3]. »

---

[1] Les docteurs et les astrologues portaient alors des soutanes.
[2] Horace, liv. III, ode 29.
[3] Horace, liv. Ier, ode 11e, *traduction de Jules Janin.*

CHAPITRE XVIII.

HARMONIE DE L'ASTRONOMIE
ET DE L'ESPRIT RELIGIEUX DANS L'ANTIQUITÉ.

I

Mon ouvrage serait incomplet si je ne cherchais ici le lien, je dirais presque scientifique, qui a toujours uni l'astronomie aux sciences religieuses dans l'antiquité.

L'occupation principale des prêtres chaldéens était l'étude de l'astronomie : dans l'Inde les gardiens du sanctuaire étaient également les gardiens de cette science; en Chine, aux fonctions d'astronome étaient jointes celles de chef des cérémonies du culte; chez les Égyptiens, les astronomes étaient aussi des prêtres, et les vastes plates-formes des temples leur servaient d'observatoire.

En un mot, dans toute l'antiquité, l'astronomie a toujours été regardée comme la science religieuse par excellence[1].

Le lien qui unissait ainsi la religion et la science astronomique est une conséquence même de la nature de l'homme, et

---

[1] Voir chap. I, *Hist. de l'astronomie.*

des idées nécessaires qui font comme partie de son existence.

Il est facile de nous en rendre compte.

Lorsque l'individu atteint l'époque où la raison se fait jour, qu'il a la connaissance de ce qui se passe en lui, il trouve alors qu'il possède un certain nombre d'idées qui lui sont communes avec tous les hommes, qu'aucun ne pourrait ne pas posséder ; idées qui naissent naturellement, nécessairement chez tous les hommes par le seul fait de leur existence, quel que soit le milieu où ils vivent : ce sont les idées de temps, de cause, d'espace, etc., que l'on nomme pour cela *idées nécessaires*, et les principes élémentaires qui naissent de leurs rapports, et que l'on nomme *axiomes*.

L'idée de cause joue ici le rôle principal.

Lorsque le petit enfant commence à bégayer, il demande pour chaque chose non pas si elle a une cause, mais quelle est cette cause : Qui a fait telle chose? dit-il, comme il dit également : Pourquoi faire cela? — La cause n'est pas mise en doute, seulement il veut la connaître, c'est dans son instinct.

Plus il avance en âge, plus cette idée se fait jour et devient évidente dans son esprit; et lorsqu'il est capable de raisonner, si sa raison n'a pas dévié, qu'on vienne lui dire qu'un fait quelconque n'a pas de cause, il croira alors que l'on veut se jouer de lui, et s'il était convaincu que ce fût sérieusement qu'on lui adressât cette affirmation, il se sentirait révolté de l'impudence avec laquelle on veut le tromper, et, humilié du peu de cas que l'on fait de sa raison, du mépris qu'on semblerait lui témoigner; il se sentirait tellement révolté qu'il ne voudrait pas même répondre, ou, s'il était obligé de le faire, il se contenterait d'en appeler au genre humain tout entier, sans entrer dans aucun détail.

Cette idée de cause est inséparable de l'essence même de

l'homme ; elle est naturelle à tous, elle naît naturellement dans toutes les intelligences par le seul fait de l'existence.

II

Cette idée de cause a également un caractère essentiel, que l'on doit distinguer.

Instinctivement, naturellement, l'esprit humain se fait de la cause une idée analogue et proportionnelle à celle de l'effet qui la révèle, et il éprouve pour cette cause des sentiments divers, suivant les effets qu'il lui attribue.

Une grande puissance, mais aveugle, peut inspirer la surprise, l'effroi, la terreur, mais elle ne commande ni l'admiration ni l'amour.

Une grande puissance où l'on remarque l'ordre, l'intelligence, impose l'admiration.

Une grande puissance où l'on remarque le cachet d'intelligence, de sagesse et de bonté, impose en même temps l'admiration, la vénération et l'amour.

Ainsi, un effet qui marque tout à la fois la puissance, l'intelligence, la sagesse et la bonté, fait naître l'idée d'une cause tout à la fois puissante, intelligente, sage et bonne, et inspire pour cette cause un sentiment de respect, de vénération et d'amour.

La manière d'agir de tous les hommes le prouve à chaque instant, lorsqu'ils ne sont pas sollicités par des passions contraires.

D'ailleurs, chaque homme n'a qu'à s'interroger, qu'à rentrer en lui-même pour être persuadé que c'est la loi de son âme, loi qu'il peut violer dans ses actes, mais qui n'en existe pas moins.

La preuve s'en trouve également dans le langage habituel de tous les hommes :

Cet homme est bien puissant, dit-on, puisqu'il a fait telle chose ; il est bien intelligent, puisqu'il a réussi dans telle combinaison qui est vraiment admirable ; cependant, avant de lui donner notre affection, il faut savoir s'il est bon ou méchant, car il pourrait nous faire beaucoup de mal et serait bien à craindre s'il était méchant ; cet homme est devenu le bienfaiteur du pays par sa grande intelligence, par sa sagesse et par sa bonté, qui va jusqu'au dévouement ; il inspire non-seulement le respect, mais il impose la vénération et l'amour. Et instinctivement on assigne à tous un rang proportionnel à celui que l'on se fait de leur mérite.

Voilà ce qui se passe spontanément partout où la conscience humaine suit sa loi sans contrainte d'aucune sorte.

III

Or, l'aspect de l'univers en général, de la mer immense et tumultueuse, du pur et tranquille azur des cieux, les mouvements de l'atmosphère tantôt mugissant dans la sombreur des forêts, tantôt doux zéphyr parfumé au murmure harmonieux ; le lever et le coucher des astres et leur cortége inséparable de magnificence, rayonnant dans l'aurore ou le crépuscule d'un beau jour, et leurs mouvements inaltérables et cadencés dans les voûtes étincelantes et profondes des cieux.

Tous ces phénomènes grandioses que nous révèle la contemplation de l'univers et qui rentrent plus ou moins dans le domaine de l'astronomie, dépassent en grandeur tout ce que l'homme peut concevoir, tout ce que son imagination peut se figurer ; ils font ainsi naître instantanément l'idée de puissance infinie, de sagesse et de bonté infinies, et nous révèlent une cause infiniment puissante, infiniment intelligente, infiniment sage et bonne, en un mot Dieu.

Il n'est donc pas étonnant que la science, dont l'étude était intimement liée à la contemplation de l'univers, qui révèle Dieu même, ait été regardée comme un acte de religion, comme une prière.

De nos jours, l'étude spéciale de l'astronomie n'est plus liée intimement à cette contemplation générale de l'univers; elle s'absorbe dans l'étude de la constitution d'un astre, comme le chimiste dans l'étude d'un corps, ou elle s'isole dans des calculs transcendants et abstraits; il n'est pas étonnant qu'étant moins contemplative elle soit moins religieuse.

IV

Toute l'antiquité en général a regardé l'univers comme étant une expression de Dieu même et sa démonstration.

Dans un travail qui résume sa pensée en même temps que celle des plus grands philosophes qui l'ont précédé, Cicéron s'exprime ainsi [1] :

« La quatrième preuve de Cléanthe (pour montrer que les hommes ont une idée de l'existence des Dieux) est la plus forte de beaucoup, c'est le mouvement réglé du ciel, et la distinction, la variété, la beauté, l'arrangement du Soleil, de la Lune et de tous les astres; il n'y a qu'à les voir pour juger que ce ne sont pas des effets du hasard. Comme lorsque l'on entre dans un établissement vaste et bien ordonné, d'abord l'exacte discipline et la sage économie qui s'y remarque font bien comprendre qu'il y a là quelqu'un pour commander et pour gouverner; de même, et à plus forte raison, quand on voit dans une si prodigieuse quantité d'astres une circulation régulière, qui depuis un temps infini ne s'est pas dé-

[1] *De la nature des Dieux*, liv. II, n. 15. 95, 96, 97.

mentie un seul instant, c'est une nécessité de convenir qu'il y a là quelque intelligence pour la régler... »

Aristote dit très-bien : « Supposons des hommes qui eussent toujours habité sous terre, dans de belles et grandes demeures, ornées de sculptures et de tableaux, fournies de tout ce qui abonde chez ceux que l'on croit heureux. Supposons que, sans être jamais sortis de là, ils eussent pourtant entendu parler des Dieux, et que tout d'un coup, la Terre venant à s'ouvrir, ils quittassent leur séjour ténébreux pour venir demeurer avec nous ; que penseraient-ils en découvrant la terre, les mers, le ciel ; en considérant l'étendue des nuées, la violence des vents ; en jetant les yeux sur le Soleil, en observant sa grandeur, sa beauté, l'effusion de sa lumière, qui éclaire tout ? Et quand la nuit aurait obscurci la Terre, que diraient-ils en contemplant le ciel tout parsemé d'astres différents ? En remarquant les variétés surprenantes de la Lune, son croissant, son décours ? En observant enfin le lever et le coucher de tous ces astres, et la régularité inviolable de leurs mouvements, pourraient-ils douter qu'il n'y eût en effet des Dieux, et que ce ne fût là leur ouvrage ? »

L'esprit de l'homme se blase en effet facilement sur les choses les plus merveilleuses lorsqu'il est préoccupé, concentré sur des objets spéciaux et qu'il ne fait aucun effort pour reprendre sa spontanéité et toute sa liberté.

« Si nous sortions d'une éternelle nuit, dit encore Cicéron, et qu'il nous arrivât de voir la lumière pour la première fois, que le Ciel paraîtrait beau ! Mais parce que nous sommes faits à le voir, nos esprits n'en sont plus frappés, et ne s'embarrassent point de rechercher les principes de ce que nous avons toujours devant les yeux...

« Est-ce donc être homme que d'attribuer non à une cause intelligente, mais au hasard, les mouvements du ciel si certains, le cours des astres si régulier, toutes choses si bien liées ensemble, si bien proportionnées et conduites avec tant de raison, que notre raison s'y perd elle-même? Quand nous voyons des machines qui se meuvent artificiellement, une sphère, une horloge et autres semblables, nous ne doutons pas que l'esprit ait eu part à ce travail. Douterons-nous que le monde soit dirigé, je ne dis pas simplement par une intelligence, mais par une excellente, par une divine intelligence?... »

Nos bons paysans, dans leur gros bon sens, parlent à leur manière comme Cicéron, sous ce rapport. Au temps de la Terreur, un féroce conventionnel disait à un paysan vendéen : « Je détruirai vos clochers pour que vous ne voyiez plus rien qui vous rappelle vos vieilles superstitions!

« Eh, lui réplique le brave homme, vous ne pourrez pas nous enlever nos étoiles, et on les voit de bien plus loin [1]! »

V

Maintenant, il y a une objection vraiment étrange qui tient à l'étude de l'astronomie, et que l'on apporte contre l'existence du législateur des mondes. Je dis étrange, car loin d'être une objection pour tout esprit droit, c'est une preuve qui vient s'ajouter aux plus convaincantes.

Puisque, dit-on, la science arrive à démontrer que tout l'univers est régi par des lois, que chaque astre a sa route fixée de laquelle il ne s'écarte jamais, et que l'harmonie, l'ordre imperturbable qui règne dans l'immensité, ouverte au regard sans fin de l'astronome aidé de ses instruments de précision, n'en sont que les conséquences rigoureuses, le Créateur n'est plus nécessaire et les mondes n'ont rien à démêler avec lui.

---

[1] M. X. Marmier, *Discours de réception à l'Académie française.*

Ce raisonnement équivaut à celui-ci :

Ce chronomètre qui ne varie jamais et dont chaque mouvement est comme un écho du mouvement des astres qui marquent le temps, n'a pas besoin que l'artiste vienne à chaque instant le retoucher pour régler sa marche, donc, il s'est fait tout seul ! Mais cette pauvre montre détraquée que l'ouvrier retouche sans cesse, on voit bien qu'elle ne s'est pas construite seule !

Voilà donc à quoi se réduit ce pitoyable raisonnement ; on nous pardonnera de l'avoir exposé dans toute sa nudité.

Il y a plus d'un siècle que l'astronome Lalande a osé dire : « J'ai visité toute l'étendue du ciel et je n'y ai point trouvé Dieu. » Et cela parce qu'il avait partout trouvé les traces d'une sagesse infinie ! Quelle extravagance ! !

Si l'univers était assez imparfait pour que sans cesse la main du Tout-Puissant fût nécessaire pour remettre les astres à leur place, alors on ne contesterait pas son existence ; mais comme l'œuvre porte le cachet d'une sagesse infinie, servons-nous de cette raison pour contester l'existence de celui qui l'a faite !

Je ne crois pas qu'il y ait dans l'art de déraisonner un exemple plus éclatant que celui-là.

Ne doit-on pas dire, au contraire, avec tous les cœurs libres et toutes les intelligences non préoccupées : Plus on avance dans l'étude de l'univers, plus on y découvre de simplicité, de grandeur et de perfection, plus par conséquent on doit y reconnaître l'empreinte de l'Être souverainement parfait. — Cela est tout naturel.

VI

L'homme attribue naturellement, instinctivement, une cause à chaque effet, et jamais cet instinct moral impérieux qui existe chez tous les hommes n'a été trompé, lorsqu'il a été possible de remonter de l'effet à la cause ; c'est ce même instinct impérieux, c'est cette même loi de l'âme qui lui fait attribuer une cause infinie à l'univers.

En sorte que si la raison s'arrête en chemin, si elle ne va pas jusque-là, elle manque à la logique ; elle brise sans motif la chaîne du raisonnement, absolument comme si elle refusait de reconnaître une cause à des collections de phénomènes.

Cela est si vrai, que lorsqu'on vient dire à un homme quel qu'il soit, mais qui a conservé à son âme l'indépendance et à toutes ses facultés leur état naturel, spontané, et qu'aucune influence n'a dévoyées, lorsqu'on vient lui dire que le monde s'est fait seul, qu'il n'y a pas de cause souveraine, en un mot qu'il n'y a pas de Dieu, il sent aussitôt en lui une révolte intérieure semblable à celle qu'il éprouve lorsqu'on lui affirme qu'il y a des effets sans cause, que le tout peut être plus petit que la partie, etc., et même une révolte supérieure, car ce n'est pas seulement sa faculté de connaître qui est froissée ici, mais toutes ses facultés morales ; à cette révolte spontanée, instinctive que fait naître le sentiment de la vérité offensée, se joint une espèce d'horreur qui résulte du froissement des vérités morales et qui ne se produit pas pour les choses purement intellectuelles.

Ainsi, nier la cause souveraine, nier Dieu, c'est donc manquer à la logique, aux lois de l'intelligence et aux lois du sentiment, et je dirai même manquer à la science, car on abdique toute méthode scientifique dès que l'on admet des effets sans cause, et, nous le répétons, la loi de la causalité va dans son enchaînement jusqu'à la cause suprême ; c'est briser la chaîne qui s'impose au raisonnement et qui est la conséquence des lois de l'âme, que de s'arrêter en deçà.

Ceux qui manquent ainsi à la logique et à la science, di-

sent quelquefois : Mais, la cause suprême, comment l'expliquer, comment s'en rendre compte?

Il est évident que ceci est une autre question; que l'on
parvienne ou non à expliquer la cause suprême, la loi de
notre âme n'en existe pas moins et aucune raison ne doit
nous engager à la violer.

Il en est de même des objections que l'on peut tirer des
faits particuliers contre la sagesse, la justice et la bonté
infinies dont portent le sceau toutes les lois générales de
l'univers. Pour que ces objections puissent avoir quelque
fondement, pour qu'elles puissent être faites avec quelque
connaissance de cause, il faudrait savoir à fond le passé,
le présent et l'avenir des mondes, et ce que nous savons
là-dessus est si peu de chose que cela ne peut autoriser
le plus léger doute.

VII

Néanmoins cette pensée, que des intelligences distinguées arrivent à douter de la cause suprême, oppresse et
produit un malaise indéfinissable.

De prime abord, on est porté à se dire intérieurement : Il
faut que ces savants aient découvert des secrets redoutables
et terribles qu'ils renferment en eux-mêmes, qu'ils n'osent
révéler au monde et qui leur ont démontré que Dieu n'existe
pas ! Car autrement, comment se pourrait-il qu'avec une intelligence plus éclairée, plus développée que la mienne,
ils n'éprouvent pas ce que j'éprouve, et qu'un acte suprême
d'adoration ne soit pas le résultat de leur vaste science?

Voilà le raisonnement que l'on est porté à se faire immédiatement, mais en y réfléchissant un peu on se rend facilement compte de ces faits si tristement étranges. Oh! non,
ceux qui nient Dieu n'ont pas découvert de secrets terribles

ou redoutables, car tout dans les sciences, et surtout dans les sciences les plus avancées, porte à étendre la connaissance des causes et des lois, concourt par conséquent à nous révéler une cause suprême et à nous faire mieux apprécier sa grandeur et sa sagesse.

Ceux qui manquent ainsi à la raison en ne la suivant pas jusqu'au bout, peuvent-ils dire avec assurance que l'univers ne prouve rien, que la cause suprême n'existe pas? — Non, certainement, ils ne le peuvent pas, sans mentir à eux-mêmes et à ceux auxquels ils parlent, car rien ne le leur démontre.

Et s'ils viennent le dire au nom de la science, alors ils blasphèment la science; est-ce que la science a jamais démontré qu'il y a des effets sans cause? Au contraire, plus elle marche, plus elle progresse, plus en même temps elle rattache des faits aux causes, plus elle s'élève aux lois qui les régissent, et plus, par conséquent, elle s'avance dans la connaissance raisonnée de la cause suprême.

Tout ce que l'homme peut faire sous ce rapport sans mauvaise foi, c'est de douter. Il peut arriver à ce triste état en faussant ses facultés intellectuelles, soit en leur enlevant leur spontanéité et comme suite leur liberté, par des études trop exclusives qui les absorbent et les concentrent, soit par la tournure habituelle de ses idées. La passion, chez certaines natures, peut également intervenir et troubler l'âme de manière à ne plus permettre de voir clairement ce qui se trouve dans le sens commun.

Ainsi, quoique conduit par des intentions honorables, l'homme peut être victime d'illusions involontaires; on est obligé de reconnaître que sans perdre la raison, il peut perdre les notions du sens commun pour beaucoup de choses, ou les laisser obscurcir, et arriver à fausser ses facultés d'une manière vraiment incroyable pour ceux qui n'ont pas étudié ce chapitre tout à la fois physiologique et psychologique. L'attention habituellement concentrée, qui fait perdre à l'esprit sa spontanéité, suffit pour cela.

La remarque suivante fait mieux connaître cette question.

C'est le sens commun et la raison qui nous découvrent la cause suprême et les grandes vérités du monde moral. Or, le développement le plus étendu de l'intelligence et toutes les connaissances du monde n'ajoutent rien à l'évidence du sens commun ni à la rectitude de la raison; au contraire, si l'on n'a pas soin, en développant son intelligence, en cultivant la science, d'être très-vigilant sur soi pour éviter la concentration trop prolongée de l'intelligence et pour revenir à l'état spontané, le sens commun s'obscurcit et l'on ne sait plus reconnaître les notions évidentes qui sont de son domaine, et sur lesquelles repose tout ce que l'homme peut connaître. Cet effet peut se constater tous les jours et à chaque instant pour des choses bien moins importantes et bien plus communes que les grandes vérités qui nous occupent maintenant.

Tous les jours ne rencontre-t-on pas de braves gens de la campagne, de modestes artisans qui ont une sûreté de bon sens, une rectitude de jugement que l'on chercherait en vain chez beaucoup de personnes qui ont reçu une vaste instruction, et même, on peut le dire sans blesser personne, chez beaucoup de savants? Il devient évident pour tous ceux qui étudient la question, que les grandes vérités sur lesquelles reposent les premiers principes de la morale sont du domaine du bon sens et non de celui de la science proprement dite, laquelle ne peut rien ajouter à leur évidence, mais qui peut souvent l'obscurcir.

VIII

Une autre observation qui a également son importance :

L'homme ne possède pas seulement la faculté de connaître, mais il a de plus le sentiment, c'est-à-dire la faculté d'être ému par les grandes et belles choses, de sentir leur expression dans l'intime de son être et de s'attacher à elles avec désintéressement.

Or, tous les hommes ne possèdent pas ces deux facultés au même degré, et même, chose importante à noter, il y a des individus qui ont beaucoup d'intelligence, et même beaucoup de sensibilité et de susceptibilité, mais qui n'ont pas l'ombre de sentiment; tout ce qui ne parle pas à leur intelligence est pour eux lettre close : la vue des splendeurs de l'univers les laisse froids, elle ne remue rien chez eux, et si, par malheur, le sens commun vient à s'obscurcir soit par la concentration de leur intelligence sur un objet, soit par l'influence d'une passion quelconque, les vérités morales sont pour eux comme si elles n'existaient pas. Ils n'ont pas le sentiment, qui le plus souvent peut, dans ses indications, remplacer avantageusement le sens commun lorsqu'il fait défaut. Par l'intelligence on voit ce qui est et ce qu'il faut faire ; par le sentiment, on le sent intimement, sans pouvoir toujours en donner la raison : « Car le cœur a ses raisons que la raison ne connaît guère, » a dit Pascal. — « La raison et le sentiment se conseillent et se suppléent tour à tour, » dit également Vauvenargues [1]. — Ceux qui n'ont que l'intelligence n'ont que la moitié de l'âme humaine.

Dans ceux qui sont doués de beaucoup de sentiment, l'aspect de l'univers révèle la cause suprême non-seulement à leur intelligence comme une conséquence logique, mais c'est en même temps une expression qui s'impose, qui les émeut et qui, bon gré mal gré, leur fait sentir l'existence et la présence même de cette cause invisible.

---

[1] *Réflexions et Maximes.*

C'est ce qui fait que toutes les natures supérieures, toutes les natures d'élite qui ont en même temps une grande intelligence et un grand cœur, n'ont jamais pu douter de l'existence de Dieu ; ils ont pu ne pas admettre telle ou telle religion, tel ou tel dogme, mais aucun n'a douté et même n'aurait pu douter sérieusement de la cause infiniment puissante, intelligente et bonne. Aussi, tous les hommes véritablement grands, tous ceux qui ont éclairé le monde et dont les annales des siècles nous ont conservé les noms comme bienfaiteurs de l'humanité, ont-ils été profondément religieux.

Il nous semble donc que toutes les considérations qui précèdent tendent à démontrer que le lien qui unissait la science astronomique à la religion dans l'antiquité, a son origine dans la nature même de l'homme et dans ses rapports nécessaires avec l'univers ; que l'idée de cause conduit à l'affirmation de l'Être suprême d'une manière rigoureuse comme conséquence des lois de l'âme, et que l'univers, étant son expression naturelle, le rend présent à notre sentiment (1).

(1) Au moment de tirer cette dernière feuille, M. Le Verrier donne à l'Académie des Sciences le résultat du travail gigantesque qu'a réclamé la révision complète du système des huit planètes principales, travail des plus féconds pour l'astronomie. Dans cette circonstance, il a prononcé les paroles suivantes, qui viennent à l'appui des idees que nous venons d'émettre :

« Durant cette longue entreprise, poursuivie pendant trente-cinq années, nous avons eu besoin d'être soutenu par le spectacle d'une des plus grandes œuvres de la création, et par la pensée qu'elle affermissait en nous les vérités impérissables de la philosophie spiritualiste.

« C'est donc avec émotion que nous avons entendu, dans la dernière séance de l'Académie française, notre illustre secrétaire perpétuel (M. Dumas) affirmer ces grands principes qui sont la source même de la science la plus pure.

« Cette haute manifestation restera un honneur et une force pour la science française. Je m'estime heureux que l'occasion se soit présentée de la relever au sein de notre Académie, et de lui donner une cordiale adhésion. » (*Comptes rendus de l'Académie des Sciences*, 5 juin 1876.)

PRINCIPAUX NOMS CITÉS.

TABLE DES FIGURES.

CHROMOLITHOGRAPHIES.

PLANCHES EN COULEUR.

CARTES CÉLESTES.

GRAVURES.

Pages.

TABLE DES MATIÈRES.

CHAPITRE IV.

LE SOLEIL.

CHAPITRE V.

MERCURE.

CHAPITRE XVIII.

HARMONIE DE L'ASTRONOMIE ET DE L'ESPRIT RELIGIEUX.

FIN DE LA TABLE DES MATIÈRES.

Fig. 63. — Atlas. (Tiré de la collection Farnèse à Naples.)

PRINCIPAUX OUVRAGES DE M. RAMBOSSON

LAURÉAT DE L'INSTITUT

(ACADÉMIE FRANÇAISE ET ACADÉMIE DES SCIENCES)

OFFICIER DE L'INSTRUCTION PUBLIQUE

Les Lois de la vie et l'Art de prolonger ses jours; ouvrage couronné par l'*Académie française.* 1 vol. in-8°, 2ᵉ édition. Prix : 6 francs. — Paris, librairie Didot.

Principales divisions de cet ouvrage : De la vie et de ses principales lois : du spiritualisme et du matérialisme; de la durée de la vie humaine; des moyens de prolonger ses jours; des aliments, de leur influence sur le physique et sur le moral; des lois qui régissent l'alimentation; de l'influence du sol et des causes météorologiques sur l'homme; de l'hérédité chez les plantes, chez les animaux et chez l'homme; des alliances consanguines, des premiers débuts de la vie, de la mortalité des nouveaunés; de la vieillesse et de la mort au point de vue hygiénique et philosophique; des inhumations précipitées et des moyens de les prévenir, etc., etc.

L'homme, soit au physique, soit au moral, est l'objet de l'étude favorite et spéciale de toute la vie de l'auteur; il expose dans cet ouvrage des points de vue nouveaux et donne sur chaque sujet, outre ses observations personnelles, les plus récentes découvertes de la science.

L'Éducation maternelle d'après les indications de la nature; ouvrage couronné par la *Société d'encouragement au bien,* et par la *Société de l'Instruction et de l'Éducation populaire.* Brochure gr. in-8° raisin. 2ᵉ édition. Prix : 2 fr. 50.

Ce travail mérite à tous les points de vue une sérieuse attention, car il vient combler une déplorable lacune : il indique l'éducation passive dont l'enfant est d'abord susceptible, puis il met à même de pratiquer l'éducation méthodique aussitôt que les lèvres de l'enfant commencent à bégayer et ses regards à se fixer. Et cela sans aucune contrainte, simplement en favorisant l'épanouissement naturel des facultés. — On peut ainsi incarner les germes de toutes les sciences, de tous les arts et de toutes les vertus qui se développent ensuite naturellement, insensiblement, à mesure qu'il avance en âge; germes qui deviendront indestructibles, car le vieillard peut oublier les choses de la veille, mais celle de la première enfance, jamais. — Ce travail devrait incontestablement se trouver entre les mains de tous les pères, de toutes les mères, de tous les instituteurs, de toutes les institutrices, de tous ceux en un mot qui, de près ou de loin, s'occupent d'éducation. Il a été ainsi apprécié par une plume des plus compétentes : « Nulle part l'éducation de la première enfance n'a été mieux comprise que par M. Rambosson; son système d'enseignement méthodique, fondé sur des bases d'autant plus solides qu'elles sont celles de la nature, est une grande et belle nouveauté qui mérite de devenir populaire. » (*Les Mondes scientifiques,* janvier 1872.)

La Loi absolue du devoir et la destinée humaine au point de vue de la science comparée; ouvrage couronné par l'*Académie nationale* au nom de la *Société française de statistique universelle.* 1 vol. grand in-8°. Prix : 6 francs.

Les questions que renferme cet ouvrage sont les plus importantes que l'on puisse se poser : Loi absolue du devoir, c'est-à-dire celle de laquelle découle toutes les autres ; état moral naturel de l'homme; liberté morale; formation des prédispositions et des tendances morales, etc. L'auteur fait concourir toutes les sciences à la solution de ces problèmes, et démontre que les grands principes de la morale du christianisme ne sont pas arbitraires, mais qu'ils ont leurs racines dans la nature même de l'homme, et sont des lois de l'âme au même titre que toutes les autres lois de la nature. La science comparée jette sur ces questions des lumières tout à fait inattendues, elle les présente sous un jours des plus nouveaux, sous un point de vue des plus complets et des plus saisissants. — M. Lévêque, de l'Institut, en présentant cet ouvrage à l'Académie des sciences morales et politiques, en a fait un rapport des plus favorables; il a mis en relief la partie neuve des principes de l'auteur et fait remarquer la justesse avec laquelle sont exposés les divers systèmes de morale; le parti qu'a su tirer M. Rambosson de ses voyages sur une grande partie du globe avec une science variée et exacte pour éclairer le sujet qu'il traite, principalement les questions d'éducation, d'hérédité, d'alimentation et du régime par rapport au bon gouvernement de nos facultés intellectuelles: « Ces questions sont aussi intéressantes que curieuses, dit M. Lévêque; plusieurs fragments en ont été lus devant l'Académie. L'auteur les reproduit dans son livre qui est bon, utile, et qui s'ajoute à propos à ses autres publications morales. »

Les Pierres précieuses et les principaux ornements. 1 vol. grand in-8° raisin, illustré de 43 gravures, et d'une planche chromolithographique. Broché, 6 fr. ; cart. tr. dorée, 8 fr. ; relié tranche dorée, 10 fr. — Paris, librairie Didot.

Cet ouvrage contient les notions les plus curieuses et les plus variées sur la formation des pierres précieuses : le *diamant*, le *rubis*, l'*émeraude*, le *saphir*, la *topaze*, l'*opale*, la *turquoise*, l'*améthiste*, la *tourmaline*, le *grenat*, le *lapis-lazuli*, l'*agate*, etc. Il initie au secret des trésors que nous offre le sein des mers : la *nacre*, la *perle*, le *corail;* il expose les notions les plus intéressantes et les plus utiles à connaître sur l'*ambre*, le *jais*, l'*ivoire*, l'*or*, l'*argent*, le *platine*, l'*aluminium*, et se termine par l'histoire succincte des principaux ornements. Rien de ce qui peut plaire en instruisant n'a été oublié : faits scientifiques, curieux, anecdotiques, etc., etc.

Histoire et légendes des Plantes utiles et curieuses. 3ᵉ édition. 1 vol. gr. in-8° raisin, illustré de 120 gravures. Broché, 6 fr. ; cart. tr. dorée, 8 fr. ; relié tr. dorée, 10 fr. — Paris, librairie Didot.

Ce volume illustré, qui présente à chaque page l'utile et l'agréable, a sa place marquée dans toutes les bibliothèques de famille. « Ce magnifique volume, écrit M. Franck, de 'Institut, charme à la fois les yeux et l'intelligence, et unit la science à la poésie. — « C'est un ouvrage que l'on peut louer sans réserve, » dit M. Babinet.

Histoire des Météores et des grands phénomènes de la nature. 3ᵉ édition. 1 vol. gr. in-8° raisin, illustré de 90 gravures et de deux planches chromolithographiques. Broché, 6 fr. ; cartonné tranche dorée, 8 fr. ; relié tr. dorée, 10 fr. — Paris, librairie Didot.

L'*Histoire des météores* présente au lecteur les connaissances les plus variées et les plus généralement utiles. « C'est un beau et bon livre, dit M. Babinet (de l'Institut), qui sera utile non-seulement aux gens du monde, mais même aux savants. » — « C'est un magnifique volume, a dit M. Delaunay (de l'Institut), imprimé avec luxe, orné de superbes gravures, très-bien rédigé. En outre des données les plus récentes de la science, l'auteur a mis à profit les observations personnelles qu'il a faites en parcourant une grande partie de la surface du globe. »

Les Colonies françaises. Géographie, histoire, productions, administration et commerce. 1 vol. in-8° de 652 pages, avec une carte générale et sept cartes particulières. Broché, 7 fr. 50; relié en demi-chagrin, 9 fr. 25. — Paris, librairie Delagrave.

Cet ouvrage a obtenu une mention honorable de l'Institut (Académie des sciences). M. Bienaymé, de l'Institut, a dit dans son rapport sur ce livre : « Il y avait quelque courage à faire toutes les recherches nécessaires pour offrir un tableau exact de nos colonies, si peu connues, même du public instruit. Géographie, histoire succincte, administration, documents financiers, commerciaux surtout; culture et productions spéciales, mouvements et importance de la navigation, des pêches, etc., etc., M. Rambosson n'a oublié aucune des faces de son sujet... Il y a pour le lecteur un intérêt réel à parcourir ce Manuel colonial. C'est au reste le premier de ce genre... » (Académie des sciences. Concours de l'année 1868.) « Ce livre est un ouvrage capital, qui ne laisse rien à désirer sur un sujet qui peut lui-même être aussi appelé capital... Nous étions dans l'impossibilité d'être convenablement renseignés sur nos colonies avant la publication de ce livre. » (*Les Mondes scientifiques*, 12 mars 1868, M. l'abbé Moigno.)

Cet ouvrage est adopté par la Commission officielle près le ministère de l'instruction publique pour toutes les bibliothèques scolaires.

Le Langage mimique comme langage universel. (1853. *Épuisé.*)

Ouvrage couronné par la Société des arts, sciences et belles lettres et par la Société des sciences industrielles de Paris.

Cours de mathématiques, accompagné de *tableaux synoptiques.* (1855. *Épuisé.*)

Le plan général de cet ouvrage, susceptible de s'appliquer à tous les traités de science, a été couronné par la Société des arts, sciences et belles-lettres de Paris.

La Science populaire, ou Revue du progrès des connaissances et de leurs applications. 7 volumes, ensemble 17 fr.

Ouvrage adopté par la Commission officielle près le ministère de l'Instruction publique pour toutes les bibliothèques scolaires.

9 782013 404754